职业形象设计

张岩松　周晓红　主　编

清华大学出版社

北京

内 容 简 介

本书是"任务驱动"型高等学校应用型教材编写的有益尝试。其内容紧密结合职业人士形象设计的实际,丰富而新颖,包括仪容形象设计、服饰形象设计、仪态形象设计、形体训练、语言艺术、社交礼仪、求职应聘、职场沟通、气质培养九项任务,每项任务由学习目标、案例导入、知识储备、能力开发、课后练习构成,让学生学做结合,真正提高职业形象设计水平,塑造全新的职业形象。

本书可作为应用型本科以及职业教育院校各专业学生职业形象设计课程的实用教材,也是各类企业进行员工职业形象设计培训的创新型教材,还是社会各界人士进行职业形象设计、塑造全新职业形象的自我训练手册。

图书在版编目(CIP)数据

职业形象设计/张岩松,周晓红主编. --北京:清华大学出版社,2016(2021.1重印)
ISBN 978-7-302-41460-5

Ⅰ.①职… Ⅱ.①张…②周… Ⅲ.①个人—形象—设计 Ⅳ.①B834.3

中国版本图书馆 CIP 数据核字(2015)第 209400 号

责任编辑:张龙卿
封面设计:徐日强
责任校对:袁 芳
责任印制:吴佳雯

出版发行:清华大学出版社
  网 址:http://www.tup.com.cn,http://www.wqbook.com
  地 址:北京清华大学学研大厦 A 座   邮 编:100084
  社 总 机:010-62770175   邮 购:010-62786544
  投稿与读者服务:010-62776969,c-service@tup.tsinghua.edu.cn
  质量反馈:010-62772015,zhiliang@tup.tsinghua.edu.cn
  课件下载:http://www.tup.com.cn,010-62795764
印 装 者:北京鑫海金澳胶印有限公司
经 销:全国新华书店
开 本:185mm×260mm 印 张:23.75 字 数:543 千字
版 次:2016 年 1 月第 1 版   印 次:2021 年 1 月第 7 次印刷
定 价:57.00 元

产品编号:060573-02

前　言

FOREWORD

在当今社会，一个人尤其是职场人士的形象，将可能左右其个人生涯成功的前景，甚至会直接影响到一个人的成败。

美国著名形象设计师莫利先生通过对排名美国财富榜前 300 名的执行总裁调查，发现以下特点。

97％的总裁认为懂得展示外表魅力的人在公司有更多的升迁机会。

93％的总裁相信在首次的面试中，申请人会由于不适合的穿着而被拒绝录用。

92％的总裁认为不懂得穿着的人不能做自己的助手。

100％的总裁认为职员应该进行职业形象的学习。

另有一项调查显示，形象甚至直接影响到收入水平，那些更有形象魅力的人收入通常比一般同事要高 14％。

美国心理学家奥伯特·麦拉比安调查发现，人的印象是这样分配的：55％取决于你的外表，包括服饰、个人面貌、体形、发色等；38％是如何自我表现，包括你的语气、语调、手势、站姿、动作、坐姿等；7％，只有 7％才是你所讲的真正内容。

我们生活在一个被称为"30 秒文化"的世界中，不论我们自己愿意与否，别人都会根据我们的衣着、说话方式、环境布置及对同事的影响来判断我们。

"这是一个两分钟的世界，你只有一分钟展示给人们你是谁，另一分钟让他们喜欢你。"英国形象设计师罗伯特·庞德此言不虚。

这也正如我国一位资深人力资源管理专家在谈到选人标准时所说：以外表取人永远都是不对的，但不以外表取人似乎又是永远不可能的。

所以，对于即将走入职场、开启职业生涯的大学生来说，打造良好的职业形象就显得至关重要。大学阶段是大学生职业准备的重要时期，在此阶段，除了要完成专业知识、技能的学习外，还必须充分地了解未来职业的特点，并根据未来职业要求来完善自己、塑造自己，设计自己未来的职业形象，这是大学阶段必不可少的过程。

鉴于以上方面，我们编写了这本"任务驱动"型教材。全书紧密结合职业人士形象设计的实际，内容丰富而新颖。

本书由张岩松、周晓红主编。张岩松编写任务 1；周晓红编写任务 2、任务 3 和任务 5；付强、马蕾编写任务 4 和任务 6；张铭编写任务 7；刘世鹏编写任务 8 和任务 9。王晶、王淑华、孟顺英、白冰、杨帆、蔡颖颖、高琳、潘丽、孙新雨、包红君、刘桂华、穆秀英、孙培岩、郭沁荣、陈百君、张朝晖、祁玉红、王允、宋小峰、王芳、吕华盛完成了绪论等的编写工作，屈剑、赵祖迪、张楠、王佳特、陈沁然、朱倩倩、蔺瑶、谷明艳、胡丹、王静雯、高伟、郭颖、徐娜、武萌萌、宗峰、吴佳霖、王林、王耀萱、马蕾、刘晓燕完成了图片制作工作。全书由刘世鹏统稿。

　　本书在编写过程中，集采众家之说，参考颇多，限于篇幅仅列出了主要参考书目，在此，向各位专家、学者深表谢意。有些资料参考了互联网上发布或转发的信息，在此也向各位原作者所付出的辛勤劳动表示衷心的感谢！

　　由于本书的编写是新的尝试，加之编写水平有限，对书中的不当之处，敬请读者指正。

编　　者

2015 年 5 月

目 录

CONTENTS

绪　论

大多数不成功的人之所以失败,是因为他们首先看起来不像成功者! 再者,他们看起来就不想成功,或者根本不知道什么是成功;或者当成功的机会到来时,他们不知道如何把握成功!

——[英]罗伯特·庞德

形象意味着一切。(佳能广告语)

——[美]安德烈·阿加西

人的形象是由人的内在思维支配着,并通过人的言行及仪表等外在特征体现出来。人的形象在人与人的相互关系中施加了一种影响力,并能形成推动事物发展的氛围。现代职业对职业形象有着越来越高的要求,职业形象在现代社会的职业中也扮演着越来越重要的角色。

一、职业形象的含义

每一个职业都有其特定的职业形象,职业形象是指个人与其职业相适应并表现出来的能反映其内在气质和职业特点的外在形象及举止行为。

职业形象并不是一个简单的外表长相和穿衣打扮的概念,而是一个人全面素质的一种展现,是一个秀外慧中的、整体的、动态的印象。良好的职业形象,能够展现个体的自信、尊严、力量、专业水平和能力,是事业成功的必备素质。无论职业者的内在素质多高,自我感觉多好,都不能成为职业形象的决定性因素。只有公众通过从业者外在的语言、动作及服饰等外部特征对其作出判断和评价,才能形成对特定职业的总体评价——职业形象。因此,职业形象是特定职业群体在公众印象中形成的具有特定性、标志性的精神面貌和性格特征,是通过职业活动中人的仪表、行为、操守表现出来的,为人们所感知的特定标识,其本质是对特定职业的社会评价。

职业形象对个体和组织都具有重要意义。

对个体而言,拥有良好的职业形象,可以在人际交往的初期打破人们的心理防范,赢取对方的信任,为今后建立良好的合作关系打下基础。良好的职业形象,展示的是自身的专业素养和能力,能带给客户或服务对象以信任和安全感,有利于合作的成功和目标的达成,从而提升个人的绩效水平。良好的职业形象,还可以帮助人们建立自信,从而保持积极的心态,调整自身的不良行为。此外,良好的职业形象,还可帮助个体在组织内部赢得上级和同事的好感,为自身的职业发展铺平道路,打开职业晋升的阶梯。

对组织而言,组织成员个体的形象直接代表着组织的整体形象,反映着组织的整体素质、管理规范程度和组织文化,代表着组织产品和服务的质量和信誉,直接影响着组织的社会认可度和美誉度,并最终影响着组织目标的实现,这也是许多大公司、社会组织及政府部门非常注重设计和培养员工职业形象的原因。通过员工个体的职业形象所传递和表达的信息,反映了企业和组织的实力和水平。

当代大学生具有很多优点,他们年轻、好学、积极、乐观、充满朝气、奋斗上进,然而也会带给人们不成熟、想法幼稚、不稳重、不可靠的感觉。如何扬长避短,就成为现代大学生在自身职业形象设计时所必须掌握的一种基础技能。例如,什么样的性格最适合做什么样的工作,什么样的职业需要什么样的穿着打扮、行为举止,这些都是大学生需要了解和学习的。专业的职业形象设计对于职场成功具有重要的意义,基于这一点,职业形象设计已经成为大学生职业生涯教育中不可或缺的重要环节。现代大学生是否具备良好的职业形象,将会对其今后的职业生涯产生深远的影响,将使他们更加明确自己的职业目标,促使大学生在面试过程中更好地发挥自身特点,并提升他们在职场中的自信心。因此,职业形象设计对现代大学生至关重要。

二、职业形象的要素

职业形象总体可分为两个方面:一是内在美,即人的内在素质。内在素质是我们日常生活、学习、工作中所表现出的气质、道德、人格、心理、修养、文化、才学等方面的基本品格,是一种以人的生理条件为基础,在自然环境、社会生活中逐渐发展、形成的"生理、心理、社会、环境"品格特征。二是外在美,即人的外在形象,是借以显现个人内在的意蕴和特性的东西,实际上外在美是内在美的载体。

个人职业形象的范畴可以引申为外在形象和内在素质两个方面(共七个要素)。

外在形象:包括视觉形象(外貌形象和仪表形象,如发型、妆容、服饰等)和社交形象(礼仪形象、人际形象)。

内在素质:包括政治形象、人格形象、心理形象和才能形象等。

1. 视觉形象

视觉形象是指一个人通过其外貌、服装及饰物、举止、言谈、礼仪等方面表现出来的形象。它主要由下列要素构成。

(1)外貌形象

外貌形象是由神韵、年龄、相貌、身材、表情等因素表现出来的形象。神韵,就是一种气质魅力,气质魅力是职业形象之源。如年轻人的仪表堂堂、青春活力、英姿勃勃、性格开朗、体魄健壮、情绪乐观、表情快乐、兴趣广泛、身材健美等,都是取得良好的第一印象并建立人格魅力的要素。

（2）仪表形象

一个人的仪表形象可以体现出他的文化素养、审美观和欣赏水平，而仪表形象通过服饰、发型、妆容等形式表现出来。不同的服饰、发型、妆容，会让他人感觉出不同的形象，同时，也给他人传递着交往的信息。

2．社交形象

在多变的社交场合，人们的仪表礼节、言谈举止都有一定的规范，这是人的仪表形象的又一表现形式。

（1）礼仪形象

通过一个人的仪态、言谈、举止和讲究礼仪、礼貌表现出来的尊重他人和自身修养水平的形象。讲究礼仪、礼貌是我国人民的传统美德，也是尊重他人的具体表现。

（2）人际形象

作为社会人，我们并不是被动地被社会制约、塑造着，当我们在进行自我完善时，也改善了人与人的社会关系，塑造着整个社会。

3．政治形象

政治形象是我们在生活和工作过程中表现出的政治立场坚定，政治观点鲜明，遵纪守法，热爱祖国，热爱人民，把祖国命运、社会发展与个人前途、事业紧紧相连，在大风大浪、大是大非的问题上，坚持真理，深明大义，维护国家利益的形象。

4．人格形象

人格是个体的立身之本，没有人格也就失去了形象。人格形象，是一个人通过自己的言行表现出来的品格形象。人的言行是由其思想观念决定的，因此人格形象也主要是由其世界观、人生观、价值观决定的。人格形象是职业形象之魂。

（1）品德形象

品德形象是指一个人在道德品质方面的形象。道德是做人的基础，是一个社会、一个阶级中处理人与人之间、个人与社会、个人与自然之间各种关系的一种特殊的行为规范。职业道德是人格的一面镜子，是事业成功的保证。简单地讲，作为一个人，第一是学做人；第二是学做事。"做事"和"做人"毕竟是两回事；做好了"事"，并不等于做好了"人"；要做好"事"，必须先做好"人"。

（2）价值形象

价值形象就是价值观，具体表现在个人的理想、追求、人生目标上。臧克家先生曾写过这样的诗句："有的人活着，他已经死了；有的人死了，他还活着。"很多青年都曾思考过死与活的辩证哲理，对以上名言理解之后，会产生心灵的震撼。一切希望实现人生价值的人都应记住：由于我们赖以实现人生价值的手段是从社会中获得的，而我们的成就和作为也只有对社会有用才能被认为有价值，因此，我们只有一种选择：在社会实践中完善自己，实现自己的人生价值。

5．心理形象

提高个人形象的关键,是个人应具备良好的心理素质和健全的心态。要做好三点:一是坚定自信心,敢于进取,敢于创新,勇于实践;二是提高自身的观察力、决断力,克服"没主见"的缺点,敢于决策;三是克服心理障碍,调整自己的性格,让社会接受自己。

（1）意志形象

大学生应选择一个目标,树立起一种"不到长城非好汉"的信念,还要付出执着于此、锲而不舍、坚韧不拔、百折不挠的努力。成功主要取决于一个人的意志。

意志在坚持目标和克服困难的行动中表现出来,又在坚持目标和克服困难中得到磨砺、考验。意外、逆境、危机是产生发展机会的新起点,不能气馁、沮丧,更不能放弃。这个世界上没有被淘汰的人,只有自动退场的人。

（2）个性形象

培养良好的、积极向上的学习态度、工作态度和生活态度。保持良好的心态,养成优良的性格,通过具体分析自身气质来塑造个性形象。应锻炼自己的心理承受能力,当遇到不如意的事情或者无法克服的困难时,仍能够保持正常的心态和行为。我们既要有永不放弃的信心和毅力,又要有海纳百川的胸怀和气度。应增强心理适应能力,遇到突发的环境变化、情况变化等状况时,要能及时调整自己的心理状态,并能尽快适应新环境和新情况。

6．才能形象

外在形象是一个人步入社会、取得公众认可并达到自身目的的基础,但在现代社会中,人们更看重的是人的才能等内在素质。一个人既要外表美,还要心灵美,更要能力强。今天的人才竞争已不是专业素质的比较,而是综合素质的竞争。个人内在素质是个人综合素质的主要组成部分,个人内在素质决定了个人的才能形象。

在社会中生存的每一个人必须具备各种才能,才能是个人形象核心的内在素质,一个人的内在素质也往往通过人的才能表现出来。一个人才能的大小,决定了其未来扮演社会角色的轻重、主次。

（1）直观才能形象

个人直观的才能形象是由人的学历、职务、职称、个人经历等构成的形象,它不同于内在素质,需要通过学习、工作、生活去了解。

（2）专业才能形象

工作形象,是一个人对待工作的态度、工作责任心、工作创新精神和工作效率等方面表现出来的形象。专业才能形象,是一个人从事自己专业工作所必须具备的特殊能力,也就是工作的角色能力。专业才能形象不仅是敬业爱岗,而且要对自己从事的专业精益求精。不同的专业有不同的专业能力要求,在不同的工作岗位上也要具备不同的工作能力。

（3）一般能力形象

一般能力是从事每一项工作中应具备的基本能力,比如:创新能力、组织能力、学习能力、表达理解能力等。一般能力形象展现了一个人的基本能力。

三、职业形象的功能

职业形象是社会、公众对特定职业与职业者的总体评价。关于这种评价的作用,有专家指出:"形象是当今社会的核心概念之一,人们对形象的依赖已经成为一种生存状态。"也就是说,形象可以决定发展,形象直接决定效益。良好的个人形象可以使一个人走向成功和富裕;相反,不良的个人形象则可以毁掉一个人的事业和前程。据统计,女性的工作失败有 35% 是因为形象不良所致,公认的有魅力的职业女性应该拥有良好的气质和典雅的风度。为什么职业形象具有如此巨大的社会、经济效应呢? 这是因为良好的职业形象具有下列功能。

1. 引起注意

由于人类是一种视觉占主导地位的高级动物,因此我们对事物的印象,源于自己之所见。一个人的外表,比如种族、年龄、性别、身高、体重、肤色、形体语言、穿着和打扮等在个人印象中占 50%。另外,说话的声音和方式则占个人印象的 38%,而信息或说话的内容仅占 7%。因此,形象与引人注意之间有特定关系,而引起注意是人类认识活动过程的开始。某特定认识对象只有进入人们的注意领域,才可能被人们进一步认识,直至最后接受。因此,一个人的职业形象如何,直接关系到能否引起他人的注意,正如一位著名时装设计大师夏奈尔所说:"当你穿得邋邋遢遢时,人们注意的是你的衣服;当你穿得无懈可击时,人们注意的才是你。"

2. 便于沟通

任何职业活动实质上都是人与人之间传递信息、交流思想与情感的沟通活动,而影响人们沟通的因素从职业者来说,主要有职业者使用的传播技术、态度、知识程度,包括语言表达能力、思考能力、手势、表情、自信、丰富的知识、社会经验等,这些要素综合起来,就是良好的职业形象。职业形象不佳,如盛气凌人、虚伪,不仅不能给交往对象带来美的感受,而且会让交往对象对职业者和职业活动产生排斥、逆反心理。而良好的职业形象能够拉近交往者之间的心理距离,给交往对象带来美的享受,让交往对象身心愉悦,交往对象也会更认同和接受相应的职业活动。所以,只有强化职业形象,才能消除逆反心理产生的诱发因素。

3. 建立公信力

公信力即公众对职业的信任程度。职业形象直接关系到职业的公信力,良好的职业形象更易引起公众对该职业活动的信任,从而认同和接受该职业活动。否则,公众就会拒绝。

4. 实现职业目标

人的形象在人与人的相互关系中施加了一种影响力,并能形成推动事物发展的氛围。良好的职业形象可以消除心理隔阂,建立交往对象之间的沟通与信任,由此才能更好地实现职业目标。

四、职业形象设计的标准

个体的形象主要表现为留给他人的印象，这些印象包括了一个人的容貌、气质、服饰、语言、行为举止、礼仪等。如何塑造一个良好的职业形象，关键是要明确职业形象的标准，也就是要了解人们对不同的职业形象的评判规则和预期希望，有了"标准"，了解了"规则"，按要求去做就容易多了。

那么，什么样的形象是成功的职业形象呢？除了要具备良好的品质和修养外，还要在外在气质、服饰、语言、行为举止、社交礼仪等方面与职业相联系，体现职业的特点。

1. 与职业相契合

良好的职业形象都需要诸如专业、诚信、自信等基本素质和要求，但是由于职业有差异性，不同职业在外在形象的要求上会有所不同。比如公务员应该是公正廉洁的形象；银行职员应该是稳重大方、办事果断的形象；律师需要专业可信的形象；记者需要敏锐迅捷的形象；教师应该是端庄沉稳的形象；化妆品推销员应该是时尚美丽的形象等。不同的职业反映在从业人员的服饰、气质、语言等外在形象方面一定要有所不同，塑造职业形象首先要明确所从事职业的特点和评价标准。

2. 与身份相契合

即使从事同一种职业，由于不同的年龄、性别、个性上的差异，在职业形象设计上也要有所差异，不能千篇一律，特别是在着装等方面要与个性因素相吻合。另外由于在组织中的不同位置，使人拥有了不同的身份，尤其是高层管理者，其职业形象就要有一定影响力和感召力，能够影响和带动组织内的其他成员。

3. 与企业文化相契合

不同的组织有不同的文化，反映着组织管理者的理念和价值标准，对组织成员的职业形象也有不同的要求。个体要想融合在组织中，其外在形象和行为标准就要与企业文化相一致，才能得到组织认同和接纳，获得归属感。反之，与组织文化相悖，就会被组织孤立，阻碍职业的发展。

4. 与周围环境相契合

即使是一个职业人，其活动的空间也不局限于办公室内。由于工作、生活的需要，经常会处于不同的场合和环境中，扮演不同的社会角色，其外在形象就要随着不同的角色和场合进行适当地调整，做到与周围环境、场地相一致。

五、职业形象的自我修炼

现代大学生职业形象设计应该内外兼修，注重综合素质的提高，为职业发展做好准备。职业形象的自我修炼应从以下四个方面着手。

1．加强修养，提升人格魅力

大量的研究和实践证明，在决定人们成功的主观因素中，智力因素仅占大约 20％，而 80％的因素则属于非智力因素。这里的非智力因素就是我们通常所说的情商，是一种了解、控制自我情绪，理解、疏导他人情绪，通过情绪的自我调节、控制，以提高生存质量的能力。情商虽然是一种内在的能力，但是可以通过有意识地训练和自我暗示达到把握与控制。因此，加强自身的修养，建立高尚的价值观，培养积极乐观的心态，就会展示出动人的人格魅力；而内在的修养又会通过外在的形象自然表达与展示，为职业形象的塑造增添迷人的色彩。

2．不断学习，提高专业素养

在今天这个变化的社会中，要想跟上时代的步伐，就要有开放进取的意识，并培养学习的习惯。既要学习和积累丰富的生活经验，增加个人阅历，提升个人生活的质量，又要学习专业的知识和技术。成功的职业形象毕竟是以职业为基础，具备良好的职业素养和技能水平是职业形象的基本特征。所以必须掌握一定的专业技能，了解本行业特定的行为规范或行为标准，培养自己的职业素养，养成良好的职业行为规范，这是塑造成功职业形象不可缺少的途径。

3．精心包装，打造个人品牌

由于人类是一种视觉占主导的动物，因此我们对事物的印象，源于自己之所见，要给人留下良好的印象，首先就要对自己的外在形象进行设计和包装。拥有一个整洁的仪表，穿戴与职业、身份相符的职业化服饰，恰当地运用人际交往的礼仪，适度的肢体语言和有个性的声音，都是特有的形象标志，能够共同构筑出职业形象的品牌。

4．注重细节，提升个人品位

细节决定成败，职业形象的塑造，也同样适用于这句话。个人的修养、内涵、品位，往往在不经意的细节中体现出来。华丽的衣饰掩盖不了粗俗的举止，盲目的消费体现不了高尚的品位，强词夺理的气势体现不了真正的实力，一些不经意的细节，往往能破坏你精心建立起来的形象。所以，要经营好自己的形象品牌，需要从内到外、从小到大全方位不断地充实、调整和完善自我。

任务 1

仪容形象设计

面必净,发必理,衣必整,纽必结;头容正,肩容平,胸容宽,背容直。气象:勿暴,勿傲,勿怠;颜色:宜和,宜静,宜庄。

——张伯苓

世界上没有难看的人,只有不懂得如何让自己打扮得体的人。

——靳羽西

 学习目标

- 结合自身特点修饰、美化自己的仪容。
- 熟练地进行得体的化妆。
- 结合自身特点选择适合的发型。
- 科学地护肤。
- 学会对手足进行修饰。

 案例导入

尼克松因何败北

1960 年 9 月,尼克松和肯尼迪在全美的电视观众面前,举行他们竞选总统的第一次辩论。当时,这两个人的名望和才能大体上是相当的,可以说是棋逢对手。但大多数评论员预料,尼克松素以经验丰富的"电视演员"著称,可以击败比他缺乏电视演讲经验的肯尼迪。但事实并非如此,为什么呢?肯尼迪事先进行了练习和彩排,还专门跑到海滩晒太阳,养精蓄锐。结果,他在屏幕上出现时,精神焕发,满面红光,挥洒自如。而尼克松没听从电视导演的规劝,加之那一阵十分劳累,更失策的是面部化妆用了深色的粉,因而在屏幕上显得精神疲惫、表情痛苦、声嘶力竭。正如一位历史学家所形容的:"他让全世界看来,好像是一个不爱刮胡子和出汗过多的人带着忧郁感等待着电视广告告诉他怎么做才不会失礼。"正是妆容仪表上的差异和对比,最终帮助肯尼迪取胜,使竞选的结果出人意料。①

妆容设计是个人形象设计的重要方面。在社交活动中,交往对象对一个人发自内心的好恶亲疏,往往都是根据其在见面之初对于对方妆容的基本印象"有感而发"的。这种对他人妆容的观感除了先入为主之外,在一般情况下还往往一成不变,其作用十分巨大。日本松下电器产业株式会社创始人松下幸之助一次到银座的一家理发厅理发,理发师对他说:"你毫不重视自己的容貌修饰,就好像把产品弄脏一样,你作为公司代表都如此,产品还会有销路吗?"一席话说得松下幸之助无言以对,以后他接受了理发师的建议,十分注意自己的仪表,并不惜破费到东京理发。由此可见,妆容仪表的作用是很大的,甚至是不可忽视的。

一个人的妆容,大体上受到两大因素的左右:其一,是本人的先天条件。一个人相貌如何,通常受制于血缘遗传。不管一个人是"天生丽质难自弃",还是长得丑陋不堪,实际上一降生到人世便已"命中注定如此",其后的发展变化往往不会与之相去甚远。其二,是本人的修饰维护。每个人的先天条件固然十分重要,却并不意味着一个在妆容方面先天条件优越的人,便可以过分地自恃其长,而不去进行任何后天的修饰或维护。事实上,修饰与维护,对于妆容的优劣而言往往起着重要的作用。在任何情况下,一个人如果不注意对自己的妆容进行适当地修饰与保养,往往很难在他人的心目中拥有良好的个人形象。所以,我们在平时必须时刻不忘对自己的妆容进行必要的修饰和整理,做到"内正其心,外正其容"。

1.1　知识储备

1.1.1　化妆得法

化妆适度是指在职业活动中适当化妆,这不仅是职业工作的需要,同时也是对他人尊重的一种表现。做任何事情都贵在适度,化妆也不例外。过分醉心于美容,妆化得过于浓艳,不仅有损于皮肤健康,而且还有损于自身的形象。

1. 妆前自我认识

一个人要让别人觉得美,全身的整体比例很重要,因为只有符合比例的才是和谐的,只有和谐的才是美的。

（1）黄金分割

从美学上讲,一个人的整体比例关系只有符合著名的"黄金分割"的比例才是最美的。"黄金分割"是指事物各部分间形成一定的数学比例关系,即:如果将一条线段一分为二,其较短一段与较长一段之比等于较长一段与全线段之比。按照此种比例关系组织的任何

---

① http://www.loveliyi.com/society/gerenliyi/yirong.html. 2009-06-30.

对象,都表现出了变化的统一和内部关系的和谐。因此,许多哲学家与美学家认为,无论在艺术界还是自然界中,"黄金分割"都是形式美中较为理想的比例关系。对于人类而言,通常人的脸形是接近黄金分割比例矩形的,女性的椭圆形脸之所以被多数人视为理想的脸形,就是因为这种脸形的长宽之比近似黄金分割比例矩形。然而,人们并不都能拥有这样的脸形,但是我们可以从美的比例出发,利用发型和化妆弥补脸形的比例不足,使整个头部形象形成一种新的比例关系。

(2)"三庭五眼"

除了脸形的长宽之比之外,"三庭五眼"也是对人的面部长宽比例进行测量的一种简单方法。五官端正就是指符合"三庭五眼"的比例要求。

"三庭"是指上庭、中庭和下庭。①上庭:从额头发际线到两眉头连线之间的距离。②中庭:从两眉头连线到鼻头底端之间的距离。③下庭:从鼻头底端到下颌(下巴尖)的距离。理想的比例是:上庭:中庭:下庭=1:1:1,即三者长度相等。

"五眼"是指:①左太阳穴处发际线至左眼尾的长度;②左眼长度;③左眼内眼角至右眼内眼角的长度;④右眼长度;⑤右眼眼尾至右太阳穴处发际线的长度。

"三庭"、"五眼"如图 1-1 所示。

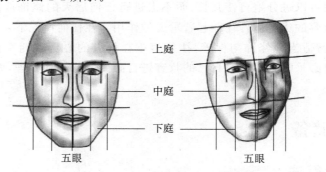

图 1-1　"三庭"、"五眼"结构对比示意图

理想的比例是这五者长度相等,即从左太阳穴发际线到右太阳穴发际线之间的横向连线长度正好是五只眼睛的长度,并且均匀分布。

"三庭五眼"是人的脸长与脸宽以及颜面器官布局的标准比例,如不符合这个比例,就会与理想脸形产生距离,那么,在化妆时就要运用一定的技巧进行调整和弥补。

通过自我形象分析,我们便可以了解自己容貌上的优点与不足,虽然人的相貌在很大程度上依赖于遗传,但是后天的努力、科学的保养及恰到好处的修饰具有举足轻重的作用。

2. 化妆的原则

美容化妆必须坚持美化、自然、协调的原则。

(1)美化原则

每一个化妆的人都希望通过化妆能使自己变得更美丽。但有些人认为把各种色彩涂抹在脸的相应部位就变美了,这种想法是错误的。我们看到许多幼儿园的孩子被教师化妆时,会化得脸上一团红、眼睛一团黑,变得又凶又老气,孩子的天真可爱荡然无存,这样的化妆不是变美,而是变丑了。因此,美化原则是从效果来说的。要使化妆达到美的效果,首先必须了解自己脸的各部位的特点;其次要清楚怎样化妆和矫正才能扬长避短,使容貌更迷人。这些要在把握脸部个性特征和正确的审美观的指导下进行。

(2)自然原则

自然是化妆的"生命力",它能使化妆后的脸看起来真实而生动,而不是一张呆板生硬的面具。化妆如果失去了自然的效果,那就是假,假的东西就谈不上生命力和美了。自然的化妆要依赖正确的化妆技巧、合适的化妆品;要一丝不苟,井井有条;要讲究过渡、体现层次;要点面到位、浓淡相宜。总之,要使化妆说其有、看似无,就像被化妆的人确确实实长了这样一张美丽的面容,像真的一样。化妆时如不讲艺术技法手段,乱涂一气,敷衍了事,片面追求速度,都有可能使妆容失真。

(3)协调原则

协调原则包括:①妆面协调,指化妆部位色彩搭配、浓淡协调,所化的妆针对脸部个性特点,整体设计协调。②全身协调,指脸部化妆还必须注意与发型、服装、饰物协调,如穿大红色的衣服或配了大红色的饰物时,口红可以采用大红色的。它力求取得完美的整体效果。③身份协调,指职业人化妆时要考虑到自己的职业特点和身份,采用不同的化妆手段和化妆品进行化妆。作为职业人,应注意化妆后体现端庄稳重的气质;作为专门从事公关工作的从业人员,出头露面的机会多,会经常与有身份、有地位的人打交道,因此要表现出一定的人际吸引魅力,化妆就不能太艳俗或太单调,而应浓淡相宜,青春妩媚,要适合人们共同的爱美之心。④场合协调,指化妆要与所去的场合气氛一致。日常办公,妆可以化淡一些;出入宴会、舞会场合,妆可以化浓一些,尤其是舞会,妆可以亮丽一些;参加追悼会,素衣淡妆,忌使用鲜艳的红色化妆。不同的场合应做不同的化妆,要相得益彰,这不仅会使化妆者内心保持平衡,也会使周围的人心理融洽。

3. 化妆工具与化妆品

(1)化妆工具

化妆工具主要包括:①化妆纸。一般是购买专用的化妆纸(棉),或用质地柔软的纸巾,用于吸汗、吸油、净手、卸妆等。②棉签。可购买或自制。用于细小化妆部位的清理,如涂唇膏、描眉、染睫毛等。③海绵。用于上底色、拍涂胭脂和定妆。④胭脂刷。用于化妆时涂抹胭脂和定妆,可准备两个以上,便于涂抹不同色彩时使用。⑤眼影刷。涂抹眼影时使用。因为眼部分为主色和副色,为了在使用不同颜色的眼影时颜色之间不相互影响,所以要多备几个刷子。

此外,还须备有睫毛夹、眉笔、眉刷、美容剪等。

(2)化妆品

化妆时,必须要准备化妆品。根据不同功能,国际上一般将化妆品分为两大类:一类是调整肌肤、使之润滑的基础化妆品,如爽肤水、雪花膏、润肤露等。另一类是美容化妆品,如眉笔、唇膏、胭脂、粉饼(底)等。我国的美容化妆界又根据国民的皮肤构造和消费水平,将化妆品分为六大类,它们分别是:①护肤类化妆品:爽肤水、面霜、润肤乳、润唇膏等。②清洁类化妆品:洁肤皂、洗面奶、沐浴液等。③修饰类化妆品:粉底液、唇膏、唇彩、腮红等。④美发类化妆品:洗发水、护发素、发乳、发蜡、发胶等。⑤芳香类化妆品:香水、香精等。⑥营养类化妆品:人参霜、珍珠霜、粉刺(雀斑)霜等。

现代职业女性化妆要准备的必需品有:香粉、粉饼、粉底、腮红、眼影、眉笔、眼线笔、唇膏、睫毛液、妆前霜、爽肤水、卸妆油等。

4. 化妆的基本步骤

化妆时要认真掌握化妆的方法。化妆大体上应分为打粉底、画眼线、施眼影、描眉形、上腮红、涂唇膏、喷香水等步骤,每个步骤均有一定之法,必须认真遵守。

(1)打粉底

打粉底又叫敷底粉或打底,它是以调整面部皮肤颜色为目的的一种基础化妆。在打粉底时,有四点应特别注意:一是事先要清洗好面部,并且拍上适量的化妆水、乳液。二是选择粉底霜时要选择好色彩。通常,不同的肤色应选用不同的粉底霜,选用的粉底霜最好与自己的肤色接近,二者的反差不易过大,看起来失真。三是打粉底时一定要借助于海绵,而且要做到取用适量、涂抹细致、薄厚均匀。四是切记在脖颈部位打上点儿粉底,才不会使面部与颈部"泾渭分明"。

小知识

化妆水介绍

化妆水是爽肤水、紧肤水、调理水、柔肤水和洁肤水的统称。

(1)爽肤水。涂抹的感觉比较清爽,能补充肌肤的水分。

(2)紧肤水,也称收敛水。其最大的功效在于细致毛孔,有效平衡油脂分泌,特别针对需要收敛毛孔的油性皮肤或混合性肌肤的 T 字部位,其他肌肤并不适合使用,因为通常含有酒精成分。

(3)调理水。其作用是调整肌肤的酸碱值,肌肤在正常状态下是呈弱酸性,洗完脸后,用调理爽肤水将肌肤恢复到弱酸性。

(4)柔肤水。比较起来,它比较滋润,能给予肌肤细致的呵护,可以软化角质层,增强肌肤吸收滋润护肤品的能力。

(5)洁肤水。除了洗脸可以清洁肌肤之外,有一些"水",还能再次清洁脸部的残余污垢,等于是洁肤的保障。

购买的时候可以这样区分:油性皮肤使用紧肤水,健康皮肤使用爽肤水,干性皮肤使用柔肤水。对于混合皮肤来说,T 字部位使用紧肤水,其他部位使用柔肤水和爽肤水皆可。敏感皮肤则可以选用敏感水或修复水。而要想美白,就可以选用美白化妆水。

(2)画眼线

画眼线这一步骤在化妆时最好不要省掉。它的最大好处是,可以使你的一双眼睛生动而精神,并且更富有光泽。在画眼线时,一般应当把它画得紧贴眼睫毛。具体而言,画上眼线时,应当从内眼角朝外眼角方向画;画下眼线时,则应当从外眼角朝内眼角画,并且在距内眼角约 1/3 处收笔。应予重点强调的是,在画眼线时,特别要重视笔法。最好是先粗后细,由浓而淡,要注意避免眼线画得呆板、锐利、曲里拐弯。画完之后的上下眼线,一般在外眼角处不应当交合。上眼线看上去要稍长一些,这样才会使双眼显得大而充满活力。

（3）施眼影

施眼影主要目的是强化面部的立体感,以凹眼反衬隆鼻,并且使化妆者的双眼显得更为明亮传神。施眼影时,有两大问题应予注意:一是要选对眼影的具体颜色。过分鲜艳的眼影,一般仅适用于晚妆,而不适用于工作妆。对中国人来说,化工作妆时选用浅咖啡色的眼影,往往收效较好。二是要施出眼影的层次之感。施眼影时,最忌没有厚薄深浅之分。若注意使之由浅而深,层次分明,将有助于强化化妆者眼部的轮廓。

（4）描眉形

一个人眉毛的浓淡与形状,对其容貌发挥着重要的烘托作用。任何有经验的化妆者,都会将描眉视为其化妆时的重中之重。在描眉时,有四点需要注意:一是要先进行修眉,以专用的镊子拔除那些杂乱无序的眉毛。二是描眉,所要描出的整个眉形必须要兼顾本人的性别、年龄与脸形。三是在具体描眉形时,要对逐根眉毛进行细描,忌讳一画而过。四是描眉之后应使眉形具有立体感,所以在描眉时通常要注意应两头淡,中间浓;上边浅,下边深。

（5）上腮红

上腮红是化妆时在面颊处涂上适量的胭脂。上腮红的好处是使化妆者的面颊更加红润,面部轮廓更加优美,并且显示出健康与活力。在化工作妆上腮红时,需要注意四条:一是要选择优质的腮红,若其质地不佳,便难有良好的化妆效果。二是要使腮红与唇膏或眼影属于同一色系,以体现妆面的和谐之美。三是要使腮红与面部肤色过渡自然。正确的做法应是,以小刷蘸取腮红,先上在颧骨下方,即高不及眼睛、低不过嘴角、长不到眼长的1/2 处,然后才略作延展晕染。四是要扑粉进行定妆。在上好腮红后,即应以定妆粉定妆,以便吸收汗液、皮脂,并避免脱妆。扑粉时不要用量过多,并且不要忘记在颈部也要扑上一些。

（6）涂唇膏

化妆时,唇部的地位仅次于眼部。涂唇膏,既可改变不理想的唇形,又可使双唇更加娇媚迷人。涂唇膏时的主要注意事项有三条:一是要先以唇线笔描好唇线,确定好理想的唇形。唇线笔的颜色要略深于唇膏的颜色。描唇形时,嘴应自然放松张开,先描上唇,后描下唇。在描唇形时,应从左右两侧分别沿着唇部的轮廓线向中间画。上唇嘴角要描细,下唇嘴角则要略粗。二是要涂好唇膏。以唇线笔描好唇形后,才能涂唇膏。选择唇膏时,既可以选彩色,也可以选无色,但要求其安全无害,并要避免选用鲜艳古怪之色。女性一般宜选棕色、橙色或紫色,男性则宜选无色唇膏。涂唇膏时,应从两侧涂向中间,并要使之均匀而又不超出早先以唇线笔画定的唇形。三是要仔细检查。涂毕唇膏后,要用纸巾吸去多余的唇膏,并细心检查一下牙齿上有无唇膏的痕迹。

（7）喷香水

喷香水主要是为了掩饰不雅的体味,而不是为了使自己香气袭人,这一点很重要。喷香水要注意以下问题:一是不应使之影响本职工作,或是有碍于人。二是宜选气味淡雅清新的香水,并应使之与自己同时使用的其他化妆品在香型上大体一致,而不是彼此"串味"。三是切勿使用过量,产生适得其反的效果。四是应当将其喷在或涂抹于适当之处,如腕部、耳后、颔下、膝后等,而千万不要将香水直接喷在衣物上、头发上或身上其他易出汗之处。

完成上述化妆过程后要进行妆后检查:①检查左右是否对称。眼、眉、腮、唇、鼻侧等,两边形状、长短、大小、弧度是否对称,色彩浓淡是否一致。②检查过渡是否自然。脸与脖子、鼻梁与鼻侧、腮红与脸色、眼影、阴影层次等过渡是否自然。③检查整体与局部是否协调。各局部是否缺漏、碰坏,是否符合整体要求,该浓该淡是否达到应有效果,整个妆面是否协调统一。④检查整体是否完美。化妆要忌"手镜效果",即把镜子贴近脸部检查。虽然这样会看清细小的部分,但一般人是在 1m 之外的距离与你面谈或招呼。所以要在镜前 50cm 处审视自己,对脸部整体的平衡做出正确的判断。

小知识

如何卸妆?

(1)卸除睫毛膏。首先将假睫毛取下,如果戴了假睫毛或隐形眼镜,一定要先将其取下。将化妆棉用眼部专用卸妆液蘸湿后对折,闭上双眼,两手各用两根手指将化妆棉上下压住眼睫毛,夹紧包住。注意,睫毛根处也不要忽略。等待约 3~5 秒后,让化妆棉上的眼部专用卸妆液将睫毛上的睫毛膏完全溶解。然后轻轻将化妆棉往前拉出,以便顺势将溶解的睫毛膏拭去。通常睫毛膏无法一次完全去除,可以更新化妆棉后重复上述步骤,直至完全清除为止。

(2)卸除眼影及眼线。取一片化妆棉,同样以眼部专用卸妆液将其蘸湿。闭上眼,将化妆棉用食指、中指与无名指夹紧,覆盖于眼皮上约两三秒钟,然后让化妆棉轻轻地往眼尾拉走,以顺势拭去眼皮上的眼影。如果因为使用了防水眼线而没有去除干净,可再重复一次。

(3)卸除不沾杯唇膏。用面纸按压嘴唇,吸掉唇膏里的油分。将两片蘸满卸妆液的棉片叠摆轻敷嘴唇,微笑使唇纹舒展。由外围向唇部中心垂直卸除,不要来回搓。打开嘴角,将棉片对折,清理容易遗落的残妆。

(4)卸除面部妆容。将适量卸妆产品涂抹于脸上,用指腹轻轻按摩脸部,让卸妆产品将脸上的彩妆充分溶解。注意细小的地方,如鼻梁两侧、嘴角、发际等处也要彻底卸除。用面纸将脸上所有的东西拭去,如果一次不干净,同样的步骤可再来一次。

5. 不同脸形的化妆

脸部化妆一方面要突出面部五官最美的部分,使其更加美丽;另一方面要掩盖或矫正缺陷或不足的部分。经过化妆品修饰的美有两种:一种是趋于自然的美;另一种是艳丽的美。前者是通过恰当的淡妆来实现的,它给人以大方、悦目、清新的感觉,最适合在家或平时上班时使用;后者是通过浓妆来实现的,它给人以庄重高贵的印象,可出现在晚宴、演出等特殊的社交场合。无论是淡妆还是浓妆,都要利用各种技术,恰当使用化妆品,通过一定的艺术处理,才能达到美化形象的目的。

(1)椭圆脸形化妆

椭圆脸形可谓公认的理想脸形,化妆时宜注意保持其自然形状,突出其可爱之处,不必通过化妆去改变脸形。

涂胭脂时,应涂在颊部颧骨的最高处,再向上向外揉化开去。

使用唇膏时,除嘴唇唇形有缺陷外,尽量按自然唇形涂抹。

眉毛,可顺着眼睛的轮廓修成弧形,眉头应与内眼角齐,眉尾可稍长于外眼角。

正因为椭圆形脸是无须太多掩饰的,所以化妆时一定要找出脸部最动人、最美丽的部位,而后突出之,以免给人平平淡淡、毫无特点的印象。

(2)长脸形化妆

长脸形的人,在化妆时力求达到的效果应是增加面部的宽度。

涂胭脂时,应注意离鼻子稍远些,在视觉上拉宽面部。涂抹时,可沿颧骨的最高处与太阳穴下方所构成的曲线部位,向外、向上抹开去。

施粉底时,若双颊下陷或者额部窄小,应在双颊和额部涂以浅色调的粉底,造成光影,使之变得丰满一些。

修正眉毛时,应令其成弧形,切不可有棱有角。眉毛的位置不宜太高,眉毛尾部切忌高翘。

(3)圆脸形化妆

圆脸形予人可爱、玲珑之感,若要修正为椭圆形并不十分困难。

涂胭脂时,可从颧骨起始涂至下颌部,注意不能简单地在颧骨突出部位涂成圆形。

涂唇膏时,可在上嘴唇涂成浅浅的弓形,不能涂成圆形的小嘴状,以免有圆上加圆之感。

施粉底时,可用来在两颊造阴影,使圆脸瘦削一点。选用暗色调粉底,沿额头靠近发际线处起向下窄窄地涂抹,至颧骨下部可加宽涂抹的面积,造成脸部亮度自颧骨以下逐步集中于鼻子、嘴唇、下巴附近。

修眉毛时,可修成自然的弧形,或作少许弯曲,不可太平直或有棱角,也不可过于弯曲。

(4)方脸形化妆

方脸形的人以双颊骨突出为特点,因而在化妆时,要设法加以掩饰,增加柔和感。

涂胭脂时,宜涂抹得与眼部平行,切忌涂在颧骨最突出处。可抹在颧骨稍下处并往外揉开。

施粉底时,可用暗色调在颧骨最宽处造成阴影,令其方正感减弱。下颌部宜用大面积的暗色调粉底造阴影,以改变面部轮廓。

涂唇膏时,可涂丰满一些,强调柔和感。

修眉毛时,应修得稍宽一些,眉形可稍带弯曲,不宜有角。

(5)三角脸形化妆

三角脸形的特点是额部较窄而两腮较阔,整个脸部呈上小下宽状。化妆时应将下部宽角"削"去,把脸形变为椭圆状。

涂胭脂时,可由外眼角处起始,向下涂抹,令脸部上半部分拉宽一些。

施粉底时,可用较深色调的粉底在两腮部位涂抹、掩饰。

修眉毛时,宜保持自然状态,不可太平直或太弯曲。

(6) 倒三角脸形化妆

倒三角脸形的特点是额部较宽大而两腮较窄小,呈上阔下窄状。人们常说的"瓜子脸"、"心形脸",即指这种脸形。化妆时,掌握的诀窍恰恰与三角脸形相似,需要修饰部分则正好相反。

涂胭脂时,应涂在颧骨最突出处,而后向上、向外揉开。

施粉底时,可用较深色调的粉底涂在过宽的额头两侧,而用较浅的粉底涂抹在两腮及下巴处,造成掩饰上部、突出下部的效果。

涂唇膏时,宜用稍亮些的唇膏以加强柔和感,唇形宜稍宽厚些。

修眉毛时,应顺着眼部轮廓修成自然的眉形,眉尾不可上翘,描眉时从眉心到眉尾宜由深渐浅。

6. 不同职业角色的妆容技巧

每个人都有自己特定的社会角色。由于在不同的交际场所"扮演"的角色不同,因此,装扮或表现也要相应有所区别。每一个角色都有一个自己的定位,凸显角色是一种行为选择,也是一个人在自我定位时,决定哪一个角色比其他角色重要的过程。

(1) 高级主管的妆容技巧

当一位新的部门主管走马上任,人们在观察他时,通常会较多地注意那些无形的特点,如个人形象、人际沟通能力、人品及性格等。因此,身为部门主管注意自己的妆容,不断强化自己的妆容技巧是必要的。

① 女性主管。女性主管要在工作中做到真正与男性处于同等地位,必须从自信与装扮上提升自己作为一个独立人格存在的水准。要尽可能打扮得端庄得体,发型、妆容、首饰和衣服应该和谐统一,装扮要尽可能优雅、完美。

② 男性主管。女士们通常羡慕男士不用花多少精力去装扮,以为他们只要穿上一套得体的西装就可以了,但在当今社会越来越激烈的市场竞争中,已有越来越多的男士开始意识到仅仅做到这些是远远不够的,男性主管也必须努力注意自己的妆容。

- 内衣不仅要干净,也要合身。
- 第一次与重要人物见面时,着装要尽可能含蓄,以免咄咄逼人。色彩和款式较含蓄的高级丝质领带比色彩艳丽的领带更好。
- 眉毛间杂乱的毛发看上去不整洁,要设法修整。
- 参加重要会议,首先要考虑清楚自己到底应以什么样的形象出现,然后,再考虑相应的服饰。
- 如果发型长期不变,肯定会显得落伍,甚至会显得比实际年龄老气。去设计一个更好的发型,改变原有的习以为常的形象。
- 如果总是等鞋子脏了才去擦,那么皮革就很容易老化,一般穿三次就应该擦一次。

- 一次性水性笔只适合学生或临时工用,优质钢笔更能反映出你的成功和个性。
- 手指甲应每两个星期就修剪一次。
- 有趣的塑料手表只是少年的玩物,包括潜水式的手表都会有损职业人士的形象。
- 对于有机会单独与客户接触的职业男士来说,个人卫生是非常重要的。每天都应更换衬衣,早晨要洗淋浴,每天都要刷牙3次。此外,应选择能与裤装和鞋子相匹配的素色或黑色袜子。

（2）接待人员的妆容技巧

每个公司都应该注意公司形象与员工形象之间的协调。因为公司通过宣传等其他方式建立起来的形象,最终要由员工来体现和强化。公司应制定出一整套员工形象标准,以帮助他们维护公司的形象。

公司接待人员通常为女性,她们是代表公司接待宾客的,给来访者的第一印象非常重要。一个最佳的接待人员通常就是公司形象的代言人。因此,人事部门在招聘接待人员时必须严格筛选,并制定出严格的用人规范。

① 女性应淡妆上岗,化妆与发型应整齐、清洁、端庄,不宜在接待宾客时整理鬓发或补妆。

② 珠宝首饰佩戴不宜超过3件,应选用无声响、不夸张、不招摇的饰品。

③ 手和指甲必须随时保持整洁。

特别值得注意的是,不要把流行的"酷妆"带到工作岗位上来。因为在职场工作的每一位员工,都应按照职场的妆容礼仪规则要求自己,绝不能将私人化的妆容形象带到职场上来。一个人的形象应随着环境的变化而变化,在休闲环境下是良好的形象,到了职场环境下可能就不合时宜了。

（3）求职人员的妆容技巧

不论是已经有工作经验者还是刚毕业的学生,任何想获得一份工作的人都需经过面试。所以,专门探讨一下有关面试时的妆容技巧是有必要的。

面试最初3分钟的印象非常重要,在这3分钟里主考官会对求职者形成初步的感性认识。印象好可能会给求职者更多的时间,以便其深入了解;印象不好可能就会匆匆结束面试,或缩短面试过程。在相互不认识的人之间,以貌取人并没有错。因为在最初的印象中,形象是对方能够获取相关信息的最直观、最快捷、最有效的途径。对方不可能在这么短的时间里准确得知一个人的全方位信息,比如,关于一个人的为人处世、人品才能等信息,均需要经过较长时间的了解、接触才能获取。所以,应聘时的外在形象对一个应聘者越过最初的面试障碍会起到非常重要的作用。在准备面试前要做到以下几点。

① 面试前一晚必须睡眠充足,使皮肤保持光洁。

② 女性要用浅色调彩妆化自然一些的淡妆。脸上有斑点的女性要用遮瑕膏将其遮盖。不化妆的女性以及蓄须的男性,在求职过程中容易遭遇偏见,从而会减少许多本应属于自己的机会。女性若浓妆艳抹,比没有化妆的应聘者更糟糕。化一点淡妆,让面部显得清新自然,是最受人们欢迎的。

③ 头发要保持干净,不要用油滑的定型液,否则会给人湿漉漉的感觉。留长发的女性,要把头发扎起来,束带应简单而自然,不要使人觉得稚气未脱。

④ 要洗净、修整指甲,因为在与人握手或做记录时,指甲不清洁总是让人感到尴尬的事情。女性应用无色自然的指甲油,这样看上去会显得更健康。

⑤ 不要用香水,否则会分散考官的注意力。

个人良好的妆容形象对获得一份理想的工作起着重要作用,尤其是当求职者还没有这方面的经验时,需要依靠自身良好的外在形象,把内在的潜质更好地表现出来,以便他人能愉快地接受。

(4) 舞台演讲时的妆容技巧

站在舞台上发表演讲是表现自己能力的一次机会,此时千万不要忽视妆容形象,它与演讲内容同样需要重视。演讲者与台下的观众有一定的距离,为了使自己的肤色看上去更健康,可以使用较厚的粉底及散粉。眉毛、眼线、眼影、睫毛、唇膏都可以画得比平时明显突出些。在灯光的作用下,远距离观看就会显得非常自然。

① 妆色可以比平时浓一些,庄重一些。在脸上打上一层薄而稳固的粉底。注意突显眼睛(用眼线笔、睫毛膏和眉梳处理),还要强调嘴唇。在涂唇膏前先使用唇线笔将唇形清楚地勾勒出来。用半透明粉在脸上均匀地扑一层,使脸部看上去不油亮。上粉不宜过厚,否则会使人感觉好像不太自然。

② 在舞台内侧等待出场时,要轻松自如。调匀呼吸,做几次张大嘴巴的动作,这样可以松弛颌部并使下颌变得柔韧舒适,放松紧张的情绪。

③ 开始说话时要微笑地环视听众,然后做一次深呼吸。沉稳自如的微笑不仅会给人一种亲切宜人的印象,同时也会让听众感觉到,接下来的演讲将会是生动有趣的。

④ 倘若戴着眼镜进行演讲,那么演讲的过程中注意不要摆弄眼镜,因为这样的习惯性动作往往会使听众误以为演讲者是位易冲动、敏感、焦虑不安、故作姿态的人。

⑤ 有些演讲者在紧张的时候,常有下意识地摆弄头发或摆弄物品的习惯。这种下意识的反复的习惯性动作会干扰听众,使听众产生不舒适的感觉。

⑥ 保持和善的微笑能缓解交流的气氛,在一定程度上也会平息自己的紧张情绪。自然而真诚的微笑就像和煦的春风,让人身心愉悦。

(5) 女大学生的妆容技巧

女性到了大学阶段的年龄,是最漂亮也是最爱漂亮的年龄。适当地化妆,不但可以显得更漂亮,在有些场合也是必要的礼节。比如,实习、假期打工时,要接触社会人士,就必须把自己装扮得漂亮、得体,办事效率会更高,也会给自己带来诸多方便。恰当的化妆能使人拥有一种成熟的味道,更容易取得别人的信任。

女大学生化妆时应以自身面部客观条件为基础,适当加以强化或美化,切不可失真。要妆而不露、化而不觉,从而达到"清水出芙蓉,天然去雕饰"的境界。特别应该注意的是,女大学生在日常学习、生活中,以不化妆为宜;在社交娱乐活动中,化妆应以自然清新为主,切忌人工痕迹太重,那样会有损青年女性自然的美感。

总之,女大学生的仪容既要符合个性,又要讲究团队精神,要反映出大学生朝气蓬勃、奋发进取的精神风貌。①

7. 化妆的禁忌

化妆有很多禁忌,很多都是日常生活中我们不经意的化妆习惯。千万别小看这些小习惯,如果不注意,会有损形象。

(1)切忌在公共场合化妆

在众目睽睽之下化妆是非常失礼的,这样做有碍于别人,也不尊重自己。

(2)女士不能当着男士的面化妆

如何让自己更加妩媚,应是每个女性的私人问题,即便是丈夫或男朋友,这点距离也是要有的,从某种意义上来说"距离"就是美。

(3)不能非议他人的化妆

由于个人文化修养、皮肤及种族的差异,每个人对化妆的要求及审美观是不一样的,不要总认为只有自己的化妆才是最好的。在和他人交往的过程中,即便是好朋友,也不要主动去为别人化妆、改妆及修饰,这样做就是强人所难和热情过度。

(4)不要借用别人的化妆品

如确实忘了带化妆盒而又需要化妆,在这种情况下除非别人主动给你提供方便,否则千万不要用人家的化妆品,因为这是极不卫生的,也很不礼貌。

(5)男士使用化妆品不宜过多

目前,男士化妆品也越来越多,但男女有别。男士不能使用过多的化妆品,否则会给人带来不良的印象,不要让人感到化妆后有"男扮女装"的感觉。

8. 男性的妆容设计

以上几点主要针对女士而言,其实男士也应注意妆容设计。职业男性的妆容修饰应注意如下几个方面。②

(1)维护自己的面部皮肤

男性也应像女性一样精心维护自己的面部皮肤。要勤洗脸,以保持面部皮肤的清洁与卫生。可适量使用保湿液,以保持面部皮肤的湿润。

(2)注意选用合适的修面液和香水

适合办公场合用的修面液和香水一般应幽微、淡雅,并有一种清爽的味道,这样的味道能使周围的人感到愉悦。

(3)注意眉毛的修饰

改变眉毛存在的缺陷,修整多余的眉毛或不规则的形状。

(4)修剪鼻毛

外露的鼻毛让人讨厌,应买一把修剪鼻毛的专用剪刀经常修剪。

(5)勤于修面

勤于修面的男士在工作中更容易被他人接纳。德高望重的长者,如果有蓄须的习惯,

---

① ② 吴雨潼. 职业形象设计与训练[M]. 大连:大连理工大学出版社,2008.

应注意对胡子的修剪,尤其是要注意将脖子上的胡须处理干净。

（6）注意牙齿清洁

保持牙齿和牙龈健康是每日必须优先考虑的事情。每天最好能刷牙三次,尤其要注意养成午餐后刷牙的习惯。一次专业性的牙齿清洗能为你带来惊人的变化。

（7）注意手部护理

手总是不可避免地要暴露在别人面前,所以应注意保持手和指甲的清洁,并选用合适的护手霜护理双手。

（8）去除烟味

吸烟的男子要注意吸烟后咀嚼口香糖等去除烟味。

（9）去除脚臭

有"汗脚"的男士应注意保持鞋袜清洁,最好准备两双以上的鞋,换着穿。

男士的形象与其精神面貌有很大关系,如果外表各方面都处于最佳状态,但目中无人,精神不振,也不会给别人留下良好的印象。所以,男士在精神面貌上要保持对生活的乐观和追求,少些抑郁忧愁,多些爽朗欢笑。

1.1.2　皮肤护理

皮肤护理是指要对皮肤,尤其是面部皮肤进行长期护理和保养,这是实现妆容美的首要前提。正常健康的人皮肤应具有光泽,且柔软、细腻洁净、富有弹性;而当人处于病态或衰老的时候,其皮肤就会失去光泽、弹性,出现皱纹或色斑。对皮肤进行经常性的护理和保养,有助于保持皮肤的青春活力。

1. 皮肤的构造

皮肤是由表皮、真皮和皮下组织三部分构成的。表皮就是我们眼睛能看得见的部位,它能防止体内水分过分蒸发,并能阻止外界有害物质的侵入,尤其是防止紫外线的侵入;真皮位于表皮的内侧,与表皮弯曲相连,真皮的机能如果衰退,皮肤就会呈现老化。真皮的弹力缩小,皮肤的皱纹就会增加。人们受伤后,皮肤的再生力也来源于真皮层;皮下组织是皮肤的最下层,含丰富的皮下脂肪。全身皮肤含脂肪量各不相同,其中,眼周的含量最少,所以眼周肌肤最显脆弱。因为缺乏皮脂膜保护,加班、熬夜过多,作息不正常,眼周就容易出现黑眼圈、细纹等症状,看上去精神不济,并会给职场、社交带来困扰。眼周最易松弛,也最易老化。职业人为保持良好的精神风貌,应特别注意保护眼周肌肤。

为了让皮肤的新陈代谢正常运作,我们应在晚上10点至深夜2点这一段时间睡觉休息。因为这段时间是细胞分裂最旺盛的时候,此时人如果处于睡眠状态,心跳平缓,血管扩张,血液循环遍及全身,营养及能量较易供给细胞分裂时使用,就能促进新陈代谢。反之,此时人如果熬夜,对皮肤的保养最为不利。

2. 皮肤分类型保养

皮肤一般分为干性皮肤、中性皮肤、油性皮肤、混合性皮肤、敏感性皮肤。对于不同类型的皮肤需用不同的方法加以护理和保养。

干性皮肤红白细嫩,油脂分泌较少,经不起风吹日晒,对外界的刺激十分敏感,极易出现色素沉着和皱纹。有些干性皮肤的人苦于自己的皮肤少了一份"亮光",使劲往脸上涂抹"增亮"的油脂。殊不知,此举减少了皮肤的透气性。其实对于这种皮肤,每天在洗脸的时候,可以在水中加入少许蜂蜜,湿润整个面部,用手拍干。坚持一段时间,就能改善面部肌肤,使其光滑细腻。保养的要点是补充油脂和保湿。

中性皮肤比较润泽细嫩,对外界的刺激不太敏感。这种皮肤比较易于护理,可以在晚上用水洗脸后,再用热水捂脸片刻,然后轻轻抹干。保养要点是维持水油平衡。

油性皮肤肤色较深,毛孔粗大,油光满面,易生痤疮等皮脂性皮肤病,但适应性强,不易显皱。洗脸时可在热水中加入少许白醋,以便有效地去除皮肤上过多的皮脂、皮屑和尘埃,使皮肤富有光泽和弹性。保养要点是控制油脂分泌和保湿。

混合性皮肤看起来健康且质地光滑,但 T 形区(额头、鼻子、下巴的区域)有些油腻,而两颊及脸部的外缘有一些干燥的迹象。混合性皮肤在护肤时可考虑分区护肤的法则,对于干燥的部位除了更多地补水保养外,可以适当地选择一些营养成分较丰富的护肤品,而偏油部分可以使用清爽护肤品。保养要点是控制 T 形区的油脂分泌,消除两颊的干燥现象并保湿。

敏感性皮肤表皮较薄,毛细血管明显,使用保养品时很容易过敏,出现发炎、泛红、起斑疹、瘙痒等症状。保养要点是适度清洁,不过度去角质,不频繁更换保养品,不使用含有致敏成分的化妆品。

确定皮肤类型的简单方法是:在早晨起床前,准备三张干纸片,分别贴在额头、鼻子、面颊上,两分钟后揭下,放在亮处观察,就可判断自己的皮肤类型,如果满纸油迹即为油性皮肤;极少油迹即为干性皮肤;如果额头、鼻子有油迹,脸颊上几乎没有即为中性皮肤,额头、鼻子有较多油迹,脸颊上没有为混合性皮肤。

3. 护肤的基本方法

(1) 合理的饮食

合理的饮食是美容保健的根本。人体需要多种养分,有了养分,皮肤才有自然健康的美。因此,我们在日常的生活中应注意饮食上的多种多样,多吃富含维生素的食物,少吃刺激性食物,保持吸收、消化系统的畅通。一项研究表明:美好容颜的养成,内在营养占80%,外在营养占 20%。

(2) 保持乐观情绪

乐观的情绪是最好的"润肤剂"。俗话说:"笑一笑,十年少。"笑是一种化学刺激的反应,它激发人体各器官,尤其是激发大脑、内分泌系统的活动。笑的时候,脸部肌肉舒展,使面部皮肤新陈代谢加快,促进血液循环,增强皮肤弹性,起到美容作用。经常笑能使面色红润,容光焕发,给人年轻健康的美感。放松是保持乐观情绪的一剂良药,每天平躺在床上,使脚比头高,什么也不想,可以听轻音乐,10 分钟后,即可增加面部的供血量,收到护肤的功效。

(3) 保证良好的睡眠

保持卧室的良好环境,卧室的温度、床垫和枕头的软硬,都要适合自己入睡的要求。

如有可能,特别是北方的冬季,可在室内装置加湿器,防止皮肤干裂。良好的睡眠使皮肤可以获得更多的氧气,满足代谢的需要。

（4）保持皮肤适度的水分

皮肤的弹性和光泽是由含水量决定的。要使皮肤滋润,每天要保证喝水 2000 毫升。每天晚上睡前饮一杯凉开水,睡眠时,水分会融入细胞,为细胞所吸收。早晨起床后,也要饮一杯凉开水,使胃肠畅通,使水随血液循环分布全身,滋润皮肤。皮肤角质层的水分也可以从体外吸收,保持环境湿度,在化妆品中配合上保湿剂,是保持皮肤水分的好方法。坚持每天用冷水浸脸一次,约 2 分钟,坚持必有成效。

（5）正确地洗脸

正确洗脸,保持皮肤清洁卫生是不可或缺的。正确的洗脸方法是:洗脸水温不要太高,一般应低于 35℃;洗脸应从下往上洗,从里向外洗,这样有助于皮肤血液循环;要使用温和的洗面奶,少用或不用香皂;洗脸的动作要轻柔。

（6）避免不良刺激

紫外线对皮肤有破坏作用,过度暴晒会使皮肤变黑、粗糙并出现皱纹,因此阳光太强的天气,要注意防晒。此外,应化淡妆,不要浓妆艳抹,以减轻对皮肤的刺激,更不要使用伪劣化妆品。

（7）按摩皮肤

按摩皮肤的具体方法是:两手掌相互摩擦发热,然后用手掌由前额顺着脸的两旁轻轻向下擦,擦至下巴后,再上擦至前额,如此一上一下将脸的各处擦周到,上下共 36 次,每天早晚洗脸后进行。在按摩时手法要轻柔,不可过分用力。

总之,只有自觉地、习惯地在日常生活和工作中保养皮肤,坚持皮肤"锻炼",才能使皮肤细腻、光泽、柔嫩、红润,富有弹性,青春永驻。

1.1.3　发型美观

头发位于人体的"制高点",俗话说:"美丽从头开始。"发型构成了妆容美的重要内容。现代社会,发型的功能不仅是区分性别、美化容颜,更能反映一个人的道德修养、审美水平、知识层次。有时,人们甚至可以通过一个人的发型准确地判断出他的职业、身份、受教育程度、生活状况和卫生习惯,更可感受出其是否身心健康以及对生活和事业的态度。美观的发型能给人一种整洁、庄重、洒脱、文雅、活泼的感觉。

1. 护发

要想拥有健康秀丽的头发,就要靠平时的保养和护理,否则,头发就会受到损伤,影响头发的健康。有一头健康的头发,才能实现美发,健康是美的前提。

（1）发质

头发因不同种族、不同肤色、不同年龄、不同健康状况而有着不同的发质。头发因其皮脂腺分泌量的不同,大体上可分为以下四种发质:油性发质、中性发质、干性发质和劣质发质。

油性发质:头发常有油腻的感觉,虽常常洗头,但洗后仍易排出油脂,头屑较多。

中性发质:头发感觉柔软平顺,看上去光亮润泽,是较理想的发质。

干性发质:头发表面干燥,洗后无光泽和润滑的感觉,发型不易保持。

劣质发质:头发感觉粗糙,摸起来质感不好,梳理时头发会断裂、开叉或打结。

判断自己头发的软硬,可以从烫发后头发是否容易保持卷性来断定,较硬的头发保持卷性较好,较软的头发保持卷性较差。

(2)美发用品[1]

在商场,我们看到用于保护头发的美发用品琳琅满目,通常可将其分成三大类:①发乳:适用于一般头发,对发质较软者尤为适用。它能保护头发,使之不易断裂和脱落,并保持自然光亮与润泽,还可随意梳理成自己需要的发型。发乳中的药性发乳则可以去屑、止痒、防脱发。②发蜡:又称头蜡,是以凡士林为原料制成的,所以黏度较高,适合头发较多或硬性头发的人使用。由于这类头发难以梳理成型,使用发蜡后再用电吹风吹发则易于梳理成型,保持头发整齐,同时还能减少水分对头发的软化作用,增加头发的光泽。③喷雾发胶:是一种使头发定型的用品。其用法是:在使用电吹风吹发后,将发胶均匀地喷在头发上,从而使发型固定,不怕风吹或震动,可较长时间地保持发型不变。

(3)头发护理的方法[2]

① 洗发:头发要定期清洗。洗发可清除头屑和污垢,防止头皮的皮脂分泌物堵塞毛孔而发痒。洗发时应选择适合自己发质的洗发水和护发素,水温在 37℃ 左右最适合。不可用力摩擦和抓揉头发,只可用手指肚轻轻按摩,然后用清水清洗干净,不要让洗发精、护发素残留在头发上,最后将头发用毛巾擦干或者用电吹风吹干。使用电吹风时,应距头发 20~25cm。洗发的间隔时间要根据具体情况而定:中性发质的人冬天 4~5 天洗一次发,夏天 3~4 天洗一次发;油性发质和干性发质的人则要分别缩短和延长 1~2 天。

② 护发:焗油是最好的护发方法。有关专家研究发现,头发表层是由无数鳞片组成的,这种鳞状表层排斥头油、蛋白质、维生素、人参、当归等物质,只吸收与纤维质相关的特殊物质,而焗油膏中则含有这种头发易于吸收的营养素物质。它们对于头发可以起到营养和修复作用,增加头发的弹性、柔软性和保湿性,使头发看起来光亮照人、如丝绸一般,并易于梳理。焗油一个月一次即可,可以自己焗,也可以到发廊焗。

③ 养发:现代职业女性若想拥有一头秀发,还要注意养发,即在人体自身内部吸收营养及适当调节上要做到四个注意。

第一,注意保持饮食中营养均衡,提高身体素质。多吃含蛋白质、铁、钙、锌、镁的食物和鱼类、贝类、橄榄油、坚果类(核桃)等。

第二,注意多参加运动,坚持锻炼,有规律的运动可消除工作、学习、生活紧张带来的压力。

第三,注意掌握并运用正确的梳头和洗头方法,勿损伤头发;还要注意按摩和擦发。早晚用梳子梳发 3 分钟,约 100 次,这样既可以刺激头发的神经末梢,调节头部神经功能,

① 薛晶,杨玉霞.现代礼仪[M].北京:中国商业出版社,1993.

② 贾孟喜,陈开梅.职业女性形象设计教程[M].武汉:华中师范大学出版社,2009.

促进内分泌和头发的新陈代谢,有利于头发的新生,还可以刺激头皮活力,防止掉头屑和脱发。

第四,要注意防止和降低自然环境中损伤头发的因素,如注意防干燥、防暴晒、防潮湿、防寒冷。夏天游泳后要及时用清水清洗干净,再让头发自然风干。夏天外出用遮阳伞,冬天外出戴防寒帽。

2. 美发

当我们对自身头发的发质、护发、保养有了一定的了解后,还要选择一个有魅力的,与自己性别、发质、服装、身材、脸形等相和谐一致的发型,从而表现出与众不同的良好仪容——发型美。

(1) 发型与性别

对于男士来讲,头发的具体长度,有着规定的上限和下限。所谓上限,是指头发最长的极限。一般来说不允许男士在工作时长发披肩,或者梳起辫子。在修饰头发时要做到:前发不覆额,侧发不掩耳。男士头发长度的下限是不允许剃光头。对于女士来讲,在工作岗位上头发长度的上限是:不宜长于肩部,不宜挡住眼睛。长发过肩的女子在上岗之前,可以采取一定的措施,如将超长的头发盘起来、束起来、编起来,不可以披头散发。女士头发长度的下限也是不允许剃光头。

(2) 发型与发质、服装

一般来说,直而硬的头发容易修剪得整齐,故设计发型时应尽量避免花样复杂,应以修剪技巧为主,做成简单而又高雅大方的发型。比如梳理成披肩长发,会给人一种飘逸秀美的悬垂美感;用大号发卷梳理成略带波浪的发型或梳成发髻等,会给人一种雍容典雅的高贵气质。

细而柔软的头发,比较服帖、容易整理成型,可塑性强,适合做小卷曲的波浪式发型,显得蓬松自然;也可以梳成俏丽的短发,能充分体现个性美。

在现代美发中,一个人的发型与服装有着十分密切的关系。什么样的服装应当有什么样的发型相配,这样才显得协调大方。假如一个高贵典雅的发髻配上一套牛仔服系列就显得不伦不类了。因此,只有和谐统一才能真正体现美。

(3) 发型与身材

身材高大威壮者,应选择显示大方、健康洒脱的发型,避免给人大而粗、呆板生硬的印象。高大身材的女士,一般留简单的短发为好,切忌花样复杂。烫发时,不应卷小卷,以免造成与高大身材的不协调。

身材高瘦者,适合留长发型,并且适当增加发型的装饰性。如若梳卷曲的波浪式发型,对于高瘦身材会有更多的协调作用。但高瘦身材者不宜盘高发髻,或将头发削剪得太短,以免给人一种更加瘦长的感觉。

身材矮小者,适宜留短发或盘发,因露出脖子可以使身材显得高些,可以根据自己的喜好,将发型做得精巧、别致,并做到优美、秀丽。但矮小身材者不宜留长发或粗犷、蓬松的发型,那样会使身材显得更矮。

身材较胖者,适宜梳淡雅舒展、轻盈俏丽的发型,尤其应注意需将整体发式向上,将两侧束紧,使脖子亮出,这样会使人产生视错觉,感觉瘦些。但若留长波浪,两侧蓬松,则会显得更胖。

另外,如果你的上身比下身长,或上下身等长,则发型可选择长发,以遮盖其上身;如肩宽臀窄,就应选择披肩发或下部头发蓬松的发型,以发盖肩,分散肩部宽大的视角;若颈部细长,可选择长发的发型,不适宜采用短发,以免使脖颈显得更长;若颈部短粗,则适宜选择中长发或短发,以分散颈粗的感觉。

总之,选择发型时,必须根据自己的体形,选择一个与之相称的发型。

（4）发型与脸形

椭圆形脸:任何发型与它相配,都能达到美观的效果。但若采用中分头型,左右均衡、顶部略蓬松的发型,会更贴切,以显示脸形之美。

圆脸形:接近于孩童脸,双颊较宽,因此应选择头前部或顶部略半隆的发型,两侧则要略向后梳,将两颊及两耳稍微留出。这样,既可以在视觉上冲淡脸圆的感觉,又显得端庄大方。圆脸形的人尤其适合梳纵向线条的垂直向下的发型或是盘发,使人显得挺拔而秀气。

长脸形:端庄凝重,但给人一种老成感。因此,应选择优雅可爱的发型来冲淡这种感觉。顶发不宜太丰隆、前额部的头发可适当下倾,两颊部位的头发适当蓬松些,可以留长发,也可以齐耳,发尾要松散流畅,以发型的宽度来缩短脸的视觉长度。若将头发做成自然成型的柔曲状,会更理想。

方脸形:前额较宽,两腮突出,显得脸形短阔。适宜选择自然的大波纹状发型,使整个头发柔和地将脸孔包起来,两颊头发略显蓬松遮住脸的宽部,使人的视觉由线条的圆润冲淡脸部方正直线条的印象。

"由"字形脸:应选择表现额角宽度的发型,中长发型较好。可使顶部的头发梳得松软蓬松些,两颊侧的头发宜向外蓬出以遮住两腮,在人的视觉上减弱腮部的宽阔感。

"甲"字形脸:宜选择能遮盖宽前额的发型,一般说两颊及脑后发应蓬松而饱满,额部稍垂"刘海",顶部头发不宜丰隆,以遮住过宽的额头。此类脸形的人适宜将头发烫成波浪形的长发。

（5）美发的方法[①]

爱美之心人皆有之,现代职业女性可采用以下四种方法来美发,从而使自己的发型亦庄亦雅、亦美亦潮而不落俗套。

① 烫发。现代人运用物理或化学的方法,将头发做成各式各样、符合个人要求的形状的方法叫烫发。现在各种五花八门的烫发术语使人眼花缭乱,所以我们在烫发前,首先要对本人的年龄、职业、脸形、发质等因素做综合的分析判断,然后再决定是否烫发和烫何种发型,切勿盲从。

② 做发。人们用发油、发乳、发胶、摩丝等美发用品,将头发塑造成各种形状,以达到显示个性化目的的方法叫做发。现代职业女性发型不宜做得太夸张,应注重塑造端庄、稳重的良好职业形象。

---

① 金正昆.社交礼仪常识[M].北京:中国人民大学出版社,1998.

③ 染发。现代人比较崇尚潮流,往往通过染发将自己的头发染成各种色彩,以突出个人的兴趣爱好和个性特点。现代职业女性染黑发无可厚非,除此之外,一般不适宜将头发染得太夸张。年轻的职业女性若需要染成其他色彩的头发,可选择栗色、酒红色、咖啡色等颜色,这样,既可显得活泼、有个性,又不失大方高雅的气质。

④ 假发。如果头发有先天或者后天缺陷的人,可选择戴假发来弥补缺陷。选择假发也要考虑个人的年龄、职业、身材、肤色等因素,既不能过分夸张,也不要过分俗气。使用假发要注意选择仿真度较高的、质量较好的,切不可为了贪图便宜而使用那些太假、太俗气的假发。

总之,头发是一个人的制高点,是给他人产生第一印象的第一道风景线,我们只有"从头做起",才能真正地通过发型向他人传递性格爱好、文化修养等信息,也才能使自己的职业形象从头开始达到自然、和谐的效果。

小知识

发型的种类

1. 女士发型

(1)"马尾巴"。马尾巴是一种将头发一起扎在脑后而不编结成辫的发型。由于简单易行,所以用途极广。这种发型会使女孩显得活泼可爱,但是,它会使背部不直的人看上去负荷过重。

(2)独辫子。独辫子是一种将长发在脑后编成一根辫子的发型,它给人以怀旧的情结。

(3)娃娃头。娃娃头又称童花头,它以齐眉的刘海和齐耳的短发塑造女孩乖巧可人的形象,可使女孩看上去更年轻。

(4)直发。直发是一种将齐肩或披肩的长发拉直的发型,可使女孩变得青春靓丽。

(5)"大波浪"。大波浪是一种流行卷发发型,由于其发型纹理就像大海的波浪一样,故而得名。大波浪发型柔软又不失淑女,既有轻盈飘逸的发型轮廓,又有妩媚迷人的视觉冲击,是深得时尚女孩追捧的发型。

此外,还有高发髻、男士头等。

2. 男士发型

(1)西式发型。西式发型亦称西装头,泛指现代人三七分或四六分的一种露出后颈部的短发型,是正式场合最常采用的一种发型,给人以端庄和严谨的感觉。

(2)对分发型。对分发型是一种五五对开、额前头发比较长的发型,这种发型只适合于前额宽大、脸形呈"国"字形的人。是橄榄状头型的人的大忌。

(3)卷曲发型。给人以异国情调或自由浪漫的感觉。

(4)板寸头。板寸头俗称平头。脑袋四周基本无发,只是头顶留有1～2cm的短发,而且顶部呈水平面。这种发型给人以刚毅和果敢的形象。

此外,还有刺猬发型、爆炸发型和光头等,但是对于男职员来说,这些发型均不适宜。

1.1.4　手足修饰

1. 手部修饰

有人说:手是人的第二张脸。的确,它是标志人的高雅尺度的重要器官。现代社交中要经常与人握手,要做各种手势,所以健康美观的双手和干净整洁的指甲都是不可忽视的重要内容。

(1)护理指甲

与保持身体其他部分的健康一样,指甲也必须从护理和营养着手。指甲是身体最先表露紧张、疾病或不良饮食习惯的部分。如果它们的健康被忽视,便会出现干燥、起薄片和脆裂等现象,因此必须注意日常的营养和定期护理。定期修剪指甲,将其修剪成椭圆形不仅使之变得美观,而且可保持它们的健康。手指做简单的按摩运动,可促进指尖血液循环,有利于营养和氧气输送至指甲。另外,女性可根据不同情况的需要,涂上不同颜色的指甲油来美化指甲。涂指甲油的步骤如下:

① 先用蘸满洗甲水的棉花彻底抹去原来的指甲油。

② 将指尖浸在肥皂水中几分钟起到舒缓作用。

③ 张开双手,在每只指甲根部涂点表层去除剂,2分钟后,用指甲签轻轻将指甲根部的表皮向后推,直至显现出指甲根部的半弯月位。

④ 涂上底层护甲油,以使指甲油更加持久,并能防止深色指甲油渗到指甲的缝隙中。

⑤ 涂指甲油时,每只指甲只需涂抹三下,先是指甲中央,接着是两旁;待第一层指甲油干透后,可再涂第二层。

⑥ 涂上表层护甲油,可在指甲尖底部也涂上护甲油,有助于防止断裂。

(2)滋润双手

拥有一双美丽的纤纤玉手对女性来说是非常重要的。在招待客人并端茶给对方时,在签字仪式上众目注视时,如果有一双漂亮的手,不但可展现自己的魅力,同时也会让他人觉得赏心悦目。因此,平时就要多多注意手部的保养。

手部肌肤的油脂腺较少,较身体其他部分更易变得干燥,且又经常需要暴露于空气中,因此,更要细心呵护。呵护双手时要注意如下几点。

① 要勤洗手,以保证手的清洁和卫生;除洗手外,一个星期坚持2~3次用嫩手霜和柠檬片擦拭手背,还可以用煮过面的汤清洗双手,这些方法均可以使手光滑细嫩。

② 每晚用润手霜按摩双手。

③ 常去除手上的死皮。

④ 做家务或粗活时戴上手套。

⑤ 经常做手部运动,使之保持柔软。具体方法是:将拇指放在四指手掌内,紧握成拳突然放开,尽量将手指向外伸。这个动作可以帮助血液循环、舒筋活骨和活动手部关节。

⑥ 偶尔可敷上一些现成或自制的护手膜。

⑦ 注意手部防晒。手与脸一样,外出时要抹防晒霜。

小知识

标 准 的 手

从美学的角度看,手掌有宽窄之分,手指有长短之别,其标准指数如下:

手宽(cm)×100÷手长(cm)=手掌宽窄指数

手掌宽窄指数小于42.9cm为狭窄型,大于48cm为宽大型,43～47.9cm为中间型。

手指长(cm)×100÷手掌长(cm)=手指长度指数

手指长度指数小于95cm为手指偏短,大于105cm为手指偏长,95～105cm为正常。

2. 脚部健美

脚支撑着我们全身的重量,能使我们到达任何我们想去的地方。脚的美化是我们外观美化的一个方面,尤其是在炎热的夏天,要穿凉鞋,脚的健美就尤为重要,具体要注意以下方面。[1]

(1) 保护双脚要做到每天洗脚

每天洗澡时应注意清洁脚趾之间的空隙,否则会引起脚臭或引发脚气。经常用刷子轻轻刷脚,将脚后跟、脚趾、脚底的死皮或硬茧洗刷干净,减少厚度。洗完脚后,将水擦干,再用润肤露或橄榄油涂抹整个脚部。

(2) 定期修剪脚趾甲

定期修剪脚趾甲,将脚趾甲剪平,不能剪太短,太短了不利于保护脚趾,还可能导致甲沟炎。

(3) 定期为脚部缓解疲劳

缓解脚部疲劳的方法有两种:一是在温水中加入一小杯苹果醋或米醋,将双脚浸入泡15～20分钟后,平躺下来将脚垫高,要高于头部。这样躺半小时后,基本上能消除疲劳。二是准备两小桶水,一桶热水一桶冷水。双脚先在热水中泡两分钟,再在冷水中泡两分钟,如此循环两三回就可消除疲劳。这些方法都可以消除疲劳、振奋精神,让人轻松自如。

1.2 能力开发

1.2.1 阅读思考

下面介绍面部局部矫正化妆。

1. 眉部的矫正化妆

画眉首先要了解标准眉形的比例结构及其在脸部的标准位置。

---

[1]　薛晶,杨玉霞.现代礼仪[M].北京:中国商业出版社,1993.

标准的眉形为:眉与眼的距离大约有一眼之隔;眉头在鼻翼与内眼角的垂直延长线上;眉峰在眉头至眉梢的 2/3 处;眉梢在鼻翼与外眼角连线的延长线上;眉头与眉梢基本保持在同一水平线上。

几种常见眉形的修正方法如下。

（1）吊眉

特征:眉头位置较低,眉梢上扬。吊眉使人显得有精神,但也会使人显得不够和蔼可亲。

修正:将眉头下方和眉梢上方多余的眉毛除去。描画时,要加宽眉头上方和眉梢下方的线条,这样才可以使眉头和眉尾基本在同一水平线上。

（2）八字眉

特征:眉尾和眉头不在同一水平线。这种眉形使人显得亲切,但过于下垂会使面容显得忧郁。

修正:去除眉头上方和眉梢下方的眉毛。在眉头下方和眉梢上方的部分要适当补画,尽量使眉头和眉梢能在同一水平线上,或使眉梢略高于眉头。

（3）短粗眉

特征:眉形短而粗。这样的眉形显得粗犷有余,细腻不足,有些男性化。

修正:根据标准眉形的要求将多余的眉毛修掉,然后用眉笔补画出缺少部分,可适当加长眉形。

（4）眉形散乱

特征:眉毛生长杂乱,缺乏轮廓感,使得面部五官不够清晰、干净。

修正:先按标准眉形的要求将多余眉毛去掉,在眉毛杂乱的部位涂少量的专用胶水,然后用眉梳梳顺,再用眉笔加重眉毛的色调,画出相应的眉形。

2. 眼睛的矫正化妆

对眼睛的修饰主要是画眼影、眼线和对睫毛的美化。例如,利用不同颜色的眼影晕染,可以增加眼部神采,调整眼部结构;粗细不同、长短不一的眼线,可以改变眼睛的形状;不同假睫毛的配合,又可以加强眼睛的神韵。

（1）大眼睛

特征:大眼睛给人以可爱、美丽的印象,但过大的眼睛又令人觉得呆板。

修正:对于这种眼形,在画眼影时可采用浅亮色眼影平涂的手法,并在靠近睫毛根处选用深色眼影以增强眼部神韵。眼线不可画得太粗。

（2）小眼睛

特征:小眼睛的人在化妆时总想要达到双目生辉的效果,以弥补小眼睛在视觉上缺乏个性的一面。

修正:在眼影色的选择上有两种方法。一是画出上深下浅的假双眼皮,例如以深咖啡色与浅白色的配色,这种修饰多用于舞台妆,日常生活中不宜;二是用上浅下深的手法来晕染,不刻意强调上眼睑的褶皱。小眼睛在化妆时尽量不要选用太刺目或另类的色彩,宜选择接近东方人肤色的暖色系色彩。

（3）上斜眼

特征：上斜眼的形状是内眼角低垂，但外眼角向上飞起，此种眼形给人以十分凌厉精明的印象。

修正：在修饰时，可在内眼角的上眼睑处涂以耀目的色彩；外眼角处不强调，以柔和的色调轻轻带过即可；内眼角的下侧可选用浅亮色提亮；外眼角下侧同样可以用点缀色来进行强调，并在画眼线时，加宽上眼线内眼角处及下眼线外眼角处，以此来达到视觉上的平衡。

（4）下斜眼

特征：下斜眼的形状与上斜眼恰好相反，此种眼形给人以和蔼可亲的印象，但易让人有衰老和忧郁的感觉。

修正：下斜眼在化妆前可用美目贴或深色纱布贴于上眼睑的外眼角处，令眼部弧度向上提升。在选择眼影时，与上斜眼的画法恰好相反，外眼角的眼影位置可略向上提升，色彩可以鲜亮一些，也可加宽上眼线外眼角处的眼影宽度。

（5）肿眼睛

特征：上眼皮脂肪较厚，使得眼睑的厚度很突出，造成肿眼泡的视觉印象。

修正：肿眼泡在东方人中十分常见，因此在选择眼影色时要十分谨慎。例如一些蓝、绿等冷色调的色彩，肿眼睛的人应尽量少尝试，因为它们会造成眼部更加突出的印象。可选择一些与东方人肤色相近的暖色系色彩，如咖啡色系即是肿眼睛的安全色系之一。此外可选用亮色修饰眉骨使其亮起来，选择较长的假睫毛也可以削弱眼皮的厚重感。

（6）凹陷眼

特征：凹陷眼的眼形与肿眼睛恰好相反，它具有欧洲的风格。眼眶凹陷，较具现代感，但又易给人留下成熟、憔悴的印象。

修正：在选择眼影色时，可使用一些浅白色系使上眼睑突出，增加柔和的感觉；眉骨处的色彩不可太刺目，否则在强烈的对比之下，会使眼部的凹陷感加强。眼线的描绘也应采用自然的线条。

（7）圆眼睛

特征：圆眼睛给人留下机灵聪慧的印象，但同时又会有精明、厉害的感觉。

修正：圆眼睛的眼影画法可取几色横向并列的方法，尤其是外眼角处的色彩要鲜明、突出，整个眼影的位置不可过高。眼线的画法可细长一些，以增加眼部的视觉长度。

（8）长眼睛

特征：长眼睛常会给人以妩媚、女性化的感觉，但又会有缺乏神采的印象。

修正：画眼影时可采取上下几色并列的画法，眼影的位置可略高，但不可太长，可强调下眼睑处眼影色。眼线的画法可采取中间粗、两头细的方法，以加强眼睛的视觉宽度。

3. 鼻部的矫正化妆

对于鼻子的修正方法主要是画侧影和涂抹亮色。对于不同鼻型，鼻侧影和亮色的使用也有所不同。

（1）塌鼻梁

特征：鼻梁低平，使面部显得呆板，缺乏立体感和层次感。

修正：在鼻梁两侧涂抹暗影，上端与眉毛衔接；在眼窝处颜色要深一些，往下逐渐淡化；鼻梁上较凹陷的部位及鼻尖处涂亮色。

（2）短鼻子

特征：鼻子的长度小于面部长度的1/3，即常说的"三庭"中的中庭过短。鼻子较短会使五官显得集中，同时使鼻子显得较宽。

修正：鼻侧影的上端与眉毛衔接，下端直到鼻尖。亮色从鼻根处一直涂抹到鼻尖处，要细而长。

（3）鼻子较长

特征：鼻子的长度大于面部长度的1/3，也就是中庭过长。鼻子过长使鼻形显细，并使脸形显得更长。

修正：鼻侧影从内眼角旁的鼻梁两侧开始，到鼻翼的上方结束，鼻尖涂阴影色。鼻梁上的亮色要宽一些，但不要在整个鼻梁上涂抹，只需涂抹鼻中部。

（4）鹰钩鼻

特征：整个鼻梁弯曲呈钩状，并且鼻头较尖，鼻中隔后缩，面部缺乏柔和感，显得较为冷酷。

修正：鼻侧影从内眼角旁的鼻梁两侧开始到鼻中部结束。鼻尖部涂阴影色，鼻根部及鼻尖上侧涂亮色，鼻中部凸起处不涂亮色。

（5）宽鼻

特征：鼻翼的宽度超过面宽的1/5，会使面部缺少秀气的感觉。

修正：鼻侧影涂抹的位置与短鼻相同，从鼻根至鼻翼处，并在鼻头部位涂亮色。

4. 唇部的矫正化妆

唇形的修饰包括描画唇线和涂抹唇膏两个部分。唇形在矫正前，应选用与面部打底相同的遮盖力较强的粉底色，将原唇的轮廓进行遮盖，然后用蜜粉将其固定，再进行修饰，以便使矫正后的唇形效果自然。

（1）嘴唇过厚

特征：嘴唇过厚分上唇较厚、下唇较厚及上下唇均厚三种。嘴唇过厚使面容显得不够精致。

修正：保持唇形原有的长度，再用唇线笔沿较厚的唇部轮廓内侧画唇线。唇膏色宜选用深色或冷色以达到收敛效果，避免使用鲜红色、粉色和亮色。

（2）嘴唇过薄

特征：嘴唇过薄有上唇较薄、下唇较薄及上下唇均薄三种。嘴唇过薄，唇形缺乏丰润的曲线，使面容显得不够开朗或给人以刻薄的感觉。

修正：在唇形周围涂浅色粉底，再用唇线笔沿原轮廓向外扩展。唇膏可选暖色、浅色或亮色，以增加唇部的饱满感。

（3）嘴角下垂

特征：嘴角下垂容易给人留下愁苦的印象，且使人显得苍老。

修正：用粉底遮盖唇线和嘴角，将上唇线向上方提起，嘴角提高，上唇唇峰及唇谷基本不变，下唇线略向内移。下唇色要深于上唇色，不宜使用较多亮色唇膏。

（4）嘴唇凸起

特征：上、下唇凸出会产生外翻的感觉，影响唇形的美感。

修正：沿原唇形的嘴角外侧画轮廓，上下唇线应平直一些，以缩减唇的突出感。唇膏宜选择暗色。

（5）唇形平直

特征：唇峰、唇谷等曲线不明显，唇形的轮廓感不强。这样的唇形缺乏表现力，面部不生动。

修正：按标准唇形的要求勾画唇线，然后再涂抹唇膏。[①]

思考题：

（1）面部矫正化妆的基本原理是什么？

（2）请结合自身面部特点进行化妆。

1.2.2　案例思考

1. 化妆风景线

阿美和阿娟是一所美容学校的学生，初学化妆非常感兴趣，走在大街上，总爱观察别人的妆容，因此发现了一道道奇特的风景线。

一位中年妇女没有做其他化妆，光涂了一个嘴唇，而且是那种很红很艳的唇膏，只突出了一张嘴。一位女士的妆容看起来真的很漂亮，只可惜脸上精彩纷呈，脖子却粗糙马虎，在脸庞轮廓上有明显的分界线，像戴了面具一样。再看，还有的女士用粗的黑色眼线将眼睛轮廓包围起来，像个"大括号"，看上去那么生硬、不自然。一位很漂亮的女士，身穿蓝色调的时装，却涂着橘红色的唇膏……[②]

讨论题：

（1）请帮助阿美和阿娟分析一下，针对以上几种情形，化妆时应注意哪些问题？

（2）化妆有哪些禁忌？

2. 得体的化妆

吴菲，某高校文秘专业高才生，毕业后就职于一家公司做文员。为适应工作需要，上班时，她毅然放弃了"清纯少女妆"，化起了整洁、漂亮、端庄的"白领丽人妆"：不脱色粉底液，修饰自然、稍带棱角的眉毛，与服装色系搭配的灰度高偏浅色的眼影，紧贴上睫毛根部描画的灰棕色眼线，黑色自然型睫毛，再加上自然的唇形和唇色，虽化了妆，却好似没有化

① 郑彦离.礼仪与形象设计［M］.北京：清华大学出版社，2009.
② 国英.公共关系与现代礼仪案例［M］.北京：机械工业出版社，2004.

妆,整个妆容清爽自然,尽显自信、成熟、干练的气质。但在公休日,她又给自己来了一个大变脸,化起了久违的"清纯少女妆":粉蓝或粉绿、粉红、粉黄、粉白等颜色的眼影,彩色系列的睫毛膏和眼线,粉红或粉橘的腮红,自然系的唇彩或唇油,看上去娇嫩欲滴,鲜亮淡雅,使自己整个身心都倍感轻松。

心情好,自然工作效率就高。一年来,吴菲以自己得体的外在形象、勤奋的工作态度和骄人的业绩,赢得了公司同人的一致好评。[①]

讨论题:

(1) 注重仪容的意义何在?

(2) 你如何评价吴菲的两种妆容?

(3) 对"化妆不只是技术,还是一门艺术、一种生活"这句话你是如何理解的?

3. 气质魅力从头开始

华盛集团公司的卫董事长有一次要接受电视台的采访。为了郑重起见,事前卫董事长特意向自己的个人形象顾问咨询有无特别需要注意的事项。对方专程赶来之后,仅仅向卫董事长提了一项建议:换一个较为儒雅而精神的发型,并且一定要剃去鬓角。对方的理由是:发型对一个人的上镜效果至关重要。果然,改换了发型之后的卫董事长在电视上亮相时,形象焕然一新。他的发型使他显得精明强干,他的谈吐使他显得深刻稳健。两者相辅相成,令电视观众们纷纷为之倾倒。

(资料来源:张文.礼仪修养与实训教程[M].广州:华南理工大学出版社,2009.)

讨论题:

(1) 发型在社交中发挥了怎样的作用?

(2) 本案例对你有哪些启示?

1.2.3 训练项目

仪容形象设计

实训目标:运用仪容设计的相关要求与规范,设计出符合现代礼仪要求的仪容形象。

实训学时:2学时。

实训地点:实训室。

实训准备:准备化妆盒、棉球、粉底霜、胭脂、眼影、眉笔、唇彩、香水等化妆用品。

实训方法:将全班学生分组,两人一组,要求其根据所学仪容礼仪知识,扬长避短展现出最美丽的妆容。在课堂上分组进行形象展示,最好用数码相机进行拍摄,由学生互评,要求从面部化妆、发型设计方面进行重点评价。由教师进行总结评价,重点评价各组存在的共性问题。最后,全班评出"最佳表现"妆容。

课后练习

1. 作为女士,请用 5 分钟时间给自己化一个漂亮的工作妆。请实际操作,如果结果不令你满意,要继续实践,反复练习,直到取得满意效果为止。

2. 作为男士应如何保持仪容整洁? 请每天早晨上班前对着镜子检查一下,在个人卫生方面还有哪些地方需要改进? 要坚持一丝不苟。

3. 你的皮肤属于哪种类型? 有什么特点? 在保养方面要注意哪些要点?

4. 请每日按照科学的化妆和护肤方法进行仪容修饰与保养。

5. 你的脸形、发质和职业最适合哪种发型?

任务 2

服饰形象设计

一个人的穿着打扮，就是他的教养、品味、地位的真实写照。

——[英]莎士比亚

良好的仪表犹如一支美丽的乐曲，它不仅能够给自身提供自信，也能给别人带来审美的愉悦：既符合自己的心意，又能左右别人的感觉，使你办起事来信心十足，一路绿灯。

——[美]戴尔·卡耐基

 学习目标

- 根据自身特点以及交际场合等的不同，有针对性地选择合适的服饰。
- 男士正确地进行西装的穿着，并能够熟练地打领带。
- 女士正确地进行西装套裙的穿着。
- 服装穿着注重和谐及色彩搭配合理。
- 得体地佩戴各类饰物。
- 养成进行仪容仪表自我检测的习惯。

 案例导入

事 与 愿 违

有一家海外知名企业的董事长要来某市访问，有寻求合作伙伴的意向。某商务信息公司的王总经理获悉这一情况后，请有关部门为双方牵线搭桥，让他喜出望外的是，对方也有合作意向，而且希望尽快见面。到了双方会面的那一天，王总特意在公司挑选了几个漂亮的部门女秘书来做接待工作，并特别指示她们穿紧身的上衣、黑色的皮裙。他认为这种时尚、性感的装束一定会让外商觉得自己对他们的到来格外重视，也一定会因此赢得他们的好感和信任。这时正在做准备工作的办公室秘书小李看到这几位漂亮姑娘的装扮，她皱着眉头，想要说什么又咽了回去。过了一会儿她还是忍不住对王总说："王总，做接待工作是不适合穿这种服装的。"王总惊讶地问道:"是吗? 为什么?"①

　　人的长相美丑、身材长短难以变更,而服饰却是可以变化的。整洁美观的服饰是人们用以改变自己或烘托自己的最好方法,也是使用最频繁的"武器"。

　　早在 1972 年,世界著名心理学家及演讲大师肯利教授就发现,在高中女孩的交往友谊中,穿衣最重要,占留给别人印象的 67% 之多,在多年之后,人们即便回忆不起当年的容貌,却对"当时穿什么"印象很深;其次才是个性;最后是共同的兴趣。由此,他发现了着装是一个强烈、显著的信号,并告诉人们一个原则:服装只要运用得当,就是最有利的沟通工具之一,也是最便捷的人际交往"名片"。并且通过实验进一步证实,着装确实能让我们得到不同的待遇。假如穿戴像一个成功的人,就能在各种场合得到应有的尊敬和善待。肯利教授最后指出,在任何事业上,成功穿着能够帮助我们取得更大的成功。

　　本"案例导入"中的案例说明:着装是要分场合、讲究礼仪的。在正式的商务接待中,接待人员不适宜穿紧身上衣和皮裙。女性穿紧身上衣只适合于休闲或一般的交际场合,而穿皮裙则更不合适,因为在西方传统的观念中,这种打扮是一些社会地位低微、行为举止轻浮的女性的所爱。

2.1　知识储备

 小故事

服饰助希尔创业成功

　　美国商人希尔(Napoleon Hill)清楚地认识到:在商业社会中,一般人是根据一个人的衣着来判断对方实力的。因此,他首先去拜访裁缝。靠着往日的信用,希尔定做了三套昂贵的西服,共花了 275 美元,而当时他的口袋里仅有不到 1 美元的零钱。然后他又买了一整套最好的衬衫、领带及内衣裤,而这时他的债务已经达到 675 美元。每天早上他都会身穿一套全新的衣服,在同一时间里"邂逅"同一位出版商,希尔每天都和他打招呼,并偶尔聊上一两分钟。

　　这种例行性会面大约进行了一星期之后,出版商开始主动与希尔搭话,并说:"你看来混得相当不错。"接着出版商便想知道希尔从事的是哪一行业,因为希尔身上的衣着表现出来的这种极有成就的气质,再加上每天一套不同的新衣服,已引起了出版商极大的好奇心,这正是希尔所盼望发生的事情。于是希尔很轻松地告诉出版商:"我正在筹备一份新杂志,打算在近期内争取出版,杂志的名称为《希尔的黄金定律》。"出版商说:"我是从事杂志印刷和发行的,也许我可以帮你的忙。"这正是希尔等候的那一刻,而当他购买这些新衣服时,心中已料到了这一刻。这位出版商邀请希尔到他的俱乐部,和他共进午餐,在咖啡和香烟尚未送上桌前,已说服希尔答应和他签合约,由他负责印刷和发行希尔的杂志。发行《希尔的黄金定律》这本杂志所需要的资金至少在三万美元以上,而其中的每一分都是

---

　　① 王芬.秘书礼仪实务[M].北京:电子工业出版社,2009.

从漂亮衣服所创造的"幌子"上筹集来的。[①]

2.1.1　着装的原则

1. 时间原则

时间原则是指在不同的时代、不同的季节、不同的时间应穿不同的服装。服装是有时代性的,比如:封建时代,女子一律穿旗袍,男子一律穿长袍马褂、对襟开衫,若有人穿西装就会被讥笑为"假洋鬼子";20世纪六七十年代,不分男女老少一律是蓝制服或绿军装,谁若穿着讲究一点,必然被视为资产阶级情调;而现在,服装已成为显示风度气质、文化修养和身份地位的重要工具。服装是有季节性的,如在深秋时节穿一件无袖轻薄的连衣裙,很难给人留下美感。服装还有时间性,一般有日装、晚装之分。日装要求轻便、舒适,便于活动,但款式不可以使身体裸露;而晚装则要求艳丽、华贵、珠光宝气,可适当裸露。因此,日装、晚装不能颠倒。

2. 环境原则

环境原则是指不同的工作环境、不同的社交场合,着装要有所不同。比如,一个在外贸公司工作的公关小姐,总是喜欢穿款式陈旧、色泽暗淡的服装,尽管她努力工作,能力也不错,但好几次富有吸引力的工作机会都被那些衣着更时髦、打扮更精神的同事争取到了。因为她的衣着似乎在说:"我是一个安分守己的人,我对目前的状况很满意。"因此,着装还要根据环境场合的变化而变化。上班时不必穿高档服装,不能过于艳丽、裸露,而是穿端庄大方的西装、衬衫、套裙比较适合;上街不可穿居家服、睡衣睡裤;探亲访友时着装应沉稳;去医院看望病人,应随意大方;郊游运动,应轻松随便;晚会、舞会则可鲜艳华丽。

3. 个性原则

个性原则要把握两层含义:穿着对象和交际对象。也就是说,你的穿着既要适合自己,能表现自己的个性风格;同时,又要对应别人,与你的交际对象保持协调一致。在生活中,我们常常会看到高高胖胖的女士,上穿一件淡红色紧身衣,下穿一条一步裙,露出肥厚的前胸和粗壮的大腿,令人担心那身衣服随时会绷开;而身材矮小的小姐,却上穿一件深色蝙蝠衫,下穿一条长长的黑色呢裙,宽松肥大的衣裙把她整个人都装了进去,越发显得瘦弱憔悴。男士也是如此,如五大三粗的男子却穿着包臀的萝卜裤,会让人看上去十分别扭。要穿得自然得体,就得根据自己的高矮胖瘦,选择不同质地、颜色、款式的服装加以调整。

着装,还受容貌、肤色、年龄、职业、性格等多种因素的影响。比如,你的相貌很老成,却总爱穿大花短上衣就显得很滑稽;你的肤色偏黄,却爱穿土黄色或黑色服装,越发像"出

---

① http://www.15.net/fulltext/2116.html.2010-07-28.

土文物";你的年龄明明只有十八九岁,却总穿灰色服装,必然像三四十岁的大嫂。此外,着装还要综合考虑自己各方面的条件和社会条件,使之穿出自我、穿出个性。比如,外形和气质都比较活泼的公关小姐,其穿着可以比较艺术、夸张,一件洋红色的旗袍既可显示出身材美,又可将其容貌映衬得鲜亮高雅。而一位女市长的服饰设计则必须在精明干练、独立果敢中透出一股温和娴雅的天性,比如一套银灰色套裙外加一件外套,就很适合她的身份。

另外,在一些重大的社交场合,你的穿着在表现自我的同时,还必须与他人保持一致。曾有一位企业家去会见前来考察的德国同行,由于天气很热,他便像往常一样,穿着衬衫、短裤和凉鞋去了。岂料对方见到他后立刻露出不高兴的神色,没谈几句就起身告辞了。因为,外国人在这种重要场合,彼此都要西装革履,否则就意味着瞧不起对方。因此,在与人约见之前,一定要仔细考虑对方可能的穿着,并加以对应。这样,才能迅速缩短对方的心理距离,博得他人的好感和信任。

2.1.2　着装的"三注意"

1. 注意和谐

所谓穿着的和谐,是指一个人的穿着要与他的年龄、体形、职业和所处的场合等吻合,表现出一种和谐,这种和谐能给人以美感。

(1) 穿着要和年龄相和谐

在穿着上,要注意与年龄相和谐。不管是青年人还是老年人,都有权利打扮自己。但是,在打扮时要注意,不同年龄的人有不同的穿着要求。年轻人应穿着鲜艳、活泼、随意一些的服装,这样可以充分体现出青年人的朝气和蓬勃向上的青春之美;而中、老年人的着装则要注意庄重、雅致、整洁,体现出成熟和稳重,透出那种年轻人所没有的成熟美。因此,无论你是青年、中年,还是老年,只要你的穿着与年龄相和谐,都会使你显出独特的美来。

(2) 穿着要与体形相和谐

关于人体美的标准,古今中外众说纷纭。有关专家综合我国人口的健美标准,提出两性不同的体形标准。女性的标准体形是:骨骼匀称、适度。具体表现为:站立时头颈、躯干和脚的纵轴在同一垂直线上。肩宽、四肢比例以及头、颈、胸的比例:以肚脐为界,上下身的比例符合"黄金分割"的 1.618:1,也可用近乎 8:5 来表示。若身高 160cm,则其较为理想的体重是 50~55kg,肩宽是 36~38cm,胸围是 84~86cm,腰围是 60~62cm,臀围是 86~88cm;男性的标准体形,应基本遵循两臂侧平举等于身高的原则。若身高为167~170cm,则其较为理想的体重是 68~70kg,胸围是 95~98cm,腰围是 75~78cm,颈围是 30~40cm,上臂围是 32~33cm,大腿围是 55~56cm,小腿围是 37~38cm。

然而,在现实生活中,并非每个人的体形都十分理想,人们或多或少地存在着形体上的不完美或欠缺,或高或矮,或胖或瘦。若能根据自己的体形挑选合适的服装,扬长避短,则能实现服装美和人体美的和谐、统一。

　　一般来说,身材较高的人,上衣应适当加长,配以低圆领或宽大而蓬松的袖子,宽大的裙子、衬衣,这样能给人以"矮"的感觉,衣服颜色最好选择深色、单色或柔和的颜色;身材较矮的人,不宜穿大花图案或宽格条纹的服装,最好选择浅色的套装,上衣应稍短一些,使腿比上身突出,服装款式以简单直线为宜,上下颜色应保持一致;体形较胖的人应选择有小花纹、直条纹的衣料,最好是冷色调,以达到显"瘦"的效果,在款式上,胖人要力求简洁,中腰略收,后背扎一中缝为好,不宜采用关门领,以 V 形领为最佳;体形较瘦的人应选择色彩鲜明、有大花图案以及方格、横格的衣料,给人以宽阔、健壮的视觉效果,在款式上,瘦人应当选择尺寸宽大、上下分割花纹、有变化的、较复杂的、质地不太软的衣服,切忌穿紧身衣裤,也不要穿深色的衣服。另外,肤色较深的人穿浅色服装,会获得健美的色彩效果,肤色较白的人穿深色服装,更能显出皮肤的细洁柔嫩。

　　(3)穿着要和职业相和谐

　　穿着除了要和身材、体形和谐之外,还要与职业相和谐。这一点非常重要,不同的职业有不同的穿着要求。例如,教师、干部一般要穿得庄重一些,不要打扮得过于妖冶,衣着款式也不要过于怪异,这样可以给人留下一个良好的印象;医生的穿着要力求显得稳重和富有经验,一般不宜穿着过于时髦而给人一种轻浮的感觉,这样不利于对病人进行治疗;青少年学生的穿着要朴实、大方、整洁,不要过于成人化;而演员、艺术家则可以根据其职业特点,穿着时尚一些。

　　(4)穿着要和环境相和谐

　　穿着还要与你所处的环境相和谐。办公室是一个很严肃的地方,因此在穿着上就应整齐、庄重一些。外出旅游,穿着应以轻装为宜,力求宽松、舒适,方便运动。平日居家,可以穿着随便一些,但如有客人来访,应请客人稍坐,自己立即穿着整齐,如果只穿睡衣睡裤来接待客人,那就显得失礼了。除此之外,在一些较为特殊的场合,还有一些专门的穿着要求。例如,在喜庆场合不宜穿得太素雅、古板;庄重的场合不能穿得太宽松、随便;悲伤场合不能穿得太鲜艳等。对于这些穿着要求,我们在下面还要作具体的介绍。

2. 注意色彩

　　色彩,是服装留给人们记忆最深的印象之一,而且在很大程度上也是服装穿着成败的关键所在。色彩对他人的刺激最快速、最强烈、最深刻,所以被称为"服装之第一可视物"。

　　一般来讲,不同色彩的服饰在不同的场合所产生的效果是不同的。为此,我们需要对色彩的象征意义有一定的了解。

小知识

颜色的象征意义

黑色,象征神秘、悲哀、静寂、死亡,或者刚强、坚定、冷峻。
白色,象征纯洁、明亮、朴素、神圣、高雅、恬淡,或者空虚、无望。
黄色,象征炽热、光明、庄严、明丽、希望、高贵、权威。
大红,象征活力、热烈、激情、奔放、喜庆、福禄、爱情、革命。

粉红,象征柔和、温馨、温情。

紫色,象征谦和、平静、沉稳、亲切。

绿色,象征生命、新鲜、青春、新生、自然、朝气。

浅蓝,象征纯洁、清爽、文静、梦幻。

深蓝,象征自信、沉静、平静、深邃。

灰色,是中间色,象征中立、和气、文雅。

人们在穿着服装时,在色彩的选择上既要考虑个性、爱好、季节,又要兼顾他人的观感和所处的场合。明代卫泳在《缘饰》中说:"春服宜清,夏服宜爽,秋服宜雅,冬服宜艳;见客宜重装;远行宜淡服;花下宜素服;对雪宜丽服。"可见古人对服饰的讲究的确值得我们借鉴。

对一般人而言,在服装的色彩上要想获得成功,最重要的是掌握色彩的特性、色彩的搭配、正装色彩的选择,以及肤色与着装色彩的关系这几个方面。

(1) 色彩的特性

色彩具有冷暖、轻重、缩扩等特性。

色彩的冷暖。使人产生温暖、热烈、兴奋之感的色彩为暖色,如红色、黄色;使人有寒冷、抑制、平静之感的色彩叫冷色,如蓝色、黑色、绿色。

色彩的轻重。色彩的明暗变化程度,被称为明度。不同明度的色彩往往给人以轻重不同的感觉。色彩越浅、明度越强,它使人有上升之感、轻盈;色彩越深、明度越弱,它使人有下垂之感、重感。人们平日的着装,通常讲究上浅下深。

色彩的缩扩。色彩的波长不同给人收缩或扩张的感觉也有所不同。一般来讲,冷色、深色属收缩色,暖色、浅色则为扩张色。运用到服装上,前者使人苗条,后者使人丰满,二者皆可使人在形体方面扬长避短,但运用不当则会在形体上出丑露怯。

(2) 色彩的搭配

色彩的搭配主要有统一法、对比法和呼应法。

① 统一法。统一法即配色时尽量采用同一色系之中各种明度不同的色彩,按照深浅不同的程度搭配,以便创造出和谐感。例如,穿西服按照统一法可以选择这样搭配:如果采用灰色色系,可以由外向内逐渐变浅,即深灰色西服——浅灰底花纹的领带——白色衬衫。这种方法适用于工作场合或庄重的社交场合的着装配色。

② 对比法。对比法即在配色时运用冷色与深色,即明暗两种特性相反的色彩进行组合的方法。它可以使着装在色彩上反差强烈,静中求动,突出个性。但有一点要注意,运用对比法时忌讳上下 1/2 的对比,否则给人以拦腰一刀的感觉,要找到黄金分割点即身高的 1/3 点上(即穿衬衣从上往下第四、第五个扣子之间),这样才有美感。

③ 呼应法。呼应法即在配色时,在某些相关部位刻意采用同一色彩,以便使其遥相呼应,产生美感。例如,在社交场合穿西服的男士讲究"三一律"。所谓"三一律"就是男士在正式场合,应使公文包、腰带、皮鞋的色彩相同,即为此法的运用。

(3) 正装色彩的选择

非正式场合所穿的便装,色彩上要求不高,往往可以听任自便,而正式场合穿的服装,其色彩却要多加注意。总体上要求正装色彩应当以少为宜,最好将其控制在三种色彩之内。这样有助于保持正装保守的总体风格,显得简洁、和谐。正装若超过三种色彩则给人以繁杂、低俗之感。正装色彩,一般应为单色、深色并且无图案。最标准的正装色彩是蓝色、灰色、棕色、黑色。衬衣的色彩最佳为白色,皮鞋、袜子、公文包的色彩宜为深色(黑色最为常见)。

(4)肤色与着装色彩关系

浅黄色皮肤者,也就是我们所说的皮肤白净的人,对颜色的选择性不那么强,穿什么颜色的衣服都合适,尤其是穿不加配色的黑色衣裤,则会显得更加动人。暗黄或浅褐色皮肤,也就是皮肤较黑的人,要尽量避免穿深色服装,特别是深褐色、黑紫色的服装。一般来说,这类肤色的人选择红色、黄色的服装比较合适。肤色呈病黄或苍白的人,最好不要穿紫红色的服装,以免使其脸色呈现出黄绿色,加重病态感。皮肤黑中透红的人,则应避免穿红、浅绿等颜色的服装,而应穿浅黄、白等颜色的服装。

3. 注意场合

所谓穿着要注意场合,是说要根据不同场合来进行着装。

(1)正式场合。正式场合指的是商务谈判、重要的商务会议、求职面试等正规、严肃的场合。男士在正式场合通常穿严肃的西服套装(上下装面料相同、颜色相同)。纯黑色西服在西方通常用于婚礼、葬礼及其他极为隆重的场合,而正式的商务场合最常使用的西服套装颜色为深蓝色和深灰色。深蓝色或深灰色西装搭配白衬衫,是商务场合男士的必备服装。女士在正式的商务场合当中,与男士西装相对应的是女士西服套裙或套裤(上衣领子与男士西装领子相似),而西服套裙又比西服套裤更正式。

(2)半正式场合。商务人员的半正式场合是指无重大活动、无重要严肃事务的商务场合(需要注意的是,有些着装要求非常严格的公司只有周末才允许穿半职业装)。男士在半正式场合,不用系领带,可以选择不太正式的西服上衣,比如亲切感更强的咖啡色西服,以及其他权威感较弱的明快的颜色。面料可以选择更随意舒适的粗花呢等。上装和长裤采用不一样的面料和不一样的颜色,看上去更加轻松。搭配的时候要注意颜色与面料上下的平衡感。男士半职业装可以搭配高品质的针织衫以及时尚感、休闲感较强的衬衫,衬衫的领型可有较多变化。长裤的面料和颜色可以更加自然随意。需要注意的是,长裤的款式还是以西裤款式为主,不可出现宽松裤、萝卜裤、牛仔裤等休闲时尚裤型。女士的半职业装款式变化与组合非常丰富,可以将正装的西服套裙与套裤分开来穿,搭配经典款式的连衣裙、针织衫、短裙、衬衫。各个款式的细节处理可以更加富有创意,颜色可以更加明亮丰富,但仍然要保持躯干线条的清晰干练。

(3)休闲场合。所谓"休闲",指的是"停止工作或学习,处于闲暇轻松状态"。在休闲状态下,服装应当舒适、轻松、愉快,因此在款式上,男士和女士都应采用宽松的款式,比如夹克衫、T恤衫、棉质休闲裤、牛仔装等。服装颜色可以选择鲜艳新奇的色彩。女士连衣裙、短裙或衬衫的款式细节、图案和色彩都可以更大胆、更丰富。

(4)商务酒会场合。西方男士在特殊场合的礼服分为晨礼服、晚礼服等,但近年来有逐渐简化的趋势。国内一般公司的小型商务酒会、聚会,男士穿深色西装即可,但是领带的图案和颜色都需要更加华丽一些。女士的服装尽量以小礼服风格的款式为主,但不宜过于暴露肌肤，领、袖、肩既不可过于裸露又不可过于严实，千万不要过于隆重、夸张，裙长在膝盖上下比较妥当。布料可以选用带丝缎短裙、纱裙等，也可用无领无袖单色连衣裙搭配亮丽的首饰、富有质感的毛皮围巾、丝巾等增强闪光点和华丽感。酒会穿的鞋可以选有丝缎面料、露趾的晚装鞋，提包换成小巧一些的晚装包。

（5）晚宴场合。国际商务场合的隆重晚宴需要穿晚礼服。晚礼服是晚上 8 点以后穿着的正式礼服，是礼服中档次最高、最具特色、最能充分展示个性的礼服样式。女士的晚礼服常与披肩、外套、斗篷等相搭配，与华美的装饰手套等共同构成整体装束效果。西方传统晚礼服款式强调女性窈窕的腰肢，夸张臀部以下裙子的重量感，肩、胸、臂的充分展露，为华丽的首饰留下表现空间。面料通常选用闪光缎、丝光面料，充分展现华丽、高贵感。多配高跟细带的凉鞋或修饰性强、与礼服相宜的高跟鞋。中国女性的身材和西方女性有所不同，因此可以选用面料华丽、制作精美的旗袍式晚礼服，同样能够产生惊艳的效果。男士参加晚宴的时候可以根据自身的喜好选择正式晚礼服或黑色西装，但一定注意细节处理要恰到好处。

（6）运动场合。商务人员会经常参加公司组织的体育比赛或观看体育比赛，参加此类活动应当穿运动装。运动装与休闲装都具有宽松、舒适的特点，但是运动装比休闲装更加适宜人体运动。不同的体育比赛有不同的运动装款式，参加活动之前应当准备好相应的服装。

（7）家居场合。下班回家之后通常应当换上家居服。家居服也有晨衣、睡衣等诸多款式，但其一致的特点是非常舒适、宽松、随意。然而，需要提醒商务人员注意的是，假如有客人来访，只要不是非常熟悉的人，都一定要换上休闲服或半职业装会见客人。即使是在家里，穿着睡衣之类的家居服见同事或客户也是非常不礼貌的。有些家居服的款式是会客时穿的，但也只适用于见很熟的私人朋友或邻居等。最后要提醒大家的是，家居服绝不可以穿到自家大门以外，哪怕你只是去楼下小卖店买瓶酱油，穿着睡衣也是非常失礼的。

2.1.3　男士西装的穿着

西装是男士最常见的办公服，也是现代社交中男子最得体的着装。国外很多机构，包括一些大企业，规定工作人员不能穿休闲短裤、运动服上班，要求男士必须穿西装打领带。一些剧院也规定了观看者必须西装革履。因此，为了塑造良好的个人形象，男士必须学会穿西装。

1. 男士西装的选择

（1）选择合适的款式

西装的款式可分为英国、美国、欧洲三大流派。尽管西装在款式上有流派之分，但是各流派之间差异并不很大，只是在后开衩的部位、纽扣是单排还是双排、领子的宽窄等方面有所不同。不过，在胸围、腰围的胖瘦，肩的宽窄上还是有所变化的。因此，我们在选择西装时，要充分考虑到自己的身高、体型，如身材较胖的人最好不要选择瘦型短西装；身材较矮者也最好不要穿上衣较长、肩较宽的双排扣西装。

(2)选择合适的面料和颜色

西装的面料要挺括一些。正式礼服的西装可采用深色(如黑色、深蓝、深灰等)的全毛面料制作。日常穿的西装颜色可以有所变化,面料也可以不必讲究,但必须熨烫挺括。如果穿着皱巴巴的西装,会损害自己的交际形象。

(3)要选择合适的衬衣

穿着西装时,一定要穿带领的衬衣。花衬衣配单色的西装效果比较好,单色的衬衣配条纹或带格西装比较合适;方格衬衣不应配条纹西装,条纹衬衣也不要配方格西装。

(4)选择合适的领带

在交际场合穿西装必须打领带,领带的颜色、花纹和款式要与所穿的西装相协调。领带的面料以真丝为最优。在领带颜色的选择上,杂色西装应配单色领带,而单色西装则应配花纹领带;驼色西装应配金茶色领带,褐色西装则需配黑色领带等。

2. 男士西装的穿着

(1)合体的上衣与衬衣

合体的西装上衣应长过臀部,四周下垂平衡,手臂伸直时上衣的袖子恰好过腕部,领子应紧贴后颈部。

穿西装必须要穿长袖衬衣,衬衣最好不要过旧,领子一定要硬扎、挺括,外露的部分一定要平整干净。衬衣下摆要掖在裤子里,领子不要翻在西装外,但应稍露出外衣领,袖口也应长出外衣袖口 1～2cm。

(2)注意内衣不可过多

穿西装切忌穿过多内衣。衬衣内除了背心之外,最好不要再穿其他内衣,如果确实需要穿内衣,内衣的领圈和袖口也一定不要露出来。如果天气较冷,衬衣外面还可以穿上一件毛衣或毛背心,但毛衣一定要紧身,不要过于宽松,以免显得臃肿,影响穿西装的效果。

(3)打好领带

正式场合的领带以深色为宜,非正式场合的领带以浅色、艳丽为好。领带的颜色一般不宜与服装颜色完全一样(参加凭吊活动穿黑西装系黑领带除外),以免给人以呆板的感觉。具体做法:一是领带底色可与西装同色系或邻近色,但二者色彩的深浅明暗不同,如米色西装配咖啡色领带;二是领带与西装同是暗色,但色彩形成对比,如黑西装配暗红色领带;三是一色的西装配花领带,花领带上的一种颜色尽可能与西装的颜色相呼应。

领带的打法,主要有五种方法,如图 2-1～图 2-5 所示[①]。

① 平结。平结为男士选用最多的领结打法之一,几乎适用于各种材质的领带。要诀是领结下方所形成的凹洞,需让两边均匀且对称。

---

① http://www.9.chinasspp.com/n53473.html,2010-02-01。

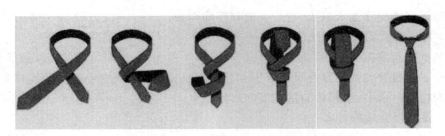

图 2-1　平结

② 交叉结。这是适合单色素雅、质料较薄的领带选用的领结,喜欢展现流行感的男士不妨多加使用。

图 2-2　交叉结

③ 双环结。双环结能营造时尚感,适合年轻的上班族选用。完成的特色就是第一圈稍露出第二圈之外,可别刻意盖住。

图 2-3　双环结

④ 温莎结。温莎结适用于宽领的衬衫,该领结应多往横向发展,应避免材质过厚的领带,领结也勿打得过大。

图 2-4　温莎结

⑤ 双交叉结。这样的领结很容易让人有种高雅且隆重的感觉,适合正式活动场合

选用。应多运用在素色且丝质领带上,若搭配大翻领的衬衫,不但适合,而且有一种尊贵感。

图 2-5　双交叉结

领结需靠在衣领上,但不能勒住脖子,也不能太往下,显得松松垮垮,不精神。领带系好后,垂下的长度应能触及腰带上,超过腰带或不及腰带都不符合要求。领带用领带夹固定。西装上衣左胸部的装饰袋,可用来插放绢饰,不可用来放钢笔之类的其他东西,钢笔应放在衣服内袋中。

（4）裤子合体

西装的裤子要合体,要有裤线,裤长要及脚面 1～2cm。西装裤兜内不宜放沉东西。

（5）鞋袜整齐

穿西装一定要穿皮鞋,而不能穿布鞋或旅游鞋。皮鞋的颜色要与西装相配套。皮鞋还应擦亮,不要蒙满灰尘。穿皮鞋要配上合适的袜子,袜子的颜色要比西装稍深一些,使它在皮鞋与西装之间显示一种过渡。

（6）扣好扣子

西装上衣可以敞开穿,但双排扣西装上衣一般不要敞开穿。在扣西装扣子时,如果穿的是两个扣子的西装,不要把两个扣子都扣上,一般只扣上面一个。如果是三个扣子只扣中间一个。

在日常工作及非正式场合的社交活动中,男士可穿西服便装。西服便装上下装不要求严格的配套一致,颜色可上浅下深,面料可上柔下挺。可以衬衫、领带配西裤,也可以不扎领带、不穿衬衫,而穿套头衫或毛衣。

此外,男士参加社交活动也可穿中山装、民族服装或夹克。尤其是在国内参加活动时,如出席庆典仪式(包括吊唁活动)、正式宴会、领导人会见国宾等隆重活动,可穿中山装与民族服装。穿中山装应选择上下同色同质的深色毛料中山装,一般配以黑色皮鞋。中山装衣服要平整、挺括,裤子要有裤线。穿着时要扣好领扣、领钩、裤扣。

在非正式社交场合中,男士也可穿夹克衫等便装,但同样应注意服装的清洁与整齐。

男士外出还可准备一件大衣或风衣,但在正式场合一般不宜穿风衣或大衣。如在需要室外活动的场合,大衣或风衣既可保暖挡风,又可增添不少潇洒的风采。

2.1.4　女士服装的穿着

小故事

女王的着装

英国女王伊丽莎白二世访问中国期间,走出机舱门第一个亮相,穿的是正黄色西服套裙,戴正黄色帽子。这位女王本人喜欢红色和天蓝色,很少穿黄衣服。但在中国,几千年的历史上黄色是皇帝的专用色。女王来中国访问穿正黄色,既表示尊重中国的传统习俗,又显示了她作为一国君主的高贵身份。[①]

女士服装应讲究配套,款式较简洁,色彩较单纯,以充分体现女士的精明强干,落落大方。

1. 女士西装套裙

(1) 选择合适的套裙。

面料:最好是纯天然质地,又质量上乘的面料。上衣、裙子及背心等应选用同一种面料。在外观上,套裙所用的面料,讲究的是匀称、平整、滑润、光洁,不仅有弹性、手感好,而且应当不起皱、不起毛、不起球。

色彩:应当以冷色调为主,借以体现出着装者的典雅、端庄与稳重。一套套裙的全部色彩不要超过两种,不然就会显得杂乱无章。

图案:按照常规,商界女士在正式场合穿着的套裙,可以不带任何图案。

点缀:不宜添加过多的点缀。一般而言,以贴布、绣花、花边、金线、彩条、亮片、珍珠、皮革等加点缀或装饰的套裙都不适宜商界女士穿着。

尺寸:上衣不宜过长,下裙不宜过短。裙子下摆恰好达小腿最丰满处,乃是最为标准、最为理想的裙长。紧身式上衣显得较为正统,松身式上衣则看起来更加时髦一些。

造型:H 形上衣较为宽松,裙子多为简式;X 形上衣多为紧身式,裙子大多为喇叭式;A 形上衣为紧身式,裙子则为宽松式;Y 形上衣为松身式,裙子多为紧身式,并以简式为主。

款式:套裙款式的变化主要体现在上衣和裙子方面。上衣的变化主要体现在衣领方面,除常见的平驳领、驳领、一字领、圆领之外,青果领、披肩领、燕翼领等也不罕见。裙子的式样常见的有西装裙、一步裙、简式裙等,款式端庄、线条优美;百褶裙、旗袍裙、A 字裙等,飘逸洒脱、高雅漂亮。

(2) 选择和套裙配套的衬衫。与套裙配套穿着的衬衫,有不少的讲究。从面料上讲,主要要求轻薄而柔软,比如真丝、麻纱、府绸、罗布、涤棉等,都可以用作其面料。从色彩上讲,则要求雅致而端庄,不失女性的妩媚。除了作为"基本色"的白色外,其他各式各样的

① 郭文臣,等.公共关系原理与实务[M].大连:大连理工大学出版社,1997.

色彩,包括流行色在内,只要不是过于鲜艳,并且与所穿的套裙的色彩不相互排斥,均可用作衬衫的色彩。不过,还是以单色为最佳之选。同时,还要注意,应使衬衫的色彩与所穿套裙的色彩互相般配,要么外深内浅,要么外浅内深,形成两者的深浅对比。

(3) 选择和套裙配套的内衣。一套内衣往往由胸罩、内裤以及腹带、吊袜带、连体衣等构成。它应当柔软贴身,并且起着支撑和烘托女性线条的作用。有鉴于此,选择内衣时,最关键的是要使之大小适当。

内衣所用的面料,以纯棉、真丝等面料为佳。它的色彩可以是常规的白色、肉色,也可以是粉色、红色、紫色、棕色、蓝色、黑色。不过,一套内衣最好同为一色,而且其各个组成部分亦为单色。就图案而论,着装者完全可以根据个人爱好加以选择。

内衣的具体款式很多,在进行选择时,特别应当注意的是,穿上内衣之后,不应当使它的轮廓一目了然地在套裙之外展现出来。

(4) 选择合适的鞋袜。选择鞋袜时,首先要注意其面料。女士所穿的与套裙配套的鞋子,宜为皮鞋,并且以牛皮鞋为上品。同时所穿的袜子,则可以是尼龙丝袜或羊毛袜。

鞋袜的色彩则有许多特殊的要求。与套裙配套的皮鞋,以黑色最为正统。此外,与套裙色彩一致的皮鞋亦可选择。但是鲜红色、明黄色、艳绿色、浅紫色的鞋子,则最好莫试。穿着套裙时所穿的袜子,可有肉色、黑色、浅灰色、浅棕色等几种常规选择,只是它们宜为单色。多色袜、彩色袜,以及白色、红色、蓝色、绿色、紫色等色彩的袜子,都是不适宜的。

鞋袜在与套裙搭配穿着时,要注意其款式。与套裙配套的鞋子,宜为高跟、半高跟的船式皮鞋或盖式皮鞋,系带式皮鞋、丁字式皮鞋、皮靴、皮凉鞋等都不宜采用。高筒袜与连裤袜,则是与套裙的标准搭配。中筒袜、低筒袜,绝对不宜与套裙同时穿着。

女士西装式样较多,它的领型有西装 V 字领、青果领、披肩领等;款式有单排扣、双排扣;衣长也有变化,或短至齐腰处,或长至大腿;造型上有宽松的、束腰的,还可有各种图案的镶拼组合。女士西装有衣裤相配的套装,也有衣裙相配的套裙。在社交场合无论西服套装或西服套裙款式都宜简洁大方,避免过分花哨和夸张。

女士西服套装给人以精明干练、富有权威的感觉,显得比较严肃,更适合成熟的女士或职位较高的女领导工作时穿用。如今,西服套装已成为社交活动中女士普遍适用的服装。

西服套裙的上装是西装,下装是腰裙(如西装裙、喇叭裙、百褶裙等)。交际中西服套裙的面料应是高档面料,如夏季用丝绸,华贵柔美;春秋用各类毛料,考究挺括;冬季用羊绒或毛呢织物,高贵典雅。西服套裙的色彩应呈中性,也可偏暗,一色的面料适宜,各种条子、格子、点子面料也常用。西服套裙上下一色显得端庄,有成熟感;色彩上浅下深或上深下浅,式样上简下繁或上繁下简,花色或上轻下杂或上杂下轻,可以搭配出动感和活力,适合女士在不同场合穿出不同的风貌。

2. 女士连衣裙

连衣裙是上衣和裙子的结合体,它不但能尽显女士特有的恬静和妩媚,而且穿着便捷、舒适。连衣裙也可与西装外套等组合搭配,提高服装的使用率。连衣裙的造型丰富多彩,有前开襟、后开襟、全开襟和半开襟的;有紧身的、宽松的;有喇叭形、三角形、倒三角形的;有无领的、有领的;有方领的、尖领的、圆领的;有超短的、过膝的、拖地的等各种连衣裙,它们为各种身材的女士在不同场合提供了大量的选择。

穿着连衣裙应以个人爱好、流行时尚而定,但在交际场合,穿着连衣裙还应以大方典雅为宜。单色连衣裙在大多数场合效果都很好,点、条、格等面料的连衣裙图案也要力求简洁。穿连衣裙要注意避免以下两点:一是受时髦潮流的影响,因太流行或趋于怪异,而变得俗不可耐或荒诞不经。二是不顾及环境,而穿着过低的领口、过紧的衣裙、过透的面料,使人感到极不雅观。正所谓"酌奇而不失其真,玩华而不坠其实"。

3. 女士旗袍

旗袍被公认是最能体现女性曲线美的一种服装。我国是有着 300 年旗袍历史的国度,近年来,旗袍带着一股从未有过的震撼力影响着世界各地女性的穿着,它像一种特殊的世界语,迅速被各种族的人们所接受,打破了只有东方女性才适合穿着的传统论断。因而,旗袍也可作为社交中的礼服。旗袍作为礼服,一般采用紧扣的高领、贴身、身长过膝、两旁开衩、斜式开襟、袖口至手腕上方或肘关节上端的款式,面料以高级呢龙绸缎为主,配以高跟鞋或半高跟鞋。

4. 职业女性的着装风格

职业女性的着装风格有如下几种。

(1) 庄重大方型

庄重大方型的着装风格适合从事教育、文化、咨询、信息和医疗卫生等工作的职业女性。这类职业女性的着装外形变得飘逸柔软,渐渐走出"女强人"的模式。衬衫款式以简单为宜,与套装配衬,可以选择白色、淡粉色、格子、线条等变化的款式。在着装整体色彩上,可以考虑灰色、深蓝色、黑色、米色等较沉稳的色系,给人留下干练朝气、充满亲和力与感染力的印象。此外,也可选择白色。由于考虑到这类职业女性一天近 8 小时面对公众,必须始终保持衣服挺括的缘故,因而,应当尽量选用那些经过处理、不易起皱的丝、棉、麻以及水洗丝等面料。

(2) 成熟含蓄型

成熟含蓄型的着装风格适合从事保险、证券、律师、公司主管、公共事业和政府机关公务员等工作的职业女性。这类职业女性着装的原则是专业形象第一,女性气质其次,在专业及女性两种角色里取得平衡。不同质地和剪裁的西服西裤,能穿出不同的感觉。总的来说,西服和西裤的搭配,显得成熟稳重、帅气潇洒、自由豪迈。连衣裙适合身材窈窕的女性,常见的连衣裙款式类似套裙,长度或长或短,没有太多的限制。如露肩的黑色连衣裙,长度及踝,流畅而华丽的线条,令身体的美无言地展示。神秘的黑色适合成熟含蓄的女性,这样的服装可以穿着的场合比较多。优雅利落的套装,给人的印象是井然有序。至于颜色,当然还是以白色、黑色、褐色、海蓝色、灰色等基本色为主。若嫌色彩过于单调,不妨扎条领巾,或在套装内穿件亮眼质轻的上衣。

（3）素雅端庄型

素雅端庄型的着装风格适合从事科研、银行、商业、贸易、医药和房地产等工作的职业女性。这类职业女性的穿着除了因地制宜、符合身份、清洁、舒适外，还须记住以不影响工作效率为原则，才能适当地展现女性的气质与风度。例如，女性的衣着如太暴露，容易让男同事不知所措，而自己则要时常瞻前顾后，这样会影响工作效率。因此，这类职业女性的上班服应注重配合流行但不损及专业形象。其原则是"在流行中略带保守"，是保守中的流行。太薄或太轻的衣料，会有不踏实、不庄重之感。衣服样式宜素雅，花色衣服则应挑选规则的图案或花纹，如格子、条纹、"人"字形纹等。

（4）简约休闲型

简约休闲型的着装风格适合从事新闻、广告、平面设计、动画制作和形象造型等工作的职业女性。这类职业女性的着装是简单中的优雅、舒适中的休闲，但简单的服饰可造就不简单的女人。白色或者深蓝色细格的棉质衬衫，修身的设计，半透明的质感，内衬白色吊带背心，简约和性感混合在一起。若穿这样的衣服，则会在单位中人气大增。

（5）清纯秀丽型

清纯秀丽型的着装风格适合从事网络、计算机、公关、记者、娱乐等工作的职业女性。虽然办公室里不需要风情万种，但女人聪明的天性以及对美丽的极度敏感，使这类职业女性能够轻而易举地将流行元素融进枯燥沉闷的上班服饰中。时尚无须复杂，一双华丽斑斓的凉鞋、一只绣有花朵的包，都可成为将职业装穿出流行感觉的点睛之作，职业形象也能带出甜蜜的感觉。

小知识

职业装穿着八禁忌

（1）忌残破。职业装该洗就洗，该换就换，该淘汰就淘汰，宁可不穿也不能穿破衣服。

（2）忌杂乱。服装穿着要讲规则，不能杂乱、不够协调。比如，男士穿西装的时候穿布鞋或运动鞋；女士穿很高档的套裙，却光脚穿露脚趾的凉鞋，这些都不符合职业着装的规范。

（3）忌鲜艳。从制作的角度来讲，应该统一颜色，不能太鲜艳。一般要遵守三色原则，也就是说颜色不能超过三种。

（4）忌暴露。职业装不能过于暴露。不能穿露脐装、露背装、低胸装、露肩装。职业装要"四不露"，即不露胸、不露肩、不露腰、不露背，否则一弯腰走光了，令人尴尬。

（5）忌透视。不能让人透过外衣看到内衣的颜色、款式、长短或图案，这都是非常不礼貌的。

（6）忌短小，即不能太短。

（7）忌紧身。衣服过于紧身，甚至显现出内衣、内裤的轮廓，既不雅观也不庄重。

（8）忌怪异。职业人士不是时装模特，不能过分追求新奇古怪，标新立异。

2.1.5　服装的饰物佩戴

1. 饰物的种类

（1）服饰

这里的"服饰"是指服装上的装饰。服饰种类繁多,主要包括刺绣、系带、金属装饰品、珠宝等。不同时期、不同民族、不同国家的服饰既相似又不同。例如,我国唐代袍衫的纹样一般以暗花为多,武则天当朝后规定,在不同职别官员的袍服上,绣上各种不同的禽兽纹样,以区别等级;又如,我国少数民族中的白族,妇女的头饰上有一缕长长的穗,随着妇女年龄的增长或已婚,这缕长穗慢慢地被剪短,直至完全没有。再如,我国布依族已婚妇女要用竹皮或笋壳与青布做成"假壳"戴在头上,向后横翘尺余。

（2）挂件

项链、玉佩、包挂等都属于挂件。在众多品种的挂件中,最流行和被人们广泛佩戴的是用贵金属、玉石、玛瑙、水晶、象牙、木雕、石雕等材料制成的各种人们心目中的吉祥物挂件,例如,保佑平安、祈祷发财、保佑健康的吉祥物。挂件制品在制作原料、工艺及饰物造型上,男女有别。除项链外,其余挂件一般不用贵金属材料制作。

（3）佩件

戒指、耳环、手镯、臂镯、丝巾扣等都属于佩件。传说戒指源于3000年前的古埃及,戒指是环形的,它没有开始,也没有结束,象征着爱情的浪漫与永恒。佩件一般用贵金属和珠宝制成。现代社会出现了很多能取代贵金属和珠宝的人造贵金属和人造珠宝材质,用这些材料制作出的戒指、耳环、手镯、臂镯、丝巾扣等同样非常漂亮,光彩照人。

（4）手袋

手袋,特别是女士用的小型手袋是女士出席各种社交活动的重要饰物。手袋的面料很多,可用皮革、金属、塑料、串珠、刺绣等材料制成。

（5）帽子

帽子是现代女士的主要饰物。无论是质料、色彩还是款式,都是多种多样的。

（6）腰带及眼镜

腰带及眼镜是男女皆用的最常见的饰物,属于应用及装饰为一体的饰物。特别是眼镜,随着现代人装饰意识和审美情趣的变化,眼镜已成为一种修饰脸部的饰物了。

（7）发饰

我国历代衣冠服饰制度中对"冠"(即发饰)都有严格规定。在奴隶制度和封建制度时期,发饰是用来区分等级的一种饰品。例如,商代对冠巾、发簪等发饰的佩戴就有明确的要求。不同民族、不同地区的发饰在样式、佩戴方式等方面是有区别的,在某种意义上说发饰具有民族和区域特性。例如,傣族、白族等一些民族的妇女是已婚还是未婚,可通过其发型及发饰来判别。随着社会的发展,发饰等级制度已经消亡,而随着民族之间、地区之间交往的日益紧密,不同民族、不同地区的发饰也在逐步融合,使现代发饰呈现出了丰富、多彩、繁荣的局面。

2. 饰物佩戴的原则

（1）符合身份

饰物的佩戴不仅要照顾个人的爱好，更应当使之服从于本人身份，要与自己的性别、年龄、职业、工作环境保持大体一致，不宜使之相去甚远。例如，医务工作者、宾馆服务员、厨师等由于行业的特点，不宜佩戴首饰，对此，从业人员应无条件地遵守。

（2）搭配得宜

穿着工作装的最好饰物是金银饰物，一般不戴珠宝饰物。同时，饰物最好能与服装搭配和谐，而且在颜色、样式、整体效果上，都应该仔细协调，尽量让其浑然天成。另外，男士应该谨慎选择饰物，尽量不要赶时髦。比如，戴着耳环就不太适合服务这一行业。

（3）以少为好

有些人总是爱显示自己的优越性，好像自己佩戴了什么，就比别人高一等，于是将身上能戴上饰物的地方全部武装起来。其实，这大可不必。即使有这样的心态，也不一定非要在数量上与他人一决高下。品质更能彰显气质，何必非要把自己打扮成一个珠宝推销员一样呢。正确的佩戴原则是：一般以不超过两种为限，而且同样的品种也不能超过两个。

3. 常见饰物的佩戴

（1）丝巾

丝巾是女士的钟爱。确实，不管什么场合，利用飘逸柔媚的丝巾稍作点缀，一下就能让穿着更有味道。挑选丝巾的重点是丝巾的颜色、图案、质地和垂坠感。可以用丝巾调节脸部气息，如红色系可映得面颊红润；或是突出整体打扮，如衣深巾浅、衣冷色巾暖色、衣素巾艳。但佩戴丝巾要注意：如果脸色偏黄，不宜选用深红色、绿色、蓝色、黄色丝巾；脸色偏黑，不宜选用白色、有鲜艳大红图案的丝巾。丝巾不要放到洗衣机里洗，也不要用力搓揉和拧干，只要放入稀释的清洁剂中浸泡一两分钟，轻轻拧出多余水分再晾干就行了。

（2）围巾、帽子、手套

围巾的花色品种很多，与帽子一样，起御寒保暖和美观的作用。巧妙地选戴围巾，效果远远超过不断地更新衣服。围巾的面料有纯毛、纯棉、人造毛织物、真丝绸、涤丝绸等。围巾的色彩及图案名目繁多，男士一般应选用纯毛、人造毛织物制作的围巾，色彩应选用灰色、棕色、深酱色或海军蓝，不能选用丝绸类的围巾。女士对围巾的选择范围极大，可选用丝绸类及色彩多样的三角巾、长巾及方巾等；除可用来围在脖子上取暖外，还可以将围巾扎在头发上、围在腰上做装饰品。如果配上丝巾扣，围巾围、戴的变化就更多了。对女士来说，不论怎样选戴围巾，都要与年龄、身份和环境相协调，与所穿衣服的面料、款式、颜色及使用者的肤色相配。围巾一般在春冬季节使用的比较多。它的搭配要和衣服、季节协调。厚重的衣服可以搭配轻柔的围巾，但轻柔的衣服绝不能搭配厚重的围巾。围巾和大衣一般都适合室外或部分公共场所穿着，到了房间里面就要及时摘掉，不然会让人感到压抑。

帽子是由头巾演变来的。在当代生活中,帽子不仅有御寒遮阳的作用,还具有装饰功能。在男女衣着中,帽子也占据着举足轻重的地位。戴帽子时,一定要注意帽子的式样、颜色与自身装束、年龄、工作、脸形、肤色相和谐。一般来说,圆脸适合戴宽边顶高的帽子,窄脸适合戴窄边的帽子。女士的帽子,种类繁多,不同的季节造型和花色也不同。例如,在冬天,女士可戴手工制的绒线帽;地位较高的女士可选择小呢帽;年轻姑娘可选择小运动帽。戴帽子的方法也很多,例如,帽子戴得端端正正显得很正派,稍往前倾一些显得很时髦。另外,戴眼镜的女士不适宜戴有花饰的帽子;身材矮小者,应戴顶稍高的帽子。戴帽子应注意的一般礼仪是:戴法要规范,该正的不能歪,该偏前的不能偏后;男性在社交场合可以采用脱帽的方式向对方表示致意;在庄重和悲伤的场合,除军人行注目礼外,其余的人应一律脱帽。

在西方的传统服饰中,手套曾经是必不可少的配饰。现在,不管在哪儿,手套除了御寒以外,无非就是为了保持手部的清洁和防止太阳曝晒。和别人握手,不管冬夏,都要摘掉手套;女士握手,有时不用摘掉手套,摘掉手套则显得更加礼貌;进屋以后,一般要马上摘下手套;吃饭的时候,手套必须摘下。

（3）腰带

腰带更重要的是起装饰作用。男士的腰带一般比较单一,质地大多是皮革的,没有太多的装饰。穿西服时,都要扎腰带;而其他的服装(如运动、休闲服装)可以不扎。夏季只穿衬衫并把衬衫扎到裤子里时,也要系上腰带。女士的腰带很丰富,质地有皮革的、编织物的、其他纺织品的,纯装饰性的场合更多;款式也多种多样。女士使用腰带要注意这样几个问题:一是和服装的协调搭配,包括款式和颜色,比如穿西服套裙一般选择皮革或纺织的、花样较少的腰带,以便和服装的端庄风格搭配;要是穿着连衣轻柔织物裙装时,腰带的选择余地更大一些;暗色的服装不要配用浅色的腰带,除非出于修正形体的需要。二是要和体形搭配,比如个子过于瘦高,可以用较显眼的腰带,形成横线,分割一下,增加横向宽度;如果上身长下身短,可以适当提高腰带到比较合适的上下身比例线上,造成比较好的视觉效果;如果身体过于矮胖,就要避免使用大的、花样多的腰带扣(结),也不要用宽腰带。三是要和社交场合协调。职业场合不要用装饰太多的腰带,而要显得干净利落一些;参加晚宴、舞会时,腰带可以花哨些。

无论男女,扎腰带一定要注意:出门前看看腰带扎得是否合适,腰带有没有"异常",在公共场合或别人面前动腰带是不合适的;在进餐的时候,更不要当众松紧腰带,这样既不礼貌,也不雅观;如有必要,可以起身到洗手间去整理。经常注意检查自己的腰带是不是有损坏,以提早替换,避免发生"意外"。

（4）皮包

皮包具有使用及装饰作用,在现代服饰中起着画龙点睛的作用。皮包的种类千变万化,有肩挂式、手提式、手拿式及双肩背式等,在选购时要考虑它的适用范围。正式场合应选用质地较好、做工精细、外观华丽,体积不宜大,横长形的皮包;平时上班和日常外出时使用的皮包不必太华丽,以实用性和耐用性为主;使用皮包要考虑其颜色与季节和着装是否相一致。皮包的使用与人的体形也有很大关系,例如,体形小巧的人不能选用太大的皮包;体形矮胖的人不要选用太秀气的皮包;瘦高的人虽有较大的选择余地,但也不能选用太大或太小的皮包。在参加公务活动时,应携带公文包。

（5）丝袜

丝袜,在服装整体搭配中起着举足轻重的作用。在国外,正式场合中如果女性不穿丝袜,就十分不雅。丝袜不仅能保护腿、足部的皮肤,掩盖皮肤上的瑕疵,还能与衣服相搭配,使女性更添魅力。

在工作场合穿着裙装及皮鞋时,一定要穿丝袜,而且必须是连裤丝袜。这样,可以避免丝袜因质量问题掉落,也不会将袜口露在外面。而有的人因为怕热而穿中长袜或短丝袜是不职业的做法。如平时在穿连衣裙及凉鞋时,就不要再穿丝袜了。因为凉鞋本来就是为了凉快的,再穿袜子就显得多此一举。不过现在有一种前后包脚的凉鞋,是属于较为正式的款式,就必须穿袜子。穿凉鞋时,要注意脚趾和脚后跟的洁净,不要把黑乎乎的指甲缝和老茧丛生的脚后跟露在外面,平时应注意保养。

丝袜的选穿不能敷衍了事,但要根据自身特点和着装风格做到合理选穿。最好知道选穿袜子的窍门,以下是一些供参考的经验:对于日常忙于上班的职业女性,不妨选一些净色的丝袜,只要记住深色服装配深色丝袜,浅色服装配浅色丝袜这一基本方法就可以了;丝袜和鞋的颜色一定要相衬,而且丝袜的颜色应略浅于皮鞋的颜色(白皮鞋除外);颜色或款式很出众的袜子对腿形要求很高,对自己腿形没有自信的女孩不可轻易尝试;品质良好的裤袜要比长筒丝袜令人更有安全感,能够避免袜头松落的情况;白丝袜很容易令人看上去又胖又矮,应该避免;上班族不要穿着彩色丝袜,它会令人感到轻浮,缺乏稳重之感;参加盛会穿晚装时,配一双背部起骨的丝袜使高雅大方的格调分外突出,但穿此类丝袜时,切记不要将背骨线扭歪,否则极其失礼。

（6）戒指

在西方,戒指是无声的语言。一般来说,将戒指戴左手各手指上有不同含义:在食指上表示未婚或求婚;戴在中指上表示正在热恋中;戴在无名指上,表示已订婚或结婚;戴在小指上则表明"我是独身者"。右手戴戒指纯粹是一种装饰,没什么特别的意义。中国人也戴戒指,但一定不能乱戴。一般情况下,一只手上只戴一枚戒指,戴两枚或两枚以上的戒指是不适宜的。参加较正规的外事活动,最好佩戴古典式样的戒指。

（7）项链

项链的粗细应与脖子的粗细成正比,与脖子的长短成反比。从长度上分,项链可分为四种:短项链约40cm,适合搭配低领上衣;中长项链约50cm,可广泛使用;长项链约60cm,适合在社交场合使用;特长项链约70cm,适合用于隆重的社交场合。

（8）耳饰

耳饰有耳环、耳链、耳钉、耳坠等款式,仅限女性所用,并且讲究成对使用,也就是说每只耳朵上均佩戴一只。工作场合,不要一只耳朵上戴多只耳环。另外佩戴耳环,应兼顾脸形,不要选择和脸形相似形状的耳环,使脸形的短处被强调夸大。耳饰中的耳钉小巧而含蓄,所以,女性服务行业从业人员可以佩戴。

（9）手镯

有雕塑感的木质阔手镯带有中性色彩;金属宽手镯就显得很酷;而另一种风格的宽手

镯——用人造宝石镶上图案,必将制造出一种目不暇接的华丽氛围,它主要强调手腕和手臂的美丽。戴手镯可以只戴一只,通常应在左手;也可以同时戴两只,一只手戴一个;也可以都戴在左手。

（10）手链

男女都可以佩戴手链,但一只手上只能戴一条,而且应戴在左手上。它可以和手镯同时佩戴。在一些国家,佩戴手链、手镯的数量、位置,可以表示婚姻状况。手链不要和手表同时戴在一只手上。

（11）手表

在社交场合,佩戴手表通常意味着时间观念强、作风严谨。在正规的社交场合,手表往往被看作首饰,也是一个人地位、身份、财富状况的体现。所以,男士的手表往往引人注目。在正式场合佩戴的手表,在造型上要庄重、保守,避免怪异、新潮,尤其是尊者、年长者更要注意。一般圆形、正方形、长方形、椭圆形和菱形手表适用范围极广,也适合在正式场合佩戴;而那些新奇、花哨的手表造型,仅适合少女和儿童。在手表颜色上,可以选择单色也可以选择双色,而且色彩要清晰、高雅,其中,黑色的手表最理想。除数字、商标、厂名、品牌外,手表没必要再出现其他无意义的图案,像广告表、卡通表等都不宜出现在工作人员的手腕上。另外,在交际场合,特别是和别人交谈时,不要有意无意地看表,否则对方会认为你对交谈心不在焉、不耐烦,想结束谈话。

（12）胸花

胸花是为女性特别设计的,专门用于装饰女性的胸、肩、腰、头、领口等部位。胸花有鲜花和人造花两种。相比之下,鲜花佩戴起来更显高雅,但不能持久。选择胸花时,一定要考虑服装的类型、颜色、面料,要考虑所出席的社交活动的层次,要考虑自身的体形和脸形条件。例如,个子矮小的女士适合小一点的胸花,佩戴时部位可稍高一些;个子高大的女士可选择大一点的胸花,佩戴时位置可低一些。胸花要注意佩戴的部位,穿西服应佩戴在左侧领上,穿无领上衣时应佩戴在左侧胸前。发型偏左时胸针应当居右,发型偏右时胸针应当偏左,其高度应在从上往下数第一粒和第二粒纽扣之间。

（13）领针

领针专门用来佩戴在西式上装左侧领上,男女都可以使用。佩戴时戴一只即可,而且不要和胸针、纪念章、奖章、企业徽记等同时使用。在正式场合,不要佩戴有广告作用的别针,不要将它佩戴在右侧衣领、帽子、书包、围巾、裙摆、腰带等不恰当的位置。

（14）发饰

常见的发饰主要有头花、发带、发箍、发卡等。通常,头花和色彩鲜艳、图案花哨的发带、发箍、发卡都不要在上班时佩戴。

（15）脚链

脚链是当前比较流行的一种饰物,多受年轻女士的青睐,主要适合在非正式场合。佩戴它可以吸引别人对佩戴者腿部和步态的注意,如果腿部缺点较多,就不要用。一般只戴一条脚链。如果戴脚链时穿丝袜,就要把脚链戴在袜子外面,让脚链醒目。

2.2 能力开发

2.2.1 阅读思考

1. 特殊体型女性的服饰选择

有些职业女性身体的某一部分达不到理想的比例,这可以通过服饰错觉效应来制造新的效果。

（1）肩宽

肩宽的女性宜选择大 V 领或 U 领的服装款式,这是因为穿着大 V 领服装,借由 V 领的视线延伸,可巧妙地隐藏肩宽的缺点,而同样,深 U 领的服装也能"缩肩",由于 U 领使颈部露出一片"开阔地带",颈部修长了,肩部自然也就变窄了;深色系上衣同样具有神奇的"缩肩"效果,因此在上衣色彩的选择上,最好考虑深色系;还有一种就是选用下垂性比较好的面料做衣服,这样肩膀看起来也会窄一些。

（2）胸部小

胸部小的女性可以尝试下面的选择。

穿一件胸前带有口袋或特别花样的上衣,这样可以增加发散的效果。或者穿一件胸前有荷叶边、波浪边或绑带的上衣会让胸部看起来比较丰满。

对于上衣的面料而言,选择有纹路的布料会让胸部看起来更加丰腴些。此外,布料亮度比较高的衣服,也能使胸部看起来更丰满些。

泳装的款式不妨选择胸线有折边或褶皱的。

对于衣服的款式而言,有垫肩设计的外套会使胸部看起来比较挺。

宽版的连身长裙,里头搭配衬衫或针织衫也是小胸女性的选择。

人们在宽松的造型以及层叠的效果中,会忽略对胸部的关注,这样也可以掩饰胸部过小的缺陷。

二件式和多层次的穿法可造成视觉上的错觉,制造出丰满的效果。

舒适而贴身的衣服会显露胸型,在外面搭配背心或小外套,胸部就会显得比较丰满。

（3）胸围过大

胸围过大的女性可以选择背心式或围裙式的长洋装,这是因为搭配不同颜色的上衣可以造成前胸围的视觉切割,使得胸部看起来顺畅。但有一点要注意:选择此类洋装时,布料要尽可能以平织布为主。此外,一套双排纽扣中长套装同样也可以把过于丰满的胸部掩饰起来。

（4）背肥

背肥的女性忌穿露背装以及背心,因为这样会给人虎背熊腰的感觉。可以穿深色短袖上衣,会起到一定修身的效果。款式以简单为主,如果嫌单调,可以把细节留在下半身发挥,以转移别人的注意力,看上去就会瘦一些。

（5）腰粗

腰粗的女性不要放置太多细节在腰间，会引人注意。改善的办法就是穿质地柔软的连身裙。因为连身裙通常在胸部以下就开始散开，它会使人看不见腰的真正位置，可以掩饰腰粗的缺陷；也可以穿 A 字裙，使腰部细一些，同时增加肩部装饰，使人们的视线移到上身。

（6）臀部过大

臀部过大的女性不宜穿紧身裤，可以选择略为宽松的深色布料的裤子，起到转移视线的作用。首先，可以在上衣的腰部加上腰带，通过腰带同裤子的调整，使臀部得到一定的掩盖；其次，还可以将细节放在颈项上（如佩戴耳环、项链等），从而把人们的注意力集中到身体上部；另外，有这类缺陷的人，重心往往过低，并且还会有运动不太灵便之感，为此，适当加高鞋跟的高度和培养良好的举止，也有助于形象的改善。

（7）腿粗

腿粗的女性不太适合穿紧身的裤子，而且穿短裤时，不要在膝盖位置将裤腿翻边；上身避免穿双排扣，可以穿单排扣；同样不可以穿太短的裙子。为了掩饰缺陷，最好穿筒裙、长裙或是喇叭裤；还可以穿粗高跟鞋使腿看起来修长。

（8）腿细

腿细的女性不太适合穿紧身裙，但是可以选择造型修长、挺拔的裤子，比如用全毛面料制作的长裤。因为这样看起来会比较漂亮，另外，腿细的女性在色彩的选择上以明亮、淡雅的色调为宜。

（9）腿短

腿短但是腰比较细、臀围比较宽的女性最适合穿裙子或者穿可盖住臀围线、款式稍长的不收腰身的上衣，这样可以扬长避短。但是这类人不适合穿直筒裤，如果能顺其自然地穿萝卜裤，不失为因势利导的一种穿着。专家建议：如果想让腿部变得修长一点，最好穿一些窄身的直脚裤或者及膝裙，还要加一对尖头凉鞋或高跟鞋。

（10）脸大而圆

脸大而圆的女性要注意把握以下几点。

- 样式简单、大方的领型是最好的选择，她们不适宜穿带有花边衣领或过于复杂的衣服。
- 下身最好着紧身裤或是紧身裙。
- 肩膀设计需稍宽阔，有垫肩更佳。
- 妆容的色彩以明亮的单色或浓色为宜，如桃红等。
- 耳环可选用三角形状的。
- 胸针宜选用较大的，项链以选择较长的为最佳。

（11）脸部瘦小

脸部过于瘦小的女性与身体其他部位比例不协调，无疑是不漂亮的，这时候就可以通过服饰来掩饰这个缺陷。可以运用如下方法。

- 大衣领或领口宽大的衣服是这些女性的首选。
- 肩膀部分不宜安垫肩，不能宽大，顺其自然为好。

- 在色调选择方面,不宜采用淡色系列,应巧妙地配合浓淡部分,否则,会使脸部更加显小。
- 宜佩戴中等大小的耳环。
- 项链不宜过长,能至胸口即可。

（12）颈部粗短

颈部粗短者可简单地利用某些领型和发型来改变颈部的外观。具体包括如下几项。

- 在领型上,一般比较适合 U 字形或 V 字形的低领型服装。
- 衬衫领的领口扣不要扣,要打开。
- 在衣服前面部分设计纵方向的条纹,这样就会给人一种纵向上的直观感觉,从而掩饰颈部粗短的缺陷。
- 避免用围巾、短项链等饰物来突出脖子。
- 避免高领毛衣或把脖子包围的领型,冬天穿浅色轻薄高领毛衣。
- 在发型上,一般比较适合选用长至双肩的发型,使其自然地遮盖住颈部,减少颈部的宽度。

（13）小腹突出

突出的小腹,永远是一个美丽女性的缺陷,也是穿衣时的一大难题。如果处理不当,便会破坏了一件漂亮服装的所有美感。对于这样的情况,就必须学会选择服装来掩盖。可以运用如下方法。

- 上身佩戴美丽的首饰,以转移视线。
- 适合穿比较长的上衣,利用它的长度遮住微突的小腹。不过,穿着此类上衣时,要注意将露在裙或裤外的衣服下摆均匀整理好。
- 最好选择有伸缩效果的面料。
- 复古的花衬衫或 T 恤,配上背心或外套,用服装的这种花纹来转移别人的视线。
- A 字形的窄裙也有很好的修饰效果。但要尽量避免把衬衫扎到裙或裤腰内,或是穿腹部剪接的打褶时装,这样会使腹部显得更加醒目。
- 避免系腰带,这样只会使腹部更突出。
- 避免穿发亮的面料。

（14）手臂太粗或太细

手臂太粗或太细就会显得比例不协调,因此,在穿衣服的时候要特别注意,用美丽的服装来掩饰这个缺陷。具体包括如下几条。

- 手臂太细的人在选择服装时应该选用长袖衣衫,而袖长以盖住腕关节为好,或可选用打皱褶的袖子以及喇叭袖,通过这种皱褶的装饰来转移别人的注意力。
- 手臂细的人如果不得不穿那种无袖的衣服,则衣服必须能盖住肩膀。
- 手臂太粗的人最好选用那种面料略微贴身的、穿起来不太紧的衣服。
- 手臂粗的人应选择宽袖口的衣服,如果是短袖的话,袖长度应为上臂的 3/4。
- 以织花或绵绸的长披肩遮住肩膀和手臂,通过这种方式来掩饰手臂太粗的缺陷。[1]

---

① 贾孟喜,陈开梅.职业女性形象设计教程[M].武汉:华中师范大学出版社,2009.

思考题：

（1）你的体型具有什么特点？

（2）请根据自身的体型特点进行服饰打扮。

2. 服饰文化媒介的概念及内涵

在现代的语境中，"服饰"由"服"与"饰"组成，"服"通常指覆盖人体躯干、四肢的各种衣物，即用织物等软性材料制成的穿戴于身的生活用品，"饰"指用来装饰人体的物品，它包括饰品、附属品及携带品等。

服饰是人们生活中最重要的物质产品之一，也是最富于变化的文化产品，然而，设计师范思哲（Versace）说："服装作为社会化与自我表现的媒介，性感才是它最基本的动力。"乔治·阿玛尼（Giogio Armani）也说："我穿衣与设计也就体现着我对颜色与和谐的看法。"显然，他们都把服饰当作了载体，这表明服饰的媒介功能的确存在着。

服饰之所以能成为文化载体及传播媒介，是因为它所具有的符号性。法国美学家罗兰·巴特说："衣着是规则和符号的系统化状态，它是处于纯粹之中的语言……时装是在衣服信息层次上的语言和在文字信息层次上的言语。"服饰自从它诞生的那天起，就具有附着于体肤之外的标识意义。麦克卢汉曾指出，人的所有器官及其功能的延伸（如车轮是腿的延伸、电话是口和耳的延伸）最终都是一种交往（传播）媒介。他说："衣服作为皮肤的延伸，既可被视为一种热量控制机制，又可以被看作社会生活中自我界定的手段。"因此，服饰符号的意义出现之后，它很快就成为一种文化载体及传播媒介——在人的社会生活中担当起贮存、传达信息的作用。

（1）服饰承载民俗文化

服饰是民俗的产物，也是民俗的载体。几乎从服饰起源的时候起，人们就已将其生活习俗、审美情趣、色彩爱好以及种种文化心态、宗教观念，通过衣裤、鞋帽、装饰等方面的习俗惯制表现出来。中国有着"上下五千年"的文明史，地域广阔，故服饰民俗流变丰富。如汉民族虽自夏商周以来就形成了上衣下裳，束发右衽的特点，但各个朝代又多有变异：明代的老百姓一般穿青布袄、白布裤、蓝布裙，并且男女都束裙子。可是到了清代，一般的老百姓却穿马褂、衫、袍、马甲等。中国地域广阔，服饰民俗的地域风情极为多样。如苗族服饰就被学者们称为"无字史书"，它的外在特点如用料、刺绣、花纹等都传达着关于民族的历史文化信息：有的条纹表示江河，有些图案是苗王"印章"，有的则是古老文字的雏形等。

（2）服饰承载制度文化

通过服饰，可以折射出人们的物质生活水平和社会时尚，也可以反映出人们的伦理观念与社会制度。在古代，服饰承载的制度文化主要体现为等级制度，东汉永平二年（公元59年），朝廷以佩绶颜色区分官员身份高低；魏初，文帝曹丕制定了九品官位制度，"以紫绯绿三色为九品之别"；唐代更是确立了严格的服色等级制度；直至明、清两代的官员常服上，人们仍以一块方形并缝缀于常服袍衫前的"补子"来分别等级。在现代社会中，服饰以制服的形式传递着人们职业、身份的信息。比如看到空姐所穿的制服，你可能会意识到她们代表的周到、礼貌的服务。看到护士制服，能使病人感到亲切、和蔼、可信。另外，在同一企业、团体内部，制服还代表着不同工作身份和不同的工作岗位，例如军、警服，人们不仅能够把身着这样服装的人从人群中区分出来,并且能够凭此识别出着装者身份的高低。

(3)服饰承载审美文化

人类穿戴服饰,既是为了发挥它们蔽体、御寒、防伤害等实用功能,以维护其身心健康。同时,也可以通过服饰的款式、色彩、质地的美来显现人体之美,从而获得精神上的愉悦。服饰是审美文化的载体,是人类审美心理的物化,它不但能显露出穿戴者的年龄、性别、职业、民族等方面的信息,而且也标志着他的修养、兴趣、气质和审美爱好。中华传统服饰的审美流变过程中,在男子冠服方面,主要通过理念感悟、形色象征和对材质、制作精度的追求来抒发对美的企望。同时,将原本自然丰满的审美要求与现实政治相叠加,使服饰成为标榜权、欲与财富的工具。在女性服饰上,审美倾向则表现出更多的优雅,汉代女服的灵巧娇美、唐代的雍容华贵、明代的流光溢彩、清代的端庄明丽,一代又一代变幻不断的靓饰艳妆,给中国服饰文化增添了生动和潇洒。

服饰不是自然的产品,它是由人的活动所创造出来的。因此,服饰的意义并不在于它的物理结构,如材质、缝纫等,而在于表现出的符合人的内心旨趣和精神价值。对于一件服饰,从接受者的角度而言,社会学家从中看到社会,艺术家从中看到美,历史学家从中看到新陈代谢,文化学者则视为文化传播。[①]

思考题:

(1)举例说明服饰所承载的文化。

(2)试分析服饰文化媒介的功能。

2.2.2　案例分析

1. 面试因何失败

南山宾馆根据收到的求职材料约见小赵作为预选对象。面试时,小赵涂着鲜艳的口红,烫着时髦的发式,穿着低领紧身的吊带,首饰华丽而夸张,给人以一种轻佻的感觉。第一轮面试小赵就落选了。事后一位人事总监对她说:"我认为你不可能仅仅因为化了美丽的妆而取得一个职位,但是我可以肯定你会因为穿错了衣服而失去一个职位。"

讨论题:

(1)本案例对你有何启示?

(2)结合本情境内容谈谈面试时应该怎样着装。

2. 财税专家应怎样着装

有位女职员是财税专家,她有很好的学历背景,常能为客户提供宝贵的建议,在公司里的表现一直很出色。但当她到客户的公司提供服务时,对方主管却不太注重她的建议,她所能发挥才能的机会也就会受到限制。一位时装专家发现这位财税专家在着装方面有明显的缺陷:她26岁,身高147cm、体重43公斤,看起来机敏可爱,喜爱着童装,像个小女

---

① 曾艳红.服饰:文化的一种载体及传播媒介[J].丝绸,2013(1).

孩,其外表与她所从事的工作相距甚远,所以客户对于她所提出的建议缺少安全感、依赖感,因此她难以实现自己的创意。这位时装大师建议她用服装来强调学者专家的气势,用深色的套装,对比色的上衣、丝巾、镶边帽子来搭配,甚至戴上重黑边的眼镜。女财税专家照办了,结果,客户的态度有了较大的转变。很快,她成为公司的董事之一。

　　(资料来源:http://www.360doc.com/content/11/0109/09/5433107_85139913.shtml.)

讨论题:

(1)时装大师给财税专家的着装建议有哪些?为什么?

(2)本案例对你有哪些启示?

3. 利用服饰巧妙地修饰形体缺陷

　　沈秋月是一家公司的经理助理,因为工作的关系,她非常注重自己的穿着。可她有一个烦恼,那就是她的胸部过于丰满。如果穿职业装,势必将胸部衬托得鼓鼓囊囊,不但有失美观,还时不时会惹来男性异样的目光。很快她就对自己的服装进行了调整,她改穿背心式的长洋装,这样里面不但可以搭配不同颜色的上衣,而且能造成前胸的视觉分割,使得胸部看起来更顺畅;同时,极力修饰自己修长的美腿,选择深色调的长筒袜。这样搭配之后,无论她走到哪里,都会引来欣赏和赞美的目光,瞬间提升了自己的职场气质指数。

　　张明朗是客服经理,每天要跟形形色色的顾客打交道,除了能说会道外,她也不忘让自己的衣服替自己说话。用她自己的话来说,她长得哪儿都不对,比如大腿胖、小腿粗、有小肚子、臀部还宽,那些具有修身效果的紧身衣服她连试都不敢试。后来经高人指点,她开始关注时髦的宽长裙,这样不但可以对她的粗腿和小肚子加以修饰,还可以将臀部巧妙地隐藏起来。当她和客户沟通时,不但显得气质优雅,还体现出非凡的身份,用一句流行的话来形容就是:很有范儿!

　　陈菊英是一位中学教师,为人师表自然要格外注意穿衣。学校规定老师必须穿西装,可她又矮又胖,腰还比较粗,穿上西装整个成了一个滚筒,这身打扮背地里不知道引来同事和学生多少笑话。自从她升任教导主任后,第一件事情就是换衣服。她听从服装店店员的建议,给自己选择了伞状上衣,腰部以下有蓬松的下摆,恰到好处地遮挡了粗壮的腰部,并且使得她的个子显得不再那么矮小。

　　(资料来源:付桂萍.做派:在商务活动中合乎情境地展示自己[M].长沙:湖南人民出版社,2013.)

讨论题:

(1)本案例对你选择服饰有何启示?

(2)你存在形体缺陷吗?你准备怎样利用服饰巧妙地修饰形体缺陷?

4. 女明星的麻烦

　　某女明星去参加一个聚会之前,不小心把中指弄伤了,这样以前带在中指上的戒指就不能带了。为了和整体的衣着相搭配,该女明星将戒指戴在了小拇指上。

　　第二天,该女星上了各大娱乐报纸的头条,其内容都跟那枚戒指有关:

　　"××女星情变,谁是第三者?"

　　"××女星伤心被抛!"

"明星情又变!"

……

这位无辜的女明星由于不懂得礼仪,错误地随便将戒指戴到小拇指上,结果引来不必要麻烦。

(资料来源:夏志强.人生要懂的100个商务礼仪[M].北京:中国书店,2006.)

讨论题:

(1) 从这位女明星的例子我们可以吸取什么教训?

(2) 佩戴戒指等饰物有哪些具体要求?

2.2.3　训练项目

组织着装展示

实训目标:根据服饰选配的相关要求与规范,使自己的着装符合职业礼仪要求,展示良好的形象。

实训学时:2学时。

实训地点:实训室。

实训准备:各类服装和饰物等。

实训方法:将学生分成小组,每组5～6人,各组设计不同场合(可以是正式场合、休闲场合、运动场合、商务酒会场合等)的服饰穿戴与搭配。每组学生进行角色扮演,演示各岗位服饰的穿戴与搭配,用数码摄像机记录整个过程,然后投影回放,学生自我评价,找出不合规范之处。授课教师总结点评学生存在的个性问题和共性问题。最后,全班评选出"最佳表现组"。

课后练习

1. 作为男士,请每天出门前对照以下"男士仪容仪表自我检测"来审视自己,看看自己哪些方面需要改进,以养成良好的习惯。

男士仪容仪表自我检测

发型款式大方,不怪异,头发干净整洁,长短适宜。无浓重气味,无头屑,无过多的发胶、发乳。

鬓角及胡须已剃净,鼻毛不外露。

脸部清洁滋润。

衬衣领口整洁,纽扣已扣好。

耳部清洁干净,耳毛不外露。

领带平整、端正。

衣、裤袋口平整伏贴。衬衣袖口清洁,长短适宜。

手部清洁,指甲干净整洁。

衣服上没有脱落的头发和头皮屑。

裤子熨烫平整,裤缝折痕清晰。裤腿长及鞋面。拉链已拉好。

鞋底与鞋面都很干净,鞋跟无破损,鞋面已擦亮。

2. 作为女士,请每天出门前对照以下"女士仪容仪表自我检测"来审视自己,看看自己哪些方面需要改进,以养成良好的习惯。

女士仪容仪表自我检测

头发保持干净整洁,有自然光泽,不要过多使用发胶;发型大方、高雅、得体、干练,前发以不要遮眼、遮脸为好。

化淡妆:眼亮、粉薄、眉轻、唇浅红。

服饰端庄:不太薄、不太透、不太露。

领口干净,脖子修长,衬衣领口不过于复杂和花哨。

饰品不过于夸张和突出,款式精致、材质优良,耳环小巧、项链精细,走动时安静无声。

公司标志佩戴在要求的位置,私人饰品不与之争夺别人的注意力。

衣袋中只放小而薄的物品,衣装轮廓不走样。

指甲精心修理过,不太长,不太怪,不太艳。

裙子长短、松紧适宜。拉链拉好,裙缝位正。

衣裤或裙子以及上衣的表面无明显的内衣轮廓痕迹。

鞋洁净,款式大方简洁,没有过多装饰与色彩,鞋跟不太高、不太尖。

衣服上没有脱落的头发和头皮屑。

丝袜无钩丝、无破洞、无修补痕迹,包里有一双备用丝袜。

3. 如何选择服饰的色彩?

4. 请根据你同事的脸形、形体和个性特点,给他(她)在服饰运用上提些合理化建议。

5. 请就以下三个事例做出评价。

事例1:一所名气很大的幼儿园的老师上门家访,结果引出了转园风波。原来,幼儿园老师上门家访,前脚离开,后脚就引起了一场家庭会议,"我们一定要转园!"妈妈、奶奶斩钉截铁地说。园长想不通了,别人抢着要求进园,这家却强烈要求退园,一问原因才知道:"不能把宝贝交给这样的老师"——挨个家访的女老师穿着吊带背心,还是露脐装!

事例2:一位大型国有企业的秘书正在陪同外商参观,优雅的举止、礼貌的谈吐赢得外商的好评,却意外地发现秘书小姐的丝袜破了个洞。

事例3:小刘是公司办公室主任,他十分注意正装的穿着,穿西服套装,袖长及手腕,裤长及鞋面,身长盖及臀部;衬衣领子高出外套1cm,袖边长出外套1cm;领带尖对着皮带扣;黑色皮鞋和深色袜子。

6. 你到某公司应聘营销员这一职位,将如何着装?

7. 在一个阳光明媚的春天,某公司举行盛大的10周年庆典晚会,时间是晚上19:00~21:00,地点在一个五星级酒店宴会大厅。请问男士和女士分别应如何穿戴入场?

任务3

仪态形象设计

讲礼仪,才会有品位;有品位,才会有魅力。

——张岩松

凡人之所以为人者,礼义也。礼义之始,在于正容体、齐颜色、顺辞令。容体正、颜色齐、辞令顺,而后礼义备。

——《礼记·冠义》

 学习目标

- 表现出良好的仪态,符合站姿、坐姿、走姿、蹲姿标准要求。
- 具备良好的优美的站姿、坐姿、走姿、蹲姿。
- 在交际中能够恰当有效地使用眼神。
- 具备亲和力及符合标准的微笑。
- 熟练运用各种规范的手势。

 案例导入

金先生失礼

在风景秀丽的某海滨城市的朝阳大街,高耸着一座宏伟楼房,楼顶上"远东贸易公司"六个大字格外醒目。某照明器材厂的业务员金先生按原计划,手拿企业新设计的照明器材样品,兴冲冲地登上六楼,脸上的汗珠未来得及擦,便直接走进了业务部张经理的办公室,正在处理业务的张经理被吓了一跳。"对不起,这是我们企业设计的新产品,请您过目。"金先生说。张经理停下手中的工作,接过金先生递过的照明器,随口赞道:"好漂亮啊!"并请金先生坐下,倒上一杯茶递给他,然后拿起照明器仔细研究起来。金先生看到张经理对新产品如此感兴趣,如释重负,便往沙发上一靠,跷起二郎腿,一边吸烟一边悠闲地环视着张经理的办公室。当张经理问他电源开关为什么装在这个位置时,金先生习惯性地用手搔了搔头皮。好多年了,别人一问他问题,他就会不自觉地用手去搔头皮。虽然金先生作了较详尽的解释,张经理还是有点半信半疑。谈到价格时,张经理强调:"这个价格比我们预算时高出较多,能否再降低一些?"金先生回答:"我们经理说了,这是最低价格,一分也不能降了。"张经理沉默了半天没有开口。金先生却有点沉不住气,不由自主地拉松领带,眼睛盯着张经理,张经理皱了皱眉,"这种照明器的性能先进在什么地方?"金先生又搔了搔头皮,反反复复地说:"造型新、寿命长、节电。"张经理托词离开了办公室,只剩下金先生一个人。金先生等了一会儿,感到无聊,便非常随便地抄起办公桌上的电话,同一个朋友闲谈起来。这时,门被推开,进来的却不是张经理,而是办公室秘书。[①]

仪态又称"体态",是指人的身体姿态和风度。姿态是身体所表现的样子,风度则是内在气质的外在表现。人的一举手、一投足、一弯腰乃至一颦一笑,并非都是偶然的、随意的,这些行为举止自成体系,像有声语言那样具有一定的规律,并具有传情达意的功能。人们可以通过自己的仪态向他人传递个人的学识与修养,并能够以其交流思想、表达感情。英国哲学家培根说:"在美的方面,相貌的美高于色泽的美,而秀雅合适的动作又高于相貌的美。"在社交中,仪态是极其重要、有效的交际工具,它用一种无声的语言向人们展示出一个人在道德品质、人品学识、文化品位等方面的素质和能力,用优良的仪态礼仪表情达意,往往比语言更让人感到真实、生动。所以,我们在社交中必须举止优雅,做到仪态美。

本"案例导入"中的金先生在职业交际过程中,使客户不满,严重损害了公司形象和产品形象,原因就在于他没有做到仪态美,表现出了许多失礼之处。

3.1　知识储备

3.1.1　站姿

俗话说:"站如松。"站姿是人类的一种象征,男子的站姿如"劲松"之美,具有男子汉刚毅英武、稳重有力的阳刚之美;女子的站姿如"静松"之美,具有女性轻盈典雅、亭亭玉立的阴柔之美。正确的站姿是自信心的表现,会给人留下美好的印象。

1. 标准的站姿

标准的站姿,从正面看,全身笔直,精神饱满,两眼正视(而不是斜视),两肩平齐,两臂自然下垂,两脚跟并拢,两脚尖张开60°,身体重心落于两腿正中;从侧面看,两眼平视,下颌微收,挺胸收腹,腰背挺直,手中指贴裤缝,整个身体庄重挺拔。

站姿的要领是:一要平,即头平正、双肩平、两眼平视。二要直,即腰直、腿直,后脑勺、背、臀、脚后跟成一条直线。三要高,即重心上拔,看起来显得高。

---

①　刘克芹.社交礼仪[M].北京:经济科学出版社,2010.

2. 站姿的种类

以一个人的脚位为依据,男士、女士的站姿可以做如下分类。

(1)正步站姿。这是男士、女士均适用的站姿,通常在升国旗、奏国歌、接受奖品、接受接见、致悼词等庄严的仪式场合使用。要领是:两脚并拢,两膝侧向贴紧,两手自然下垂,如图 3-1 所示。

(2)分腿站姿。这是男士采用的站姿,门迎、侍应人员可采用此种站姿。要领是:两脚左右分开,与肩同宽,脚尖朝前并且两脚平行,手或交叉于前腹,或交叉于后背。如图 3-2 所示。

图 3-1　正步站姿

图 3-2　分腿站姿

(3)丁字步站姿。这一般是女子采用的站姿,礼仪小姐、节目主持人多采用此种站姿。要领是:两脚尖展开,一脚向前将脚跟靠于另一只脚内侧中间位置,腰肌和颈肌略有拧的感觉。女子可以双手交叉于腹前,身体重心可在两脚上,也可以在一只脚上,通过两脚的重心转移来减轻疲劳,如图 3-3 所示。

(4)扇形站姿。这是男士、女士均适用的站姿。要领:两脚跟靠拢,脚尖呈 45°～60°,身体重心在两脚上,如图 3-4 所示。

图 3-3　丁字步站姿

图 3-4　扇形站姿

3．不良的站姿

（1）身躯歪斜。古人对站姿曾经提出"立如松"的基本要求，它说明站立姿势以身躯直正为美，在站立时，若是身躯出现明显的歪斜，将直接破坏人体的线条美，而且还会给人颓废消沉、萎靡不振、自由放纵的直观感觉。

（2）弯腰驼背。其实是身躯歪斜的一种特殊表现。除腰部弯曲、背部弓起之外，它大都会伴有颈部弯缩、胸部凹陷、腹部挺出、臀部撅起等其他不雅体态。凡此种种，都会显得一个人健康欠佳，没精打采。

（3）趴伏倚靠。在工作岗位上，要确保自己"站有站相"。站立时，随随便便地趴在一个地方，伏在某处左顾右盼，倚着墙壁、货架而立，靠在台桌边或者前趴后靠，自由散漫，都是极不雅观的。

（4）腿位不雅，即双腿大叉。应切记：自己双腿在站立时分开的幅度，在一般情况下越小越好；在可能之时，双腿并拢最好，即使是分开，也要注意不可使两者之间的距离超过本人的肩宽。另外，还有双腿扭在一起、双腿弯曲等姿势也应避免。

（5）脚位欠妥。在正常情况下，双脚站立时呈现出 V 字式、Y 字式（丁字形）、平行式等脚位，但是，采用"人"字形、蹬踏式和独脚式，则是不允许的。所谓"人"字形脚位，指的是站立时两脚脚尖靠在一起，而脚后跟却大幅度地分开，这一脚位又叫"内八字"。所谓蹬踏式，是指站立时为了舒服，在一只脚站在地上的同时，将另一只脚踩在鞋帮上，或踏在椅面上，或蹬在窗台上，或跨在桌面上等。独脚式即把一只脚抬起，另一只脚落地。

（6）手位失当。站立时不当的手位主要有：一是将手插在衣服的口袋内；二是将双手抱在胸前；三是将两手抱在脑后；四是将双手支于某处；五是将两手托住下巴；六是手持私人物品。

（7）半坐半立。在工作岗位上，必须严守岗位规范，该站就站，该坐就坐，而绝对不允许在需要站立时，为了贪图安逸而擅自采取半坐半立之姿。当一个人半坐半立时，既不像站，也不像坐，只能让别人觉得过于随便且缺乏教养。

（8）全身乱动。站立乃是一种相对静止的体态，因此不宜在站立时频繁地变动体位，甚至浑身不住地上下乱动。手臂挥来挥去，身躯扭曲，腿脚抖来抖去，都会使站姿变得十分难看。

（9）摆弄物件。站立时，不要下意识地做些小动作，如摆弄打火机、香烟盒，玩弄衣带、发辫，咬手指甲等，这些动作不但显得拘谨，给人以缺乏自信和教养的感觉，也有失仪表的庄重。

3.1.2　坐姿

俗话说："坐如钟。"坐姿是人际交往中人们采用最多的一种姿势，它是一种静态姿势。优雅的坐姿给人一种端庄、稳重、威严的美。

1. 标准的坐姿

落座时,要坚持尊者为先的原则入座,不要争抢;通常侧身走近座椅,从椅子的左侧就座,如果背对座椅,要首先站好,全身保持站立的标准姿态,右腿后退一点,用小腿确定椅子的位置,上身正直,目视前方就座。用小腿落座时声音要轻,动作要缓。落座过程中,腰、腿肌肉要稍有紧张感。女士着裙装落座时,要事先从后双手拢裙,不可落座后整理衣裙。

坐立时,上身正直而稍向前倾,头、肩平正,腰部内收,通常只坐椅子的1/2到2/3处,两臂贴身下垂,两手可以搭放在椅子扶手上,无扶手时,女士右手搭在左手上,放于腹部或者轻放于双腿之上;男子双手掌心向下,自然放于膝盖上。男士膝盖可以自然分开,但不可超过肩宽;女士膝盖不可以分开。女士要注意使膝盖与脚尖的距离尽量拉远,以使小腿部分看起来显得修长些,只有脚背用力挺直时,脚尖与膝盖的距离才最远,才会在视觉上产生延伸的效果,使小腿部分看起来修长,腿部线条优美。当与他人进行交谈时,要注意不能只是转头,而应将整个上身朝向对方,以视对对方的重视和尊敬。

离座时要先以语言或动作向周围的人示意,方可站起,突然一跃而起会使周围的人受到惊扰;同落座时一样要注意按次序进行,尊者为先;起身时不要弄出响声,站好后才可离开,同样要从左侧离座。

人在坐着时,由臀部支撑上身,减少了两腿的承受力。由于身体重心下降,上身适当放松,可减轻心脏的负担。因此坐姿是一种可以维持较长时间的姿势。它既是一种主要的白昼休息姿势,也是一般的工作、劳动、学习姿势,还是社交、娱乐的常见姿势。正因为这个缘故,坐姿要求端正、大方、舒展。

2. 坐姿的分类

以一个人的脚位为依据,男士、女士的坐姿可以做如下分类。

(1)垂直式坐姿。这一坐姿就是通常说的"正襟危坐",在最正规的场合使用,男士、女士均适用。要领是:上身与大腿、大腿与小腿、小腿与脚部都呈直角,小腿垂直于地面,双膝、双腿完全并拢,如图3-5所示。

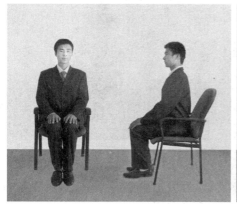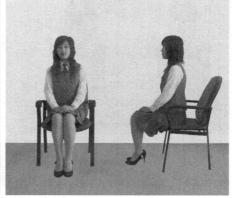

图 3-5　垂直式坐姿

（2）标准式坐姿。这一坐姿适用于各种场合。要领是：在垂直式坐姿的基础上，女士两脚保持小丁字步，男士两脚自然分开 45°，如图 3-6 所示。

（3）曲直式坐姿。尤其是坐在稍微低矮一些的椅子上更为适用，是女士非常优雅的一种坐姿。要领是：大腿与膝盖靠紧，一脚伸向前，另一脚屈回，两脚前脚掌着地并在一条直线上，如图 3-7 所示。

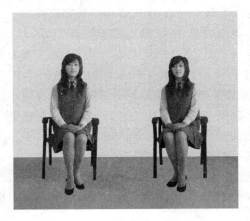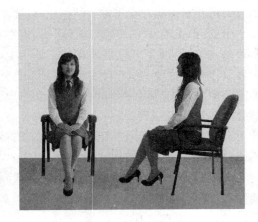

图 3-6　标准式坐姿　　　　　　　　　　图 3-7　曲直式坐姿

（4）前伸式坐姿。这一坐姿适用于各种场合，一般为女士所采用。要领是：双腿与双脚并在一起，向前伸出一脚左右的距离，按方向共有 3 种：正前伸直、左前伸直和右前伸直，脚的位置可以是双脚完全并拢，也可以脚踝部交叉，但脚尖不可翘起，如图 3-8 所示。

（5）后屈式坐姿。这一坐姿适用于各种场合，以女士为主。要点是：两腿和膝盖并紧，两小腿向后屈回，脚尖着地，脚尖不可翘起，如图 3-9 所示。

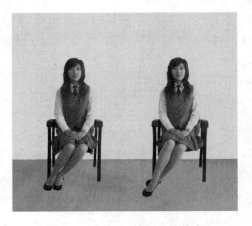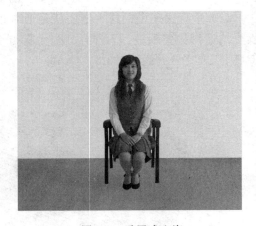

图 3-8　前伸式坐姿（右前伸直）　　　　　图 3-9　后屈式坐姿

（6）分膝式坐姿。这一坐姿适用于一般场合，为男士坐姿。要领是：两膝左右分开，但不超过肩宽，小腿与地面垂直，两脚脚尖朝向正前方，两手自然放于大腿上，如图 3-10 所示。

图 3-10 分膝式坐姿

3. 不雅的坐姿

（1）不雅的腿姿。主要有以下几种。

① 双腿叉开过大。面对外人时，双腿如果叉开过大，不论是大腿还是小腿叉开，都极其不雅。

② 架腿方式欠妥。将一条小腿架在另一条大腿上，在两者之间还留出大大的空隙，成为所谓的"架二郎腿"或架"4"字形腿，甚至将腿搁在桌上，就显得更放肆了。

③ 双腿过分伸张。坐下后，将双腿直挺挺地伸向前方，这样不仅可能会妨碍他人，而且也有碍观瞻。因此，身前若无桌子，双腿尽量不要伸到外面来。

④ 腿部抖动摇晃。力求放松，坐下后抖动摇晃双腿。

（2）不安分的脚姿。坐下后，脚后跟接触地面，而且将脚尖翘起来，脚尖指向别人，使鞋底在别人眼前"一览无余"。另外，以脚蹬踏其他物体，以脚自脱鞋袜，都是不文明的。

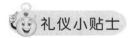 礼仪小贴士

从坐姿看心理反应

一个人的坐姿，不仅反映他惯常的性格特征，而且反映他此时此刻的心理。

重重地坐下去的人，此时的心情一定是烦躁的。

轻轻地坐下去的人，此时的心情一定是平和的。

侧身坐的人，此时的心情除了舒畅外，还觉得没有必要给你留下什么更好的印象。

在你面前猛然坐下的人，其内心或隐藏着不安，或有心事不愿告诉你。

双腿不断相互碰撞或不断地拍打地板的人，此时一定有什么事使他紧张和焦躁。

喜欢与你对着坐的人，是由于他希望能够被你理解。

喜欢与你并排坐着的人，是由于他认为与你有共同感。

有意识从并排坐改为对着坐的人，或是对你抱有疑惑，或是对你有了新的兴趣。

有意识挪动身体的人,是想在心理上与你保持一定的距离。

斜成一个半躺姿势或深深坐入椅内,腰板挺直头高昂的人,是由于他在心理上对你有优越感。

把身体尽力蜷缩成一堆,双手夹在大腿中的人,是由于他在心理上对你有劣势感。

正襟危坐、目不斜视的人,其或是对你恭敬并力图留下个好印象,或是此刻内心有什么不安。

把椅子调个个儿,椅背朝前,双腿叉开,跨骑在椅子上的人,此刻的心情只想显示自己对你的讲话感到厌烦。

跷起二郎腿的女性,或是她对自己的容貌有信心,或是她想引起你的注意。①

3.1.3　走姿

俗话说:"行如风。"这说的是走姿,走姿始终处于动态之中,体现了人类的运动之美和精神风貌。男士的走姿要刚健有力,豪迈稳重,有阳刚之气;女士的走姿要轻盈自如,含蓄飘逸,有窈窕之美。

1. 标准的走姿

有人编了走路的动作口诀,体现了走姿的要领:双眼平视臂放松,以胸领动肩轴摆,提髋提膝小腿迈,跟落掌接趾推送。

标准的走姿为:上身基本保持站立的标准姿势,挺胸收腹,腰背笔直;两臂以身体为中心,前后自然摆动。前摆约35°,后摆约15°,手掌朝向体内;起步时身子稍向前倾,重心落前脚掌,膝盖伸直;脚尖向正前方伸出,行走时双脚踩在一条线缘上。

正确的行走,上体的稳定与下肢的频繁规律运动形成对比和谐、干净利落、鲜明均匀的脚步,富有节奏感,前后、左右行走动作的平衡对称,都会呈现出行走时的形式美。

男子走路时,两步之间的距离要大于自己的一个脚长,女子穿裙装走路时要小于自己的一个脚长。正常的情况下步速要自然舒缓,显得成熟自信,男子行走的速度标准为每分钟步速108~110步,女子每分钟步速118~120步为宜。

2. 走姿的种类

(1)前行式走姿。身体保持起立挺拔,行进中若与人问候时,要同时伴随头部和上身的左右转动,微笑点头致意。禁止只转动头部,用眼睛斜视他人的举止。

(2)后退式走姿。当与他人告别时,扭头就走是不礼貌的。应该是先后退两三步,再转身离去。退步时不能轻擦地面,不高抬小腿,后退的步幅要小些,两腿之间距离不能太

---

①　佚名.从坐姿看心理反应[J].医药保健杂志,2006(3).

大,要先转身再转头。

（3）侧行式走姿。当引导他人前行或在较窄的走廊、楼道与他人相遇时,要采用侧行式走姿。引导时要走在来宾的左侧,身体稍向右转体,左肩稍前,右肩稍后,身体朝向来宾,保持两步左右的距离。介绍环境时要辅以手势,这样可以观察来宾的意愿,及时提供满意的服务。

3. 不良的走姿

（1）方向不定、忽左忽右。

（2）横冲直撞。行进中,爱专拣人多的地方行走,在人群之中乱冲乱闯,甚至碰撞到他人的身体,这是极其失礼的。

（3）抢道先行。行进时,要注意方便和照顾他人,通过人多路窄之处务必要讲究"先来后到",对他人"礼让三分",让人先行。

（4）阻挡道路。在道路狭窄之处,悠然自得地缓慢而行,甚至走走停停,或者多人并排而行,显然都是不妥的。还要须切记,一旦发现自己阻挡了他人的道路,务必要闪身让开,请对方先行。

（5）蹦蹦跳跳。务必要注意保持自己的风度,不宜使自己的情绪过分地表面化,例如激动起来,走路便会变成了上蹿下跳,甚至连蹦带跳的失常情况。

（6）奔来跑去。有急事要办时,可以在行进中适当加快步伐。但若非碰上了紧急情况,则最好不要在工作时跑动,尤其是不要当着客户或服务对象的面突如其来地狂奔而去,那样通常会令其他人感到莫名其妙,产生猜测,甚至还有可能造成过度紧张的气氛。

（7）制造噪声。应有意识地使行走悄然无声。其做法是:

① 走路时要轻手轻脚,不要在落脚时过分用力,走得"咯咯"直响。

② 上班时不要穿带金属鞋跟或钉有金属鞋掌的鞋子。

③ 上班时所穿的鞋子一定要合脚,否则走动时会发出"吧嗒吧嗒"的令人厌烦的噪声。

（8）身体过分摇摆,步幅忽大忽小——显得轻佻、浅薄,矫揉造作。

（9）身体僵硬,步履缓慢沉重——显得心境不佳,内心保守顽固,思想陈旧僵化。

（10）双手插于衣裤口袋内而行——显得偏狭小气,或狂妄自傲,缺乏教养。

（11）双手反剪于身后而行——显得自恃优越,高于或长于他人。

（12）膝盖僵直,双脚在地面上擦,腿伸不直,脚尖首先着地——显得拖沓、迟钝,缺乏朝气和活力。

（13）"外八字步"或"内八字步"（鸭子步）,趿拉着鞋走出"嚓嚓"声响,重心后移或前移。步履蹒跚等不雅步态,要么使行进者显得老态龙钟、有气无力;要么给人以嚣张放肆、矫揉造作之感。

3.1.4　蹲姿

俗话说："蹲要雅。"蹲姿是人的身体在低处取物、拾物、整理物品、整理鞋袜时所呈现的姿势,它是人体静态美与动态美的综合。蹲姿要动作美观,姿势优雅。

1. 标准的蹲姿

标准的蹲姿有如下要求:首先要讲究方位,当需要拣拾低处或地面物品的时候,可走到其物品的左侧;当面对他人下蹲时,要侧身相向;当需要整理鞋袜或于低处整理物品时可面朝前方,两脚一前一后,一般情况是左脚在前,右脚在后,目视物品,直腰下蹲。直腰下蹲后,方可弯腰捡低处或地面的物品、整理鞋袜或低处工作。取物或工作完毕后,先直起腰部,使头部、上身、腰部在一条直线上,再稳稳站起。

2. 蹲姿的种类

(1) 高低式。这是常用的一种蹲姿,基本特征是双膝一高一低。此蹲姿男士、女士均适用。要领是:下蹲后,左脚在前,右脚在后;左脚完全着地,小腿基本垂直地面;右脚要脚掌着地,脚跟提起;右膝要低于左膝,右膝内侧可靠于左上腿的内侧,形成左膝高右膝低的姿态。臀部向下,基本上以右腿支撑身体。女士应注意紧靠双腿,男士两腿之间可有适当的距离,如图 3-11 所示。

(2) 单膝点地式。这种蹲姿,适用于男士,其特征是双腿一蹲一跪。它是一种非正式的蹲姿,多用于下蹲时间较长或为了用力方便时采用。下蹲后,右膝点地,臀部坐在其脚跟之上,以其脚尖着地。另一条腿全脚掌着地,小腿垂直于地面。双膝同时向外,双腿尽力靠拢,如图 3-12 所示。

图 3-11　高低式蹲姿　　　　　　图 3-12　单膝点地式蹲姿

(3) 交叉式。这种蹲姿优美典雅,其基本特征是双腿交叉在一起,此蹲姿适用于女士。要领是:下蹲后,左脚在前,右脚在后,左小腿垂直于地面,全脚着地。左腿在上,右腿在下,二者交叉重叠,右膝从后下方伸向左前侧,右脚跟抬起,脚掌着地,两腿前后靠近,全力支撑身体。上身略向前倾,臀部朝下,如图 3-13 所示。

图 3-13　交叉式蹲姿

3. 易出现的不良蹲姿

（1）方位不准确

应根据具体的场合和需要选择蹲姿,注意方位的准确运用,如对人下蹲时,如果采用正面下蹲,就是很不礼貌的行为。

（2）蹲速不当

在下蹲时速度不能过快,要轻稳,同时速度适中。特别是女性穿旗袍等服饰时,更要注意。

（3）不注意动作的隐蔽性

蹲姿因重心过低,因此要十分注重腿部动作的控制。要收紧腿部动作,两腿之间不能有缝隙,特别是穿裙装时,更要注意下蹲动作的隐蔽性。

（4）随意滥用

不要在工作中随意采用蹲姿,也不可蹲在椅子上或蹲在地上休息。

3.1.5　表情

美国心理学家登布在其《推销员如何了解顾客心理》一文中说:"假如顾客的眼睛朝下看,脸转向一边,表示你被拒绝了;假如他的嘴唇放松,笑容自然,下颌向前,则可能会考虑你的提议;假如他对你的眼睛注视几秒钟,嘴角以至鼻翼部位都显出微笑,笑得很轻松,而且很热情,这项买卖就做成了。"由此可见面部表情在传情达意方面有着重要的作用。面部表情作为丰富且复杂的体态语的一个重要方面,它包括脸色的变化、肌肉的收缩以及眉、鼻、嘴等的动作,这里重点介绍一下眼神和微笑。

1. 眼神

俗话说:"眼睛是心灵的窗户",眼睛是人体传递信息最有效的器官,而且能表达最细微、最精妙的差异,显示出人类最明显、最准确的交际信号。正如著名印度诗人泰戈尔所说:"在眼睛里,思想敞开或是关闭,放出光芒或是没入黑暗,静悬着如同落月,或者像忽闪的电光照亮了广阔的天空。那些自有生以来除了嘴唇的颤动之外没有语言的人,学会了眼睛的语言,这在表情上的变化是无穷无尽的,像海一般的深沉,天空一般的清澈,黎明和黄昏,光明与阴影,都在自由嬉戏。"据研究,在人的视觉、听觉、味觉、嗅觉和触觉感受中,唯独视觉感受最为敏感,人由视觉感受的信息占总信息的 83%。在汉语中用来描述眉目表情的成语就有几十个,如"眉飞色舞"、"眉目传情"、"愁眉不展"、"暗送秋波"、"眉开眼笑"、"瞠目结舌"、"怒目而视"……这些成语都是通过眼语来反映人们的喜、怒、哀、乐等情感的,人的七情六欲都能从眼睛这个神秘的器官内显现出来。《希望工程——大眼睛》(解海龙摄影,如图 3-14 所示)选自 http://news.xinhuanet.com/cpc/200704/25/content_6025466.htm,20070425。照片中小姑娘(苏明娟)的眼神,曾打动了许多人,她也因此成为"希望工程"的形象代言人。

图 3-14　希望工程——大眼睛

(1) 眼神的功能

在人类的面部表情中,眼神无疑是最具交流能量的了。有研究证明,在信息交流中,人们用大约 30%~60% 的时间与他人眉目传情。眼神有如下功能。

一是专注功能。反映一个人的注意程度和感兴趣程度。因此进行商务交流时,要特别注意交流对象的眼神的变化,当我们在向交流对象介绍某项业务或产品时,对方眼神无光,可能说明对方对我们的业务、产品没兴趣,或者对我们的介绍方式不感兴趣。此时就要及时作出调整,重新激发对方的兴趣。

二是说服功能。在劝说过程中,为了使对方感到真诚可信,必须与对方保持较亲密的视线接触。

三是亲和功能。与尽可能多的人保持友善的视线接触,是一个人建立良好人际关系的必要前提。我们很多人际关系的建立,正是从眼神交流开始的。屈原《九歌·少司命》中有"满堂兮美人,忽独与余兮目成。"说的就是眼神交流所达到的亲和功能。

四是暗示功能。眼神交流的暗示功能最典型的例子,就是《国语·召公谏厉王弭谤》中的"道路以目"。暴虐的厉王严禁百姓议论朝政,违者处斩。于是"国人莫敢言,道路以目"。老百姓在路上不敢再用语言交流了,而是用眼神来暗示内心的不满。除了在这种特殊时期,我们在一些特殊场合也会用到这种功能,如谈判、重要会议等。

五是表达情感功能。人的眼神中可以很准确地表现出喜悦、厌恶、愤怒、悲伤、嫉妒等感情。在进行商务交流时,我们一定要高度关注交流对象眼神中的情感表现,并及时调整自己的交流内容和方式。同时,在用语言传递信息时,我们的眼神所表现出的感情内涵一定要与之密切配合。

六是表示地位与能力功能。人的眼神可以表现出它的社会地位、在工作单位的地位以及其领导能力。地位高的人、自信的人往往目光坚定有力,反之则往往目光暗淡、散乱。街头卜卦算命者之所以常常能令接受服务的人信服,就是因为他们通过对对方眼神的探究进行推测而实现的。

(2)眼神的礼仪

眼神的礼仪主要由注视的时间、视线的位置和瞳孔的变化三个方面组成的。

① 注视的时间。据相关调查研究发现,人们在交谈时,视线接触对方脸部的时间约占全部谈话时间的30%～60%,超过这一平均值,可认为对谈话者本人比谈话内容更感兴趣;低于平均值,则表示对谈话内容和谈话者本人都不怎么感兴趣。不难想象,如果谈话时心不在焉、东张西望,或只是由于紧张、羞怯不敢正视对方,目光注视的时间不到谈话的1/3,这样的谈话,必然难以被人接受和信任。当然,必须考虑到文化背景,如在南欧注视对方可能会造成冒犯。

② 视线的位置。人们在社会交往中,不同的场合和对象,目光所及之处也是有差别的。有的人在与比较陌生的人打交道时,往往因为不知把目光怎样安置而窘迫不安;已被人注视而将视线移开的人,大多怀有相形见绌之感;仰视对方,一般体现了"尊敬、信任"的语义;频繁而又急速地转眼,是一种反常的举动,常被用作掩饰的一种手段。当然,如果死死地盯着对方或者东张西望,不仅是极不礼貌的行为,而且也显得漫不经心。

③ 瞳孔的变化。瞳孔的变化即视觉接触时瞳孔的放大或缩小。心理学家往往用瞳孔变化大小的规律,来测定一个人对不同的事物的兴趣、爱好、动机等。兴奋时,人的瞳孔会扩张到平常的4倍大;相反,生气或悲哀时,消极的心情会使瞳孔收缩到很小,眼神必然无光。所谓"脉脉含情"、"怒目而视"等都多与瞳孔的变化有关。据说,古时候的珠宝商人已注意到这种现象,他们通过窥视顾客的瞳孔变化而猜测对方是否对珠宝感兴趣,从而决定是抬高价钱还是跌价。

眼神能表达出异常丰富的信息,但微妙的眼神有时是只可意会,难以言传的,只有靠我们在社会实践中用心体察、积累经验、努力把握,才能在社交中灵活运用。

（3）眼神的训练

怎样才能做到双目炯炯有神呢？眼神的训练必不可少。眼神训练可在教室进行。建议准备小镜子（每人一面）、音乐播放器材、音乐歌曲 CD、磁带、优秀影视剧中的演员和节目主持人通过眼神表达内心情感的影像资料等。具体训练方法如下：

① 睁大眼睛训练。有意识地练习睁大眼睛的次数，增强眼部周围肌肉的力量。

② 转动眼球训练。头部保持稳定，眼球尽最大的努力向四周做顺时针和逆时针 360°转动，增强眼球的灵活性。

③ 视点集中训练。点上一支蜡烛，视点集中在蜡烛火苗上，并随其摆动，坚持训练可使目光集中、有神，眼球转动灵活。

④ 目光集中训练。眼睛盯住 3 米左右的某一物体，先看外形，逐步缩小范围到物体的某一部分，再到某一点，再到局部，再到整体。这样可以提高眼睛的明亮度，使眼睛十分有神。

⑤ 影视观察训练。观看录像资料，注意观察和体会优秀的影视剧演员和节目主持人是如何通过眼神表达内心情感的。

进行以上训练时可以配上优美的音乐，放松心情，减轻单调、疲劳之感。这些训练方法只要坚持天天训练，一定会使眼睛明亮有神。

2. 微笑

著名画家达·芬奇的杰作《蒙娜丽莎》是文艺复兴时期最出色的肖像作品之一。画中蒙娜丽莎的微笑给人以美的享受，使人们充满对真善美的渴望，至今让人回味无穷。如图 3-15 所示（选自 http://www.china.com.cn/v/news/world/200801/22/content_9565495.htm，2008-01-22）。

图 3-15　蒙娜丽莎的微笑

（1）微笑是特殊的情绪语言

微笑是一种特殊的语言——"情绪语言"。它可以和有声语言及行动相配合，起"互补"作用，微笑可以沟通人们的心灵，架起友谊的桥梁，给人以美好的享受。工作、生活中离不开微笑，社交中更需要微笑。

职业交往中更需要微笑。微笑是世界通用的体态语，它超越了各种民族和文化的差异。微笑是人人都喜爱的体态语，正因为如此，无论是个人和组织，都充分重视微笑及其作用。美国有一个城市被称为"微笑之都"，它就是爱达荷州的波卡特洛市，该市通过一项法令，该法令规定全体市民不得愁眉苦脸或拉长面孔，否则违者将被送到"欢容遣送站"去学习微笑，直到学会微笑为止。波卡特洛市每年都举办一次"微笑节"，可以想象，"微笑之都"的市民的微笑绝不比"蒙娜丽莎"逊色。近年来，日本许多公司员工都在业余时间参加"笑"的培训，他们认为这样可以增强企业内部凝聚力，改善对外服务，提高企业效益。根据日本传统，无论男人和女人，遇到高兴、悲伤或愤怒的事情时，都必须学会控制情绪，以保持集体和睦。因为日本人认为藏而不露是一种美德。但自从日本经济进入衰退期后，生意越来越难做，商家竞争日趋激烈。于是乎，为招揽顾客，日本商家，特别是零售业和服务业新招迭出。其中之一就是让员工笑脸迎客。在今日的日本，数以百计的"微笑学校"应运而生。日本一些公司的员工一般在下班后去学校接受培训，时间为 90 分钟，连续受训一个星期。据称，经过微笑培训，日本不少公司的销售额直线上升。日本许多公司招工时，都把会不会自然地微笑作为一个重要条件。

世界著名的保险业精英，被称为"推销之神"的日本的原一平对微笑有非常深刻的认识，他总结自己 50 年的经验，认为微笑有 10 大好处。

第一，笑把你的友善和关怀有效地传达给准客户。

第二，笑能拆除你与准客户之间的"篱笆"，敞开双方的心扉。

第三，笑使你的外表更迷人。

第四，笑可以消除双方的戒心与不安，以打破僵局。

第五，笑能消除自卑感。

第六，你的笑能感染对方也笑，创造出和谐的交谈基础。

第七，笑能建立准客户对你的信赖感。

第八，笑能除去自己的哀伤，迅速地重建自信。

第九，笑是表达爱意的捷径。

第十，笑会增进活力，有益健康。

原一平经常苦练微笑，经过刻苦训练，他的笑达到了炉火纯青的地步，被誉为"价值百万美金的笑容"，因为他的年薪就是 100 万美金。他的笑能散发出无比诱人的魅力。

（2）微笑的规范

微笑是有规范的，一般要注意以下四个结合。

① 口眼结合。要口到、眼到、神色到，笑眼传神，微笑才能扣人心弦。

② 笑与神、情、气质相结合。这里讲的"神"，就是要笑得由情入神，笑出自己的神情、神色、神态，做到情绪饱满，神采奕奕；"情"，就是要笑出感情，笑得亲切、甜美，反映美好的心灵；"气质"就是要笑出谦逊、稳重、大方、得体的良好气质。

③ 笑与语言相结合。语言和微笑都是传播信息的重要符号,只有注意微笑与美好语言相结合,声情并茂,相得益彰,微笑才能发挥它应有的特殊功能。

④ 笑与仪表、举止相结合。以笑助姿、以笑促姿,形成完整、统一、和谐的美。尽管微笑有其独特的魅力和作用,但若不是发自内心的真诚的微笑,那将是对微笑的亵渎。有礼貌的微笑应是自然的、坦诚的,是内心真实情感的表露。否则强颜欢笑,假意奉承,那样的"微笑"则可能演变为"皮笑肉不笑"、"苦笑"。比如,拉起嘴角一端微笑,使人感到虚伪;吸着鼻子冷笑,使人感到阴沉;捂着嘴笑,给人以不自然之感。这些都是失礼之举。

3.1.6　手势

手是人体上最富灵性的器官,如果说"眼睛是心灵的窗户",那么手就是心灵的触角,是人的第二双眼睛。手势在传递信息、表达意图和情感方面发挥着重要作用。

手的"词汇"量是十分丰富的。据语言专家统计,表示手势的动词有近 200 个。"双手紧绞在一起",显示的意义是精神紧张。用手指或笔敲打桌面,或在纸上涂画,显示出的是不耐烦、无兴趣。搓手,常表示人们对某事结局的急切期待心理。在经济谈判中这种手势可以告诉对手你在期待着什么。伸出并敞开双掌,会给人以言行一致、诚恳的感觉。掌心向下的手势表示控制、压制,带有强制性,易产生抵触情绪。谈话时掌心向上的手势表示谦虚、诚实,不带有任何威胁性。双臂交叉在胸前暗示一种敌意和防御的态度。塔尖式手势,把十指端相触撑起呈塔尖式,这种手势若再伴之以身体后仰,则显得高傲。用手支着头,显示的意义是不耐烦、厌倦。用手托摸下巴,说明老练、机智。用手不停地磕烟灰,表明内心有冲突和不安。突然用手把没吸完的烟掐灭,表明紧张地思考问题等。又如招手致意、挥手告别、握手友好、摆手回绝、合手祈祷、拍手称快、拱手答谢(相让)、抚手示爱、指手示怒、颤手示怕、捧手示敬、举手赞同、垂手听命等动作都与手有关,可见,丰富的手势语在人们交往间是不可缺少的。在社会交往中,手势有着不可低估的作用,生动形象的有声语言再配合准确、精彩的手势动作,必然能使交往更富有感染力、说服力和影响力。

1. 手势活动范围

手势活动的范围有上、中、下三个区域。此外,还有内区和外区之分。肩部以上称为上区,多用来表示理想、希望、宏大、激昂等情感,表达积极肯定的意思;肩部至腰部称为中区,多表示比较平静的思想,一般不带有浓厚的感情色彩;腰部以下称为下区,多表示不屑、厌烦、反对、失望等,表达消极否定的意思。

2. 手势的类型

(1)情意性手势

情意性手势主要用于带有强烈感情色彩的内容,其表现方式极为丰富,感染力极强。比如说"我非常爱她"时,用双手捧胸,以表示真诚之情。

(2)象征性手势

象征性手势主要用来表示一些比较复杂的感情和抽象的概念,从而引起对方的思考和联想。例如把大军乘胜追击的场面,用右手五指并齐,并用手臂前伸这个手势来形容,象征着奋勇进发的大军,就能引起观众的联想。

（3）指示性手势

指示性手势主要用于指示具体事物或数量,其特点是动作简单、表达专一,一般不带感情色彩。如当讲到自己时,用手指向自己;谈到对方时,用手指向对方。

（4）形象性手势

形象性手势其主要作用是模拟事物的形状,以引起对方的联想,给人一种具体明确的印象。如说到高山,手向上伸;讲到大海,手平伸外展。

3. 手势的原则

手势语能反映复杂的内心世界,但运用不当,便会适得其反,因此在运用手势时要注意几个原则。首先,要简约明快,不可过于繁多,以免喧宾夺主;其次,要文雅自然,因为拘束低劣的手势,会有损于交际者的形象;再次,要协调一致,即手势与全身协调,手势与情感协调,手势与口语协调;最后,要因人而异,不可能千篇一律地要求每个人都做几个统一的手势动作。

4. 常见的手势

（1）引领的手势

在各种交往场合都离不开引领动作,例如请客人进门、请客人坐下、为客人开门等,都需要运用手与臂的协调动作,同时,由于这是一种礼仪,还必须注入真情实感,调动全身活力,使心与形体形成高度统一,才能做出色彩和美感。引领动作主要有以下几个表现形式。

第一,横摆式。以右手为例:将五指伸直并拢,手心不要凹陷,手与地面呈45°角,手心向斜上方。腕关节微屈,腕关节要低于肘关节。做动作时,手从腹前抬起,至横膈膜处,然后,以肘关节为轴向右摆动,到身体右侧稍前的地方停住。同时,双脚形成右丁字步,左手下垂,目视来宾,面带微笑。这是在门的入口处常用的谦让礼的姿势,如图3-16所示。

第二,曲臂式。当一只手拿着东西,扶着电梯门或房门,同时要做出"请"的手势时,可采用曲臂手势。以右手为例:五指伸直并拢,从身体的侧前方,向上抬起,至上臂离开身体的高度,然后以肘关节为轴,手臂由体侧向体前摆动,摆到手与身体相距20cm处停止,面向右侧,目视来宾,如图3-17所示。

图3-16 横摆式引领手势　　　　　图3-17 曲臂式引领手势

第三,斜下式。请来宾人座时,手势要斜向下方。首先用双手将椅子向后拉开,然后,一只手曲臂由前抬起,再以肘关节为轴,前臂由上向下摆动,使手臂向下呈一斜线,并微笑点头示意来宾,如图 3-18 所示。

（2）招呼他人

手放于体侧,手臂伸直在一条直线上,向前向上抬起,手掌向下,屈伸手指作搔痒状或晃动手腕,如图 3-19 所示。这种手势在中国、欧洲的大部分地区以及拉丁美洲的许多国家都比较适用,但在美国、日本等国与此相反,他们用掌心向上,手指向内屈伸手指作搔痒状或晃动手腕招呼别人,而在中国、南斯拉夫和马来西亚等国,这种手势却是用来召唤动物的。

图 3-18　斜下式引领手势

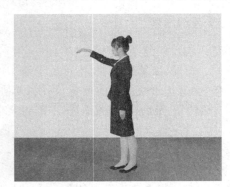

图 3-19　招呼他人手势

（3）挥手道别

要领是:身体要站直,不晃动,目视对方。手臂伸直,呈一条直线,手放在体侧,向前向上抬至与肩同高或略高于肩,手臂不可弯曲,掌心朝向对方,指尖朝向上方,五指并拢,手腕晃动,如图 3-20 所示。

（4）指引方向

要领是:当有人询问去处时,要先行站直,不可尚未站稳或在行走中指引方向。手臂伸直在一条直线上,五指并拢,手掌翻转到掌心朝上,与肩平齐,直指准确方向。目光要随着手势走,指到哪里看到哪里,否则易使对方迷惑。指引方向后,手臂不可马上放下,要保持手势顺势送出几步,体现对他人的关怀和尊敬。如图 3-21 所示。

图 3-20　挥手道别手势

图 3-21　指引方向手势

（5）递接物品

要领是：双手递送、接取物品，不方便双手时，也可用右手，但绝不可单用左手。双方距离比较远时，应起身站立，主动走近对方递送或接取物品。递送时最好直接递至对方手中并且要方便对方接取。递送有文字、图案、正反面的物品时，要正面向上且朝向对方；接取物品时，要缓而且稳，不要急欲抢取，如图3-22所示。递送带尖、带刃或其他易于伤人的物品时，应使其朝向自己或朝向他处，切不可朝向对方，如图3-23所示。

图 3-22　递物品

图 3-23　递笔、刀、剪子

（6）展示物品

要领是：应使物品在身体的一侧展示，不要挡住本人头部。展示的位置不同表明物品的意义不同：当手持物品高于双眼之处时，适用于被人围观时采用；当手持物品位于眼睛下方，胸部上方，双臂横伸时，自肩至肘部以内时，给人以放心、稳定感；当手持物品位于眼睛下方，胸部上方，双臂伸直在肘部以外时，给人以清楚感，通常在这个位置展示想让对方看清楚的物品；当手持物品位于胸部以下，给人以漠视感，通常展示不太重要或不太明显的物品时采用，如图3-24所示。

（7）鼓掌

鼓掌是在观看文体表演、参加会议、迎候嘉宾时表示赞赏、鼓励、祝贺、欢迎等情感的一种手势。要领是：以右手掌心向下有节奏地拍击左掌，不可左掌向上拍击右掌；不可右掌向左，左掌向右，两掌互相拍击。鼓掌时间要长短相宜，大约5～8秒钟为宜。

图 3-24　展示物品

5. 常见手势语

(1) OK 的手势

拇指和食指合成一个圆圈,其余三指自然伸张,如图 3-25 所示。这种手势在西方某些国家比较常见,但应注意在不同国家其语义有所不同。如:美国表示"赞扬"、"允许"、"了不起"、"顺利"、"好";在法国表示"零"或"无";在印度表示"正确";在中国表示"零"或"三"两个数字;在日本、缅甸、韩国则表示"金钱";在巴西则是"引诱女人"或"侮辱男人"之意;在地中海的一些国家则是"孔"或"洞"的意思,常用此来暗示、影射同性恋。

(2) 伸大拇指手势

大拇指向上,在说英语的国家多表示 OK 之意或是打车之意;若用力挺直,则含有骂人之意;若大拇指向下,多表示坏、下等之意。在我国,伸出大拇指这一动作基本上是向上伸表示赞同、一流、好等,向下伸表示蔑视、不好等之意。伸大拇指手势如图 3-26 所示。

(3) V 字形手势

伸出食指或中指,掌心向外,其语义主要表示胜利(英文 Victory 的第一个字母),掌心向内,在西欧表示侮辱、下贱之意。这种手势还时常表示"二"这个数字。V 字形手势如图 3-27 所示。

　　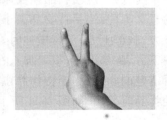

图 3-25　OK 的手势　　　　图 3-26　伸大拇指手势　　　　图 3-27　V 字形手势

(4) 伸出食指手势

在我国以及亚洲一些国家表示"一"、"一个"、"一次"等,在法国、缅甸等国家则表示"请求"、"拜托"之意。在使用这一手势时,一定要注意不要用手指指人,更不能在面对面时用手指着对方的面部和鼻子,这是一种不礼貌的动作,且容易激怒对方。

（5）捻指作响手势

捻指作响手势就是用手的拇指和食指弹出声响,其语义或表示高兴,或表示赞同,或是无聊之举,有轻浮之感。应尽量少用或不用这一手势,因为其声响有时会令他人反感或觉得没有教养,尤其是不能对异性运用此手势,这是带有挑衅、轻浮之举。

（6）不良的手势

手势是人的第二面孔,具有抽象、形象、情意、指示等多种表达功能,服务人员应根据对方的手所表现出的各种仪态,准确判读各种手势所传达出的真实的、本质的信息,以便更好地完成服务工作。服务人员在使用手势语时,以下几种手势是值得特别重视的,否则,将会给对方传达出不良的信息。

① 指指点点。工作中绝不可随意用手指对服务对象指指点点,与人交谈更不可这样做。指点着别人说话,往往引起他人较大的反感。

② 随意摆手。在接待服务对象时,不可将一只手臂伸在胸前,指尖向上,掌心向外,左右摆动。这些动作的一般含义是拒绝别人;有时,还有极不耐烦之意。

③ 端起双臂。双臂抱起,然后端在胸前这一姿势,往往暗含孤芳自赏、自我放松或置身度外、袖手旁观、看他人笑话之意。

④ 双手抱头。这一体态的本意是自我放松,但在服务时这么做,则会给人以目中无人之感。

⑤ 摆弄手指。工作中无聊时反复摆弄自己的手指,活动关节或将其捻响,打响指,要么莫名其妙地攥松拳,或是手指动来动去,在桌面或柜台不断敲叩,这些往往会给人不严肃、很散漫之感,让人望而生厌。

⑥ 手插口袋。这种表现会使客人觉得服务人员忙里偷闲,在工作方面并未尽心尽力。

⑦ 搔首弄姿。这种手势,会给人以矫揉造作、当众表演之感。

⑧ 抚摩身体。在工作之时,有人习惯抚摩自己的身体,如摸脸、擦眼、搔头、剜鼻、剔牙、抓痒、搓泥,这会给别人缺乏公德意识,不讲究卫生,个人素质极其低下的印象。

⑨ 勾指手势。请他人向自己这边过来时,用食指或中指竖起并向自己怀里勾,其他四指弯曲,示意他人过来,这种手势有唤狗之嫌,对人极不礼貌。

3.2　能力开发

3.2.1　阅读思考

1. 教养的证据

教养是个高频词。时下,如果说某人没教养,就是较明显地贬低该人了。

什么叫教养呢?词典上的解释是"文化和品德的修养",但我更愿意理解为"因教育而养成的优良品质和习惯"。

一个人可以受过教育，但他依然是没有教养的。就像一个人可以不停地吃东西，但他的肠胃不吸收，竹篮打水一场空，还是骨瘦如柴。不过这话似乎不能反过来说——一个人没有受过系统的教育，他却能够很有教养。

教养不是天生的。一个孩子如果没有人教给他良好的习惯和有关的知识，他必定是愚昧和粗浅的。当然，这个"教"是广义的，除了指入学经师，也包括家长的言传身教和环境的耳濡目染。

教养和财富一样，是需要证据的。教养的证据不是你读过多少书，家庭背景如何显赫，也不是你通晓多少礼节规范，能够熟练使用刀叉、会穿晚礼服……这些仅仅是一些表面现象，一个真正有教养的人一般具有以下特点。

热爱大自然。把它列为有教养的证据之首，是因为一个不懂得敬畏大自然，不知道人类渺小的人，必是井底之蛙，与教养谬之千里。这也许怪不得他，因为如果不经教育，一个人是很难自发地懂得宇宙之大和人类的渺小。没有相应的自然科学知识，人除了显得蒙昧和狭隘以外，注定也是盲目傲慢的。之所以从小就要教育孩子爱护花草，正是这种伟大感悟的最基本的训练。若是看到一个成人野蛮地攀折林木，通常人们就会毫不迟疑地评判道——这个人太没有教养了。可见教养和绿色是紧密地联系在一起。懂得与自然和谐地相处，懂得爱护无言的植物的人，推而广之，他多半也可能会爱惜更多的动物，爱护自己的同类。

一个有教养的人，应该能够自如地运用公共的语言，表达自己的内心和同他人交流，并能恰当地付诸文字。这里所说的公共语言，是指大家——从普通民众到知识分子都能理解的通用的语言，而不是某种狭窄的土语俚语或者某特定情境下的专业语言。这个要求并非画蛇添足，在这个千帆竞发的时代，太多的人，只会说他那个行业的内部语言，只会说机器仪器能听懂的语言，却不懂得和人亲密地交流。这不是一个批评，而是一个事实。和人的交流的掌握，特别是和陌生人的沟通，通常不是自发产生的，而要通过学习和练习来获得。一个没有受过教育的人，他所掌握的词汇是有限和贫乏的，他们对于自己的内心感知甚为模糊，因为那些描述内心感受的词汇，通常是抽象的。不通过学习，难以准确恰当地将它表达出来。那些虽然拥有一技之长，但无法精彩地运用公共语言来沟通和解读自我心灵的人，很难算是一个有教养的人。技术是用来谋生的，而仅仅拥有谋生的本领是不够的。

一个有教养的人，对历史有恰如其分的了解，知道人类走过了怎样曲折的道路。当然，并不是要求每个人都像历史学家那样博古通今，但是教养却能使一个善于思考的人，知晓我们是从哪里来，要到哪里去。教养通过历史，使我们不单活在此时此刻，也活在从前和以后，如同生活在一条奔腾的大河里，知道泉眼和海洋的方向。

一个有教养的人，必定拥有远大的目标。良好的教养使人的注意力拓展了。每一个个体都有沉没在"黑暗峡谷"的时刻，在你跋涉和攀缘中，虽然伤痕累累，因为你具有的教养，使你确知时间是流动的，明了暂时与永久。相信在遥远的地方，定有"峡谷"的出口，那里有瀑布在轰鸣。

一个有教养的人，特别是女人，对自己的身体，有着亲切的了解和珍惜之情。知道它们各自独有的清晰的名称，明了它们是精致和洁净的，身体的每一部分都有着不可替代的功能,并无高低贵贱的区别。她知道自己的快乐和满足,有很大的一部分建筑在这些身体功能灵敏的感知上和健全上。她也毫无疑义地知道,她的大脑是她身体的主宰。她不会任由她的器官牵制她的所作所为,她是清醒和有驾驭力的。她在尊重自己身体的同时,也尊重他人的身体。在尊重自我的权利的同时,也尊重他人的权利。在驰骋自我意志的骏马时,也精心维护着他人的茵茵草地。

一个有教养的人,对人类种种优秀的品质,比如忠诚、勇敢、信任、勤勉、互助、舍己救人、临危不惧、吃苦耐劳、坚贞不屈……充满敬重、敬畏、敬仰之心。不一定每一个人都能够身体力行,但他们懂得爱戴和歌颂。人不是不可以怯懦和懒惰,但他不能把这些陋习伪装成高风亮节,不能由于自己做不到高尚,就诋毁所有做到了这些的人是伪善。你可以跪在泥里,但你不可以把污泥抹上整个世界的胸膛,并因此煞有介事地说到处都是污垢。

有教养的人知道害怕,知道害怕是件有意义、有价值的事情。它表示明了自己的限制,知道世上有一些不可逾越的界限。知道世界上有阳光,阳光下有正义的惩罚。由于害怕正义的惩罚,因而约束自我,是意志力坚强的一种体现。

有教养的人知道仰视高山和宇宙,知道仰视那些伟大的发现和人格,知道对于自己无法企及的高度表达尊重,而不是糊涂地闭上眼睛或是居心叵测地嘲讽。

教养是不可一蹴而就的。教养是细水长流。教养是可以遗失也可以捡拾起来的。教养也具有某种坚定的流传和既定的轨道性。教养是一些习惯的总和,在某种程度上,教养不是活在我们的皮肤上,是繁衍在我们的骨髓里。教养和遗传几乎是不相关的,是后天和社会的产物。教养必须要有酵母,在潜移默化和条件反射的共同烘烤下,假以时日,才能自然而然地散发出馨香。教养是衡量一个民族整体素质的一张 X 光片。脸面上可以依靠化妆繁花似锦,但只有内在的健硕,才经得起冲刷和考验,才是力量的象征。[①]

思考题:

(1) 礼仪与教养有着怎样的关系?

(2) 如何通过礼仪体现出良好的教养?

2. 从体态语看中西方文化差异

1) 中西方体态语的共性与差异

同语言一样,体态语也是人类在长期的劳动生活中积累起来的传递信息的一种手段。在不同文化背景中,体态语的表现形式及所表达的内涵既有共性又存在差异。

(1) 共性

体态语具有一定的普遍性。在中西文化背景中,一些与生理本能有关的体态语的表达形式及含义是相同的,为不同文化、不同民族的人们所理解。这是由于人类的面部表情是天生的,人类交际的生理本能是相通的,不受文化制约。如微微一笑伸出手来表示欢迎;挥手表示再见;高兴时会微笑;生气时会张大眼睛;不满时会皱眉;拍拍男人或男孩子的背表示赞扬、夸奖、鼓励等。卓别林在无声电影中的精彩表演深受中国人民喜爱,说明他的体态语得到了我们的理解,中西体态语具有一定的共享性。

①　毕淑敏.性别按钮——毕淑敏散文精粹96篇[M].上海:华东师范大学出版社,2006.

（2）差异

体态语和有声语言一样，也是文化的载体。文化不同，人们用体态语进行交际的方式和含义往往会相差很远。中西方有各自的文化背景，在历史发展的过程中形成了各自的价值观和行为模式，对体态语的表现形式和理解就不尽相同。中西体态语差异表现在以下三个方面。

① 不同体态语表达同一个含义。在不同国家、不同地区，有时相同意思的表达需要采用不同体态语表达方式。如吃完饭后，中国人用手指拍自己的肚子表示吃饱了。而美国人用一只手放在自己喉头伸开手指，手心向下，也表示吃饱了。肚子和喉头部与"吃"有关，它们形象、直观地表明了"吃后"的结果，在双方交际中很容易被理解。

② 同一体态语表达不同甚至相反的意义。不同文化背景中，同一体态语表达的意思往往是不同的。在美国召唤人的手势是手心向上，对自己勾动食指。这一动作很像唤狗的手势，对中国人来说不容易接受。再如交往中的目光交流，西方人认为缺乏目光交流就是缺乏诚意、为人不诚实或者逃避推托的表现。而中国人出于礼貌、尊敬或者服从而会避免一直直视对方。

③ 只存在于本文化背景的体态语。有的体态语只有在特定的文化背景中使用。在西方，咬指甲这一动作表示思想负担重，不知所措；用大拇指顶着鼻头，其他四指弯着一起动代表挑战、蔑视；摇动食指（食指向上伸出，其他四指收拢）意思是警告别人不要做某事，表示对方在做错事。在中国，两只手递东西表示对客人的尊敬；当别人为自己倒茶或斟酒时，张开一只手或两只手，放在杯子旁边表示感谢。

2）体态语折射中西方文化差异

在交际中，交际者总是根据各自文化的规约（cultural norms）采用一定的行为方式。正如费孝通先生所说："文化的深处时常并不是在典章制度之中，而是在人们洒扫应对日常起居之间。一举手，一抬足，看是那样自然，不加做作，可是事实上却全没有任意之处，可说是都受着一套从小潜移默化中得来的价值体系所控制。"所以，文化在很大程度上影响和制约着人们的行为举止，体态语往往也折射出中西文化的差异。

（1）宗教信仰

宗教文化是社会文化的一个重要组成部分，它渗透到西方社会生活的方方面面，并在社会生活中起着支配作用，影响着人们的生活方式和认知方式。带有宗教色彩的手势常常出现在他们的日常生活中。西方人在进入教堂或遇到紧急情况时，往往在胸前画十字；当表示感激、尊敬或顺从时便将手放在胸前。

中华民族没有一个统一的宗教信仰，但佛教对中国社会生活产生了深远的影响。当人们遇到紧急情况或危机已化解时，往往会双手合掌于胸并口念"阿弥陀佛"。

（2）价值观念

西方人崇尚平等、自由，认为个体具有至高无上的内在价值和尊严。因此，人与人之间的关系呈横向结构，是平等的而非等级的关系结构，并时刻反映在行为举止上。如在交谈时，西方人姿势很随便，有时甚至半躺在椅子里，跷起二郎腿或将腿搁在桌子上与人交谈。在中国人看来，这样的动作是缺乏修养、傲慢无礼的表现。

由于中国受儒家思想的统治长达两千多年，纲常伦理观念已渗透国民心中，形成了重人伦轻自然、重群体轻个体的价值观念。在人际交往方面往往表现得谦和礼让,举手投足间都注重"仪态端庄"、"举止得体"。

（3）社会规范

中国早在商周时期就形成了文明的礼仪规范,其中最有影响的是"男女有别",由此在两性交往、身体接触等方面的体态语有严格的"标准"。异性间遵循"男女授受不亲",即使是情侣,在公众场合也不能表现得过分亲热;而同性之间可随便发生身体接触,互相搂着肩膀、挎着胳膊或搂着腰。西方人见此情景会感到十分震惊,以为这是公然的"同性恋"行为。

而西方民族则因礼仪体制"松弛散漫"而显出不同的风貌,异性间的身体亲密接触不必避讳,在社交场合男女拥抱、接吻是常见的事。

此外中西方社会规范差异还体现在人的"个人空间"方面。西方人强调自主权、隐私不受侵犯。所以在公共场合,人与人之间总保持一定的"舒服"距离。中华民族则是以家庭为中心的体系,形成"聚合型"的行为模式,中国人追求和谐,喜群居,喜欢近距离接触人。

（4）民族性格

民族性格是各民族在漫长的历史文化发展过程中形成的相对稳定的特征,这种特性使各民族各具特色。体态语上的差异可以反映不同的民族性格特征。

我们以中西方走路的姿势为例。苏联曾流传过一个笑话,说美国人走路的样子就像脚下的土地都归他们所有,英国人走路的样子就像是不屑于理睬谁是他脚下土地的主人。而西方人则可能将中国人的走路姿势看成畏畏缩缩、羞羞答答或者怕出风头。由此可看出西方人崇尚独立、平等、外向、自信、直率、随便的外露型性格。另外,中国是礼仪之邦,有严谨的等级秩序、系统的礼乐教化,在此文化背景的熏陶下,中国人养成了谦虚、克制、重礼节、尚伦理,表达含蓄等的内敛型性格。

随着中国与西方交流的日渐增多,汉文化中的体态语在一定程度上受到了西方文化习俗的影响,如表示胜利的 V 字手势、OK 的手势等在年轻人中广泛使用。改革开放以来,虽然我们对西方文化有了进一步了解,但由彼此间的文化差异而产生的文化碰撞也不断出现。因此了解世界各民族的文化差异,尤其是中西方文化差异,培养对文化差异的敏感性,已经成为新时代的迫切要求。[①]

思考题:

（1）了解中西方体态语的差异有何意义?

（2）从体态语的角度,举例说明中西方文化的差异。

3.2.2 案例分析

1. 面试的表现

一次,有位老师带着三位毕业生同时去应聘一家酒店总台接待职位,面试前老师怕学

---

① 龙晓明.从体态语看中西文化差异[N].桂林师范高等专科学校学报,2010(3).

生面试时紧张,同人事部经理商量让他们一起面试。三位毕业生进入人事部经理的办公室时,经理上前请他们入座。当经理回到办公桌前,抬头一看欲言又止,只见两位毕业生坐在沙发上,一个架起二郎腿而且两腿不停地抖动,另一个身子松懈地斜靠在沙发一角,两手攥握手指咯咯作响,只有一位毕业生端坐在椅子上等候面试,人事部经理起身非常客气地对两位坐在沙发上的毕业生说:"对不起,你们的面试已经结束了,请退出。"两位毕业生四目相对,不知何故,面试怎么还没开始就结束了呢?[①]

讨论题:

(1)面试怎么还没开始就结束了呢?请分析其中的原因。

(2)本案例对你有哪些启示?

2.用微笑沟通心灵

今年 28 岁的孟昆玉是北京西城区和平门岗的一位普通交警,凡是从这个十字路口经过的人,几乎第一感觉都是他的微笑。他的微笑不仅是他的一张"名片",而且成为他工作中与司机有效沟通的"秘密武器"。孟昆玉参加工作 8 年来,每天都把笑容挂在脸上,用微笑化解矛盾,赢得理解,建立了非常和谐的警民关系,工作 8 年没有一起投诉,他不仅获得了"微笑北京交警之星"、"百姓心中好交警"、"首都五一劳动奖章"等荣誉称号,而且还被广大网友盛赞为"京城最帅交警"。

警察,在人们心目当中一般都是很严肃的。而孟昆玉,一个年轻的"80 后"交警,何以有这样好的心态,能保持 8 年如一日的微笑呢?孟昆玉说:"从参加工作以来,我的口头语就是'您好'。无论是路面上还是在单位见到同志,我觉得一个微笑,一个'您好',就能够拉近人和人之间的距离,如果你给司机一个微笑,一个敬礼,一个'您好',就有了沟通的基础。"

是啊,微笑是人类最美的表情,是人们心灵沟通的钥匙。当一个人对你微笑的时候,你能感觉到他心中的暖意,感受到他对你的善意和友好。反之,一个人若总是紧绷着脸,冷若冰霜,就会让人退避三舍,不愿接近。让我们都像孟昆玉一样,用微笑去沟通心灵,让文明成为一种行动,让我们居住的这座城市因你我更加绚烂![②]

讨论题:

(1)结合自身感受谈谈微笑的作用。

(2)本案例对你有哪些启示?

3.晋升与个人形象

张伟在公司已经干了好几年了,论工龄、论年资、论工作经验,他都比贾峰要好很多,可是,刚进公司一年的贾峰就已经当上了部门主管,而他却还只是小组长。这让他心里有点不太平衡,他也不清楚自己究竟在哪里比贾峰差。

年底评优秀员工,张伟觉得肯定是他,因为他今年超额完成了任务,再加上他的资历,

---

①　http://wenwen.soso.com/z/q64796231.htm.

②　侯爱兵,profile.blog.sina.com.cn/u/1511388290.

他非常有把握。公司其他员工也都这样认为。可是评选结果却出人意料,优秀员工不是他,是贾峰。他彻底不明白了,于是他找到了经理,想要问清楚究竟是什么原因。经理意味深长地看了他一眼,告诉他,其实他和贾峰两个人的确不相上下,之所以贾峰晋升得比较快,和个人形象有着很大的关系。不是贾峰长得帅,而是张伟在走路时,总是拖拖拉拉,没有男子汉的气势,给人一种特别不自信的感觉。这让客户多少对他有点不太感冒。而今年优秀员工评选采用的是让客户投票的方式,因此张伟没有比过贾峰。

(资料来源:王丽娟.员工礼仪[M].北京:中国言实出版社,2011.)

讨论题:

(1)怎样的步态才能显示出男子汉的气势?

(2)本案例对你有何启示?

3.2.3 训练项目

1. 站 姿 训 练

实训目标:掌握站姿的基本要领和不同场合下的站姿,纠正不良站姿。

实训学时:2学时。

实训地点:形体训练室。

实训准备:四面墙安装长度及地镜子的形体训练室、书籍、音乐播放器材、音乐歌曲CD、磁带等。

实训方法:

(1)面向镜子按照动作要领体会标准的站姿。

(2)个人靠墙站立,要求后脚跟、小腿、臀、双肩、后脑勺都紧贴墙,进行整体的直立和挺拔训练。每次训练20分钟左右(应坚持每天1次)。

(3)在头顶放一本书使其保持水平,促使人把颈部挺直,下巴向内收,上身挺直,每次训练20分钟左右(应坚持每天1次)。

(4)为了使双腿站直,可两腿之间夹一本书进行训练。

(5)训练时可以配上优美的音乐,放松心情,减轻单调、疲劳之感。女性穿半高跟鞋进行训练,以强化训练效果。

2. 坐 姿 训 练

实训目标:掌握坐姿的基本要领和不同场合下的坐姿,纠正不良坐姿。

实训学时:2学时。

实训地点:形体训练室。

实训准备:四面墙安装长度及地镜子的形体训练室、靠背椅子若干把、书籍、音乐播放器材、音乐歌曲CD、磁带以及训练器材等。

实训方法:

(1)面对镜子,按坐姿基本要领,着重对脚、腿、腹、胸、头、手部位的训练,体会不同坐姿,纠正不良习惯,尤其注意起坐、落座练习。每次训练 20 分钟(应坚持每天 1 次)。

(2) 训练时可以配上优美的音乐,放松心情,减轻单调、疲劳之感。女性穿半高跟鞋进行训练,以强化训练效果。

(3) 利用器械训练,增强腰部、肩部力量和灵活性,进行舒肩展背动作练习。

3. 走 姿 训 练

实训目标:掌握走姿的基本要领和特定场合下的走姿,纠正不良走姿。

实训学时:2 学时。

实训地点:形体训练室。

实训准备:四面墙安装长度及地镜子的形体训练室、书籍、音乐播放器材、音乐歌曲CD、磁带等。

实训方法:

(1) 在地面上画一条直线,行走时手部揎腰,上身正直,双脚内侧踩在线上,行走时按要求走出相应的步位与步幅。可以纠正行走时摆胯、送臀、扭腰以及"八字步态"、步幅过大过小的毛病。训练时配上行进音乐,音乐节奏为每分钟 60 拍。

(2) 头顶书本行走,进行整体平衡练习。重点纠正行走时低头看脚、摇头晃脑、东张西望、脖颈不正、弯腰弓背的毛病。

(3) 进行原地摆臂训练。站立,两脚不动,原地晃动双臂,前后自然摆动,手腕进行配合,掌心要朝内,以肩带臂,以臂带腕,以腕带手,纠正双臂横摆、同向摆动、单臂摆动、双臂摆幅不等的现象。

(4) 对着镜子行走,进行面部表情等的整体协调性训练。

(5) 训练时可以配上优美的音乐,放松心情,减轻单调、疲劳之感。女性穿半高跟鞋进行训练,以强化训练效果。

4. 蹲 姿 训 练

实训目标:掌握蹲姿的基本要领和特定场合下的蹲姿,纠正不良蹲姿。

实训学时:2 学时。

实训地点:形体训练室。

实训准备:四面墙安装长度及地镜子的形体训练室、书籍、音乐播放器材、音乐歌曲CD、磁带等。

实训方法:

(1) 加强腿部膝关节及踝关节的力量和柔韧性训练,具体方法是压腿、踢腿、活动关节。

(2) 有意识地、主动经常地进行标准蹲姿训练,形成良好习惯。

(3) 训练时可以配上优美的音乐,放松心情,减轻单调、疲劳之感。

5. 眼 神 训 练

实训目标:掌握眼神的基本要领,正确使用眼神。

实训学时:2学时。

实训地点:教室。

实训准备:每人一面小镜子、音乐播放器材、音乐歌曲 CD、磁带、优秀影视剧中的演员和节目主持人通过眼神表达内心情感的影像资料等。

实训方法:以下方法坚持天天训练,不要间断,必使目光明亮有神。

(1) 睁大眼睛训练:有意识地练习睁大眼睛的次数,增强眼部周围肌肉的力量。

(2) 转动眼球训练:头部保持稳定,眼球尽最大的努力向四周做顺时针和逆时针 360°转动,增强眼球的灵活性。

(3) 视点集中训练:点上一支蜡烛,视点集中在蜡烛火苗上,并随其摆动,坚持训练可使目光集中、有神,眼球转动灵活。

(4) 目光集中训练:眼睛盯住 3 米左右的某一物体,先看外形,逐步缩小范围到物体的某一部分,再到某一点,再到局部,再到整体。这样可以提高眼睛明亮度,使眼睛十分有神。

(5) 影视观察训练:观看录像资料,注意观察和体会优秀影视剧中的演员和节目主持人是如何通过眼神表达内心情感的。

(6) 训练时可以配上优美的音乐,放松心情,减轻单调、疲劳之感。

6. 微 笑 训 练

实训目标:掌握微笑的基本要领,在交往中正确使用微笑,养成爱微笑的习惯。

实训学时:2学时。

实训地点:教室。

实训准备:每人一面小镜子、音乐播放器材、音乐歌曲 CD、磁带、优秀影视剧中的演员和节目主持人微笑的影像资料等。

实训方法:

(1) 情绪记忆法,即将自己生活中最高兴的事件中的情绪储存在记忆中,当需要微笑时,可以想起最使你兴奋的事件,脸上会流露出笑容。注意练习微笑时,要使双颊肌肉用力向上抬,嘴里念"一"音,用力抬高口角两端,注意下唇不要过分用力。普通话中的"茄子"、"田七"、"前"等的发音也可以辅助微笑口形的训练。

(2) 对着镜子练习微笑,调整自己的嘴形,注意与面部其他部位和眼神的协调,做最使自己满意的微笑表情,到离开镜子时也不要改变它。

(3) 练习微笑之前要忘掉自我和一切的烦恼,让心中充满爱意。

(4) 训练时可以配上优美的音乐,放松心情,减轻单调、疲劳之感。

7. 手 势 训 练

实训目标:掌握手势的基本要领、常用手势的标准、纠正不正确的手势,养成良好习惯。

实训学时:2学时。

实训地点:形体训练室。

实训准备:四面墙安装长度及地镜子的形体训练室、音乐播放器材、音乐歌曲 CD、磁带、投影设备、毛泽东和周恩来等伟人的音像资料、剪子、文件等。

实训方法:

(1) 先观看毛泽东、周恩来等伟人的音像资料,然后开始训练。

(2) 调整体态,保持良好的站姿。

(3) 每两人一组,面对镜子练习常用手势,包括:招呼他人、挥手道别、指引方向、递接物品(如剪子、文件等)、鼓掌、展示物品等手势,并互相纠正。

(4) 教师最后点评、总结。

8. 职业交际情景模拟演示

实训目标:掌握职业交际仪态礼仪规范,开展各类职业交际活动,体现出优雅的举止,展现出良好的职业形象。

实训学时:2 学时。

实训地点:实训室。

实训准备:场景设计方案。

实训方法:

(1) 同学分组,每个小组 5～6 人,设计各种情景(例如:求职面试、商务接待、商务拜访等场景)展示基本的仪态礼仪。

(2) 每组同学根据设计的情景进行角色扮演,展示基本的站姿、坐姿、走姿、蹲姿、表情和手势等仪态,用摄像机记录展示的全过程。

(3) 根据录像,找出不规范的地方,同学可进行相互评价。

(4) 最后由授课老师进行总结评价,全班同学评选出"最佳表现组"。

课后练习

1. 应从哪些方面训练自己的仪态,从而使自己的仪态符合礼仪规范要求呢?

2. 请检查自己仪态的各个方面是否存在不符合礼仪规范的地方并加以纠正。

3. 观察一下日常生活中各个微笑的脸,说说"微笑的脸"具有的特征。

4. 在遇到陌生人时,怎样用你的身体语言使对方精神放松,以博得对方的好感。

5. 你对自己的仪态满意吗?请观察一下你周围的人士的站姿、坐姿、走姿等方面存在什么问题,提醒自己避免出现这些问题。

6. 观察一下路人的走姿,看看什么样的走姿给你的感觉最好。

7. 健康的人不一定是美丽的,但美丽的人一定是健康的。你同意这种说法吗?为什么?

8. 你的眼神是否充满了自信和活力?

9. 今天你微笑了吗?试着每天清晨起床后,对着镜子整理仪容的同时,把甜美愉快的笑容留在脸上。

任务4

形体训练

凡人之动而有节者,莫若舞。疑舞所以动阳气而导万物也。

——[明]朱载堉

形体美胜于颜色美。

——[英]培根

 学习目标

- 科学地进行基本动作训练。
- 进行芭蕾训练,打造完美形体。
- 学会跳健美操,打造完美形体。
- 学会跳交际舞,打造完美形体。
- 开展瑜伽体位法训练,养身美体。

 案例导入

限　重

印度航空在两年前颁布了限制空服人员体重的内规,五名因过重遭禁飞转任地勤的空姐日前控告航空公司的歧视性做法。但新德里高等法院已裁定空姐败诉,原因是"过胖不利执行业务",而且"航空业竞争激烈,企业必须重视员工表现,员工的体态也是表现的主要考量之一"。在我国也经常可以从媒体上看到因为太胖找不到工作的报道,的确,现在越来越多的企业开始重视员工的形体美。那么,怎样拥有美的形体呢,这正是本任务所要解决的问题。[①]

---

① http://www.91job.com/news3397.html,2008-10-13.

要有美的形体,关键是要科学地进行形体训练。形体训练是拥有良好体态和气质的重要途径。所谓形体是指在先天遗传变异和后天获得的基础上所表现出的身体形态上的相对稳定的特征,是包括人的表情、姿态和体形在内的人的外在形象的总和。从一定意义上说,先天遗传对形体起着决定性的作用,同时形体和后天生活条件及科学训练也有密切关系。后天科学的形体训练,可以使个人的优点得到弘扬,不足得到改善,从而使形体变得更美。形体训练是一个有目的、有计划、有组织的过程,不仅能使人获得健康美,而且还能使人获得体形美、姿态美、动作美和气质美。形体训练在现代社会越来越受到人们的重视,成为时尚的运动而吸引了一大批高素质的人士积极参与。

4.1　知识储备

4.1.1　基本动作训练

1. 手臂动作训练

在职场中,执业人员需要运用手臂动作与他人进行沟通和交流。经常做手臂练习可以增强手臂和手指的灵活性和舞蹈表现力,增强手臂的线条感,减去手臂多余的脂肪,特别是大臂的赘肉,对各行业从业人员塑造体态美具有十分重要的意义。

练习时要注意做"小波浪"时,要求手由抓握状到展开手掌呈手指上翘状;做"大波浪"时,眼要随手;"抖手"时手心向身体前方。

预备拍:5~8拍"双跪坐背手"(见图4-1)。

第1×8拍:

1~2拍右手旁"大波浪"带"双跪立"一次,如图4-2所示。

3~4拍同1~2拍动作,左手旁"大波浪"带"双跪立"一次,如图4-3所示。

5~6拍右手向前"大波浪"带"双跪立"一次,如图4-4所示。

7~8拍同5~6拍动作,左手向前"大波浪"带"双跪立"一次,如图4-5所示。

图 4-1　　　图 4-2　　　图 4-3　　　图 4-4　　　图 4-5

第2×8拍:

1拍双手胸前"小波浪"一次,如图4-6所示。

2拍胸前"对腕",向右"倾头",如图4-7所示。

3~4拍同1~2拍动作,向左"倾头",如图4-8和图4-9所示。

5～8拍同1～4拍动作。

第3×8拍：

重复1×8拍动作。

第4×8拍：

1～4拍重复2×8拍的1～4拍动作。

5～6拍双手胸前"小波浪"一次"对腕"，如图4-10所示。

7～8拍双手举至"旁斜上位"，手心向上，如图4-11所示。

图 4-6　　　图 4-7　　　图 4-8　　　图 4-9　　　图 4-10　　　图 4-11

2. 躯干动作训练

经常进行躯干动作训练，学会提气、收腹，可以提高练习者的气质和后背的挺拔度，防止驼背。练习时要注意"弯腰"时骨盆固定不动，上体对正前方；"转腰"时骨盆要固定，以腰为轴，最大限度地向左或向右转动；"前弯腰"时胸腹与腿部贴靠，脊柱尽量拉长；"后弯腰"时，两腿并拢，要求头、颈、肩、胸依次向后弯曲，呼吸时要均匀，双手扶地保持与肩同宽，"扩指"手形。

预备拍：5～8拍"跪坐旁按手"，身向正前方，如图4-12所示。

第1×8拍：

1拍左手"折腕"，指尖扶头顶，右手"旁按手"，如图4-13所示。

2拍右"弯腰"，右手扶地，如图4-14所示。

图 4-12　　　　　　图 4-13　　　　　　图 4-14

3拍手不动，身体直立，如图4-15所示。

4拍还原"准备动作"，如图4-16所示。

5～8拍做与1～4拍相反的动作。

图 4-15 图 4-16

第2×8拍：

1拍左手至左身旁,右手"旁按手",如图4-17所示。

2拍向右"转腰",如图4-18所示。

3拍手不变,身体转回正前,如图4-19所示。

4拍还原准备动作,如图4-20所示。

5～8拍做与1～4拍相反的动作。

图 4-17 图 4-18

 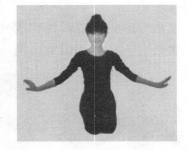

图 4-19 图 4-20

第3×8拍：

1～2拍"双跪立",如图4-21所示。

3～4拍用膝盖移动转向右45°角方向,全身转向2点位置,如图4-22所示。

5～6拍"跪坐前旁腰",双手前伸扶地,如图4-23所示。

7～8拍手不动,成"伏卧正步位绷脚"状,全身贴地面脸向左侧,如图4-24所示。

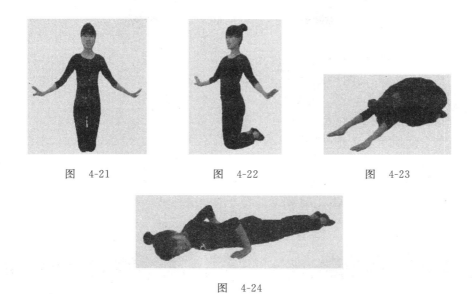

图 4-21   图 4-22   图 4-23

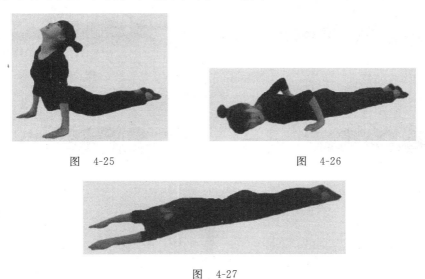

图 4-24

第 4×8 拍：

1～4 拍双手撑地，形成"后旁腰"，如图 4-25 所示。

5～7 拍还原成"伏卧"状，如图 4-26 所示。

8 拍双手伸于头上，全身伏于地面，如图 4-27 所示。

图 4-25   图 4-26

图 4-27

3. 下肢动作训练

经常练习下肢的动作，可以提高腿部肌肉的力量，并修正腿形，防止 O 形和 X 形腿的出现。练习时要注意：手臂向前平伸时，两手距离与肩同宽；"前吸腿"和"后吸腿"时，注意双膝和双脚并拢、"绷脚"；"转体"时，手臂夹耳，保持"正步位绷脚"状态。

预备拍:5~8拍为正步位绷脚仰卧,手臂向前平伸,头看天空,如图4-28所示。

第1×8拍:

1~4拍右脚绷脚并吸腿,如图4-29所示。

5~8拍右前抬腿,如图4-30所示。

第2×8拍:

1~4拍右腿还原为吸腿状,如图4-31所示。

5~8拍右侧伸腿并还原,如图4-32所示。

第3×8拍:

1~4拍左脚绷脚、吸腿,如图4-33所示。

5~8拍左前方抬腿,如图4-34所示。

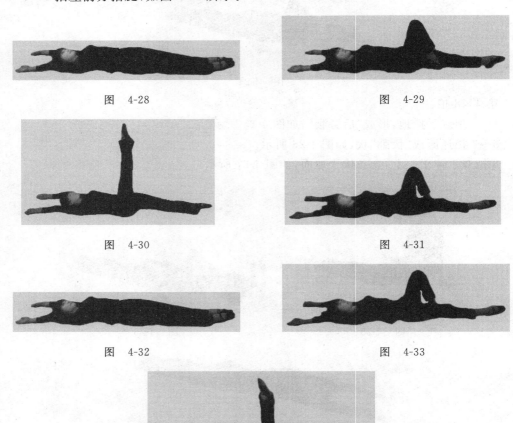

图　4-28　　　　　　　　　　　图　4-29

图　4-30　　　　　　　　　　　图　4-31

图　4-32　　　　　　　　　　　图　4-33

图　4-34

第4×8拍:

1~4拍左侧还原为吸腿状,如图4-35所示。

5~8拍左伸腿并还原,如图4-36所示。

第5×8拍:

1~4拍向右转体成俯卧状,如图4-37所示。

5~8拍立上身,如图4-38所示。

第6×8拍:

1~4拍右腿后吸腿,如图4-39所示。

5~8拍还原,如图4-40所示。

第7×8拍:

1~4拍左腿后吸腿,如图4-41所示。

5~8拍还原,如图4-42所示。

第8×8拍:

1~4拍双腿后吸腿,如图4-43所示。

5~8拍还原,如图4-44所示。

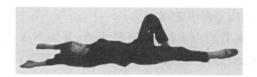

图 4-35

图 4-36

图 4-37

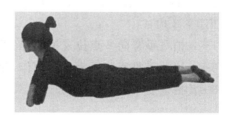

图 4-38

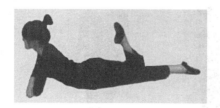

图 4-39

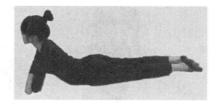

图 4-40

图 4-41

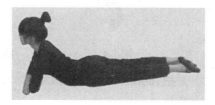

图 4-42

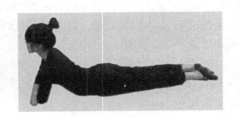

図　4-43　　　　　　　　　　　図　4-44

4. 形体舞蹈组合

形体训练是以身体练习为基本手段,匀称和谐地塑造人体,增强体质,促进人体形态更加健美的一种运动。通过形体舞蹈组合训练可以提高各行业从业人员的体能素质。练习者在旋律优美的乐曲伴奏下,经常性地进行形体舞蹈组合训练,可使身心得到全面发展,有利于培养健美的体态和高雅的气质,使形体更富有艺术魅力。

练习时要注意:做动作时,要提气,眼睛要随着动力手而转,眼到手到;身体下压时注意后背要拉长,不能驼背;"转体"时,注意留头(身体开始转动而头留在原方位不动,称为"留头"——编者注),立"半脚掌"。

预备拍:5~8拍右踏步,双臂自然下垂,头朝向2点位置,如图4-45所示。

第1×8拍:

1~2拍右手臂向2点位置抬起,高于头顶,头仰起,眼睛看手,如图4-46所示。

3~4拍右手收回还原为准备动作,如图4-47所示。

5~8拍重复1~4拍的动作。

图　4-45　　　　　　　图　4-46　　　　　　　图　4-47

第2×8拍:同1×8拍的动作相反。

第3×8拍:

1~4拍左腿屈膝,右腿向8点方向伸直绷脚,上身向8点方向弯曲,两臂向8点方向延伸，眼睛看手，如图 4-48 所示。

5～8 拍两腿伸直的同时左脚尖点地，上身立起，两臂挺直延伸呈顺风旗位，眼睛看左手，如图 4-49 所示。

第 4×8 拍：

1～2 拍重心移向左腿，胯移向左侧，右手臂弯曲，大臂以逆时针方向画立圆，同时右腿收回与左腿并拢，如图 4-50 所示。

3～4 拍右手臂向 2 点方向伸开，如图 4-51 和图 4-52 所示。

5～8 拍右手臂放下。

图 4-48　　　图 4-49　　　图 4-50　　　图 4-51　　　图 4-52

第 5×8 拍：同 3×8 拍动作相反。

第 6×8 拍：同 4×8 拍动作相反。

第 7×8 拍：

1～2 拍左腿向前伸直绷脚，左腿弯曲，上身向前倾，两臂向前方伸直低头，如图 4-53 所示。

3～4 拍左腿收回同时上身直立，两臂斜上举，如图 4-54 所示。

5～8 拍右腿弯曲，左腿伸直绷脚向左侧滑动，两臂呈顺风旗位，眼睛看右手，如图 4-55所示。

图 4-53　　　图 4-54　　　图 4-55

第 8×8 拍：

1～4 拍右腿弯曲，左腿向 2 点方向伸直绷脚，上身向 2 点方向弯曲，左手臂略高于头顶，右手臂略低，向 2 点延伸，眼睛看手的方向，如图 4-56 所示。

5～6 拍左手臂向上抬起，向左转身，如图 4-57 和图 4-58 所示。

7～8 拍还原为 1 点方向（正前方），立直站立，如图 4-59 所示。

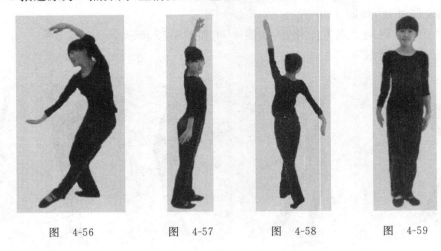

图　4-56　　　　　图　4-57　　　　　图　4-58　　　　　图　4-59

4.1.2　芭蕾

1. 芭蕾的发展历程

"芭蕾"在西方剧场舞蹈艺术中占统治地位达 300 余年，至今已历经四个多世纪。中国的芭蕾历史自 1958 年北京舞蹈学校成立引进俄罗斯芭蕾至今，也已有半个多世纪。

芭蕾在数百年的发展过程中演变出多种学派，主要有意大利学派、法兰西学派、俄罗斯学派、丹麦学派和法国学派等。这些学派之间的风格与动作略有差异，如：意大利手臂基本是直的，但平腕有些下垂；而法国肘和平腕都是弯曲的；俄罗斯的线条则强调圆弧形等。芭蕾的发展过程是一个日趋成熟和日臻完善的过程。"芭蕾"在其发展过程之中经历了五个发展阶段，也称五大发展时期，这就是"早期芭蕾"、"古典芭蕾"、"浪漫芭蕾"、"现代芭蕾"和"当代芭蕾"。这五大时期是以芭蕾在不同的国家形成的发展主流而言的，每个后来的时期都汲取和保留了前一个时期的精彩部分，取其精华，去其糟粕，是对前一个甚至前几个时期的继承和发展，而不是简单的否定或取代。芭蕾在其漫长的发展过程中逐渐形成了芭蕾中所特有的脚和手的基本位置、一些固定的舞姿以及相应的美学原则。

2. 芭蕾的基础元素

芭蕾的基础训练以科学性、规范性、严谨性为特点，芭蕾舞通过对"开、绷、直、立"等严格的舞蹈磨炼，逐渐形成挺拔、匀称、完美的体态，并且使心灵与形体相交融，在意念与感觉的延伸中,使演员们在"气质"上得到培养。芭蕾有一套比较科学的规范要求和训练法则,正是依靠了这些法则,培养出了一大批出类拔萃的优秀舞蹈家,形成了许多著名流派,推出了上百个优秀的舞蹈作品。但不管它如何发展和演变,多年来,芭蕾基础训练中的"开、绷、直、立"是一直要严格遵循的,它是芭蕾的基本元素。

（1）开

芭蕾最基本的审美特征是对外开、伸展、绷直的追求,包括脚的五种基本位置。这五个位置中表现出的"向外"的本质,通常是指两条腿于髋关节处外旋,即"外开"。外开不是人们自然而然形成的动作习惯,但对于一种发源于皇家宫廷中的、极具贵族风格的舞蹈来说,"外开"的特征却是必不可少的,各种舞姿的跳跃、旋转和转身,各种舞步和连接等一系列的动作,都要求其具有"外开"的特征。例如作单腿旋转动作时,腾空腿就必须是外开的,而不能出现勾脚和绷脚现象,否则就会丧失本来具有的高雅气质。"外开"是构成古典芭蕾风格的基本要素,训练舞蹈者的外开性功能,不仅可以使舞蹈者的造型美观,气质优雅,而且可为舞蹈中很多技巧的完成奠定基础。

（2）绷

绷也是芭蕾的基本要素之一。在基础训练中,绷脚是教师经常提醒学员的话题之一。一般情况下,腿只要离开地面,就必须绷脚。绷脚有两个重要作用:一是毫无疑问地延长了腿的长度,强化了腿的流线型的美;二是绷脚训练能使踝关节得到强有力的锻炼,增强了踝关节以下到趾关节的能力和灵敏性。绷脚必须从踝关节开始把力量一直贯入脚趾,让脚趾去找脚心,实际上脚背脚趾绷得越紧,腿部膝盖也会越收紧。一个舞蹈演员必须反复地进行绷脚练习,在绷脚中寻找芭蕾基础训练的真谛。

（3）直

在基础训练中要求人体的只有两个目的:一是从精神气质角度,要求身体挺拔直立,不能塌腰凸臀,不能挺胸叠肚,也包括腿在需要直的时候,必须收紧膝盖,绷直脚背,使人有一种精神倍增、赏心悦目的潇洒、帅气和高雅的气质,给人一种朝气蓬勃的青春美的享受;二是从技能技术训练的角度,在任何情况下,上身因舞姿造型的需要而出现离开轴心线的动作时,人体的重心必须严格保持垂直,重心的垂直是人体在直立状态下的必需,唯有这样才能保证动作的稳定性,人在舞蹈中身体的形态是千变万化的,只有在动作中不断地调整重心,才能使身体的重心始终保持垂直,去完成一些旋转和高难度的技巧动作。

（4）立

在基础训练中强调最多的就是"立"了。芭蕾的美就是建立在直立基础上的,只有先找到立,才能完成更高更美的技巧和艺术表现。"立"是在直的基础上的升华,是从形体美到舞蹈美的整体概念。首先"立"是一种延伸感,是指身体要拉长,在训练中脚用力踩向地面,脖子向上拉伸,找一种立地顶天的感觉,是一种轻盈、敏捷和精神气质的美。其次是指腰椎到颈椎部位的立,这是"立"的真髓,因为从腰椎到颈椎这一部位是躯体中活动范围最大的部位。只有把这一部位控制住,才能够真正立起来,也就不会出现松腰、懈胯的现象了。[1]

3. 芭蕾手位和脚位训练

手的位置从一位到七位,两手臂始终要保持椭圆形,注意不要让手腕和肘关节下沉,手的七个位置运动路线要规范。熟练手的七个位置之后,要头、手、身体各部位协调配合,要体会手位中的内在力量,尤其是后背肌群在动作中起到的平稳、稳定的作用,要运用手的表现能力传情达意。

脚位的开度要保持从大腿根、膝盖、脚腕、脚尖的上下一致。如果胯部不开,脚位可以站大八字或小八字,切忌某个局部开,某个局部关,造成上下扭曲而损伤。五位和三位站立要保持胯部正,不要因为某只脚在前,而一边的胯歪向前。胯不正是因为在前五位或前三位的脚没有伸直而造成的,所以五位和三位站立不但要伸直两膝,而且要夹紧大腿。

(1)手的位置

手形:手自然放松,中指、无名指和小指并拢,食指外开,拇指自然放松,如图 4-60 所示。

一位:从肩到手指尖在身体前呈椭圆形,手心朝上,两手相距约一只拳头,小指边离大腿约二寸距离,如图 4-61 所示。

二位:保持一位手状态,两手臂向上抬至手心与胃部平行,如图 4-62 所示。

三位:保持二位手状态,两手臂向上抬至头顶斜上方,如图 4-63 所示。

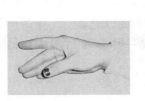

图 4-60　　　　图 4-61　　　　图 4-62　　　　图 4-63

四位:一只手臂保留在三位,另一只手臂从三位回至二位,如图 4-64 所示。

五位:一只手臂仍保持在三位,二位手臂向旁打开,如图 4-65 所示。

六位:打开到旁的手不动,三位手下到二位,如图 4-66 所示。

七位:打开到旁的手仍不动,二位手打开到旁呈七位,如图 4-67 所示。

---

① 岳婷婷.浅谈芭蕾基础训练及其重要性[J].成功(教育),2009(6).

图　4-64　　　　　　　　图　4-65

图　4-66　　　　　　　　图　4-67

（2）脚的位置

一位：两脚脚后跟相靠，两脚脚尖向外打开成"一"字形，如图 4-68 所示。

二位：在一位的基础上，两脚脚后跟分开，相距约一只脚的距离，如图 4-69 所示。

三位：保持在二位的基础上，一只脚的脚后跟向另一只脚的脚心靠拢，如图 4-70 所示。

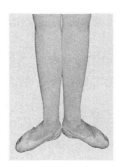
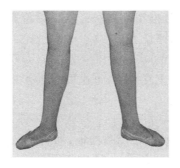
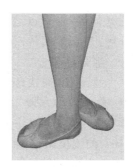

图　4-68　　　　　　　图　4-69　　　　　　　图　4-70

四位:保持两脚尖外开状,一只脚在另一只脚的正前方或正后方,形成两条平行线,如图 4-71 所示。

五位:在四位的基础上,两脚合拢并紧,如图 4-72 所示。

图 4-71 　　　　图 4-72

4. 擦地训练

(1) 五位擦地的做法

擦地绷脚可以在一位脚和五位脚的位置上向前、向旁、向后方向做。擦地主要通过擦地绷脚背,立脚趾,整条腿向远处、向下延伸,伸展整条腿的肌肉,然后收回。通过擦出收回的不断运动来锻炼腿部力量,尤其是踝关节和脚趾的力量。

① 向前擦地做法。五位站立准备向前擦地,一条腿支撑并固定好重心,另一条腿保持与支撑腿平行的状态,沿地面向前擦出,同时脚跟渐渐离地推起脚背,在动作腿不影响支撑腿重心的情况下,尽可能向远处伸展,脚掌点地,将脚背推至最高点。然后再将脚趾向远处伸展立起,用脚趾尖轻轻点地后,再一次收回原位。

② 向旁擦地做法。一条腿支撑并固定好重心,另一条腿向旁沿地面擦出,同时脚跟渐渐离地推起脚背,在不影响支撑腿重心的情况下,动作腿尽可能向远处伸展,脚掌点地,将脚背推至最高点。然后再将脚趾向远处伸展立起,用脚趾轻轻点地后再依次收回原位。

③ 向后擦地做法。一条腿支撑并固定好重心,另一条腿保持与支撑腿平行的状态沿地面向后擦出,同时脚跟渐渐离地推起脚背,在不影响支撑腿重心的情况下,动作腿尽可能向远处伸展,脚掌点地,将脚背推至最高点。然后再将脚趾向远处伸展立起,用脚的大脚趾外侧点地,然后依次再收回原位。

(2) 组合练习

共 4 个 8 拍,每次练习动作重复两遍,每次配合动作的播放音乐为 8 个 8 拍,左脚为主力脚,右脚为动力脚。

预备拍:

1～4 拍五位站立,左手扶把,准备向前擦地,如图 4-73 所示。

5～6 拍右手由一位抬至二位,如图 4-74 所示。

7～8 拍右手从二位至七位,如图 4-75 所示。

图 4-73   图 4-74   图 4-75

第 1×8 拍：

第 2 拍出脚，如图 4-76 所示。

1～2 拍右脚 1 拍时收回至五位，2 拍时向前擦出，如图 4-77 所示。

3～4 拍右脚 3 拍时收回至五位，4 拍时擦出，如图 4-77 和图 4-78 所示。

5～7 拍重复 3～4 拍的动作。

8 拍左脚向后擦出，如图 4-79 所示。

图 4-76   图 4-77   图 4-78   图 4-79

第 2×8 拍：

1～2 拍左脚 1 拍时收回，2 拍时擦出。

3～4 拍左脚 3 拍时收回，4 拍时擦出。

5～6 拍左脚 5 拍时收回，6 拍时擦出，如图 4-80 和图 4-81 所示。

7～8 拍左脚 7 拍时收回，右脚 8 拍时向旁擦出，如图 4-82 所示。

图　4-80　　　　　　图　4-81　　　　　　　图　4-82

第 3×8 拍：

1～2 拍右脚 1 拍时收回,2 拍时擦出。

3～4 拍右脚 3 拍时收回,4 拍时擦出。

5～6 拍右脚 5 拍时收回,6 拍时擦出,如图 4-83 和图 4-84 所示。

7～8 拍右脚 7 拍时收回,8 拍时收至后五位,如图 4-85 所示。

图　4-83　　　　　　图　4-84　　　　　　图　4-85

第 4×8 拍：

1～2 拍右脚向旁擦出,如图 4-86 所示。

3～4 拍动力腿压脚跟。

5～6 拍重复 3～4 拍的动作,如图 4-87 和图 4-88 所示。

7～8 拍动力腿收到主力腿前面,呈五位脚,左脚在后,右脚在前,如图 4-89 所示。

图 4-86   图 4-87   图 4-88   图 4-89

5．蹲的训练

（1）蹲的做法

蹲在脚的五个位置上都可以做。蹲主要是通过膝关节在不同的脚位上做各种不同节奏的快和慢的半蹲和全蹲，来锻炼膝关节的柔韧性和腿部的肌肉。蹲是训练中重要的一部分，通过蹲的训练，能使训练者轻松地腾空而起，轻盈落地，屈伸有力，富有弹性。

① 半蹲的做法。一位站立，保持人体的基本形态，两膝逐渐下蹲，蹲到脚腕与脚背有挤压感为止，使跟腱即足跟与小腿之间的一条很粗壮结实的肌腱处于略有一点紧张的位置为半蹲。

② 全蹲的做法。在半蹲的基础上，继续往下蹲，脚跟可以略微抬起一点（只有二位大蹲不容许起脚后跟），蹲到底，臀部不能坐在脚后跟上，应保持开度并使后背挺直。起来时先落下脚跟，再慢慢站起来。

（2）组合练习

共 8 个 8 拍，左脚为主力脚，右脚为动力脚。

预备拍：

1～4 拍一位站立，左手扶把，右手向旁边出手，深呼吸，再收回一位手准备，如图 4-90 和图 4-91 所示。

5～6 拍右手由一位抬至二位，眼随着动力手走，如图 4-92 所示。

7～8 拍右手从二位抬至七位，眼随着动力手走，如图 4-93 所示。

图 4-90   图 4-91   图 4-92   图 4-93

第1×8拍：

1～4拍一位半蹲，同时右手由七位收回到一位，如图4-94所示。

5～8拍慢慢由一位半蹲提起还原，同时右手由二位打开抬至七位，如图4-95和图4-96所示。

图　4-94　　　　　　　图　4-95　　　　　　　图　4-96

第2×8拍：

1～4拍重复以上动作，如图4-95和图4-96所示。

5～6拍一位半蹲，同时右手由七位收回到一位，如图4-94所示。

7～8拍由一位半蹲提起并还原，同时右手由二位打开并抬至七位，同时向旁边擦出右脚，如图4-97所示。

第3×8拍：

1～4拍二位半蹲，右手由七位收回到一位，如图4-98和图4-99所示。

5～8拍慢慢由一位半蹲提起并还原，同时右手由二位打开并移至七位，如图4-100和图4-101所示。

第4×8拍：

1～4拍重复以上动作，如图4-100和图4-101所示。

5～6拍二位半蹲，同时右手由七位收回到一位，如图4-98和图4-99所示。

7～8拍由二位半蹲提起并还原，同时右手由二位打开并移至七位，如图4-100和图4-101所示。

图　4-97　　　　　　　图　4-98　　　　　　　图　4-99

图 4-100 图 4-101

第5×8拍：

1～2拍在二位的基础上向旁摊手，如图 4-102 所示。

3～4拍动力腿绷脚，右手移到三位，并向左下旁弯腰，如图 4-103 所示。

5～8拍动力脚由二位划向前五位，右手由二位划向七位，如图 4-104 和图 4-105 所示。

第6×8拍：

1～4拍五位蹲，手由七位收回到一位，如图 4-106 所示。

5～8拍起身，手由二位收回到七位，如图 4-107 所示。

图 4-102 图 4-103 图 4-104

图　4-105　　　　　　　　图　4-106　　　　　　　　图　4-107

第 7×8 拍：

1～4 拍经五位半蹲起来，同时右手由二位收回到七位。

5～8 拍重复以上动作。

第 8×8 拍：

1～4 拍五位半脚站立，手在三位的位置，如图 4-108 所示。

5～8 拍结束时落在五位脚上，深呼吸，右手收至一位，如图 4-109 所示。

图　4-108　　　　图　4-109

6. 踢腿训练

（1）五位小踢腿的做法

小踢腿是在擦地基础上向空中有控制地踢起，其特点是急速、有爆发力，比擦地动作速度快、力度大，可以锻炼腿部肌肉，提高动作的速度和控制力及后背力量。

五位向前擦地，脚尖离地 25°。落地经脚尖点地收回前五位。小踢腿向旁边和向后的动作与擦地动作不同，在不同方向点地的基础上，再向远处延伸踢出，离地 25°停住。

（2）组合练习

共 4 个 8 拍，每次练习动作重复两遍，每次音乐为 8 个 8 拍，左脚为主力脚，右脚为动力脚。

预备拍：

1～4 拍五位站立，左手扶把，准备，如图 4-110 所示。

5～7 拍右手由一位抬至二位，再打开到七位，如图 4-111 和图 4-112 所示。

8 拍右脚向前踢腿至 25°，右手从二位至七位，如图 4-113 所示。

图 4-110　　　　图 4-111　　　　图 4-112　　　　图 4-113

第 1×8 拍：

1～6 拍右腿向前小踢腿三次，手在七位，如图 4-114 和图 4-115 所示。

7 拍右脚收回前五位，手在七位，如图 4-116 所示。

8 拍左脚向后小踢腿 25°，手在七位不动，如图 4-117 所示。

图 4-114　　　　图 4-115　　　　图 4-116　　　　图 4-117

第 2×8 拍：

1～6 拍左腿向后小踢腿三次，手在七位，如图 4-118 所示。

7 拍左脚收回后五位，手在七位，如图 4-119 所示。

8 拍右脚向旁小踢腿 25°，手在七位不动，如图 4-120 所示。

图　4-118　　　　　　　图　4-119　　　　　　　图　4-120

第 3×8 拍：

1～6 拍右腿向旁小踢腿三次，手在七位，如图 4-121 所示。

7 拍右脚收回前五位，手在七位，如图 4-122 所示。

8 拍右脚向旁边踢腿 25°，手在七位不动，如图 4-123 所示。

图　4-121　　　　　　　图　4-122　　　　　　　图　4-123

第 4×8 拍：

1～2 拍右脚向旁边右踢腿 25°，收回后五位，如图 4-124 所示。

3～4 拍右脚向旁边右踢腿 25°，收回前五位，如图 4-125 所示。

5～6 拍右脚向旁边右踢腿 25°，收回后五位，如图 4-124 所示。

7～8 拍动力腿收到主力腿前面，呈五位脚，手收回到一位。

图 4-124   图 4-125

4.1.3 健美操

1. 健美操的产生与发展

现代健美操真正兴起是在20世纪70年代末,并以它强大的生命力和不可抑制的势头在世界各国蓬勃发展。1981年,美国著名影星简·方达(Jane Fonda)根据自己的健身体会和经验,编写了《简·方达健美术》,此书主张以实用和新颖的运动形式来保持身体健美,再加上她卓越的名人效应,使健美操迅速在全世界流行起来,形成全球性的"健美热"。该书出版以来,一直畅销不衰,并被翻译成20多种文字在世界许多国家出版。人们逐渐认识到了健美操作为一项运动具有的强大生命力,同时,也看到了健美操运动在诸多体育项目的市场竞争中有良好的运动前景,具有潜在的商业价值。

1983年国际健美操联合会(简称LAF)成立,总部设在日本,共有20多个会员国,每年举办世界健美操比赛。20世纪80年代中期,国际健美操与健身联合会(简称FISAF)成立,总部设在澳大利亚,会员国有40多个,每年除举办健美操专业比赛之外,还组织各种健美操培训班。1990年,国际健美冠军联合会(简称ANAC)成立,总部设在美国,每年举办世界健美操冠军赛。

我国健美操的发展步伐也很快,20世纪80年代初健美操传入我国,反应迅速的是高等院校。1984年北京体育大学成立了健美操研究组,1989年上海体育学院成立了健美操研究室,并迅速推广全国。社会健美操也得到不同程度的发展,各种健美操俱乐部、健美操中心和健美操培训班如雨后春笋般地涌现,这种现象在北京、广州、上海等大型城市尤为突出。1986年,在广州举办了第一次"全国女子健美操表演赛"。1991年,"全国大学生健美操、艺术操大奖赛"在北京举行。1992年9月,中国健美操协会在北京成立,极大地促进了我国健美操运动的发展。

健美操按照不同的目的和任务分为健身性健美操、表演性健美操和竞技性健美操;按照对象的不同可以分为中老年健美操、少儿健美操、青年健美操、女性健美操等。健美操形式多样,运动量可大可小,不受场地限制,所以各个年龄层次的人均可以积极参加,具有广泛的群众基础,它可使人的心理、生理、素质、气质得到全面发展。

2. 健美操训练注意事项

（1）做好热身和适当的伸展运动

天冷时,热身时间要长。初学者以每周两三次,隔日为宜。然后可适当增加次数,直到自己感觉适量为止,绝对不要勉强。

（2）注意着装和脚部护理

做健美操时,应穿合身透汗的服装,要及时更换汗湿的衣服,避免着凉。不要赤脚穿普通皮鞋。健身鞋应有较厚的护垫,以减缓足部与地面撞击而造成的震荡,鞋身不宜太软,可采用半高筒式,以保护脚踝。要留心自己的脚部,常修剪脚趾甲,保持脚部皮肤干燥。

（3）练习时符合动作要求

进行健美操动作练习时要求肩部放松,头部绕环时尽量幅度大一些,含胸展胸动作要充分,有一定的幅度,速度稍微慢一些。腰的转动不易太快,动作幅度要大而缓。

3. 健美操基本动作训练

（1）头颈动作训练

预备姿势:双脚大二位站好,双手叉腰,头向前看。

第1×8拍:1～4拍头部向前屈两次,如图4-126所示。5～8拍头部向后屈两次,如图4-127所示。

第2×8拍:1～4拍头部向左侧屈两次,如图4-128所示。5～8拍头部向右侧屈两次,如图4-129所示。

图 4-126   图 4-127   图 4-128   图 4-129

第3×8拍:1～4拍双手交叉提至胸前,头向下低,如图4-130所示。5～8拍双手交叉,手掌朝外向前推,身体向前趴,形成90°直角,如图4-131所示。

第4×8拍:1～4拍双手继续交叉手掌朝外向上推,抬头向上看,如图4-132所示。5～8拍身体向下双臂向两边斜上方向打开,如图4-133所示。

图　4-130

图　4-131

图　4-132

图　4-133

第5×8拍:1～4拍身体向下,双臂向两边斜下方向打开,如图4-134所示。5～8拍身体立起来站直,双手环抱身体,低头,如图4-135所示。

第6×8拍:1～4拍身体向下,头向上看,用右手去抓左脚,左手向上,如图4-136所示,5～8拍身体向下,头向上看,用左手去抓右脚,右手向上,如图4-137所示。

图　4-134

图　4-135

图　4-136

图　4-137

第 7×8 拍:1～4 拍左脚向斜前方迈出,双手握拳在胯两旁,头向前看,如图 4-138 所示。5～8 拍右脚向斜前方迈出,双手握拳在胯两旁,头向前看,如图 4-139 所示。

第 8×8 拍:1～4 拍右腿弯,左脚向前上方移步,右手向旁边伸平,左手向上,如图 4-140 所示。5～8 拍右腿弯曲并向前迈,后腿伸直,双手握拳在右胯前,如图 4-141 所示。

图　4-138　　　　　图　4-139　　　　　图　4-140　　　　　图　4-141

（2）肩臂动作训练

第 1×8 拍:1～4 拍左腿弯曲并向后迈步,右腿伸直,身体朝后双手举过头顶,如图 4-142 所示。5～8 拍左脚向旁边迈步,双臂弯回在胸前,头向左边看,如图 4-143 所示。

第 2×8 拍:1～4 拍向左转身朝后,右脚上步,双臂弯回在胸前,头向右看,如图 4-144 所示。5～8 拍向右转身并吸左腿,双手在胸前击掌,如图 4-145 所示。

图　4-142　　　　　图　4-143　　　　　图　4-144　　　　　图　4-145

第 3×8 拍:1～4 拍左脚向旁迈步蹲在二位上,双手握拳举过头顶,如图 4-146 所示。5～8 拍双脚跳起同时向里收回正步,双手收回身体两侧,如图 4-147 所示。

第 4×8 拍:1～4 拍右脚向旁迈步,左手转向右斜下,右手在体后,如图 4-148 所示。5～8 拍右脚收回正步,双臂交叉在体前,低头,如图 4-149 所示。

图 4-146　　　　图 4-147　　　　图 4-148　　　　图 4-149

第5×8拍：1～4拍右脚向旁边移并点地，双手举过头顶，如图4-150所示。5～8拍右脚轻跳收回正步，双臂弯回到胸前，如图4-151所示。

第6×8拍：1～4拍右脚向后迈，左腿弯，双手握拳，右手向前，左手向旁边，如图4-152所示。5～8拍右脚轻跳并收回正步，双臂弯回到胸前，如图4-153所示。

图 4-150　　　　图 4-151　　　　图 4-152　　　　图 4-153

第7×8拍：1～4拍左脚向后迈，右腿弯，双手握拳，左手向前，右手向旁边，如图4-154所示。5～8拍左脚轻跳收回正步，双手在身体两侧，如图4-155所示。

第8×8拍：1～4拍右脚绷脚向旁踢，高度在45°左右，左手在右胯前，右手抱头，如图4-156所示。5～8拍右脚伸直向后迈，左腿弯，右手向斜下出手，左手在左胯旁，如图4-157所示。

图 4-154　　　　图 4-155　　　　图 4-156　　　　图 4-157

（3）膝腿动作训练

第 1×8 拍：1～4 拍脚在二位，身体朝前，左手背手，右手举过头顶，如图 4-158 所示。5～8 拍双腿蹲，双手握拳在头顶交叉，头向左侧倒，如图 4-159 所示。

第 2×8 拍：1～4 拍双脚正步站好，双手在身体两侧，如图 4-160 所示。5～8 拍左脚往前迈，身体朝右侧站，双手握拳高度在 25°左右，头向前看，如图 4-161 所示。

图　4-158　　　　　图　4-159　　　　　图　4-160　　　　　图　4-161

第 3×8 拍：1～4 拍在正步的基础上，左腿伸直，右腿弯，右手在头上，如图 4-162 所示。5～8 拍左脚向前迈，身体朝左侧站，双手向两边打开，头往前看，如图 4-163 所示。

第 4×8 拍：1～4 拍右脚收回到正步，踮脚，左手向前，右手向后，如图 4-164 所示。5～8 拍左脚向旁边迈步，后腿伸直，左手向旁边打开，右手在胯旁，头向前看，如图 4-165 所示。

图　4-162　　　　　图　4-163　　　　　图　4-164　　　　　图　4-165

第 5×8 拍：1～4 拍正步站好，身体朝前，如图 4-166 所示。5～8 拍右脚向后迈，左腿弯，双臂弯曲在胸前，如图 4-167 所示。

第 6×8 拍：1～4 拍左腿向旁伸直，绷脚，右腿弯，双臂弯曲在两旁，如图 4-168 所示。5～8 拍左脚收回，正步，左手叉腰，右手到左胯前，如图 4-169 所示。

图 4-166　　　　图 4-167　　　　图 4-168　　　　图 4-169

第7×8拍:1～4拍正步站好,左手叉腰,右手斜上举过头顶,如图4-170所示。5～8拍右手经头顶画一圈,如图4-171所示。

第8×8拍:1～4拍右手画一圈回来,双手到头顶击掌,如图4-172所示。5～8拍右脚向后迈,双臂打开举过头顶,如图4-173所示。

图 4-170　　　　图 4-171　　　　图 4-172　　　　图 4-173

（4）腰背动作训练

第1×8拍:1～4拍收回正步,双臂弯曲到胸前,如图4-174所示。5～8拍右脚向前迈,左腿伸直,双手打开在两旁,如图4-175所示。

第2×8拍:1～4拍正步站好,身体朝前,如图4-176所示。5～8拍右臂弯曲,左臂不动,如图4-177所示。

图 4-174　　　　图 4-175　　　　图 4-176　　图 4-177

　　第3×8拍:1~4拍右臂保持弯曲不动,左臂弯曲,如图4-178所示。5~8拍左臂保持不动,右臂向上举过头顶,如图4-179所示。

　　第4×8拍:1~4拍右臂不动,左臂举过头顶,如图4-180所示。5~8拍左腿向旁迈步,二位蹲住,双手握拳,右手向前,左手向旁边,如图4-181所示。

图　4-178　　　　　图　4-179　　　　　图　4-180　　　　　图　4-181

　　第5×8拍:1~4拍正步站好,双手在身体两旁,如图4-182所示。5~8拍右脚向旁迈步,二位蹲住,左手向前,右手向旁边伸直,如图4-183所示。

　　第6×8拍:1~4拍右脚收回到正步,如图4-184所示。5~8拍双脚二位站好,双臂交叉,双手握拳,如图4-185所示。

图　4-182　　　　　图　4-183　　　　　图　4-184　　　　　图　4-185

　　第7×8拍:1~4拍正步站好,左脚脚掌点地,双手握拳双臂平举,如图4-186所示。5~8拍向左转身,右脚点地,双手在头顶击掌,头往前看,如图4-187所示。

　　第8×8拍:1~4拍右脚向旁迈,成二位脚,上身向前呈90°,右手叉腰,左手五指张开接触地面,如图4-188所示。5~8拍右脚收回,正步面朝前,双手握拳在身体两旁,如图4-189所示。

图 4-186   图 4-187   图 4-188   图 4-189

4. 健美操组合训练

第 1 小节:原地踏步,先走左脚,双手摆臂,共做 2 个 8 拍,如图 4-190 所示。

第 2 小节:前后三步一点,双手叉腰,往前先走左脚,一拍上一次脚。在第 4 拍时右脚点地,往后先退右脚,第 4 拍左脚点地,共做 2 个 8 拍,如图 4-191 所示。

第 3 小节:在第 2 小节步伐的基础上加手。前后走步时,双臂在身体两侧摆臂。第 4 拍时双臂上举,在头上击掌,共做 4 个 8 拍,如图 4-192 所示。

第 4 小节:前后三步一吸,双手叉腰,往前先走左脚。在第 4 拍时,左脚吸腿,往后先退右脚,在第 4 拍时左脚吸腿,共做 4 个 8 拍,如图 4-193 所示。

图 4-190   图 4-191   图 4-192   图 4-193

第 5 小节:在第 4 小节步伐的基础上加手,前两拍双手握拳,胸前转手;第 3 拍时打开双臂平举;第 4 拍吸腿的同时击掌,如图 4-194 和图 4-195 所示。

第 6 小节:侧点,双手背后,先上左脚右点,然后再上右脚左点,共 4 次,1 个 8 拍,如图 4-196 和图 4-197 所示。

第 7 小节:踏步后退,双手摆臂,共 1 个 8 拍,如图 4-198 所示。

第 8 小节：反复第 6、7 小节 1 次，结束。

图　4-194　　　　　图　4-195　　　　　图　4-196　　　　　图　4-197　　　　　图　4-198

4.1.4　交际舞

交际舞（Ballroom Dance）又称交谊舞或社交舞，是来源于西方的一种舞伴舞（Partner Dance）。社交舞当前已经以社交形式和比赛形式出现在世界各地，包括简单易学的普通交谊舞（Social Dance，俗称"普交舞"）和按全世界统一竞技比赛标准要求的国际标准交谊舞（International Standard Ballroom Dance，俗称"国标舞"）。以比赛形式出现的国际标准交谊舞也叫体育舞蹈。

目前的国际标准跳法，是在英国人跳法的基础上发展起来的，称为国际标准风格（International Style）。在美国，还流行着称为美国风格（American Style）的交谊舞。

国际标准交谊舞已被国际奥林匹克委员会承认为一种运动项目，分为摩登社交舞（简称摩登舞或现代舞，有时候也就直接叫作国际标准舞）和国际拉丁舞（简称拉丁舞）两种。摩登舞的舞步须在舞场反时针方向走动，而拉丁舞的舞步基本上在原地动作。目前的国际标准中，摩登舞和拉丁舞各有五种舞步。摩登舞的舞步有华尔兹（Waltz）、探戈（Tango）、狐步（Foxtrot）、快步（Quickstep）、维也纳华尔兹（Viennese Waltz）。拉丁舞的舞步有伦巴（Rumba）、恰恰（Cha-Cha）、桑巴（Samba）、牛仔舞（Jive）、斗牛舞（Paso Doble）。

美国风格的交谊舞。美国华尔兹（American Waltz）、美国探戈（American Tango）、美国狐步（American Foxtrot）、美国维也纳华尔兹（American Viennese Waltz），以上四种舞允许与舞伴离身，这就是它们和国际标准舞的主要区别。还有美国伦巴（American Rumba）、美国恰恰（American Cha-Cha）、美国东海岸牛仔舞（East Coast Swing）、美国西海岸牛仔舞（West Coast Swing）、曼波（Mambo）、波丽路（Bolero）、两步舞（Two-Step）、哈斯尔舞（Hustle）、莎尔莎舞（Salsa）、阿根廷探戈（Argentine Tango）等。

普通社交舞。目前中国流行的普通交谊舞舞步大都由国际标准交谊舞的舞步简化而来，常见的有慢三、快三、慢四、快四、伦巴、恰恰和桑巴。其中，慢三由华尔兹简化而来；快三由维也纳华尔兹简化而来；慢四由狐步简化而来；快四由快步简化而来。

交际舞是最具艺术性的社会娱乐活动,同时也是最具社会性的艺术消遣。在任何社会,交际舞都是生活中不可或缺的部分。交际舞不仅是生活的反映,同时也是人类表达生活态度的一种方式。人们跳舞的最初动机是追求社会娱乐,然而一旦冲破难关开始真正体验交际舞,融入音乐、舞蹈氛围及舞步中,许多人会发现交际舞为他们提供了一个机会,让他们得以扮演一个全新的角色。舞者可以在短短的瞬间内,全心全意投入任何他们所期待的场景中。音乐和舞蹈场所共同营造了一种氛围,而舞者以交际舞为媒介张扬着自己的独特个性。

交际舞是一种全身性的运动,跳舞确实可以锻炼气质。在跳舞的时候身体的各个部位都会得到锻炼,久而久之,就会出现变化:经常跳舞的人的站姿与平常人有所不同,抬头挺胸,男士给人一种气宇轩昂的感觉,女士给人一种自信而且大方的感觉;练过交际舞的人腰部和胯部比较灵活,腿上和脚上比较有力量,很稳当,他们走姿更好看、更优雅;练过交际舞的人的手势也是比较柔和的。当然练交际舞只是锻炼气质的一个方面,更重要的是在于内心修养与品质的锤炼。

1. 探戈舞步训练

(1) 探戈简介

探戈(Tango)是一种双人舞蹈,源于非洲,但流行于阿根廷。其伴奏音乐为2/4拍,但因是顿挫感非常强烈的断奏式演奏,因此在实际演奏时,将每个四分音符化为两个八分音符,使每一小节有四个八分音符。目前探戈是国际标准舞大赛的正式项目之一。

跳探戈舞时,男女双方的组合姿势和其他摩登舞略有区别,叫作"探戈定位",双方靠得较紧,男士搂抱的右臂和女士的左臂都要更向里一些,身体要相互接触,重心偏移,男士主要在右脚,女士主要在左脚。男女双方不对视,定位时男女双方都向自己的左侧看。探戈音乐节奏明快,独特的切分音为它鲜明的特征。舞步华丽高雅、热烈狂放且变化无穷,交叉步、踢腿、跳跃、旋转令人眼花缭乱。跳舞时,男士打领结穿深色晚礼服,女士着一侧高开衩的长裙。

探戈舞步最显著的特点是"蟹行猫步"。当舞步需要前进时,舞者却作横行移动;当舞步需要后退时,舞者却作横向向前斜移。同时,探戈舞者的舞步常常随音乐节拍的变化而时快时慢,探戈也因此被称为"瞬间停顿的舞蹈"。这样,探戈舞步就形成了欲进还退、快慢错落、动静有致的特点。此外,探戈舞者讲究上身垂直,两脚脚跟提起,两膝微弯,所有的动作都是力量向下延伸的感觉,舞姿十分沉稳有力。优秀的探戈舞者舞蹈时我们几乎看不到动作,只看到动作结束时的位置,只看到线条、速度以及不停变换的重心,给人以斩钉截铁、棱角分明的感觉。阿根廷探戈以小腿的动作为主,男女舞者以娴熟的配合跳出一系列令人眼花缭乱的舞步,互相缠绕的肢体充分展示出人体之美。探戈舞者面部表情严肃,互相深情凝视,但又时不时快速拧身转头、"左顾右盼"。

探戈据说是情人之间的秘密舞蹈,所以男士原来跳舞时都佩带短刀,现在虽然不佩带短刀,但舞蹈者必须表情严肃,表现出东张西望、堤防被人发现的表情。其他舞蹈跳舞时都要面带微笑,唯有跳探戈时不得微笑,表情要严肃。探戈舞的肢体语言非常丰富,但目前应用于体育舞蹈比赛中已经规范了的探戈舞比阿根廷本地的探戈舞简单多了。

（2）训练组合

第一组：第 1×8 拍

1～4 拍男士右脚后退一小步，女士左脚前进一小步，如图 4-199 所示。

5～8 拍男士左脚往左侧迈一步，脚步略大；女士右脚往右侧迈一步，脚步略小，如图 4-200 所示。

图 4-199 　　　　图 4-200

第二组：第 2×8 拍

1～2 拍男士右脚前进一步，停在两人之间；身体不要转动；女士右脚后退一步，如图 4-201 所示。

3～4 拍男士左脚向前迈一步，同时身体稍向右转；女士右脚向后迈一步，动作稍慢些，同时身体稍微右转，保持与男士肩并肩，如图 4-202 所示。

5～8 拍男士右脚向左并拢，结束时身体重心在左脚；女士左脚交叉在右脚前方，两脚之间的距离不必太近，结束时身体重心在左脚，如图 4-203 所示。

图 4-201 　　　　图 4-202 　　　　图 4-203

第三组：第 3×8 拍

1～2 拍男士左脚前进一步，女士右脚后退一步，如图 4-204 所示。

3～4 拍男士身体重心在左脚，右脚交叉在左脚后方轻轻踏地；女士身体重心在右脚，左脚交叉在右脚前方轻轻踏地，如图 4-205 所示。

5～6拍男士右脚后退一步,女士左脚前进一步,如图4-206所示。

7～8拍男士身体重心在右脚,左脚交叉在右脚前方轻轻踏地,身体重心在左脚,右脚交叉在左脚后方轻轻踏地,如图4-207所示。

图 4-204　　　　图 4-205　　　　图 4-206　　　　图 4-207

第四组:第4×8拍

1～2拍男士左脚前进一步,身体开始向左转;女士右脚后退一步,身体开始向左转,如图4-208所示。

3～4拍男士右脚往右侧迈一步,身体继续左转;女士左脚往左侧迈一步,身体继续左转,如图4-209所示。

5～8拍男士左脚向右脚并拢,女士右脚向左脚并拢,如图4-210所示。

图 4-208　　　　图 4-209　　　　图 4-210

2. 伦巴舞步训练

(1) 伦巴简介

伦巴是英文Rumba的音译,用R表示,也被称为爱情之舞,是拉丁舞项目之一。它是源自16世纪非洲黑人歌舞的民间舞蹈,流行于拉丁美洲,后在古巴得到发展,所以又叫古巴伦巴,舞曲节奏为4/4拍。它的特点是较为浪漫,舞姿迷人,兼具性感与热情;步伐曼妙、缠绵,讲究身体姿态、舞态柔媚,是表达男女爱慕情感的一种舞蹈。伦巴是拉丁音乐和舞蹈的精髓和灵魂,引人入胜的节奏和身体表现使得伦巴成为舞厅中最为普遍的舞蹈之一。伦巴舞的风格和动律特点,可以归纳为稳中摆、柔中韧、快合慢。

① 稳中摆。伦巴舞的动律产生于劳动,劳动的黑人头顶大筐搬运香蕉等水果时,要求上身平稳,走起来上压、下顶,形成臀部的摇摆。因此跳伦巴舞时,要求保持脊椎直和两肩平,臀部的摇摆则是由于重心的转移自然形成的,而不是故意摆动臀部。当脚出步时,脚掌用力踩地,膝部稍屈,这时另一条腿的膝部是直的,当重心移到出步的脚时,脚后跟放下,胯部随之向侧后方摆动,另一条腿则放松稍屈。整体感觉是平稳地控制住上身,而臀部则不停地自如摆动。

② 柔中韧。出步后,膝部使劲顶直,臀部的摆动看起来轻快柔和,而实则内部用力,有一股内存的韧劲,因此跳伦巴舞时间长了会有臀部的酸胀感。

③ 快合慢。伦巴舞用四拍走三步,节奏为快快慢,快步一拍一步,慢步两拍一步。臀部是走三步摆三下。它的出脚动作迅捷,无论快步或慢步都是半拍到位,而臀部的摆动则是快步占一拍,慢步占两拍。实际上是四拍三步中,每步都是半拍脚步到位,而臀部则是连绵不断地左、右摆动。这种上、下、慢、快矛盾统一的运动,形成了伦巴舞有特色的动作规律。

(2) 训练组合

第一组:第 1×8 拍

1~2 拍男士左脚前进一步,脚尖稍微向外移,右脚维持原位置不变;女士右脚后退一步,左脚维持原位置不变,如图 4-211 所示。

3~4 拍男士身体重心后移到右脚,左脚维持原位置不变;女士身体重心前移到左脚,脚尖稍微向外移,右脚维持原位置不变,如图 4-212 所示。

5~8 拍男士稍微左转,同时左脚掌内侧向外移,身体重心转移到左脚;女士稍微左转,同时右脚掌内侧向外移,身体重心转移到右脚,如图 4-213 所示。

图　4-211　　　　　　图　4-212　　　　　　图　4-213

第二组:第 2×8 拍

1~2 拍男士右脚后退一步,左脚维持原位置不变,女士左脚前进一步,脚尖稍微向外移;右脚维持原位置不变,如图 4-214 所示。

3~4 拍男士身体重心前移到左脚,脚尖稍微向外移;右脚维持原位置不变,女士身体重心后移到右脚,左脚维持原位置不变,如图 4-215 所示。

5～8拍男士稍微左转,同时右脚掌内侧向外移,身体重心转移到右脚,女士稍微左转,同时左脚掌内侧向外移,身体重心转移到左脚,如图4-216所示。

图 4-214   图 4-215   图 4-216

第三组:第3×8拍

1～2拍男士右脚后退一步,左脚维持原位置不变,引导女伴靠近自己;女士左脚前进一步,如图4-217所示。

3～4拍男士身体重心前移到左脚,脚尖稍微向外移,右脚维持原位置不变,松开右手,准备身向外侧;女士右脚前进一步开始左转,如图4-218所示。

5～8拍男士稍微左转,同时右脚掌内侧向外移,身体重心转移到右脚,在身体转身向外的时候,左手臂在腰部的高度向外侧伸;女士左脚后退一步,右脚维持原位置不变,与男伴成90°角;两人松开左手同时伸向外侧,如图4-219所示。

图 4-217   图 4-218   图 4-219

第四组:第4×8拍

1～2拍男士身体重心前移到左脚,脚尖稍向外移,右脚维持原位置不变;女士右脚向左脚并拢,最终身体重心在左脚,如图4-220所示。

3～4拍男士身体重心后移到右脚,左脚维持原位置不变,开始引导女伴靠近自己;女士左脚前进一步,如图4-221所示。

5～8拍男士左脚向右脚并拢,身体重心移到左脚,调整握持姿势,结束曲棍步,女士右脚前进一步,如图 4-222 所示。

图 4-220　　　　　　　图 4-221　　　　　　　图 4-222

3. 牛仔舞步训练

（1）牛仔舞简介

牛仔舞又称为捷舞,是拉丁舞项目之一,用 J 表示。牛仔舞原是美国西部牛仔跳的一种踢踏舞,盛行于 20 世纪二三十年代。50 年代爵士乐的流行,加速完善了这种舞蹈,但风格上还保持着美国西部牛仔刚健、浪漫、豪爽的气派。

牛仔舞旋律欢快,强烈跳跃,节奏为 4/4 拍,每分钟 42～44 小节、六拍跳八步。由基本舞步踏步、并合步,结合跳跃、旋转等动作组合而成。要求脚掌踏地,腰和胯部作钟摆式摆动。特点是舞步敏捷、跳跃,舞姿轻松、热情、欢快。

（2）训练组合

第一组:第 1×8 拍

1～2 拍男士左脚往左侧跳摇滚步,步子较小,右脚维持原位置不变;女士右脚往右侧跳摇滚步,步子较小,左脚维持原位置不变,如图 4-223 所示。

3～4 拍男士右脚往右侧跳摇滚步,步子较小,左脚维持原位置不变;女士左脚往左侧跳摇滚步,步子较小;右脚维持原位置不变,如图 4-224 所示。

5～6 拍男士左脚摇滚步,停在身体下方,左脚尖位于右脚跟后方,右脚稍微抬离开地面;女士右脚摇滚步,停在身体下方,右脚尖位于左脚跟后方,左脚稍微抬离地面,如图 4-225 所示。

7～8 拍男士身体重心前移到右脚,女士身体重心前移到左脚,如图 4-226 所示。

图 4-223　　　　　图 4-224　　　　　图 4-225　　　　　图 4-226

第二组:第2×8拍

1~2拍男士左脚往左侧跳摇滚步,步子较小,身体开始向左转,左手放置臀部位置,引导女伴准备转身;女士右脚往前跳摇滚步,靠近男伴的左侧,如图4-227所示。

3~4拍男士右脚往右侧跳摇滚步,步子较小,身体完成左转90°,左手往前方移动,停在腰部的高度,引导女伴进入分开式位置;女士以右脚为支点转身面对男伴,左脚往后跳摇滚步,离开男伴进入分开式位置,如图4-228所示。

5~8拍男士跳牛仔基本步的步骤3和步骤4(即左脚后退,然后复正位),女士跳牛仔基本步的步骤3和步骤4(即右脚后退,然后复正位),如图4-229所示。

图 4-227　　　图 4-228　　　图 4-229

第三组:第3×8拍

1~4拍男士左脚往左侧跳摇滚步,左手上抬,引导女伴向下转身;女士在男伴的左手下方转身,右脚往前跳摇滚步,身体开始向右转,如图4-230所示。

5~8拍男士右脚往右侧跳摇滚步,身体向左转90°,左手恢复到腰部的高度;女士左脚往后跳摇滚步,在男伴的手臂下方继续右转,如图4-231所示。男士跳牛仔基本步的步骤3和步骤4(左脚后退然后复正位);女士跳牛仔基本步的步骤3和步骤4(右脚后退然后复正位),继续转身,最终面向男伴,如图4-232所示。

图 4-230　　　图 4-231　　　图 4-232

第四组:第 4×8 拍

准备:男士左脚往左侧跳摇滚步,靠近女伴,右手上抬,就像是在梳理头发;女士右脚往右侧跳摇滚步,靠近男伴,右手跟随男伴的右手上抬。

1～2 拍男士结束的时候右手放在肩膀上,女士身体稍微左转,位于与男伴肩并肩的位置,如图 4-233 所示。

3～4 拍男士右脚往右侧跳摇滚步,离开女伴,松开右手,让女伴的右手沿着男士的左臂往下滑动,到达左手的时候恢复握手姿势;女士左脚往后跳摇滚步,右手沿着男士的左臂往下滑动,恢复握手姿势,如图 4-234 所示。

5～8 拍男士照常跳后退以及复位步,恢复分开式面对面位置;女士照常跳后退以及复位步,恢复分开式面对面位置,结束时身体重心在左脚,如图 4-235 所示。

图 4-233　　　　　　图 4-234　　　　　　图 4-235

4. 华尔兹舞步训练

（1）华尔兹简介

华尔兹根据速度分为快慢两种。人们把快华尔兹称为维也纳华尔兹,而不冠以"维也纳"三字的即为慢华尔兹,它是由维也纳华尔兹演变而来的。

快慢两种华尔兹都以旋转为主,因而它有"圆舞"之称。慢华尔兹的风格典雅大方,热烈兴奋,动作流畅,步伐起伏连贯,旋转性强。它包含了交际舞中几种动作的基本技巧,掌握这些技巧对学其他舞有很重要的作用。因此在当代国际标准交际舞的教学中,常以它为第一舞种,用它来打好基础。作为三步舞的华尔兹,舞曲是 3/4 拍,其基本步法为一拍跳一步,每小节三拍跳三步,每分钟约 30～32 小节。但在变化中也有每小节跳两步甚至是跳四步的特定舞步。

华尔兹舞步在速度缓慢的三拍子舞曲中流畅地运行,加上轻柔灵巧的倾斜、摆荡、反身和旋转动作以及各种优美的造型,使其具有既庄重典雅、舒展大方,又华丽多姿、飘逸欲仙的独特风韵,因此又享有"舞中之后"的美称。

维也纳华尔兹(Viennese Waltz)即快华尔兹,在交际舞中它的历史最悠久,19 世纪就成为交际舞中的"舞蹈之王"。它的步伐简单,但技巧很高,要在快速的音乐中,把反身、摆荡、倾斜、升降等技巧动作完成。它的舞曲也是 3/4 拍,但每分钟要有 50～60 小节。由于它的难度很大,在学习中通常是放到其他几种舞学完之后再来学。

（2）训练组合

第一组：第1×8拍

1～2拍男士右脚前进一步，身体稍向右转（顺时针）；女士右脚后退一步，身体稍向右转，如图4-236所示。

3～4拍男士左脚往左侧迈一步，右脚尖着地，从之字线转换成Z字线；女士右脚往右侧迈一小步，左脚尖着地；从之字线转换成Z字线，如图4-237所示。

5～8拍男士现在站在Z字线上，右脚向左脚靠拢，右脚全脚着地；女士现在站在Z字线上，左脚向右脚靠拢，左脚全脚着地，如图4-238所示。

图　4-236　　　　　　　图　4-237　　　　　　　图　4-238

第二组：第2×8拍

1～2拍男士左脚沿着Z字线后退一步，不转身；女士右脚沿着Z字线前进一步，不转身，如图4-239所示。

3～4拍男士右脚往右侧迈一步，脚尖着地，不转身；女士左脚往左侧迈一步，脚尖着地；不转身，如图4-240所示。

5～8拍男士左脚向右脚并拢，左脚全脚着地；女士右脚向左脚并拢，右脚全脚着地，如图4-241所示。

图　4-239　　　　　　　图　4-240　　　　　　　图　4-241

第三组:第 3×8 拍

1～2 拍男士右脚后退一步,身体稍向左转(顺时针);女士左脚前进一步,身体稍向左转,如图 4-242 所示。

3～4 拍男士左脚往左侧迈一步,脚尖着地,从 Z 字线转换成之字线;女士右脚往右侧迈一步,脚尖着地;从 Z 字线转换成之字线,如图 4-243 所示。

5～8 拍男士现在站在之字线上,右脚向左脚并拢,右脚全脚着地;女士现在站在之字线上,左脚向右脚并拢,左脚全脚着地,如图 4-244 所示。

图　4-242　　　　　图　4-243　　　　　图　4-244

第四组:第 4×8 拍

1～2 拍男士左脚沿着之字线前进一步,不转身;女士右脚沿着之字线后退一步,不转身,如图 4-245 所示。

3～4 拍男士右脚往右侧迈一步,脚尖着地,不转身;女士左脚往左侧迈一步,脚尖着地,不转身,如图 4-246 所示。

5～8 拍男士左脚向右侧并拢,左脚全脚着地;女士右脚向左脚并拢,右脚全脚着地,如图 4-247 所示。

图　4-245　　　　　图　4-246　　　　　图　4-247

5. 恰恰舞步训练

（1）恰恰舞简介

恰恰舞起源于墨西哥,后传入拉美,大受欢迎并很快流行。其特点是以胯部横S摆动,带动两脚动作。恰恰舞热情奔放,动作节奏明快、灵活轻盈。恰恰舞音乐节拍为4/4拍。

（2）训练组合

音乐4/4拍,组合共8个4拍。

预备拍:两人相对,双手相握,男伴手在下,女伴手在上,如图4-248所示。

第1×4拍:第1拍男伴:上左脚,右脚原地点一次,开左手。

女伴:退右脚,左脚原地点一次,开右手,如图4-249所示。

第2拍男伴:退左脚"恰恰恰"一次。

女伴:进右脚"恰恰恰"一次,如图4-250所示。

第3拍男伴:退右脚"恰恰恰"一次。

女伴:进左脚"恰恰恰"一次。

第4拍男伴:退左脚"恰恰恰"一次。

女伴:进右脚"恰恰恰"一次。

图 4-248

图 4-249

图 4-250

第2×4拍:第1拍男伴:退右脚,左脚原地点一次,开左手。

女伴:进左脚,右脚原地点一次,开右手,如图4-251所示。

第2拍男伴:进右脚,"恰恰恰"一次。

女伴:退左脚,"恰恰恰"一次。

第3拍男伴:进左脚,"恰恰恰"一次。

女伴:退右脚,"恰恰恰"一次。

第4拍男伴:进右脚,"恰恰恰"一次。

女伴:退左脚,"恰恰恰"一次。

第3×4拍:第1拍男伴:上左脚,右脚原地点一次,开左手。

　　　　女伴:退右脚,左脚原地点一次,开右手,如图 4-252 所示。

第 2 拍男伴:退左脚,"恰恰恰"一次。

　　　　女伴:进右脚,"恰恰恰"一次,如图 4-253 所示。

第 3 拍男伴:上步右脚 360°转身,同时开手。

　　　　女伴:上步左脚 360°转身,同时开手,如图 4-254 和图 4-255 所示。

第 4 拍男伴:右"横移步"一次。

　　　　女伴:左"横移步"一次。

图　4-251　　　　　　　图　4-252　　　　　　　图　4-253

图　4-254　　　　　　　　　　图　4-255

　　第 4×4 拍:第 1 拍男伴:斜上左脚,右脚原地点一次。

　　　　　　　女伴:斜退右脚,左脚原地点一次,如图 4-256 所示。

　　　　第 2 拍男伴:左"横移步"一次。

　　　　　　　女伴:右"横移步"一次,如图 4-257 所示。

　　　　第 3 拍男伴:斜退右脚,左脚原地点一次。

　　　　　　　女伴:斜上左脚,右脚原地点一次,如图 4-258 所示。

　　　　第 4 拍男伴:右"横移步"一次。

　　　　　　　女伴:左"横移步"一次。

图 4-256   图 4-257   图 4-258

第5×4拍:第1拍男伴:斜上左脚,右脚原地点一次。

女伴:斜退右脚,左脚原地点一次。

第2拍男伴:左"横移步"一次。

女伴:右"横移步"一次。

第3拍男伴:上步右脚360°转身,同时开手。

女伴:上步左脚360°转身,同时开手。

第4拍男伴:右"横移步"一次。

女伴:左"横移步"一次。

第6×4拍:第1拍男伴:往右上左脚,同时身体重心推上去,开右手。

女伴:往左上右脚,同时身体重心推上去,开左手。

第2拍男伴:左"横移步"一次。

女伴:右"横移步"一次。

第3拍男伴:往左上右脚,同时身体重心推上去,开左手。

女伴:往右上左脚,同时身体重心推上去,开右手,如图4-259所示。

第4拍男伴:右"横移步"一次。

女伴:左"横移步"一次。

第7×4拍:第1拍男伴:往右上左脚,同时身体重心推上去,开左手。

女伴:往左上右脚,同时身体重心推上去,开左手。

第2拍男伴:左"横移步"一次。

女伴:右"横移步"一次。

第3拍男伴:往左上右脚,同时身体重心推上去,开左手。

女伴:往右上左脚,同时身体重心推上去,开右手。

第4拍男伴:右"横移步"一次。

女伴:左"横移步"一次。

第8×4拍:第1拍男伴:上左脚和女伴对脚一次,同时重心推上去。

女伴:上右脚和男伴对脚一次,同时重心推上去,如图4-260所示。

第 2 拍男伴:展开左手。
　　　　女伴:展开右手,如图 4-261 所示。
第 3 拍男伴:再对左脚一次。
　　　　女伴:再对右脚一次。
第 4 拍男伴:展开手,结束造型。
　　　　女伴:展开手,结束造型。

图　4-259　　　　　　图　4-260　　　　　　　　　图　4-261

4.1.5　瑜伽

健美的身体不仅是指锻炼出一个好身材,它还应该包括靓丽的肌肤、健康的体魄、充沛的精力等。瑜伽就是通过精神的修养与身体的训练,配合正确的饮食及生活习惯来达到养身美体的效果。

1. 时尚健身美体术——瑜伽简介

(1) 瑜伽的起源。瑜伽起源于 5000 年前古老的印度,当时的印度神秘思想的倾向很浓厚,瑜伽绝大多数是以口诀的方式,由师父传给徒弟。瑜伽唯一的教典,为纪元前二世纪左右一名瑜伽行者遗留下来的《瑜伽行法》。

5000 年古印度的高僧们为求进入心神合一的最高境界,经常僻居原始森林,静坐冥想。在长时间单纯生活之后,他们仔细观察动物,看它们如何适应自然的生活,如何实施有效的呼吸、摄取食物、排泄、休息、睡眠以及克服疾病。从观察生物中体悟了不少大自然法则,再从生物的生存法则,验证到人的身上,逐步地去感应身体内部的微妙变化,于是人类懂得了和自己的身体对话,从而知道探索自己的身体,开始进行健康的维护和调理,以及对疾病创痛的医治本能。几千年的钻研归纳下来,逐步衍化出一套理论完整、确切实用的养身健身体系,这就是瑜伽。

(2) 瑜伽流派简介。瑜伽的流派很多,主要有:①JNANAYOGA(智慧瑜伽):热心于研究工作,用其天赋智慧,探求人生的哲理。② HATHAYOGA(哈达瑜伽):包括ASANA(体位法)和 TPRANAYAMS(呼吸法),为追求身心健康的瑜伽科学。为世界上最普及的健康美容法,被广泛应用。哈达瑜伽或译"日月瑜伽"、"阴阳瑜伽"和"健美瑜伽"。③KARMAYOGA(行动瑜伽):包括 PRATYAHARA,或译劳动瑜伽。以服务社会,不计较成果,在为民众服务中得到快乐。④RAJAYOGA(冥想瑜伽):包括 DHARANA、DHYANA 及 SAMAEHI,为精神集中及静坐的瑜伽科学。⑤BHAHTIYOGA(拜神瑜伽):不拘何种宗教,有归依、仰慕神主之意义。⑥KUNDALINIYOGA(军荼利瑜伽):以练气为主,当全身气脉贯通,无论是肉体健康、精神健康都会达到天人合一的境界。这里介绍的瑜伽是哈达瑜伽,即健美瑜伽。

(3)瑜伽的内涵。瑜伽的含义为"结合"、"平衡"、"统一",不仅是知性的、感性的,而且要理性地去实践"它",瑜伽是让我们去身体力行的运动。简单地说,瑜伽是一套完美的净化程序,自然健康的生活方式,让我们的身心彻底排毒,重回零污染的完美状态,达到天人合一的境界。人的心神一旦处在宁定觉知的状态中,心会变得柔软而谦和,在一呼一吸的自然律动中,你会感知自己生命的小宇宙和外在的大宇宙其实是息息相关的生命共同体。我们无时无刻都依赖着整体宇宙生命的运作而得以存活。

瑜伽的姿势或练习可能看起来像体操、杂技等体育锻炼,而且体操运动员确实可能凭着经常练瑜伽姿势来改进其体操技能,但是,瑜伽姿势并不是体操。体操是一种表演,有时为了表现一种造型可能对其身体健康造成伤害,比如,出现肌肉拉伤等问题,我国好多体操运动员,为了完成某一体操姿势,身体都有各种各样不同程度的损伤。早期的瑜伽练习,多数是为了修复国家体育运动员的身体损伤。瑜伽是由精神、呼吸和肢体运动三者相结合而构成的,肢体的伸展与静止都是在意识关注和自然呼吸下完成的,而且动作舒缓优美完全没有拙力。具体有如下优势:第一,肢体的运动符合人体运动的基本规律,不造成人体内脏和肢体的损伤;第二,肢体的这种舒缓的伸展和静止的运动符合中医学的经络学理论,能够有效地防止肌纤维损伤,并能促进气血在脉道里流畅;第三,全部的肢体运动都是在意识关注下完成的,因此对集中注意力净化思想有一定作用。

所以,瑜伽姿势练习是一种有益于身心健康的行之有效的方法。通过学习训练,可以塑造身体形象、净化心灵、培养高尚的道德情操。①

2. 瑜伽健身运动的特点

(1)古朴自然的运动方式。瑜伽体位法,许多姿势都冠以动物或植物的名称,如猫式、虎式、鱼式、树式等。为什么这样命名呢?原来,约5000年前,古印度的瑜伽师们在森林里静坐时无意中发现各种动物患病时能不经任何治疗而自然痊愈,因此他们认为动物身上有着非常神奇的、强大的自然康复能力。便仔细观察动物的习性,模仿动物的典型姿态,然后,将此种动物用来紧张及松弛的姿势运用于人体时,发现对提高人体的免疫力和自愈能力有显而易见的效果。后经历代瑜伽师的重整与创作,瑜伽姿势发展到84 000种左右,并将这些姿势称为"体位法",而适合现代人的常用"体位法"约有100个。

①　张惠兰,柏忠言·瑜伽气功与冥想[M]. 北京:人民体育出版社,1986;科雯. 瑜伽52式健康功效图谱[M]. 北京:中国纺织出版社,2006.

（2）对全身照顾最全面的运动方式。瑜伽常用的 100 多个动作,对全身各处弯、伸、扭、推、挤、折、叠、提、压等,按摩人们日常生活难以触及之处,活化僵硬的关节部位,舒筋活络、全面提升身体免疫力,同时还可矫正不良体态,减少赘肉和脂肪,使体形更为紧凑、凸凹有致。

（3）适合每个人的运动方式。瑜伽体位法,梵文为 asana,意为保持在很舒适的姿势中。也就是说,瑜伽练习温和、舒缓,不透支你的心肺功能和体力。瑜伽常用的姿势有近百种,而且每个动作都可以从简易式做起,逐渐提高难度。所以无论年龄大小、身体强弱和身材如何,都可以找到适合自己的姿势进行练习。瑜伽的练习原则是:在个人极限范围内,安全地伸展身体。也就是说,一个人在练习任一姿势时,只要伸展到自己的限度或感到舒适为止,就是把练习做正确了。因此无论你有无运动基础,都能练习。

（4）时尚的运动方式。爱美之心,人皆有之。拥有匀称健美、凸凹有致的身材是爱美人士心中的梦想。瑜伽备受世界各国的明星们推崇。麦当娜生完孩子后以第一速度恢复了产前的体型和体能。那英、王菲、赵薇产后都在练习瑜伽减肥塑身。男影帝陈坤在大学最后一年开始练习瑜伽,至今已有 10 年之久。对容颜、体形的追求和对精神压力的排解,都可以通过练习瑜伽来调理。善于捕捉时尚潮流的白领丽人、成功的商务男士、大学生及热爱生活、崇尚健康的人们,都受明星们的影响,喜欢练习这项温和而时尚的运动。

（5）可伴随一生的运动方式。瑜伽姿势,是从大自然里提炼出来的、最自然的、历史悠久的、经过时间考验的、对人体骨骼从头到脚照顾得最全面、最均匀的、最安全的运动,不受年龄、性别的限制,婴幼儿可以练习、孕妇可以练习、老人也可以练习;不受时间的限制,随时都可以练习;不受地点的限制,可以在家里、在办公室、在会馆里练习;练习体位姿势时,只要伸展到自己的最大限度或感到舒适为止,就达到功效了。因此,瑜伽是所有健身项目中最适合练习一生的运动方式之一。

3. 瑜伽体位法训练概述

（1）瑜伽体位法训练原理

瑜伽体位的目的在于锻炼脑部、脊柱、肌肉、腺体与内脏器官,改进新陈代谢和提高体能。本书设计的体位综合考虑到时间的经济性,这些体位姿势大多数既锻炼了肌肉组织,使我们的肌肉组织的活性增强,达到矫形塑体的作用,还有利于脊柱、肾上腺、肝、胰脏、肾脏之间的平衡与健康。

瑜伽姿势做得缓慢而步骤分明,轻柔的按摩和伸展使身体每个部分都得到益处,帮助人保持身体健康,并经常处于有利内心和平、善于创造以及冥想深思的精神状态。瑜伽的每个姿势都是经过连绵的动作缓慢地完成的,是一项节能的有氧运动。

（2）练习瑜伽的注意事项

① 练习瑜伽时需遵循安全性原则,即在安全的范围内缓慢地完成动作,做到自己的极限。

② 练习前排空体内便尿。

③ 瑜伽应在空腹时练习,进餐后三小时方可练习。

④ 赤脚在瑜伽垫上练习,保证练习时身体的稳定性。

⑤ 做瑜伽之前要做好热身运动,舒展筋骨以防拉伤。

⑥ 摘下手表、首饰、腰带、发饰等物品。

⑦ 禁止大病初愈和手术后练习瑜伽。

⑧ 孕妇、高血压、心脏病、眩晕症、经期练习须谨慎,上体往下倒立的姿势、强度难度大的姿势不要做,以免头部充血发生危险。

⑨ 练习后注意放松休息,半小时内不要沐浴和进食。

（3）瑜伽体位法的排毒美颜纤体功能

瑜伽体位法透过身体四肢的伸展、扭动、折叠,能令闭塞的淋巴管道得以畅通,脂肪及水分在体内得以正常运作,同时有效按摩五脏六腑,刺激体内分泌腺,将原来失调的荷尔蒙分泌回复正常,从而提高新陈代谢;锻炼肌肉软化脂肪,分解脂肪,并加速体内脂肪的燃烧。此外,不少瑜伽动作要求练习者在某个姿势保持一段时间,过程中需要肌肉进行静态的等长收缩,从而加强锻炼四肢的肌肉,提高肌肉的耐力,令松弛的肌肉纤维收紧,变得更富有弹性和更结实,因此练习瑜伽的过程,就是淋巴排毒、减肥、美颜塑身纤体的过程。经过一个月的瑜伽体位姿势的练习,肢体经常练习的部位就会变得紧致而有弹性,效果非常明显。

4. 瑜伽体位法13式

（1）拜日式

拜日式通常作为瑜伽体位练习时的热身动作,它能有效地调节人体各个系统功能(消化、骨骼、呼吸、内分泌、神经、肌肉等),使人精力充沛,心情愉悦。具体步骤如下:

① 直立,双手胸前合十,正常呼吸,如图 4-262 所示。

② 吸气,上半身以腰部为轴向后仰,髋关节向前推,夹紧臀部肌肉,如图 4-263 所示。

③ 呼气,向前弯,伸直双腿,双手抱双脚踝,如图 4-264 所示。

④ 吸气,左腿向后伸展,右腿向前弓步,如图 4-265 所示。

⑤ 头向后弯,胸部向前挺出,背部成凹拱形,如图 4-266 所示。

⑥ 呼气,同时右脚后移与左脚并拢,脚跟向上,臀部向后方和上方收起,双臂双腿伸直,如图 4-267 所示。

⑦ 呼气,臀部向后上方抬起,背部下压,重心在两臂和两腿上,如图 4-268 所示。

⑧ 呼气,臀部前移,弯曲两肘,胸部朝向地板放低,腹部、大腿接触地面,如图 4-269 所示。

⑨ 吸气,伸直两臂,上身从腰部向上升起,头部后仰,如图 4-270 所示。

⑩ 呼气,臀部回升高空,如图 4-271 所示。

⑪ 吸气,左腿向前弓步,右腿向后伸展,如图 4-272 所示。

⑫ 吸气,左腿向前弓步,头向后弯,胸部向前挺出,背部成凹拱形,如图 4-273 所示。

⑬ 呼气,收回右腿与左腿并拢,伸直双腿,双手抱双脚踝,如图 4-274 所示。

⑭ 吸气,身体缓慢恢复正直,上半身以腰部为轴向后仰,髋关节向前推,夹紧臀部肌肉,如图 4-275 所示。

⑮ 呼气,身体恢复正直,双手胸前合十,正常呼吸,如图 4-276 所示。

拜日式连续动作演示,如图 4-277 所示。

图 4-262   图 4-263   图 4-264

图 4-265   图 4-266

图 4-267   图 4-268

图 4-269   图 4-270

图　4-271

图　4-272

图　4-273

图　4-274

图　4-275

图　4-276

（2）眼镜蛇式

眼镜蛇式瑜伽体位法具有补养脊柱,解除便秘的困扰,有效调节女性月经失调的神奇功效。其具体动作如下:

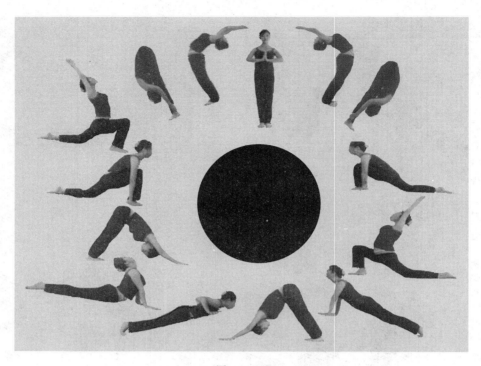

图　4-277

俯卧，双手放于胸部两侧，掌心向下，吸气同时依次抬起头、肩、上身躯干，眼睛向上看。正常呼吸，坚持 30 秒，呼气还原，如图 4-278 所示。

图　4-278

（3）三角伸展式

三角伸展式瑜伽体位法能够有效地消减腰部多余脂肪，同时使脸部焕发出动人的健康色泽。其具体练习步骤如下：

① 基本三角式：双腿宽阔地分开，脚尖微微向外。吸气双手成侧平伸，如图 4-279 所示。

② 呼气，向右侧弯腰，右手抓住右脚踝，保持两臂成一条直线，保持姿势 10 秒，正常

呼吸,如图 4-280 所示。

　　③ 吸气,慢慢回复基本三角式。然后做反向练习,如图 4-281 所示。

图　4-279

图　4-280

图　4-281

（4）猫伸展式

　　猫伸展式瑜伽体位法具有消除腹部多余脂肪,增强消化功能,消除月经痉挛,治疗白带过多和月经失调等的神奇功效。其具体步骤如下:

　　① 双手双膝着地,吸气抬头塌腰保持 10 秒,如图 4-282 所示。

② 呼气垂头拱背 10 秒,如图 4-283 所示。

图 4-282　　　　　　　　　　图 4-283

(5) 单腿交换伸展式

单腿交换伸展式瑜伽体位法能够有效地消除腰部多余脂肪,促进消化,并能根除女性性功能失调的毛病。其具体步骤如下:

① 基本坐姿,如图 4-284 所示。

② 收左脚至腹股沟,双手抓右脚趾,吸气挺腰保持 10 秒,如图 4-285 所示。

③ 呼气,向前伏身,胸部尽量贴近大腿,保持 10 秒,如图 4-286 所示。

④ 换脚练习,如图 4-287 和图 4-288 所示。

图 4-284　　　　　　　　　　图 4-285

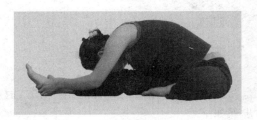

图 4-286　　　　　　　　　　图 4-287

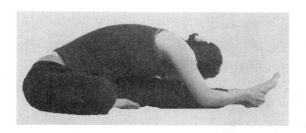

图 4-288

（6）战士一式

战士一式瑜伽体位法能够有效地增强肺活量,减少髋部脂肪,同时增强平衡感与注意力。其具体步骤如下:

① 双手合掌高举过头,吸气,两腿分开,呼气,右脚和上半身向右转 90°,左脚右转 15°,右腿前屈左腿后绷,眼睛看手的方向,正常地呼吸,保持 20～30 秒,如图 4-289 所示。

② 换另一侧练习,如图 4-290 所示。

图 4-289

图 4-290

（7）战士二式

战士二式瑜伽体位法能够有效地锻炼双腿、背部腹部,使腿部肌肉变柔韧,并消除腿部抽筋的毛病。其具体步骤如下:

① 基本站姿,吸气,两脚大大分开,双手侧平举,左脚左转 90°,右脚左转 15°,如图 4-291 所示。

② 呼气,屈左膝,眼睛看左手,正常呼吸 30 秒,如图 4-292 所示。

③ 吸气回位,换另一侧练习,如图 4-293 和图 4-294 所示。

图　4-291　　　　　　　图　4-292

图　4-293　　　　　　　图　4-294

（8）莲花坐式

莲花坐式瑜伽体位法具有增加上半身的血液循环，强壮脊柱、内脏，预防和治疗疾病，使心灵和平、活跃而警觉的功效。

其基本坐姿为：左脚放在右腿上，贴近肚脐，右脚放在左腿上，接近肚脐，脊柱伸直正常呼吸，如图4-295所示。交换腿练习。

图　4-295　　　　　　　图　4-296

（9）山式

山式瑜伽体位法除了具有莲花坐的功效以外，还有扩张、发展胸部，消除双肩僵硬强直和风湿痛等功效。

其步骤为：莲花坐，十指相交，向上翻转，垂头、下巴靠锁骨。正常呼吸 60 秒，如图 4-296 所示。交换腿练习。

（10）双角式

双角式具有伸展两腿腿肚子、腘旁腱和手臂的肌肉，补养和增强背部和肩部肌肉群的功效，能够有效地锻炼颈项和扩展胸部。其具体步骤如下：

① 基本站姿，两脚微微分开，吸气，手臂背后十指交握，如图 4-297 所示。

② 呼气，上身向前弯腰，头部贴近大腿，两臂向后上方伸展，保持20秒，如图 4-298 所示，吸气，回复基本站姿。

图　4-297　　　　图　4-298

（11）增延脊柱伸展式

增延脊柱伸展式瑜伽体位法能够有效地补养和增强脊柱，纠正女性月经失调，对于抑郁沮丧或过分激动的人，是一个极好的姿势。其具体步骤如下：

基本站姿，呼气，身体以腰部为轴向前弯身，逐渐让手掌贴地，到达极限时保持 30 秒，正常呼吸，如图 4-299 所示。

图　4-299

（12）倾斜式

倾斜式瑜伽体位法具有补养和增强背部肌肉群、滋养内脏、促进血液循环，同时塑造美丽臀部的功效。其具体步骤如下：

① 仰卧，双手掌扶地，双脚收至臀部，如图 4-300 所示。

② 吸气，挺起上身躯干，正常呼吸，保持姿势 10 秒，如图 4-301 所示。

图　4-300　　　　　　　　　　　　　　　图　4-301

（13）俯卧放松功

俯卧放松功瑜伽体位法能够给人以全面的休息、松弛和心灵警醒的感觉。轻微地伸展背部、双肩和双臂，有助于消除颈项失枕、纠正弯腰驼背和脊椎盘错位。其具体步骤如下：

俯卧地上，两臂伸直到头顶之前，闭上双眼，放松全身，如图 4-302 所示。注意力放在呼吸上，感受自己在吸气、呼气。保持这种姿势 5～10 分钟。

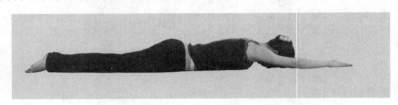

图　4-302

4.2　能力训练

4.2.1　阅读思考

1. 形体美的标准

著名国画大师刘海粟曾说过："人体美乃美中之至美。"确实世间美好的东西太多，但创造万物的人体是最美的。爱美之心，人皆有之，社会需要美，人类更需要美。人体美是人们追求的目标之一，不朽的传世之作"维纳斯"、"大卫"、"掷铁饼者"等都留给人们极深的印象，其根本原因是这些作品体现了人体美。我们认为：人体美是健、力、美三者的有机结合。它包含了肌肉、骨骼的发育情况，机体的完善程度和人体的外形美以及人的精神气质。形体美的标准包括如下几个方面。

（1）肌肉发达、健壮有力

在人类学家、艺术家和体育家的眼里，骨骼发育正常，身体各部分之间比例适宜匀称，肌肉发达和健壮的体魄是人体美的重要因素。正常的脊柱弯曲度形成一个端庄的上体姿势，加上一个前后较扁、前壁短后壁长的圆锥形的胸廓，大小适中而扁平的骨盆以及长短比例适中的上下肢骨，就构成一副匀称而协调的身材雏形。但仅有副匀称而协调的骨架还不能显示出形体的优美，还需要有发达、健壮的肌肉。肌肉是运动器官，它们在神经系统的支配下，在循环系统和其他系统的密切配合下，起着保护、支持和运动作用。全身肌肉500余块，其重量约占体重的40%。健美的形体、健壮的体魄和发达的肌肉密切相关。发达的颈肌及胸锁乳突肌，能使人的颈部挺直、强壮有力；发达的胸大肌(含胸小肌)使人的胸部变得坚实、健美；发达的肱二头肌和肱三头肌，使人的上肢线条鲜明、粗壮有力；发达的三角肌，能使肩膀变得宽阔起来，再加上发达的背阔肌，就会使人体呈美丽的"V"字形。骶棘肌是脊柱两侧的最长肌肉，它的发达能固定脊柱，使人的上体挺直；发达的腹肌有利于缩小人的腰围；发达的臀肌和有力的下肢肌(股四头肌、股二头肌、小腿三头肌)能固定人的下肢，支持全身，构成健美的曲线。总之，发达而有弹性的肌肉是力量的源泉，是美的象征。

(2) 体型匀称、线条鲜明

体型有不同分类，我们以脂肪所占的比例、以肌肉的发达程度，参照肩宽和臀围的比例作为划分体型的条件，把体型分成胖型、肌型(或运动型)和瘦型三类。

胖型：其特点是上(肩宽、胸围)下(腰围、臀围)一般粗，躯干像个"圆水桶"，腰围很大。腰两侧下垂，腹部松软脂肪很厚、肚脐很深，胸部的脂肪多而下坠，颈部短而粗，体重往往超过标准体重约30%～50%。

肌型(运动型)：其特点是肩宽、背阔、腰细、臀小且上翘，上体呈"V"字形，腹壁肌肉垒块明显、四肢匀称、肌肉发达、无双下巴，颈部强壮有力，体重在标准体重的±5%。

瘦型：其特点与胖型相反。上下都细、肩窄、平胸、腰细、四肢细长、脂肪极少、肌肉消瘦，胸腹部可见肋骨，背部可见肩胛骨，体重小于标准体重25%～35%。

女性和男性在体型分类上大体相同，但由于女性有其自身的特点，强调身体比例匀称，线条流畅，整个体型呈曲线形。如女性的骨盆通常比男性要大，所以，躯干一般呈上小、下大的正三角形。女性的脂肪普遍比男性多5%左右，而肌肉发达程度及肌力只能达到同级男性的75%～80%。因此，女性肌型(运动型)体型的特点是躯干呈三角形(少数为倒三角形)，四肢匀称、肌肉圆滑、胸部丰满、腰细臀圆、颈长腹平。从侧面看运动型的女性的胸、腰、臀富于曲线美。

胖型的女性躯干多为上下一般粗(或上小下大)的水桶形，胸厚、腰粗、臀部大而宽、腹壁脂肪厚，即使仰卧在床上，腹部隆起高度仍超过胸高，颈部普遍短粗，四肢多为上粗下细。

瘦型的女性和胖型相反，胸部扁平、四肢干瘦、不丰满、无线条。

(3) 精神饱满、坚韧不拔

精神饱满外在表现是皮肤美、容貌美、姿态美、动作美，其内在表现则是朝气蓬勃、勇敢顽强、坚韧不拔。

① 皮肤美。皮肤是健康状况的镜子、人体美的重要表征。"红光满面"气色好的人，才有精神。

② 容貌美。容貌美常常是人们见面时的第一感觉。它是指由面部骨架(脸形)、眼睛、眉毛、耳朵、鼻梁和口唇共同构成的一种美丽、丰富而生动的面部形象。根据人们对女

性美的审美实践,眼大晔明,眼皮双褶,口唇红润,牙齿皓白整齐,鼻子竖直,颈脖颀长,耳部分明等都是女性容貌美的特征。而男子的容貌美,有别于女性的秀美、妩媚的审美特征。在现代女性眼中,以方圆脸形、五官端正、浓眉大眼、明亮有神、前额宽广、鼻梁端正、嘴形大小适度的男性为美。

(4)姿态端正、动作洒脱

优美的姿态和洒脱的动作,既符合人体解剖学和生理学的规律,又给人以美的印象。中华民族有悠久的文明历史,很重视自己的一举一动,要求坐有坐相、走有走相、站有站相、卧有卧相、吃有吃相。总之,衣食住行均应有规矩,讲究文明礼貌。

(5)勇敢顽强、坚韧不拔

古希腊人很崇尚力量和勇敢无畏的精神,把这种精神称为"奥林匹克精神"。我国优秀的体育运动员,普遍形体健美、身手矫健、成绩惊人,他们在赛场上的拼搏精神更是人们崇敬的,正如中国女垒姑娘们所说:"掉皮、掉肉、不掉队,顽强拼搏争胜利。"这些运动员为了祖国的荣誉拼搏,这种美出自心灵深处。运动健将们的健美英姿和勇敢无畏精神在中国人民和世界人民心中留下了极深的印象。他们是形体美和内在美的代表。[①]

思考题:

(1)请谈谈你对形体美的理解。

(2)你自身的形体与以上形体美的标准存在哪些差距?

2. 形体测量与衡量指数

形体健美在很大程度上取决于身体各部位体围的尺寸和相互间的比例。

身高主要反映人体骨骼的发育程度。体重反映人体发育状况的重量整体指标。胸围反映胸廓的大小和胸部肌肉与乳房的发育情况,是人体厚度和宽度最有代表性的测量值,也是身体发育状况的重要指标。腰围反映一个人的腰背健壮程度和脂肪状况。上臂围——反映一个人肱三头肌和肱二头肌的发达程度。大腿围反映一个人的股四头肌及股后肌群的发育状况。臀围——反映一个人髋部骨骼和肌肉的发育情况。

(1)测量方法

准备一条软尺,把全身重点部位的数据正确地测量出来,并加以记录,以判断自己的形体。

① 身高、体重。身高和体重在一日之内就有微妙的变化,故应在早晨起床后,身体还没活动之前测量,尤其是体重,饭前饭后差别很大。

② 胸围。测量时,身体直立,两臂自然下垂。皮尺前面放在乳头上缘,皮尺后面置于肩胛骨下角处。先测安静时的胸围,再测深吸气时的胸围,最后测深呼气时的胸围。一般成人呼吸差为 6~8cm,经常参加锻炼者的呼吸差可达 10cm 以上。呼吸差可反映呼吸器官的功能。测量未成年女性胸围时,应将皮尺水平放在肩胛骨下角,前方放在乳峰上。测量时不要耸肩,呼气时不要弯腰。

③ 腰围。测量时,身体直立,呼吸保持平稳,两臂自然下垂,不要收腹,皮尺水平放在

---

① 陈宝珠.形体训练与形象塑造[M].北京:清华大学出版社,2008.

髋骨上、肋骨下最窄的部位(腰最细的部位)。

④ 臀围。测量时,两腿并拢直立,两臂自然下垂,皮尺水平放在前面的耻骨联合部位。

⑤ 手臂。手臂与手腕是比较纤细的部分,基本上而言,上臂围是肘至肩部最粗的部位,比颈围下巴抬起颈部细长的状态细 4.5cm 是最理想的。

⑥ 颈围。测量时,身体直立,测量颈的中部最细处。

(2) 形体美的衡量指数

女性形体美衡量指数与男性形体美衡量指数有所区别,它们分别如下:

① 女性形体美衡量指数。

$$标准体重=[身高(cm)-100]×0.85(千克)$$

上下身比例:以肚脐为界,上下身比例应为 5∶8,符合"黄金分割"定律。

胸围应为身高的 1/2。

腰围其标准围度比胸围小 20cm。

臀围应较胸围大 4cm。

大腿围应较腰围小 10cm。

小腿围应较大腿围小 20cm。

足颈围应小于小腿围 10cm。

手腕围应较足颈围小 5cm。

颈围应等于小腿围。

肩宽:即两肩峰之间的距离,应等于胸围的 1/2 减去 4cm。

② 男性形体美衡量指数。

$$标准体重=[身高(cm)-100]×0.9(千克)$$

身体的中心点应在股骨大转子顶部。

向两侧平伸两臂,两手中指尖的距离应等于身高。

肩宽应等于身高的 1/4。

胸围应等于身高的 1/2 加 5cm。

腰围应较胸围小 15cm。

髋围应等于身高的 1/2。

大腿围应较腰围小 22.5cm。

小腿围应较大腿围小 18cm。

足颈围应较小腿围小 12cm。

手腕围应较足颈围小 5cm。

上臂围等于大腿围的 1/2。

颈围应等于小腿围。[1]

思考题:

(1) 请对自身形体进行测量。

(2) 你的形体指标与标准的形体美指数有哪些差距?

---

[1] 陈宝珠.形体训练与形象塑造[M].北京:清华大学出版社,2008.

4.2.2　案例分析

人民大会堂服务员的十年"蜕变"

2003 年 4 月,正在安康师范读书的王倩倩代表安康市参加"西洽会",为午子绿茶做茶艺表演,活动中突然接到老师的电话,要求立刻返校。在教务处会议室,她通过了选拔面试,叩响了人民大会堂的大门。

按照当时大会堂的规定,王倩倩留了多年的及腰长发被"狠心"剪成了短发,并参加军训。王倩倩和同伴们接受了极其严苛的训练,第一堂课就是擦桌子,手机也被没收。正式上岗后,在人民大会堂工作的日子"单调但不简单"。"桌子上和椅子上一点纤维都不能有",在会议开始前,桌子上的便签、铅笔、杯垫、杯子以及椅子、椅背都必须在一条直线上,毫厘不差,"拿线量,拿眼睛看,眼睛都要瞪直了"。人民大会堂有规定,合约期 4 年,但王倩倩选择了提前离开。

2005 年,王倩倩最终考到了贵州省文化馆,主要从事活动策划、执行和接待工作。十多年间,王倩倩由一个青涩的小姑娘,逐渐成为能够独当一面的业务骨干。今天的王倩倩是一个时尚美丽的摩登女郎。她在社交网站上发布的"硬照"惊艳程度堪比一线杂志封面人物。除此之外,她也会在业余的时候,帮朋友做一些平面模特的工作。

今天的王倩倩多才多艺,她曾经学过舞蹈,一直以来,她都坚持在工作之余抽时间到排练厅进行形体训练,以此保持漂亮的身材。

长期严格要求自己不免让王倩倩有些许疲累,尽管如此,她依然不改严于律己的初衷。对于今天取得的成绩,王倩倩说,十分感激在人民大会堂的那段经历。[①]

讨论题:

(1) 人民大会堂服务员王倩倩的十年"蜕变"记对你有何启发?

(2) 形体训练对一个人的形象塑造有哪些作用?

4.2.3　训练项目

形 体 训 练

实训目标:运用芭蕾、健美操、交际舞进行形体训练,展现出形体美、气质美。

实训学时:12 学时。

实训地点:形体训练教室。

实训准备:体操服和体操鞋;播放乐曲和播放设备。

实训方法:教师先讲解每个动作的要领和要求及注意事项,在旋律优美的乐曲伴奏下,学生进行模仿练习。学生掌握整套动作后,要持之以恒地坚持经常训练,坚持下来定会有惊人的效果。

---

① http://www.52rkl.cn/yitian/031L21232015.html.

课后练习

1. 手臂动作的训练课后练习。

（1）双手臂上举，举到最高点，后背拉长，眼睛看正前方，每次坚持 10 秒。

（2）双臂平举，按节奏有规律地向后开肩，每次坚持 4 个 8 拍。

（3）熟练练习手臂动作训练组合 2 遍。

2. 躯干动作训练课后练习。

（1）练习旁腰的软度，每次做 4 遍，每遍 8 次。

（2）练习后腰的软度，每次做 2 遍，每遍 8 次。

（3）熟练练习躯干动作训练组合 2 遍。

3. 下肢动作训练课后练习。

（1）练习踢前腿，左右各 20 次。

（2）练习踢后腿，左右各 20 次。

（3）熟练练习下肢动作训练组合 2 遍。

4. 形体舞蹈组合课后练习。

（1）平日注意运动，每天最少运动 30 分钟。

（2）加强身体的软度练习，每天保证 15 分钟。

（3）熟练练习形体舞蹈组合 2 遍。

5. 简述芭蕾的发展历程。

6. 芭蕾的基础训练包括哪些方面？

7. 进行芭蕾手位和脚位训练。

（1）练习芭蕾手形态的正确做法 5 遍。

（2）练习芭蕾七个手位的做法 5 遍。

（3）练习芭蕾五个脚位的做法 5 遍。

8. 进行芭蕾的擦地练习。

（1）练习五位向前擦地 10 次，慢擦。

（2）练习五位向旁擦地 10 次，慢擦。

（3）练习五位向后擦地 10 次，慢擦。

（4）练习五位擦地组合 2 遍。

9. 进行芭蕾蹲的练习。

（1）练习芭蕾一位半蹲 5 遍。

（2）练习芭蕾二位半蹲 5 遍。

（3）练习芭蕾五位半蹲 5 遍。

10. 进行芭蕾踢腿练习。

（1）练习向前小踢腿 15 次。

（2）练习向旁小踢腿 15 次。

（3）练习向后小踢腿 15 次。

（4）练习小踢腿组合 5 遍。

11．进行健美操头颈动作训练 5 次。

12．进行健美操肩臂动作训练 5 次。

13．进行健美操腿膝动作训练 5 次。

14．进行健美操腰背动作训练 5 次。

15．进行健身操组合训练。

（1）练习原地踏步 15 次。

（2）练习双臂上举击掌 15 次。

（3）练习左右吸腿 15 次。

16．请谈一下健美操的起源和发展。

17．健身健美操的编排原则和指导思想有哪些？

18．根据已掌握的健美操知识，自编一套适合自身锻炼的简便易行的健美操。

19．了解交际舞的起源与发展。

20．进行探戈舞练习。

（1）男士左脚往左侧迈一步，脚步略大；女士右脚往右侧迈一步，脚步略小（练习 5 次）。

（2）男士右脚向左并拢，结束时身体重心在右脚；女士左脚交叉在右脚前方，两脚之间的距离不必太近，结束时身体重心在左脚（练习 5 次）。

（3）男士左脚向右脚并拢，女士右脚向左脚并拢（练习 5 次）。

21．进行伦巴舞练习。

（1）男士左脚前进一步，脚尖稍微向外移，右脚维持原位置不变；女士右脚后退一步，左脚维持原位置不变（练习 5 次）。

（2）男士右脚后退一步，左脚维持原位置不变；女士左脚前进一步，脚尖稍微向外移，右脚维持原位置不变（练习 5 次）。

22．进行牛仔舞练习。

（1）男士左脚往左侧跳摇滚步，左手上抬引导女伴向下转身，女士在男伴的左手下方转身，右脚往前跳摇滚步，身体开始向右转（练习 5 次）。

（2）男士照常跳后退以及复位步，恢复分开式面对面位置；女士照常跳后退以及复位步，恢复分开式面对面位置，结束时身体重心在左脚（练习 5 次）。

23．进行华尔兹练习。

（1）男士站在之字线上，右脚向左脚并拢，右脚全脚着地；女士站在之字线上，左脚向右脚并拢，左脚全脚着地（练习 5 次）。

（2）男士左脚沿着之字线前进一步，不转身；女士右脚沿着之字线后退一步，不转身（练习 5 次）。

24．进行恰恰舞练习。

（1）练习恰恰"进退步"15 遍。

（2）练习恰恰"横步"15 遍。

（3）熟练练习恰恰组合 2 遍。

25．请练习 13 种瑜伽体位法。

任务5

语言艺术

他的谈吐总是平易近人,这种单纯既掩饰了他对某些事物的无知,也表现了他的良好的风度和宽容。

——[俄罗斯]列夫·托尔斯泰

与人进行有效的交谈,并且赢得他们的合作,这是那些奋发向上的人应该培养的一种能力。

——[美]戴尔·卡耐基

 学习目标

- 掌握语言交际的原则。
- 掌握交谈、提问、回答、说服、赞美的语言技巧,能熟练运用。
- 掌握即兴演讲的语言技巧,并能够即兴演讲。
- 加强语言艺术修养,提高语言交际效果。

 案例导入

退 居 二 线

某新任局长宴请退居二线的老局长。席间端上一盘油炸田鸡,老局长用筷子点点说:"喂,老弟,青蛙是益虫,不能吃。"新局长不假思索,脱口而出:"不要紧,都是老田鸡,已退居二线,不当事了。"老局长闻听此言顿时脸色大变,连问:"你说什么? 你刚才说什么?"新局长本想开个玩笑,不料说漏了嘴,触犯了老局长的自尊,顿觉尴尬万分。席上的友好气氛尽被破坏,幸亏秘书反应快,连忙接着说:"老局长,他说您已退居二线,吃田鸡不当什么事。"气氛才有点缓和。①

---

① http://blog.sina.com.cn/s/blog_51282afc01009r05.html,2008-06-09.

　　语言交际能力是一个人的素养和智慧全面而综合的反映,古今中外具有远见卓识者历来都被高度重视。孔子就明确指出"一言可以兴邦,一言可以丧邦"、"三寸之舌,强于百万之师"等古训,把国之兴亡与舌辩的力量紧密地联系在一起,这充分说明了语言交际的巨大社会功能。马雅可夫斯基(Mayakovsky)说:"语言是人的力量的统帅。"第二次世界大战期间,美国人把"舌头、原子弹和金钱"并称为获胜的三大战略武器。进入 21 世纪,美国人又把"舌头、金钱和计算机"视为经济发展和社会进步的三大战略武器。舌头在两个比喻中都能独冠三大武器之首,语言交际的价值可见一斑。

　　从一个人的语言交际能力上往往可以看出其综合实力,是一个人美好形象的集中反映。许多发达国家都把语言交际能力作为衡量优秀人才的重要尺度。用人单位招聘各类人才都要进行口试。在日本,一些大公司在招聘人才进行面试时,专门就语言交际能力规定了若干不予录用的条文,其中有:交谈时,不能干脆利落地回答问题,说话无生气者,说话不知所云者……这些条文说明:语言交际能力与一个人的事业成功的关系十分密切,是衡量一个人能否胜任本职工作的一个重要指标。

　　因此,提高语言艺术水平,强化语言交际能力,展示自身的美好形象,是一个现代人必须予以高度重视的问题。

5.1　知识储备

5.1.1　语言交际的原则

　　语言交际的基本原则是人际交往活动中运用语言表情达意、进行信息交流时所必须遵循的准则,它贯穿于交际语言运用的各个方面和每个过程的始终,是一种制约性的因素。在人际交往过程中,只有自觉遵守语言交际原则,才能有效地增加语言交际信息的传递量,融洽人与人之间的关系;反之,如果背离了这些原则,就会削弱甚至破坏交际语言传播的效果,难以达到人际交往的目的。归纳起来,语言交际的基本原则主要有以下几个方面。

1. 礼貌待人

　　礼貌是对他人尊重的情感外露,是谈话双方心心相印的导线。人们对礼貌的感知十分敏锐。有时,即使是一个简单的"您"、"请"字,都可以让他人感到一种温暖和亲切。在人际交往中,可以从以下几个层次达到礼貌待人、沟通情感的目的。

　　(1) 语言表达要满足交际对象对自尊的需求

　　这样做的目的在于利用礼貌文明的语言艺术与技巧,达到快速消除隔阂、沟通感情、拉近距离的作用。在人际交往中,初次见面的恰当称呼、寒暄中的礼貌用语、交谈中的言语分寸、分别时的告别祝词等,都应当体现出尊重对方的主观意向。

　　在词语的选用方面,使用得体的敬辞和谦辞都可以体现出对他人的尊重,也是一个人有教养的重要表现。比如,与客人初次见面时说"您好",与客人久别重逢时说"久违了"。求人解答问题时说"请教";请人协助时说"劳驾";要帮助别人时说"我能为您做些什么";

看望别人时说"拜访";等候别人时说"恭候";陪伴别人时说"奉陪";不能陪客人时说"失陪";有事找人商量时说"打扰";让人不要远送时说"请留步";表示歉意时说"抱歉";表示感谢时说"谢谢"。像"后会有期"、"祝你好运"、"一路顺风"、"万事如意"等告别用语也都体现出对他人的尊重。

（2）要根据具体环境选择使用富有亲和力的词语

这样可以拉近交往距离，沟通相互之间的情感，使自己与交际对象的合作成为可能。在人际交往中，渴望受到尊重是每个人的基本心理需求，你想要得到他人的尊重，自己先要善于主动接近对方，缩短人际距离，沟通相互情感。其实，做到尊重别人并不难，有时只需一个微笑、一句问候、一声敬称、一对善于倾听的耳朵，就会给别人的心情带来阳光和温暖，当然也会为你自己带来真挚的友谊与和谐的交际。

 小故事

"祝您生日快乐！"

在克莉斯（Chris）的汽车展销室，一位中年妇女走了进来，她说她只想在这儿看看车，消磨一下时间。她想买一辆福特，可大街上那位推销员却让她一小时以后再去找他。另外，她打算买一辆白色的双门箱式福特汽车，就像她表姐的那辆。"今天是我55岁的生日，这是给自己的生日礼物。"她说道。

"夫人，祝您生日快乐！"克莉斯说。然后，她向秘书交代了几句后，又对她热情地说："夫人，既然您有空，请允许我介绍一种我们的双门箱式白色轿车。"

不多久秘书走了进来，递给克莉斯一束玫瑰花。

"尊敬的夫人，祝您福寿无疆！"克莉斯说。

那位妇女的眼眶都湿润了，她被克莉斯的言行所打动，感慨地说道："已经很久没有人给我送花了。"

在闲聊中，她对克莉斯讲起了她刚刚的遭遇。"那个推销员真是差劲！我猜想他一定是因为看到我开着一辆旧车，就以为我买不起新车。我正在看车的时候，那个推销员却突然说他有事，叫我等他回来，然后就不见了踪影。所以，我就到你这儿来了。"

最后克莉斯成功地向那位妇女推销出了那辆双门箱式白色轿车。[①]

（3）欣赏、赞美他人

人们在语言交流过程中，能够肯定他人的优点，尊重他人的人格，尽量减少对别人的贬损，增加对别人的赞誉。希望得到别人的注意和肯定，这是人所共有的心理需求，而欣赏正是满足这种需求的一种交际方式。人际关系大师卡耐基说："避免嫌弃人的方法，那就是发现对方的长处。"因此，在交际中，我们应抱着欣赏的心态来对待每一个人，时时留心身边的人和事，多发现别人的优点和长处。赞美是欣赏的直接表达。有道是"良言一句三冬暖"，真诚的赞美不仅能激发人们积极的心理情绪，得到心理上的满足，可以给别人也

---

① http://blog.china.alibaba.com/blog/zbintel2010/article/b0-i16473150.html.2101-08-17.

给自己带来好心情,还能使被欣赏赞美者产生一种交往的冲动。托尔斯泰说得好:"就是在最好的、最友善的、最单纯的人际关系中,称赞和赞许也是必要的,正如润滑油对轮子是必要的,可以使轮子转得快。"利用心理上的相悦性,要想获得良好的人际关系,就要学会不失时机地赞美别人。

2．坦诚真挚

在语言交际中,说话人的感情直接影响表达的效果,也影响着听话人的理解和接受。待人真诚,给人以充分的信任,可以激励他人的工作热情,提高工作效率。其实,感情本身就是一种教育力量,最有效的手段是以情感人、以理服人。唯有入情入理、坦诚真挚、充满信任的话语,才能够深入人心,引起别人的共鸣,受到他人注意。人际交往中要做到坦诚真挚,需要注意如下方面。

(1) 说真话,以坦诚的心取信于人

"言必行,行必果。"这是交往沟通时收到良好谈话效果的重要前提。例如,深圳蛇口工业区负责人,在国外和一个财团谈判,由于对方自认为技术设备先进,漫天要价,使谈判陷入僵局。正在这时,这个财团所在的商会请他去发表演说。他讲道:"中国是个文明古国。我们的祖先早在一千多年以前,就将四大发明——指南针、造纸、印刷术和火药的生产技术,无条件贡献给人类。而他们的后代子孙,从来没有埋怨他们不要专利权是一种愚蠢的行为。相反,却称赞祖先为世界科学的进步做出了杰出贡献。现在,中国在与各国的经济活动中,并不要求各国无条件让出专利,只要价格合理,我们一个钱也不少给……"蛇口工业区负责人这番发自内心的讲话,在外国人心目中引起了巨大的震动和强烈的反响,他们的先进技术许多正是从中国导入的。蛇口工业区负责人的讲话,引起了与会者的热烈掌声,而且最终使谈判对手愿意降低专利费,双方达成了近 3 亿美元的合作项目。"心诚能使石开花。"蛇口工业区负责人这段发自内心的讲话,借助历史事实,寓意深刻,语气直率,不仅没有因此影响到谈判合作项目的达成,反而让人们更深层地感受到了中国人的诚心与诚信,取得了谈判对手的理解与支持。

(2) 感情真挚,态度诚恳

与人交流沟通中,诚恳而真挚的态度是语言交往目的得以实现的基础。"善大,莫过于诚",热诚的赞许与诚恳的批评,都能使彼此间愿意了解。信任、倾诉、交心,正如《庄子·渔父》中所说:"不精不诚,不能动人"、"真在内者,神动于外,是所以贵真也"。

 小故事

陈毅市长拜访私营工商业者

解放初期,陈毅任上海市市长,一天他来到一家纺织业经理家里,笑道:"×老板,我冒昧来访,欢迎不?"这位老板还在为一件事发愁呢,他发起牢骚来,说:"陈市长,今天工会又来要我废除'搜身制'。不当家不知柴米贵。工人下班有抄身婆搜身,还经常丢纱呢,如果取消搜身制度,纱厂还不被偷光!"陈毅喝口茶道:"×老板,我在法国当过工人,那个工厂

大得很,老板也比你厉害得多。厂子四周筑起高墙,拉上电网,还雇了一帮带枪的警察。对每个下班的工人,从头搜到脚,那过细的劲头,身上硬是一根针也藏不住。但结果呢?原料、零件还是大量丢失,为什么呢? 老板把工人只当成会说话的工具。劳动很苦,工资很少,工人实在无法养家糊口。工厂赚了钱对工人毫无好处,他为什么不拿呢? 现在中国不同喽,工人翻身当主人了,他们懂得工厂生产搞得好,新中国才能富强起来,工人才能改善待遇。你们虽然是私营企业,但也是新民主主义经济的一个组成部分,一样可以有利于国,有利于民。所以,依我之见,你应该在纺织业带个头,用我的办法试试看,废除搜身制,关心工人的利益,待工人如朋友、如兄弟,有困难多与他们商量着办,我相信眼前的困难会克服得顺利一点。"陈毅的这番语言,既替老板着想,又为工人撑腰,以情动人,以理感人,从外国说到中国,从旧社会说到新社会,分析入情入理、客观具体,并给予对方充分信任,收到了良好的谈话效果。[1]

　　只要肯尊重对方的特殊能力,高度地给予其信任和肯定,任何人都会乐于将其优点表现得淋漓尽致。如果你希望某人懂得自尊自爱,你就该率先表现出你对他的信任和尊重。

3. 平等友善

　　在人际交往中,我们不仅要尊重他人的人格、他人的个性习惯、他人的权力地位、他人的情感兴趣和隐私,还要尊重彼此存在的外显或内在的心理距离,要有人人平等、一视同仁的谈话态度,切忌给人居高临下、自以为是的印象。只有在人际交往中保持自尊而不盲目自大,受人尊敬而不傲慢骄横,才能得到对方对你个人、对你的组织,甚至对你的国家的尊重,才能谈得上真诚合作、平等合作。例如:"演员是人民给养活的,有艺无德可对不住观众啊。"被誉为"平民艺术家"的赵丽蓉,在她所追求的艺术事业中,始终把"观众第一"放在首位,对来自他人的关爱之情,也常以自己真挚独特的谐趣表达出来。一次大年初一,中央电视台开招待酒会,每个参加者都得一个大西瓜。赵丽蓉一眼瞥见旁边的记者没有,便将自己的那个西瓜放在记者座位底下,说:"你大老远赶到北京来采访,不待在家里过年,这西瓜你就带回家去孝敬父母吧。"这"土气儿"十足的言谈,比那些虚情假意的关怀,不知强了多少倍! 在她身上,没有那种司空见惯的矫情、虚饰与浮躁,而多了几分质朴、风趣与豁达。难怪乎,她那平等友善的态度和语言中的缕缕真情,至今仍令人难以忘怀。

　　在人际交往中,尽管人与人之间身份、地位等方面的情况可能不同,但是,交际双方在人格上是平等的,在心理上是对等的,平等是建立良好人际关系的前提。我们绝不能把自己高抬一寸,把别人低放一尺,有意与对方"横着一条沟,隔着一堵墙",给别人一种"拒人于千里之外"之感。

---

① http://61.153.14.37/viewthread.php? tid=175029&extra=&page=3.2010-12-29.

 小故事

家中没有女王

英国女王维多利亚(Victoria)与其丈夫阿尔伯特(Albert)相亲相爱,感情和睦。阿尔伯特喜欢读书,且不大爱社交,也不太关心政治。有一天深夜,女王办完公事,回到卧室,见房门紧闭,便敲起门来。"谁?"里面问道。

"我是英国女王。"女王回答,可是门没有开。

"我是维多利亚。"再敲,门还是未开,敲了几次之后,女王突然感觉到了什么,又敲了几下,用温和的语气说:"我是你的妻子,阿尔伯特。"

这时,门开了。

即使身为一国之君,但在家里,面对丈夫阿尔伯特,"女王"的生活角色也要发生改变,此时作为妻子的她更应保持夫妻双方平等相待的心态,才会为丈夫所接纳,因此,最后的一次敲门达到了目的。

4. 区分对象

在人际交往中,对于交际主体来说,最重要的莫过于研究交际对象,根据交际对象的性别、年龄、生活背景、心理特征等因素的差异来选择恰当的语言,以求明晰地表达自己的思想,达到正常的语言交际的目的。也就是所谓"到什么山上唱什么歌"、"见什么人说什么话"。如果不考虑对方的实际情况,信息流通渠道就会因此而出现偏差,甚至"阻塞",交际也会随之而停止。例如,1954年,周恩来总理出席日内瓦国际会议,为了向外国人宣传中国,表明中国爱好和平的愿望,决定为外国嘉宾举行电影招待会,放映越剧艺术片《梁山伯与祝英台》。为此,工作人员准备了一份长达16页的说明书。周恩来看后笑道:"这样看电影岂不太累了?我看在请柬上写上一句话就行,即请你欣赏一部彩色歌剧电影:中国的《罗密欧与朱丽叶》。"果然,一句话奏效,外国嘉宾都知道这部电影要讲述的故事了。

5. 换位思考

韩非子在《说难》中写道:"凡说之难,在知所说之心。"在现实社会,随着人们日常交往的日益频繁,摩擦、矛盾也会随之增多,很多人只强调他人对自己应该承认、理解、接受和尊重,却忽视对等地去理解和尊重他人;只注意自己目的的实现,却无视他人的利益和要求。在这种倾向支配下,他们常常不顾场合和对方心情,一味由着自己的性子去交往,致使在交往中由于语言使用缺乏得体性而出现尴尬的局面。所以,在很多时候,注意交际场合的特点,多进行换位思考,灵活应变,将心比心,以诚换诚,才能达到心灵的沟通和情感的共鸣。本任务"案例导入"中的"退居二线"案例正是因缺乏换位思考而引起的交际障碍。所以,在语言交际时,必须换位思考,无论是话题的选择、内容的安排,还是语言形式的采用,都应该根据特定场合的表达需要来决定取舍,做到灵活自如。

6. 切合情境

运用语言进行信息传递、情感交流,离不开一定的时间、地点和场合,要使这种传递活动获得好的效果,语言运用不仅要符合特定的时代背景和此时此地的具体情景,还要恰当地利用说话时机,把握时间因素,力求切情切境,入旨入理。在杭州的"美食家"餐厅,一对新人在举行婚礼时,正赶上滂沱大雨下个不停。新人和客人们被大雨淋得很懊恼,婚礼气氛很不愉快。这时,餐厅经理来到100多位客人面前微笑着高声说:"老天爷作美,赶来凑热闹。这是入春以来的第一场好雨。好雨兆丰年,这象征着今天这对新人的未来是十分幸福的。雨过天晴是艳阳天,象征着今天在座的所有客人都将迎来更加灿烂的明天。我提议:为了创造和迎接雨过天晴的明天,大家干杯!"话音刚落,整个餐厅的情绪和气氛发生了180°的转变,原来沉寂的婚礼场面,气氛一下子变得热烈起来。

7. 明确目的

交际语言是一种为了实现一定的交际目的而进行的双向交流的传播活动,无论是与他人拉家常、叙友情,或是进行学术报告、演讲、谈判、采访乃至解说、寒暄、拜访、提问等,都是为了实现信息传递、沟通情感、增进了解、阐明观点等特定的交际目的而进行的。当与他人说话时,需要针对交际对象的特点和语言环境做出必要的调整,也要根据语言交流的主题,选择和使用恰当的语言,做到有的放矢,取得缓解气氛、增进友情的作用。如,瑞士厄堡村有一块要求游客不要采花的通告牌,上面分别用英、德、法三种文字写着"请勿摘花"、"严禁摘花"、"喜爱这些山峦景色的人们,请让山峦身旁的花朵永远陪伴着它们吧!"由此不难看出瑞士旅游业人士对不同游客的民族心理特点的充分考虑。英国人讲面子,崇尚绅士风度,因此用"请"。德国人严守律令,故采用"严禁"。法国人浪漫且重感情,所以用了富有激情的语句。这样就与不同交际对象的民族心理特点相吻合了。又如,曾有一位营业员向外国顾客介绍商品时,因为不了解外国顾客的情况,而按照对中国顾客的方式来接待,结果就把顾客赶跑了。事情是这样的:有一位英国客人在商店里表示出对一件工艺品感兴趣时,该营业员取出该工艺品,然后对客人说:"先生,这件不错,又比较便宜。"顾客听了她的话后,丢下商品,转身而去。为什么这句话会把这位顾客赶跑呢?原来是"便宜"二字。因为在英国人心目中,买便宜货有失身份,所以这桩买卖没有做成。

5.1.2 社交语言艺术

社交的方法尽管多种多样,但每种方式都离不开语言。因此,社交在一定程度上就是语言交际。面对不同对象,怎样进行交谈、怎样提问和回答、怎样进行说服、怎样表达赞美等,这一切都像一门艺术。探究社交语言艺术,能大大提高社交能力,塑造良好的语言交际形象,促进自身的职业生涯发展。

1. 交谈的语言艺术

美国哈佛大学前校长伊立特(Elite)曾说:"在造就一个有修养的人的教育中,有一种训练必不可少,那就是优美、高雅的谈吐。"交谈是交流思想和表达感情最直接、最快捷的途径。在人际交往中,因为不注意交谈的礼仪规范,或用错了一个词,或多说了一句话,或不注意词语的色彩,或选错话题等而导致交往失败或影响人际关系的事,时有发生。因此,在交谈中必须遵从一定的礼仪规范,才能达到双方交流信息、沟通思想的目的。

(1)符合基本要求

语言作为人类的主要交际工具,是沟通不同个体心理的桥梁。交谈语言的基本要求包括以下几个方面。

① 准确流畅。在交谈时如果词不达意、前言不搭后语,很容易被人误解,达不到交际的目的。因此在表达思想感情时,应做到口音标准、吐字清晰,说出的语句应符合规范,避免使用似是而非的语言。应去掉过多的口头语,以免语句割断;语句停顿要准确,思路要清晰,谈话要缓急有度,从而使交流活动畅通无阻。语言准确流畅还表现在须让人听懂,因此言谈时尽量不用书面语或专业术语,因为这样的谈吐会让人感到太正规、受拘束或是理解困难。

小故事

自 作 自 受

古时有一笑话,说的是有一书生,突然被蝎子蜇了,便对其妻子喊道:"贤妻,速燃银烛,你夫为虫所袭!"他的妻子没有听明白,书生更着急了:"身如琵琶,尾似钢锥,叫声贤妻,打个亮来,看看是什么东西!"其妻仍然没有领会他的意思,书生疼痛难熬,不得不大声吼道:"快点灯,我被蝎子蜇了!"真乃自作自受。[①]

② 委婉表达。交谈是一种复杂的心理交往,人的微妙心理、自尊心往往在其中起着重要的控制作用,触及它,就有可能产生不愉快。因此,对一些只可意会不可言传的事情、人们回避忌讳的事情、可能引起对方不愉快的事情,不能直接陈述,只能用委婉、含蓄、动听的话去说。常见的委婉说话方式有如下。

避免使用主观武断的词语,如"只有"、"一定"、"唯一"、"就要"等不带余地的词语,要尽量采用与人商量的口气。

先肯定后否定,学会使用"是的……但是……"这个句式。把批评的话语放在表扬之后,就显得委婉一些。

间接地提醒他人的错误或拒绝他人。

③ 掌握分寸。谈话要有放、有抑、有收,不过头,不嘲弄,把握"度";谈话时不要唱"独角戏",夸夸其谈,忘乎所以,不让别人有说话的机会;说话要察言观色,注意对方情绪,对

---

① http://www.loveliyi.com/society/goutong/goutongyishu.html.2009-07-27.

方不爱听的话少讲,一时接受不了的话不急于讲。开玩笑要看对象、性格、心情、场合,一般来讲,不随便开女性、长辈、领导的玩笑,一般不与性格内向、多疑、敏感的人开玩笑,当对方情绪低落、心情不快时不开玩笑,在严肃的场合、用餐时不开玩笑。

④ 幽默风趣。交谈本身就是一个寻求一致的过程,在这个过程中常常会出现不和谐的地方并产生争论或分歧。这就需要交谈者随机应变,凭借机智抛开或消除障碍;幽默还可以化解尴尬局面或增强语言的感染力。它建立在说话者高尚情趣、较深的涵养、丰富的想象、乐观的心境、对自我智慧和能力自信的基础上,它不是耍小聪明或"卖嘴皮子",它应使语言表达既诙谐,又入情入理,应体现一定的修养和素质。

 **小故事**

"还没插秧呢!"

有一次,梁实秋的幼女文蔷自美返台探望父亲,他们便邀请了几位亲友,到"渔家庄"饭店欢宴。酒菜齐全,唯独白米饭久等不来。经一催二催之后,仍不见白米饭踪影。梁实秋无奈,待服务小姐入室上菜之际,戏问曰:"怎么饭还不来,是不是稻子还没收割?"服务小姐眼都没眨一下,答称:"还没插秧呢!"本是一个不愉快的场面,经服务小姐这一妙答,举座大乐。①

(2) 使用礼貌用语

使用礼貌用语,是人类文明的标志,也是全世界共同的心声。使用礼貌用语不仅会得到人们的尊重,提高自身的信誉和形象,而且还会对自己的事业起到良好的辅助作用。在我国,政府有关部门向市民普及文明礼貌用语,基本内容为十个字:"请"、"谢谢"、"你好"、"对不起"、"再见"。在实际的社会交往中,日常礼貌用语远不止这十个字。归结起来,主要可划分为如下几个大类。

① 问候语。人们在交际中,根据交际对象、时间等的不同,常采用不同的问候语。比如在中国实行计划经济的年代,由于经济发展水平不高,人们面临的首要问题是温饱问题,因而人们见面的问候语是:"你吃了吗?"今天,在中国不发达的农村,这句问候语仍然比较普遍,而经济比较发达的农村和城市,这句问候语已经很少听到了。人们见面时的问候语是"您好"、"您早"等。在英国、美国等说英语的国家,人们见面的问候语根据见面的时间、场合、次数等不同而有所区别。如双方是第一次见面,可以说"How do you do"(您好);如果双方第二次见面,可以说"How are you"(您好),如在早上见面可以说"Good morning"(早上好),中午可以说"Good noon"(中午好、午安),下午可以说"Good afternoon"(下午好),晚上可以说"Good evening"(晚上好)或"Good night"(晚安)等。在美国非正式场合人们见面时,常用"Hi、Hello"等表示问候。在信仰伊斯兰教的国家,人们见面时常用的问候语是"真主保佑"。在信奉佛教的国家,人们见面时常用的问候语是"菩萨保佑"或"阿弥陀佛"。

---

② 欢迎语。交际双方一般在问候之后常用欢迎语。世界各国的欢迎语大都相同。如"欢迎您"（Welcome you）、"见到您很高兴"（Nice to meet you）、"再次见到您很愉快"（It is nice to see you again）。

③ 回敬语。在社会交往中,人们常常在接受对方的问候、欢迎或鼓励、祝贺之后,使用回敬语以表示感谢。由此,回敬语又可称为致谢语。回敬语的使用频率较高,使用范围较广。俗话说"礼多人不怪",通常情况下,只有你受到了对方的热情帮助、鼓励、尊重、赏识、关心、服务等都可使用回敬语。在我国使用频率最高的回敬语是"谢谢"、"多谢"、"非常感谢"、"麻烦您了"、"让你费心了"等。在西方国家回敬语的使用要比中国更为广泛而频繁。在公共交往中,凡是得到别人提供的服务,在中国人认为没有必要或是不值得向人道谢的情况下,也要说声谢谢,否则是失礼的行为。

④ 致歉语。在社会交往过程中,常常会出现由于组织的原因或是个人的失误,给交际对象带来了麻烦、损失,或是未能满足对方的要求和需求,此时应使用致歉语。常用的致歉语有："抱歉"或"对不起"（Sorry）、"很抱歉"（Very sorry、So sorry）、"请原谅"（Pardon）、"打扰您了,先生"（Sorry to have bothered you,sir）、"真抱歉,让您久等了"（So sorry to keep you waiting so long）等。

真诚的道歉犹如和平的使者,不仅能使交际双方彼此谅解、信任,而且有时还能化干戈为玉帛。在人际交往中,有些人有时放不下架子或碍于面子,不愿直接道歉,这也是人之常情。道歉也有艺术。其实,道歉的方式很多,道歉时可采用委婉的手法。比如:今天的交际对象是你以前曾经冒犯过的人,那么你可以说:"真是不打不相识啊,俗话说得好,不是冤家不聚头,来,让我们从头开始!"道歉并非降低你的人格,及时得体的道歉也充分反映出你的宽广胸襟、真诚情感和敢于承担责任的勇气。

有些时候,如果由于组织的原因或个人原因给交际对象造成一定的物质上、精神上的损失或增加了心理上的负担,在道歉的同时还可赠送一些纪念品、慰问品以示诚心道歉。

⑤ 祝贺语。在交际过程中,如果你想与交际对象建立并保持友好的关系,你应该时刻关注着交际对象,并与他们保持经常性联系。比如:当你的交际对象过生日、加薪、晋升或结婚、生子、寿诞,或是你的客户开业庆典、周年纪念、有新产品问世或获得大奖等,你可以以各种方式表示祝贺,共同分享快乐。

祝贺用语很多,可根据实际情况需要进行选择。如节日祝贺语:"祝您节日愉快"（Happy the festival）、"祝您圣诞快乐"（Merry christmas to you）;生日祝贺语:"祝您生日快乐"（Happy birthday）;当得知交际对象取得事业成功或晋升、加薪等时,可向他表示祝贺:"祝贺你"（Congratulation）。常用的祝贺语还有:"恭喜恭喜"、"祝您成功"、"祝您福如东海,寿比南山"、"祝您新婚幸福、白头偕老"、"祝您好运"、"祝您健康"等。

此外还可通过贺信,在新闻媒介刊登广告等形式祝贺。如:"庆祝大连国际服装节隆重开幕!"、"××公司恭贺全国人民新春快乐!"等。总之,在当今社会适时使用祝贺用语,对交际来说有百益而无一害。

⑥ 道别语。交际双方交谈过后,在分手时,人们常常使用道别语,最常用的道别语是"再见"（Goodbye）,若是根据事先约好的时间可说"回头见"（See you later）、"明天见"（See you tomorrow）。中国人道别时的用语很多,如"走好"、"慢走"、"再来"、"保重"等。

英美等国家的道别语有时比较委婉,常常有祝贺的性质,如"祝你做个好梦"、"晚安"等。

⑦ 请托语。在日常用语中,人们出于礼貌常常用请托语,以示对交际对象的尊重。最常用的是"请";其次,人们还常常使用"拜托"、"劳驾"、"借光"等。在英美等国家,人们在使用请托语时,大多带有征询的口气。如英语中最常用的"Will you please...?""Can I help you?"(你想买点什么?)"Could I be of service?"(能为您做点什么?)以及在打扰对方时常使用"Excuse me",也有征求意见之意。日本常见的请托语是"请多关照"。

（3）慎重选择话题

所谓话题,是指人们在交谈中所涉及的题目范围和谈资内容。换言之,话题是一些由相对集中的同类知识、信息构成的谈话资料及其相应的语体方式、表述语汇和语气风格的总和。在人际交往中,学会选择话题,就能使谈话有个良好的开端。交谈中宜选的话题主要包括如下几种。

一是既定的话题,即交谈双方业已约定,或者一方先期准备好的话题,如征求意见、传递信息、研究工作等。

二是内容文明、格调高雅的话题。如文学、艺术、哲学、历史、地理、建筑等,这类话题适合各类交谈,但忌不懂装懂。

三是轻松的话题。这类话题令人轻松愉快、身心放松,适用于非正式交谈,允许各抒己见,任意发挥。主要包括文艺演出、流行、时装、美容美发、体育比赛、电影电视、休闲娱乐、旅游观光、名胜古迹、风土人情、名人逸事、烹饪小吃、天气状况等。

四是时尚的话题,即以此时此刻正在流行的事物作为谈论的中心,这类话题变化较快,不太好把握。

五是自己擅长的话题。尤其是交谈对象有研究、有兴趣的话题。比如,青年人对于足球、通俗歌曲、电影电视的话题较多关注,而老年人对于健身运动、饮食文化之类的话题较为熟悉;公职人员关注的多是时事政治、国家大事,而普通市民则更关注家庭生活、个人收入等;男人多关心事业、个人的专业,而妇女对家庭、物价、孩子、化妆、衣料、编织等更津津乐道。

在交谈时要注意交谈的话题有所忌讳。在交谈中,若双方是初交,则有关对方年龄、收入、婚恋、家庭、健康、经历这一类涉及个人隐私的话题,切勿加以谈论。

由于人们的经历、职业、兴趣、学习状况不同,每个人所掌握的话题各不相同,都有一定的局限性,因此必须尽量扩大话题储备。为此,要有知识储备。对于掌握话题广度影响最大的是自身的学习状况和进取精神。一个人如果有理想、有追求、思想境界高,而且肯下功夫学习,爱读书看报,并关注社会现实生活,有较多的朋友,把看到、听到的东西,有意识地加以记忆和积累,就会变得学识渊博,时事政策、天文地理、政治外交、文艺体育、花鸟鱼虫、音乐美术几乎无所不知,由于视野开阔,谈资和知识面自然会比别人宽得多。

（4）善于耐心倾听

有人曾向日本的"经营之神"松下幸之助请教经营的诀窍,他说:"首先要细心倾听他人的意见。"松下幸之助留给拜访者的深刻印象之一就是他很善于倾听。一位曾经拜访过他的人这样记叙道:"拜见松下幸之助是一件轻松愉快的事,根本没有感到他就是日本首屈一指的经营大师,反而觉得像是在同中小企业经营主谈话一样随便。他一点也不傲慢,对我提出的问题听得十分仔细，还不时亲切地附和道'啊，是嘛'，毫无不屑一顾的神情。见他如此和蔼可亲，我不由得想探询：松下先生的经营智慧到底蕴藏在哪里呢？调查之后，我终于得出结论：善于倾听。"可见，倾听不失为成功的秘诀。与人交谈不但要善于表达自己的意思，而且还要善于聆听对方的说话，这在社会交往活动中是个不容忽视的问题。成为一个耐心倾听的人也会给人留下良好的印象，塑造出完美的职业形象。

倾听，貌似简单，其实不易。"听"的繁体字为"聽"，它由"耳"、"王"、"十"、"目"、"一"、"心"六个字组成，代表着"听"首先是用耳朵接收他人的声音，但仅此远远不够，还需"十目一心"地仔细观察对方说话的神态、用心揣摩对方话中之话。只有这样，才能真正感受到对方所要传递的信息。倾听是一种本能，也是一门技术，更是一门艺术，它源自本能，修自后天。

听是人类最基本的能力之一，是用耳朵接收声音，除了少数人听不到声音之外，我们大多都享有这种与生俱来的天赋功能。如今，国际倾听协会这样对倾听定义：倾听是接受口头及非语言信息、确定其含义和对此做出反应的过程。口语交际中，听的重要性并不被多数人认同。很多人认为听是一种被动的行为。他们很可能会感到烦闷，如果他们不参与谈话还可能会感到没精打采。这种认识显然存在着很大的误区。

古今中外很多谚语和传说表明听的重要性："听君一席话，胜读十年书。"俗话又说：会说的不如会听的。英国谚语："沉默是金，说话是银。"传说：上帝在造人时之所以给人一张嘴巴、两只耳朵，就是因为他认为听比说更重要。可见人们如何看重倾听了。

① 倾听的作用。对我们大多数人来说，倾听是从我们听到别人讲话声音开始的，但倾听与听有什么区别呢？一般学者认为："听"是人体感觉器官接收到的声音；换句话说，"听"是人的感觉器官对声音的生理反应。只要耳朵听到谈话，我们就在听别人。想想你在听到电影中的外语对话时，你就会明白，听到并不意味着理解。"听而不闻"说的就是这种情况。

倾听虽然以听到声音为前提，但更重要的是我们对声音必须有所反应，必须是主动参与的过程，在这个过程中，人必须接收、思考、理解，并做出必要的反馈。同时，倾听的对象不局限于声音，还包含理解别人的语言、手势和面部表情等。在此过程中，我们绝不能闭上眼睛只听别人说话的声音，还要注意别人的眼神及感情表达方式。

倾听的作用概括起来，主要包括如下几个方面。

a. 倾听是获取信息开阔视野的重要途径。"听君一席话，胜读十年书。"这句俗语从倾听的角度说明了倾听是获取信息、开阔视野的重要途径。有数据显示：在我们获取信息的途径听、说、读、写中，听所占的时间为53%。虽然现在是网络化时代，面对面沟通被有些人所忽视，由此产生的"宅男"、"宅女"现象越来越引起人们的担忧。这从另一个角度说明倾听的缺失对现代人造成的不良影响。与其将自己封闭在一个狭小的空间里，还不如走出家门倾听来自各界的声音，那样对你的未来才更有帮助。

b. 倾听是对别人尊重和鼓励的特殊方式。根据人性特点，我们都知道，人们往往对自己的事更感兴趣，对自己的问题更关注，更喜欢自我表现。一旦有人专心倾听我们的话时，就会感到自己被重视。我们真诚投入地倾听他人的倾诉，给予恰到好处的反应，也是对他人尊重和鼓励的最好方式。

c. 倾听是为自己争取主动的关键。在时机未到时选择倾听并保持沉默是一种"大智若愚"的艺术。在商业活动中多听、少说甚至不说,这样做的目的是为了获得最大的利益。少开口不做无谓的争论,对方就无法了解你的真实想法;反之,你可以探测对方动机,逐步掌握主动权。因此,"雄辩是银,倾听是金"。

d. 倾听可增进彼此的理解与信赖。表露内心的事,可以消除两人之间的误会、隔阂、不信任与敌对,使两人之间的关系更为密切。由此来看,倾听可谓是彼此沟通的桥梁,误解与愤恨都会随着有效的倾听而化为乌有,感情也会伴着彼此的倾听更近一步。

e. 倾听可改善周围环境的气氛,有利于获得身心健康与成功。心理学家们指出,善于倾听的人容易克制冲动,控制愤怒,拥有一个较为平和的人际环境,这对于成功与健康是有百益而无一害的。

② 有效倾听的策略。听和说是谈话交流的两个方面,倾听是语言表达的前提,那么应该怎样倾听呢?

a. 创造良好的倾听环境。不良的倾听环境中如果存在干扰因素,这些干扰因素就会干扰信息传递过程,消减、歪曲信号,转移人的注意力,从而影响专心地倾听。所以,应从以下方面创造良好的倾听环境,消除干扰因素。

一是选择合适的场所。场所合适与否直接关系到沟通双方的心理感受和外在噪声的干扰。在公众场合下,应避免在噪声比较大的地方交谈,如施工场所、十字路口。应尽量寻找安静、舒适、典雅、有格调的咖啡厅、茶室等,同时力求避免电话、手机和他人的干扰。如果是在家中聚会,有必要将电视音量关小,保证室内空气清新、舒适,假如临近街道,可以将门、窗关紧,同时注意室内家具的摆放、颜色的搭配等细节问题。

二是选择恰当的时间。公众场所都有自己的高峰期,像公园、商场、节假日风景区,人比较多,咖啡厅晚上人流不息,而餐馆则在中午、下午6点以后客人较多。选择场所时还应考虑时间的不同,对谈话双方的效果也将不同。

三是保持一定的距离。说话者跟听话者感情好,私下交谈时则相互挨得近,恋人更是如此。但如果在正式场合,不论亲疏,都应保持一定的距离。过远,则不容易听清;过近,容易使说话者感到紧张。

b. 做好倾听的心理准备。倾听,要求倾听者要有良好的精神状态,集中精力,随时提醒自己交谈到底要解决什么问题,听话时应保持与谈话者的眼神接触,但在时间的长短上应适当把握好,如果没有语言上的呼应,只是长时间盯着对方,会使双方都感到局促不安。另外,要努力维持大脑的警觉,保持身体警觉则有助于使大脑处于兴奋状态。

倾听时,应该保持开放的心态,这是提升倾听技巧的指导方针之一。这样做不但使你能考虑到事情的各个方面,还能减少你与说话者之间的防御意识,而这种意识会极大阻碍你们之间的良好沟通。回应说话者时,即使你不同意他的观点,也应对其信息保持积极的态度。

c. 正确的态势语言。人的身体姿势会暗示出他对谈话的态度,自然开放性的姿态,代表着接受、兴趣与信任。根据达尔文的观察,交叉双臂是日常生活中最普遍的姿势之一,一般表现得优雅且富于感染力,让人看上去自信心十足。但这常常自然地转变为防卫姿势,当倾听意见的人采取这种姿势,大多是持保留的态度。向前倾的姿势是集中注意力、愿意听倾诉的表现。所以说二者是相容的。倾听时交叉双臂跷起二郎腿也许是很舒服，但往往让人感觉这是种封闭性的姿势，容易让人误以为不耐烦或高傲。

d. 对主题或说话者产生兴趣。这样做有助于倾听者以积极的态度进行倾听。倾听时，你的目标应当是从每个说话者那里获取知识，但如果你对他们不感兴趣，就很难集中注意力。因此，应当消除自己对主题或是说话者的偏见，使自己对其产生兴趣。倾听时，应该关注说话者提供的信息，而不是他们的外表、性格或是说话方式，不要因为这些因素而对他们加以定论，应该根据他们提供的论据来判断信息的价值。另外，也不要仅仅因为说话者的出色表达就立即对他们做出肯定的判断。出色的表达并不意味着说话者传递的信息有价值。因此，应该等到说话者完整地传递了信息之后，再做出判断。

e. 积极关注自己不熟悉的信息。要提升自己的倾听技巧，还应该学会积极关注自己不熟悉的信息。如果在倾听时遇到此类信息，就更需要高度集中注意力。因为如果不这样做，就有可能抓不住信息中的重点。当对方传递的是自己不熟悉的信息时，可以采取下列方法来改变自己。

不要因为信息复杂而气馁。

使自己对学习产生兴趣。

通过提问来确认说话者的观点。

f. 专注于说话者的主要观点。倾听时，一定要专注于说话者的主要观点，为了全面理解讲话者的言辞中包含的内容和情感，倾听者要集中精力努力捕捉信息的精髓。这样做能避免强烈情感让你感到混乱和沉闷，并且能集中精神理解讲话者所述观点中的重点。

g. 不要过早下结论。要提升自己的倾听技巧，倾听者在倾听时就不要过早下结论。当你不同意说话者的看法时，最自然的反应就是立即不再理会他所传递的信息。尽管你不需要同意说话者的所有观点，但是在下结论之前，还是应该听完他的话。只要听完了全部的信息，就可以彻底地检验并公正地评估说话者的观点、论据和论证过程。

h. 复述说话者所传递的信息。通过复述，倾听者可以确定自己是否完全理解了该信息。复述时，倾听者可以用自己的话向说话者概括信息的主要内容，这样能减少对信息的误解和错误的推测。

i. 不到必要时，不打断他人的谈话。善于听别人说话的人不会因为自己想强调一些细枝末节、想修正对方话中一些无关紧要的部分、想突然转变话题，或者想说完一句刚刚没说完的话，就随便打断对方。经常打断别人说话就表示我们不善于倾听，个性激进、礼貌不周，很难和人沟通，所以除了在不得不说的情况下，不应打断对方的谈话。

j. 尊重说话者的观点。每个人都有自己的观点，要鼓励别人说出自己的看法，而不能因为自己的主观意愿否定自己不同意的观点，如果无法接受说话者的观点，可能会错过很多学习的机会，而且无法和对方建立起融洽的关系。

此外，还要学会换位思考，要站在对方的角度去考虑他所说的话，以客观的心态去面对说话者，用心去感受说话者的心情，感受他的喜悦或悲伤，这也是做到最高层次倾听的体现。这样做可以避免因心理定势和偏见等产生的障碍。

（5）掌握闲谈的技巧

在交际场合中，闲谈可以帮助你与别人建立亲密的关系，缓和紧张气氛；还会帮助你树立一个平易近人的良好形象，让别人从你的闲谈中感受你的见多识广，了解彼此的性格和建立和睦的私人关系；同时，你自己也可以从闲聊的过程中知晓各种有益的商业信息，因为人们往往能在不经意的闲聊中获得有用的信息。闲聊能反映一个人的知识、修养、追求与爱好。善于与别人闲聊的人往往能得到别人的喜欢，获得更多的朋友，也让别人得到信息和感到幽默的快乐。

① 选择话题，注意话题的安全性。在闲谈的时候一定要选择安全的话题，例如谈一谈孩子、天气状况、文化动态、交通堵塞、特价、环境问题、社会或城市的毛病等话题，不要涉及他人的收入、小道消息、私生活等话题，要避开办公室的有关公事。另外，最好找到双方共同感兴趣的话题，不要一味只顾自己高兴，而冷落了他人的参与，这是不礼貌的，也是没有交际技巧的表现。

② 适时发问。在交谈中，适时发问可以使交谈按照某个目的继续进行，调整交谈的气氛。同时，我们必须在事先没有准备的情况下根据对方的身份、地位、场合、关系来决定你的提问，进而使问题问得更得体。精妙的提问能使你获得需要的信息、知识和利益，并且证明你十分重视对方的谈话，从而激起对方的兴趣，向你提供更多的信息。

③ 注意反应。闲谈中要注意察言观色，当你提出问题后，对方避而不答或转移话题，那就要换一个对方感兴趣的话题了。

④ 闲谈的语言要求。要注意礼貌对人，不要出语伤人，要注意机智幽默。闲谈中临场发挥的特点决定了双方都要注意高度的机智性和灵活性。适当的闲谈起着调节气氛的重要作用。在这一过程中，幽默的人往往容易受到人们的欢迎。

⑤ 不要随便打断对方的讲话。有的人有这样的毛病，总喜欢打断对方的交谈，这是不尊重对方的表现，应该是等对方把话说完，再进行发言。

⑥ 避免行话、术语。不论是在跨国交流还是在本国的交流中，一定要注意不要使用行话、术语和方言，很多术语一般人是不懂的，尤其是与不同文化背景的人交谈，更应该注意。

⑦ 不要胡乱幽默。在闲谈的时候，不要使用双方从来没有使用过的幽默，因为你认为可笑的事情，对于别人尤其是外国人，就不一定明白你讲的幽默的可笑之处，所以，当一方已经笑得前仰后合的时候，而另一方却不知道怎么回事，这种场合是很尴尬的。所以，闲谈的时候，在谈话刚开始或只有仅仅几分钟的时候，最好不要讲难懂的幽默。

⑧ 不要与别人抬杠、争执。在交往中，和气生财，和气才能保证广交朋友，而不要与人发生无谓的争执，不要争强好胜，否则是不礼貌的。

⑨ 避免搬弄是非。在正式的商业场合中，一言一语都会成为影响商务交往的重要信息，不能搬弄是非与闲话，不要传播别人的信息，不要传播小道消息。朋友对你说的心里话，不要当作闲谈的资料去到处宣扬，这样做是不道德的。以后也不会有人跟你说真话了，你会因此失去很多朋友。

（6）弥补言行失误

如果在与人交往中不注重礼仪，往往会由于举止言行的某一个失误，导致终生遗憾。

那么,在言行出现失误的时候,该怎样弥补这一过失呢?

① 及时纠正。俗话说:"亡羊补牢,未为晚也!"每个人的言行不可能永远正确,当你一时失误时,应及时纠正,这才是明智之举。这种方法,在一定程度上避免了当面丢丑,不失为补救的有效手段。

里根纠正口误

一次,美国总统里根访问巴西。由于旅途疲乏,年岁又大,在欢迎宴会上,他脱口说道:"女士们,先生们! 今天,我为能访问玻利维亚而感到非常高兴。"

有人低声提醒他错了,里根忙改口道:"很抱歉,我们不久前访问过玻利维亚。"

尽管他并未去过玻国。当人们还来不及反应时,他的口误已经淹没在后来滔滔的大论之中了。①

② 及时移植。及时移植,就是把错话移植到他人头上。如说:"这是某些人的观点,我认为正确的说法应该是……"这就把自己已出口的某句错误纠正过来了。对方虽有某种感觉,但是无法认定是你说错了。

③ 及时引申。迅速将错误言辞引开、避免在错中纠缠,也就是接着那句错误的话之后说:"然而正确地说应是……"或者说:"我刚才那句话还应作如下补充……"这样就可将错话抹掉。

④ 借题发挥。借题发挥就是错话一经出口,在简单的致歉之后立即转移话题,有意借着错处加以发挥,以幽默风趣、机智灵活的话语改变场上的气氛,使听者随之进入新的情境中去。

求　　职

有一个新毕业的大学生去某合资公司求职,一位负责接待的先生递过来名片。大学生神情紧张,匆匆一瞥,脱口说道:"滕野先生,您身为日本人,抛家别舍,来华创业,令人佩服。"那人微微一笑:"我姓滕,名野七,地道的中国人。"大学生面红耳赤,无地自容,片刻后,神志清醒,诚恳地说道:"对不起,您的名字使我想起了鲁迅先生的日本老师——藤野先生。他教给鲁迅许多为人治学的道理,让鲁迅受益终生。希望滕先生日后也能时常指教我。"滕先生面带惊奇,点头微笑,最终录用了他。②

⑤ 将错就错。将错就错这种方法就是在错话出口之后,能巧妙地将错话续接下去,最后达到纠错的目的。其高妙之处在于,能够不动声色地改变说话的情境,使听者不由自主地转移原先的思路,不自觉地顺着自己的思维而思考。

①② 杨莊,王刚.礼仪师培训教程[M].北京:人民交通出版社,2007.

 小故事

"已过磨合期"

某次婚宴上,来宾济济,争向新人祝福。一位先生激动地说道:"走过了恋爱的季节,就步入了婚姻的漫漫旅途。感情的世界时常需要润滑。你们现在就好比是一对旧机器……"其实他本想说"新机器",却脱口说错,令举座哗然。一对新人不满之意更是溢于言表,因为他们都曾各自离异,自然以为刚才之语隐含讥讽。那位先生的本意是要将一对新人比作新机器,希望他们能少些摩擦,多些谅解。但话既出口,若再改正过来,反而不美。他马上镇定下来,略一思索,不慌不忙地补充一句:"已过磨合期。"此言一出,举座称妙。这位先生继而又深情地说道:"新郎新娘,祝福你们永远沐浴在爱的春风里。"大厅内掌声雷动,一对新人早已笑若桃花。①

这位来宾的将错就错令人叫绝。错话出口,索性顺着错处续接下去,反倒巧妙地改换了语境,使原本尴尬的失语化作了深情的祝福,同时又道出了新人之间情感历程的曲折与相知的深厚,颇有些"点石成金"之妙。

(7) 避免冷场发生

与人交谈,一个话题谈完了,如果两个人不善言谈,而另一个话题又没接上,那么,就有可能出现"冷场"的尴尬局面,别人会显出局促不安的神态,你也会无所适从,怎么办?一般来说,冷场分为两种情况:一种是单向交流,听的人毫无兴趣,注意力分散;另一种是双向交流中,听者毫无反应,或仅以"嗯"、"噢"之类应付。不管是哪种情况出现的冷场,根本原因都在于听者不愿听说话人所说的话,仅仅出于纪律的约束或处世的礼貌而扮演了一个"接受"的角色。发言者既要发言,必须实施控制,避免冷场的发生。避免和控制的办法如下。

① 发言简短。单向交流中那种应景式讲话,越短越好。如某商场举行开业仪式,邀请了市内各方面的人士参加。总经理只说了两句话:"女士们,先生们:热忱欢迎各位光临! 现在我宣布:××商场正式开业!"

双向交流中,任何一方都不要滔滔不绝地"包场",要有意识地给对方留下发言的时间和机会。自己一轮讲不完,应待对方有所反应后再讲,不要一轮就讲得很长。

② 交换话题。单向交流的话题变换是暂时的,所变换的话题是为了吸引听者的注意力,调动他们的兴趣。这一目的达到后,仍要回到原有话题的轨道。比如,教师在讲课过程中发现学生精力分散,东张西望、打瞌睡、窃窃私语、在桌上乱画,可以暂停讲授,穿插几句应景、时髦、诙谐的话;或者简短地讲个与教学多少相关的典故、趣闻,学生的精力便会一下集中起来,之后,再继续教学。双向交流的话题变换是不定的,根据现场情况随时进行。比如你与别人谈今日凌晨看的一场世界杯足球赛电视直播,可别人并不喜欢足球,也没有在半夜爬起来观看,对你所议显得毫无兴趣,出现冷场。这时,你就应及时将话题转到其他方面。

① 杨莊,王刚.礼仪师培训教程[M].北京:人民交通出版社,2007.

③ 中止交谈。任何人在交谈时都希望听者愿意接受。但若出现冷场,自己又采取了诸如简短发言、变换话题等控制手段,仍然不能扭转局面,那就应中止交谈。没有人接受的交谈是无意义的,既白白消耗自己的精力,又无端浪费别人的时间。

小知识

交谈的禁忌

一忌居高临下。不管你身份多高、背景多硬、资历多深,都应放下架子,平等地与人交谈,切不可给人以"高高在上"之感。

二忌自我炫耀。交谈中,不要炫耀自己的长处、成绩,更不要或明或暗拐弯抹角地为自己吹嘘,以免使人反感。

三忌口若悬河。如果对方对你所谈的内容不懂或不感兴趣,不要不顾对方的情绪,自己始终口若悬河。

四忌心不在焉。当你听别人讲话时,思想要集中,不要左顾右盼,或面带倦容、连打哈欠;或神情木然、毫无表情,让人觉得扫兴。

五忌随意插嘴。要让人把话说完,不要轻易打断别人的话。

六忌节外生枝。要扣紧话题,不要节外生枝。如当大家正在兴致勃勃地谈论音乐,你突然把足球赛"塞"进来,显然不识"火候"。

七忌搔首弄姿。与人交谈时,姿态要自然得体,手势要恰如其分。切不可指指点点、挤眉弄眼,更不要挖鼻掏耳,给人以轻浮或缺乏教养的印象。

八忌挖苦嘲弄。别人在谈话时出现了错误或不妥,不应嘲笑,特别是在人多的场合尤其不可如此,否则会伤害对方的自尊心。也不要对交谈以外的人说长道短,这不仅有损别人,也有害自己,因为谈话者从此会认为你也会在背后说他的坏话。更不能把别人的生理缺陷当作笑料,无视他人的人格。

九忌言不由衷。对不同看法要坦诚地说出来,不要一味附和。也不要胡乱赞美、恭维别人,否则,令人觉得你不真诚。

十忌故弄玄虚。本来是习以为常的事,切莫有意"加工"得神乎其神,语调时惊时惶、时断时续,或卖"关子",玩深沉,让人捉摸不透。如此故弄玄虚,是很让人反感的。

十一忌冷暖不均。当几个人一起交谈时,切莫按自己的"胃口",更不要按他人的身份而区别对待,热衷于与某些人交谈而冷落另一些人。不公平的交谈是不会令人愉快的。

十二忌短话长谈。切不可泡在谈话中,鸡毛蒜皮地"掘"话题,浪费大家的宝贵时光。要适可而止,说完就走,提高谈话的效率。[①]

2. 提问的语言艺术

在社交活动中,提问往往是交谈的起点,是把话题引向深入的方式之一。因此,会不会问,该怎么问,问什么,都直接影响着交际的效果。

---

① 杨荘,王刚.礼仪师培训教程[M].北京:人民交通出版社,2007.

（1）提问的作用

中医讲究的望、闻、问、切四种疗法，在人际交流过程中，同样适用。提问者必须掌握察言观色的技巧，学会根据具体的环境特点和谈话者的不同特点进行有效的提问。提问有以下三个作用。

① 有利于把握回答者的需求。通过恰当的提问，提问者可以从回答者那里了解更充分的信息，从而对回答者的实际需求进行更准确的把握。

② 有利于保持沟通过程中双方的良好关系。当提问者针对回答者的需求进行提问时，回答者会感到自己是对方注意的中心，他（她）会在感到受关注、被尊重的同时，更积极地参与到谈话中来。

③ 有利于掌控沟通进程。主动提问可以使提问者更好地控制对话沟通的进度，以及今后与回答者进行沟通的总体方向。一些经验丰富的提问者总是能够利用有针对性的提问来逐步实现自己的询问目的和沟通目标，并且还可以通过巧妙的提问来保持友好的关系。

（2）提问的原则

① 提问对象的辨识。提问应因人而异，即从对方的年龄、身份、职业、性格以及不同的民族文化背景出发，选择不同的提问方式和技巧。

② 提问场合的敏感性。提问要注意场合，比如厕所里一般不适合高谈阔论；办公室里，当对方很忙或正在处理一些急事时，不宜提琐碎无聊的问题；当对方伤心或失意时，不宜提太复杂、太生硬或者是可能引起对方不愉快的问题。注意场合，还要考虑对方的回答，比如一位中学生很想去游泳，但他父母不让去，如果当着他父母的面，你问他"去游泳吗？"这位中学生可能因为怕他父母会给你一个虚假的回答"不去"，如果换个场合提问，其结果可能会说"去游泳"。

③ 提问目的的鲜明性。在提出疑问的时候，要带着鲜明的目的性。或者为了寻找答案，或者为了引导对方进一步说明问题，或者作为问题的假设和可能……这些都是提问的目的。鲜明的目的，能够让提问变得有效；然而，鲜明并不等于完全的直接，在某些情况下，旁敲侧击反倒会比直接询问更有效果。同时，还应注意一定要紧扣提问的目的，不能迷失于连环的询问中而失去根本。

④ 提问方式的多样性。在提问过程中，不要拘泥于一种提问方式，单一的提问与回答的形式会使沟通变得不自然、不活跃，会影响到回答者的思考模式。提问的方式要多样，要根据不同的沟通内容、不同的沟通目的、不同的环境，使用不同的提问方式。如提前给出问题，让回答者进行准备，有利于获得相对完整和系统的回答；在现场沟通中进行提问，则可以得到直接而相对真实的回答。连环式的提问具有引导作用；跳跃式的提问则可以开拓思维；设问式的提问可以给出以问为答；反问式的提问则具有权势的威压……

⑤ 提问语言的简明性。提问的语言不宜过长，要通俗、干净、利索，不要拖泥带水、含糊其辞，但应具有启发性和诱导性。提问中的语言必须能为对方所理解，同时要注意提问中不要提一些"是不是"、"对不对"等不需要动脑、脱口而出的问题，因为可能得不到正确的或者提问者想要的答案。

⑥ 提问难度的量力性。提出的问题要与沟通的内容相关，不要出现风马牛不相及的

"提问",也不要出现重复的"错问",同时,提出问题的难度要具有量力性,必须考虑到沟通对象的年龄特征、知识水平和接受能力。一般来说,低难度的问题是针对较为具体的特殊的事例,中难度的问题则可以是一些抽象的带有一般规律性的问题,高难度的问题则是以开放式为特征,考量回答者的综合素质。在对群体提问时,难度应控制在中等水平,以大多数的回答者经过思考能够回答为前提,既不要过于简单,也不要过于艰难。

⑦ 提问留有余地的艺术。提问一定要留有余地,以免伤害别人。美国明尼苏达大学拉尔夫·尼科斯基博士对此作了四点概括:一是忌提明知对方不能或不愿作答的问题;二是用对方较适应的"交际传媒"提问,切不可故作高深,卖弄学识;三是不要随意搅扰对方的思路;四是尽量避免你的发问或问题引起对方"对抗性选择",即要么避而不答,要么拂袖而去。

(3) 提问的方式技巧

① 直接提问法。提问者从正面直接提问,开诚布公、干脆利落、直截了当地讲明询问目的,开门见山地提出问题。

在运用正面提问法时要注意情感的铺垫,使对方心理上会舒缓一些,也能合作一些,同时防止提问过于直白,以免显得过分生硬,容易造成询问对象的排斥心理,难以获得有价值的信息和材料,而且还会给人一种笨嘴拙舌的感觉。

② 限定提问法。人们有一种共同的心理——认为说"不"比说"是"更容易和更安全。所以,一般在沟通过程中,提问者向回答者提问时,应尽量设法不让对方说出"不"字来。提问者在问题中给出两个或多个可供选择的答案,此时可采用限定提问法,即两个或多个答案都是肯定的。如与别人订约会,有经验的提问者从来不会问对方"我可以在今天下午来见您吗?"因为这只能在"是"或"不"中选择答案。如果将提问方式改为限定型,即改问:"您看我是今天下午 2 点钟来见您还是 3 点钟来?"当他说这句话时,提问的目的就已经达成了。

③ 迂回提问法。迂回提问是指从侧面入手,采用聊天攀谈的形式,然后逐步将问答引上正题。这种提问方式一般时间性不太强,谈话也不受特定场合与报道方式的限制。当沟通对象感到紧张拘束,或者思想有所顾虑不太愿意交谈,或者虽然愿意谈,却又一时不知该怎么谈的情况下,提问者可以采取侧面迂回的提问方式,逐渐将谈话引上正题。应当明确的是,旁敲侧击只是一种手段而不是目的。因此,聊天的内容应当是有目的、有选择的,表面上似乎和采访无关,实质上应该是有关联的。

④ 诱导提问法。当遇到询问对象了解许多信息,却因谦虚不太愿意说,或者由于性格内向不会说,或者要谈的事情需要一番回忆,或者对方想说又不便自己主动说等情况时,都可以采取诱导提问方法。采用启发诱导的方式,可以引导对方的思路,又可以诱发对方的情感,进一步引导对方明确沟通的范围和内容,渐渐打开对方的"话匣子",也可以激活对方的思路,引起对方的联想,从而有针对性地把沟通对象掌握的信息引导出来。

⑤ 追踪提问法。所谓"追踪提问法",是指提问者把握事物的矛盾法则,抓住重点,循着某种思路、某种逻辑进行连珠炮式的提问。这种提问既要按照事物的内在联系,把基本情况和事实真相了解清楚,又要抓住重点,深入挖掘,达到应有的深度。一般来说,提问者对于触及事物本质的关键性材料,以及对方谈话中的疑点,或者从对方谈话中发现的有价

值的新情况、新线索，往往会抓住不放，打破砂锅问到底，直至水落石出。但是追问，既要问得对方开动脑筋，又要让对方越谈越有兴趣，态度、语气都要与谈话的气氛协调一致，不要把追问搞成逼问，更不要变成变相"审问"。

⑥ 假设提问法。假设提问法是指提问者通过假设的方式提出一些假设性的问题，是一种"试探而进"的提问方法。这种提问方法采用"如果"、"假如"一类的设问方式，不但可以了解采访对象的观点、看法和见解，而且还能深入了解对方的内心世界。

假设提问法往往用来启发沟通对象的思路，引导对方谈出对某个问题、某种事情的真实想法，或者设身处地地为对方着想，积极帮助对方回忆某种情景，或者用来调节对方的情绪，促使对方谈出一些不太想说、不太好说的事情或想法，或者由提问者对人物或事物进行合乎规律地推断、预测，促使对方产生联想和想象，或者提问者已经有了一定的认识，再提出一些假设性问题，与沟通对象开展讨论，促使自己深化认识。

⑦ 激将提问法。激将提问法是指以比较尖锐的问题，适当地刺激对方一下，促使对方的心态由"要我说"变为"我要说"，从而不能不说，甚至欲罢不能。运用激将提问法时，提问者要考虑自己的身份是否得当，刺激的强度是否适中，还要考虑谈话的气氛怎样。有些时候尖锐、刁钻、奇特甚至古怪的提问，是"兵行险招"，成则大成，败则大败。例如某些西方政治家，也爱接待善于用"激将提问法"的记者，他们通过巧妙地回答记者的刁钻刻薄的提问，能够在公众面前显示自己的才能。

⑧ 错问提问法。错问提问法是指"以误求正法"，即指提问者故意提出错误的问题，以考察、试探、激发采访对象，以便了解真实的材料，探求事实真相。需要注意的是，运用错问提问法，可能会造成采访对象的某些误解。因此，在沟通结束时，提问者应当说明原因，消除误解，以免留下后遗症。

⑨ 插入提问法。插入提问法就是在沟通过程中，做必要而适当的插入。比如重复、强调采访对象说的某个重要问题或某句关键性的话；纠正对方的口误；对方没有讲全，需要及时补充的内容；对方没有谈到，需要及时提醒的内容；尚未听清、听懂的话，等等。在沟通过程中，插入提问法可以使沟通双方有效地抓住有价值的材料。

协商提问法。协商提问法以征求对方意见的形式提问，诱导对方进行合作性的回答。在协商型提问的时候，一般已经是针对某个既定的事实进行确认，但是不使用强硬的语气，对于回答者会比较容易接受。在协商型提问中，即使有不同意见，也能使沟通双方保持融洽关系，双方仍可进一步洽谈下去。如："您看是否明天一起去厦门南普陀？"

转借提问法。转借提问法是指提问者假借他人之口提出自己想提的问题。这种提问，不但可以借助第三者提出一些不宜于面对面提出的问题，而且可以显示出问题的客观性，增强提问的力度。回答者为了澄清事实，以正视听，也往往会表明自己的态度或提供相关的事实。

提问的方法丰富多样，提问者可以根据沟通中的具体情况，灵活地加以运用。同时，这些方法既相对独立，又互相联系。它们可以单独使用，也可以交替或交叉使用。在掌握了每种方法的要领后，就可以在沟通的过程中运用自如，获取最佳沟通效果。

3. 回答的语言艺术

（1）回答的作用

回答问题是沟通过程中的重要环节之一，有效的回答建立在对提问者的观察、了解的基础之上，具有以下三个作用。

① 有效回答问题能够使提问者的疑问得到解答。当提问者提出问题时，或许期待关于沟通话题的更多内容，或许希望与回答者就某些问题展开辩论。回答者的角度就是要解答提问者的疑问，通过成功解答问题，可以增强回答者的讲话的说服力，使对方不但获得信息，而且心悦诚服。

② 有效回答问题能够使回答者获得进一步的展示。回答者在回答问题时，更使自己继续立于讲话者的角度，他（她）拥有提问者所不具备的优势，通过回答的系统性与连贯性，使回答者自身的能力与学识获得进一步的展示，获得沟通对象的认可。

③ 有利于减少与沟通者之间的误会。在与提问者沟通的过程中，很多回答者都经常遇到误解提问者意图的境况，不管造成这种问题的原因是什么，最终都会对整个沟通进程造成非常不利的影响。因此，回答者应该根据实际情况进一步了解，弄清提问者的真正意图，然后根据具体情况采取合适的方式进行解答，以减少沟通中的误会。

（2）回答的原则

正如在讲话过程中要把握住要点一样，在问答过程中把握问答的要点同样重要。如果无法做到，说话者就会失去了说服听众、主导话题的重要机会。因此，在问答过程中，尤其是回答问题的过程中，要始终坚持三条原则，从而把握住话语的主动权。

① 始终保持回答者的信用。确保自己在回答每个问题时都能保持严肃认真、谦虚礼貌的态度，正确的态度会带来鲜明的回答内容与性格，从而使回答者保持自信。如果回答者在提问者的心目中失去信用，那么在整个沟通的过程中都将处于被动的局面。如果在解答问题的过程中情绪失控或者对听众心存戒备，都将导致回答者的主导地位受到质疑。

② 用回答来满足听众。面对众多的提问，回答者不必回答所有问题。不要在一个人身上花费太多时间。不过很可惜，大部分回答问题的人都希望能从所有听众那里看到满意和赞许的眼神，于是刻意地将时间花在一个问题上，从而失去了对其他人、其他问题的解答。因此，回答者在面临很多个问题的时候，要学会用一种可以平衡所有对象的方式来解决问题，眼神不要停留在一处太长时间，保持对整个会场的关注。对提问题太多的人可以说："你问了一个非常有深度的问题。可是因为我们有许多听众都有需要解答的问题，我回答问题的时间又非常有限，所以可不可以把机会让给别人？"这样既不失礼貌，又能使正常的进程得以继续。

③ 力求获得其他听众的支持。尊重提问者，让提问者获得持续的尊重，而给予回答者一定的时间和耐心。如果一次被问到过多的问题，比如，"我怎样才能解决人员不足、空间不足、老板也没有给予我足够的信任的问题？"回答者可以这样应答："你问了 3 个非常好的问题，可是因为还有其他的听众要提问，就让我先回答一个吧，如果我们还有时间的话再来解决剩下的问题好吗？"以这种方式，即使你只回答了其中部分问题，仍然能够使听众满意。并且，听众将会对回答者产生敬意，因为没有让一个人独占了大家有限的时间。

如果回答者被问到一个偏离主题的问题,可以停顿一下,然后问:"在座的其他人还有类似的问题吗?"如果没有,就简要地回答一下这个问题,并且告诉提问者自己很愿意在讲话结束后留下来同他进一步探讨这个话题。这个办法在回答那些不怀好意的提问者时也很有效。

（3）回答的三种方式

回答的方式技巧很多,我们介绍以下几种。

① 针对性回答。有时问题的字面意思和问话人的本意不是一回事,我们回答时,就不仅要注意问话的表面意义是什么,更要认清提问人的动机、态度、前提是什么,使回答具有针对性。例如:一次,某专科学校期末考试安排老师监考。有一名学生违反考试纪律夹带小抄,被监考老师抓住。其班主任前来求情。于是就有了这样一段对话:"他反正又没看到,你高抬贵手原谅他这一回吧。"监考老师回答:"国家明文规定,私自拥有或藏匿枪支,属于违法行为。如果有人私自藏匿枪支却并未杀人,算不算犯罪呢?"班主任哑口无言。无独有偶,一次,英国大戏剧家萧伯纳结识了一个肥头大耳的神父。神父仔细打量着瘦骨嶙峋的剧作家,揶揄地说道:"看着你的模样,真让人以为英国人都在挨饿。"萧伯纳马上接过话说道:"但是,看看你的模样,人们一下子就清楚了,这苦难的根源就在你们这种人身上!"

② 艺术性回答。这里所说的艺术性包括避答、错答、断答、诡答。

a. 避答。这种方式用于对付那些冒昧的提问者所提的问题。有时,某些问题自己不宜回答,但对方已经把问题提到面前了,保持沉默显然被动,就可以避而不答。日本影星中野良子来到上海,有人问她:"你准备什么时候结婚?"中野良子笑着说:"如果我结婚,就到中国度蜜月。"中野良子的婚期是个人隐私,中野良子自然不愿吐露。她虽然没有告诉婚期,却说结婚到中国度蜜月,既遮掩过去,又表现了她对中国人民的友谊。

b. 错答。这是一种机警的口语表达技巧,既可用于严肃的口语交际场合,也可以用于风趣的日常口语交际场合。它的主要特点是不正面回答问话,也不反唇相讥,而是用话岔开问话人所问的问题,做出与问话意见错位的回答。请看下面的例子:一个美丽的姑娘独自坐在酒吧间里,从她的装扮来看,她一定出身豪门。一位青年男子走过来献殷勤,"这儿有人坐吗?"他低声问。"到阿芙达旅馆去?"她大声地说。"不,不,你弄错了。我只是问这儿有其他人坐吗?""你说今夜就去?"她尖声叫,表现得比刚才更激动。许多顾客愤慨而轻蔑地看着这位青年男子。这位青年男子被她弄得狼狈极了,红着脸到另一张桌子上去了。

以上例子,是很典型的错答,是用来排斥对方和躲闪真实意思的交际手段,用得很成功。运用错答的语言技巧,一是要注意对象和场合;二是使对方明白,既是回答又不是回答,潜在语是不欢迎对方的问话;三是有时要利用问话的含混意思,答话虽模棱两可,似是而非,但对方也无法理解。

c. 断答。就是截断对方的问话,在他还没有说出或者还没有说完某个意思时,即做出错答的口语交际技巧。它与错答相同之点在于答与问都存在人为的错位,即答非所问;它们的不同点是,错答是在听完话之后做的回答,断答是没有听完问话抢着进行回答。为什么不等对方问清楚,就要抢先回答?有以下两种原因:一是等对方把问话全说出,就会泄露出某种秘密,难以收拾;二是待听全问话再回答,就会比较被动,不好应付。因此,考虑对方要问什么,在他的问话未说完时,就迅速按另外的思路回答,一是可以转移其他听众注意力;二是可以使问者领悟,改换话题,免于因说破而造成尴尬局面和其他不良后果。一对青年男女在一起工作,男方对女方产生了爱慕之情,急于要向女方表白心意;女方却不愿将友情向爱情方面发展,认为还是不要说破,保持一种纯真的朋友情谊为好。于是,出现了下面的断答。

> 男青年:我想问问你,你是不是喜欢……
> 女青年:我喜欢你给我借的那本公关书,我都看了两遍了。
> 男青年:你看不出来我喜欢……
> 女青年:我知道你也喜欢公共关系学,以后咱们一起交换学习心得?
> 男青年:你有没有……
> 女青年:有哇!互相切磋,向你学习,我早就有这个想法。
> 男青年:……①

这位女青年三次断答,使得男青年明白了她的想法,于是,不再问了,这比让男青年直接问出来并让女青年当面予以拒绝,效果要好得多。

d. 诡答。这是与诡辩连在一起的回答。诡,怪的意思。诡答,即一种很奇怪的回答。在特殊的情况下,不能、不宜或不必照直回答时,应急中生智,用诡答技巧做出反常的回答,既增添了谈话的情趣,又应付了难题。清朝乾隆年间的进士纪晓岚在宫中当侍读学士时,要伴皇帝读书。一天,天色已亮,而乾隆皇帝还没来,纪晓岚就对同僚说:"老头子还没来?"恰巧乾隆皇帝跨门而入,听到他的话,就愠怒地责问:"老头子三个字作何解释?"纪晓岚急中生智,跪下道:"皇上万寿无疆叫作'老';皇上乃一国之君,顶天立地叫作'头';皇上系真龙天子,叫作'子'。"于是龙颜大悦。"老头子"本来是一种对老年人不尊敬的称呼。面对乾隆的责难并为了开脱自己的罪责,纪晓岚采用文字拆合法来偷换概念,居然把"老头子"变成了对皇帝的敬称。试想,如果纪晓岚不是运用"诡辩"来应付这样的难题,怎么能避免一场杀身之祸呢?

③ 智慧性回答。智慧性回答包括否定预设回答和认清语义并诱导回答两种。

a. 否定预设回答。预设是语句中隐含着使语句可理解、有意义的先决条件。在正常情况下,这种先决条件的存在是不言而喻的,如"鲁迅先生是哪一年去世的?"这个问话包含有预设:鲁迅先生已经去世。预设有真假之别,符合实际的预设是真预设,反之就是假预设。就问话而言,其预设的真假关系到对问话的不同回答。黑格尔在《哲学史讲演录》中谈到古希腊诡辩学派时曾讲过这么一个例子:有一位诡辩学派的哲学家问梅内德谟:"你是否已经停止打你的父亲了?"这位哲学家提此问题的目的是要迫使从未打过自己父亲的哲学家陷入困境,因为无论梅内德谟做出"停止了"或"没有停止"的回答,其结果都是承认自己打过父亲的虚假的预设。可见,利用虚假预设可以设置语言陷阱。有些智力测试题提问陷阱的设置也是如此。1992年1月3日中央电视台《天地之间》节目中"乐百氏

---

① www.eywedu.com/Sanguo/65/mydoc007.htm　2009-09-28.

智慧迷宫"里有道智力测试题为:"秦始皇为什么不爱吃胡萝卜?"选手们都答不上来。此问预设了"秦朝时有胡萝卜"、"秦始皇吃过胡萝卜"这两点,将思考点定在"为什么不爱"。其实秦朝时还没有胡萝卜。答案应是:秦朝还没有胡萝卜,秦始皇当然说不上爱吃胡萝卜了。

b. 认清语义并诱导回答。人们理解语言会受到已有经验的影响,自然而然地产生某种语义联想。如,由"春天"会想到桃红柳绿、万紫千红;从"冬天"又会想到寒风凛冽、白雪皑皑;见"晚霞"能想到色彩的绚丽;看"群山"就能想到山势的起伏……既然普遍存在着语义联想,那么就可以利用语义联想来设置陷阱,诱导目标进入思维定势的困境。例如在一个没有星星、看不见月亮的时候,有一个盲人身着黑衣,步行在公路上。在他的后方,一辆坏了车前灯的汽车奔驰而来,奇怪的是,司机在未按喇叭的情况下,却安全地将车停在了盲人的身后。这是怎么回事呢? 见到"星星"或"月亮"这些词语,我们一般都会联想到晚上。现在出现了"星星"、"月亮"、"黑"、"灯"等字眼,我们就很容易与"黑夜"联系起来了,而这正是本题的陷阱。它通过这些词语诱导你的思维走向"黑夜",如果出现这种情况,你就会山穷水尽、百思亦难得其解了。答案应是:"这是白天,毫不奇怪。"

语言诱导这种陷阱在智力测试提问中可以说随处可见。知道这种陷阱的特征,有些问题就很容易解答了。

4. 说服的语言艺术

（1）说服的基本条件

说服就是改变或者强化态度、信念或行为的过程。说服是以求得对方的理解和行为为目的的谈话活动,是使自己的想法变成他人的行动的过程。说服的过程是思想、观点的交锋,也是沟通的重要方面。说服是以人为对象,进而达到共同的认识。人们常说:"人生,就是从来不间断的说服过程。"尤其是在商务领域,聚集着各种性格的人,为了达到共同的目标,大家必须同心协力,因此说服的场面更是俯拾皆是,可以说主要工作就是不间断地说服。只有善于说服的人才能够获得他人的尊重和信赖。要想取得良好的说服效果,必须具备如下条件。

① 说服者具有较高的信誉。说服进行的基础,是取得对方的信任。而信任,来自于说服者的信誉。信誉包括两大因素:可信度与吸引力。可信度高、吸引力强的人,说服效果明显超过可信度低、吸引力弱的人。可信度由说服者的权威性、可靠性以及动机的纯正性组成,是说服者内在品格的体现。吸引力主要指说服者外在形象的塑造。说服者的年龄、职业、文化程度、专业技能、社会资历、社会背景等构成的权力、地位、声望就是权威性。俗话说:"人微言轻,人贵言重。"一般来说,一个人的权威性越大,对别人的影响力也就越大。如果说服者在被说服者心目中形成了某种权威性形象,那么他说服别人转变态度的可能性也就越大。要提高说服者信誉,首先要提高说服者自身各方面的素质,使之具有合理的智能结构,具有高尚的道德修养,具备权威性和可靠性,说服才有分量、有威信,才能赢得听者的尊重和信赖。此外,还需重视外在形象的整饰,一个外貌、气质、穿着、打扮能给人好感的人,一个言谈、举止、口音等方面能与对方体现出共性的人,才具有吸引力。一个恰当的印象,会产生第一印象效应,帮助说服者成功说服他人。

②　对说服对象有相当的了解。古人云:"知彼知己,百战不殆。"在说服他人之前,必须了解要说服的对象,及时捕捉对方思想、态度方面流露出的点滴信息,摸清对方思想问题的症结所在,了解对方的心理需求,根据不同情况区别对待,因人而异,有针对性地开启对方的心扉,才能真正实现感情和心灵的共鸣,避免或减少盲目说服造成的错位反应。

首先,要了解对方的性格。苏洵在《谏论》中举了一个有趣的例子:有三个人,一个勇敢,一个胆量中等,一个胆小。将这三个人带到深沟边,对他们说:"跳过去便称得上勇敢,否则就是胆小鬼。"那个勇敢的必定毫不犹豫地一跃而过,另外两个则不会跳,如果你对他们说,跳过去就奖给两千两黄金,这时那个胆量中等的就敢跳了,而那个胆小的人却仍然不会跳。突然来了一头猛虎,咆哮着猛扑过来,这时不待你给他们任何许诺,他们三个人都会先你一步腾身而起,就像跨过平地一样。从这个例子我们可以看出,不同性格的人,接受他人意见的方式和敏感程度是不一样的,针对性地采取不同的方法去说服对方,更容易达到我们的目的。

其次,要了解对方的优点或爱好。有经验的推销员,一进入顾客家中,总会立刻找到客户感兴趣的话题进行交谈。例如,看到地毯,马上会说:"好漂亮的地毯,我也很喜欢这种样式……"通过各种话题创造进入主题的契机。因为从对方的长处或最感兴趣的事物入手,一方面,能让对方比较容易接受你的观点;另一方面,在对方所擅长的领域里更容易说服他。

最后,要了解对方的看法和态度。有一位歌星特别爱摆架子,一次要参加一个大型义演的现场节目,时间是晚上 9 点。可是到了 7 点,这位歌星忽然打电话给唱片公司的总监,说她今天身体不舒服,喉咙很痛,要临时取消当天的演出,唱片公司的总监没有破口大骂,而用惋惜的口吻说:"唉!真可惜,这次演出最大牌的歌星才有机会亮相,如果你现在取消,公司里还有很多小牌歌星挤破头在等哩!可是如果换了人,电视台一定会不满。有那么多后起之秀想取而代之,你这样做恐怕不妥吧?"歌星听后小声地说:"那好吧!要不你 8 点来接我,我想那时我身体应该会好一点吧。"这位唱片公司的总监很清楚这位歌星,根本就没什么毛病,只是喜欢摆摆架子,所以找准了对方拒绝的真实原因,进而有针对性地进行说服。

③　能够把握住说服的最佳时机。说服还要能够抓住最佳时机。同样一番道理,彼时说可能不如此时说,现在说不如以后说。时机把握得好,对方才会愿意听,才会用心听,才能听得进。否则,说服过早,会被对方认为神经过敏或无中生有;说服过迟,已时过境迁,对方认为你是"事后诸葛亮",你即便有再好的口才、再好的意见,都不可能收到预期的效果。掌握时机,要将说服对象与时、境、理联系起来考虑,配合起来运用。可利用特定场合,造成境、理相衬,进行深入说服;可利用景中道情、情中说理进行委婉说服;还可借助眼前事物,进行暗示说服等。

④　必须营造良好的说服氛围。说服,总是在一定的语言环境中进行的。环境制约了语言,因此,说服效果的好坏,一定程度上也取决于环境。一个宽松、温和、优雅的环境较之肃穆、压抑、逼人的环境,其说服的效果自然会好得多;在一个自己熟悉的地点环境中施行说服,较之于陌生的环境,自然也会有利得多。营造一个恰当的说服氛围,不仅是必要的,而且是必需的。某啤酒生产厂得罪了一家餐馆的经理,对方就改换销售另一品牌。在

直接和负责人谈判无效的情况下,销售人员天天晚上去这家餐馆里帮忙搬运货物,甚至包括竞争对手生产的啤酒。他总是说:"你是我的老顾客了,我要为你服务,即使你不销售我们公司生产的啤酒。"他的诚意终于打动了经理,最后争取到了独家销售权。可见充分体验对方的感受,会营造出融洽的感情,在此基础上再委婉地提出自己的观点,怎么可能不赢得对方的赞许呢?

(2)说服的语言技巧

① 换位思考,晓以利害。要站在对方的立场考虑问题,理解并同情对方的思想感情,从对方的角度说明问题,体验你的思想感情,进而使他改变自己的看法,达到理想的说服效果。1977年8月,克罗地亚人劫持了美国环球公司从纽约拉瓜得亚机场到芝加哥奥赫本的一架班机,在劫持者与机组人员僵持不下之时,飞机兜了一个大圈,越过蒙特利尔、纽芬兰、伦敦,最终降落在巴黎市郊的戴高乐机场。在这里,法国警察打瘪了飞机轮胎。

飞机停了3天,劫机者同警方僵持不下,法国警方向劫机者发出最后通牒:"喂,伙计们! 你们能够做你们想做的任何事情,但美国警察已到了。如果你们放下武器同他们一块儿回美国去,你们将会判处不超过2~4年徒刑。这也可能意味着你们也许在10个月左右释放。"

法国警察停顿片刻,目的是让劫机者听进去这些话。接着又喊:"但是,如果我们不得不逮捕你们,按我们的法律,你们将被判死刑。那么你们愿意走哪条路呢?"劫机者被迫投降了。

本例中法国警察在劝说中帮助劫机者冷静地分析客观形势,明确向对方指出了两条道路:投降或者顽抗,投降的结果是10个月左右的徒刑,而顽抗的结果只可能是死刑。面对这两条迥异的道路,早已心慌意乱的劫机者识相地选择了弃械投降,符合自己的利益,从而做出正确的选择。

② 稳定情绪,再行说服。在生活中,有些人受到种种因素的刺激,往往容易感情用事,不经过慎重周全的考虑就莽撞地采取行动,鉴于这种情况,我们应该先设法让对方的情绪稳定下来,然后提出比贸然行事更合理、更有利的举措,这样就能使对方冷静地斟酌、衡量,并为了更大程度地维护自身利益而抛弃原来的草率决定。俄国十月革命以后,农民得到了解放,成千上万的农民来到莫斯科。由于他们对沙皇仇恨很深,因此坚决要求烧掉沙皇住过的房子。有人把这件事向列宁汇报了。列宁指示干部们对农民进行说服教育。第一次劝告,农民不听;第二次、第三次,仍然劝说无效。最后列宁决定亲自和农民谈话。

列宁对农民说:"烧房子可以。在烧房以前,让我讲几句,行不行?"

农民们说:"请列宁同志讲。"

列宁问道:"沙皇的房子是谁用血汗造的?"

农民说:"是我们自己造的。"

列宁又问:"我们自己造的房子,不让沙皇住,让我们农民代表住,好不好?"

农民说:"好!"

列宁再问:"那要不要烧掉呀?"

农民觉得列宁讲的道理很对，再也不坚持要烧掉沙皇住过的房子了。①

这里，对沙皇的仇恨激发了农民焚烧皇宫的强烈愿望。在数次劝说无效的时候，列宁通过与农民对话使他们的情绪稍稍平定，然后提出让农民代表住沙皇的房子的建议，农民认识到这个方案不仅能发泄愤怒，而且可以给自己带来实际的好处，于是很快表示赞同，"烧房子"的决定也因此而"搁浅"。

③ 位置互换，改变角色。让对方改变位置，变化角色进行说服是一种十分有效的方法。在美国，频繁的车祸使交通部门感到很头痛。他们用罚款和其他法律手段来劝肇事者注意安全，但收效甚微。后来，交通部门在专家们的建议下，采纳了一个新的办法。他们让那些违章司机换个"位置"——换上护士服，到医院去照料那些因交通事故住院的受害者。体验他们的痛苦，结果收到奇效，那些违章司机从医院出来后判若两人。他们不仅成为遵守驾驶规章制度的模范，而且成了交通法规的积极宣传者。② 在进行说服谈话中，利用这种方法也能收到奇效。

④ 讲究方式，引起关注。在说服时，要选择能够引起对方关注和兴趣的方式表达意见，要运用富有吸引力的内容支撑你的观点，从而引导说服对象关注设定的话题，让对方充分了解说服的内容。第二次世界大战期间，国际金融家萨克斯(Sachs)想使罗斯福政府批准试制原子弹。第一次他使用了很多罗斯福听不懂的专业术语，全面介绍了原子弹可能产生的影响，但是罗斯福被冗长的谈话弄得很疲倦，他的反应是想推掉这件事；萨克斯第二次面对罗斯福时，改变了说话的方式，他对罗斯福说："我想向您讲一段历史。早在拿破仑当权的时候，法国正准备对英国发动进攻，一个年轻的美国发明家富尔顿(Fulton)来到了这位法国皇帝面前，他建议建立一支由蒸汽机舰艇组成的舰队，拿破仑利用这支舰队无论在什么天气的情况下，都能在英国登陆。军舰没有帆能航行吗？这对于那个伟大的科西嘉人来说，简直是不可思议的。他把富尔顿赶了出去。根据英国历史学家阿克顿(Acton)爵士的意见，这是由于敌人缺乏见识而英国得到幸免的一个例子。如果当时拿破仑稍稍多动一些脑筋，再慎重考虑一下，那么19世纪的历史进程也许会完全是另一个样子。"罗斯福听完萨克斯的话后，立即同意采取行动。③ 由此可见，选择了能引起说服对象关注的内容和方式，就会取得不同的效果。

⑤ 以情动人，以理服人。在表达某种意见时，用诚挚而令人感动的语气说出来，别人的心容易被征服。要说服别人，有时激起对方的情感比激起对方的理性思考更为有效。有些孩子做错了事，往往任何斥责都听不入耳，但母亲动人肺腑的痛哭，反而会使其泯灭的良心复苏。如果在说服他人的时候，仅仅着眼于主题突出、例证充足、声音动听、姿态优美，而说出的话冷冰冰，肯定不能奏效。要想感动别人，就得先感动自己。要将真诚通过自己的情感、声音输入听者的心底。说服还要摆事实、讲道理来使人相信，使人赞同你的观点和主张。唐太宗为了扩大兵源，想把不在征调之列的中年男子都招入军中。丞相魏征知道后对他说："把水淘干了，不是得不到鱼，但明年恐怕就不会有鱼了；把森林烧光了，

① 周璇璇.实用社交口才[M].北京:北京大学出版社,2008.
② 李晓.沟通技巧[M].北京:航空工业出版社,2006.
③ 陈秀泉.实用情景口才——口才与沟通训练[M].北京:科学出版社,2007.

不是猎不到野兽,但明年恐怕就无兽可猎了。如果中年男子都招入军中,生产怎么办?赋税哪里征?兵员不在多,关键在于是否训练有素,指挥有方,何必求多呢?"太宗无言以对,只好收回了成命。魏征借用两件与主要事件相类似的事例作比,既形象又深刻地阐明了不能把中年男子都调入军中的道理,入情入理的说服,让太宗心服口服。

5.赞美的语言艺术

美国管理学家玛丽·凯(Mary Kay)说:"赞美是一种有效而且不可思议的力量。"的确如此,在社会交往中,绝大多数人都期望别人欣赏、赞美自己,希望自身的价值得到社会的肯定。公关人员恰当地运用赞美的方式,会激发人们的积极性,产生巨大的精神力量。

(1)赞美的类型

赞美,是社交语言中一种常见的言语交际形式。从不同角度,赞美可以作不同的分类。

① 从赞美的场合上分类,可以把赞美分为当众赞美和个别赞美。当众赞美是指面对特定的组织、团体、群体等,对某人或某事的赞美,如表彰会、庆功会、总结大会等。这种形式能充分调动全体人员的积极性,鼓动性强,宣传面广,影响面大,能产生一定的轰动效应,营造热烈、向上的气氛,但它受时间、场所限制,运用不好,容易流于形式和走过场。个别赞美是指在会下针对个别人谈话中予以表扬的形式。这种形式使用方便、自如灵活、针对性强,做思想工作比较细致,能解决一些具体问题,效果比较好,时间、地点不受限制。

② 从赞美的方式上分类,可以把赞美分为直接赞美和间接赞美。直接赞美是指直接面对好人或好事予以赞美,以告世人皆知,这是一种常用的表扬方式。在一个社会组织内,出现好人好事,单位领导或管理人员要及时予以表扬,或者通过大会场合,或者通过某种媒介,表扬先进,带动后进,能形成良好的风气。这种形式直截了当,不拐弯抹角,使人们听到后得到鼓励和好感。间接赞美是指通过第三者来赞美某人或某事的形式。使用这种形式,注意分寸,讲究策略,往往是当面不便直接开口,或者是找不到合适的时机去说,而借用对方传达自己赞美他人的话语。这样,使他人听到后感到心情舒畅。这种形式通过对方传达佳话,能消除隔阂、增强团结、融洽气氛,创造和维系良好的上下级关系和同志关系。

③ 从赞美的用语上分类,可以把赞美分为直接赞美和反语赞美。直接赞美是指对好人好事用正面言语加以赞美的形式。这种赞美开门见山、直截了当、使用灵活、形式多样,应用范围广泛。反语赞美是指用反语来赞美某人或某事的形式。这种形式在特定的言语环境和背景下使用,幽默含蓄,别致风趣,比一般的赞美有更好的表达效果。例如:某制药厂厂长,赞美一位药剂师大胆实验、大公无私的献身精神,说:"为了减少药物的副作用,在正式投产前,你长期泡在实验室里,对新药不择手段,抢吃抢喝,多吃多占,在自己身上反复实验,我这个厂长真是拿你没有办法。"这种反语赞美的形式,令人感到新奇巧妙,别有情趣。

(2)赞美的语言艺术

一般来说赞美是一种能引起对方好感的交往方式。赞同我们的人与不赞同我们的人相比,我们更喜爱前者,这符合人际交往的酬赏理论。

但令人遗憾的是:不少人把赞美当作取悦他人的简单公式,不分时间、地点、条件对他人一味地加以赞美,实际上,这一做法是很不足取的。因为我们知道:人借助语言进行交往,语言具有影响对方的心理反应,进而影响双方人际关系的效能,任何一种语言材料、语言风格、交往方式对人际关系产生何种影响,常因人、因时、因地而异。赞美这一交往方式也不例外,它的效能也具有相对性和条件性。

美国心理学家阿伦森曾举例说:假设工程师南希出色地设计了一套图纸。上司说:"南希,干得好!"毋庸置疑,听了这话,南希一定会增加对上司的好感。但如果南希草率地设计了一套图纸(她自己也知道图纸没设计好),这时,上司走过来用同样的声调说出同一句话,这句话还能使她产生好感吗?南希可能得出上司挖苦人、戏弄人、不诚实、不懂得好坏、勾引异性等结论,其中任何一项都会使南希对上司的喜爱有所减少。

因此,赞美的效果要受各种条件制约。能引起好感的赞美要借助以下条件。

① 热情真诚的赞美。每个人都珍视真心诚意,它是人际交往中最重要的尺度。能引起好感的赞美首先必须是发自内心、热情洋溢的,否则就是恭维。赞美和恭维的区别正如卡耐基所说:"很简单,一个是真诚的,另一个是不真诚的;一个出自内心,另一个出自牙缝;一个为天下人所欣赏,另一个为天下人所不齿。"大音乐家勃拉姆斯是个农民的儿子,生于汉堡的贫民窟,享受不到受教育的机会,更无从系统学习音乐,所以,对自己未来能否在音乐事业上取得成功缺乏信心。然而,在他第一次敲开舒曼家大门的时候,根本没有想到他一生的命运在这一刻决定了。当他取出他最早创作的一首C大调钢琴奏鸣曲草稿,手指无比灵巧地在琴键上滑动,弹完一曲站起来时,舒曼热情地张开双臂拥抱了他,兴奋地喊着:"天才啊!年轻人,天才……"正是这出自内心的由衷赞美,使勃拉姆斯的自卑消失得无影无踪,也赋予了他从事音乐艺术生涯的坚定信心。在那以后,他便如同换了一个人,不断地把心底里的才智和激情流泻到五线谱上,成为音乐史上的一位卓越的艺术家。正是这一句真诚的赞美,创造了一位音乐大师。

② 令人愉悦的赞美。赞美的言语应该是对方喜欢听的言语,能达到使人愉悦的目的,我们称它为愉悦性原则。在交际活动中,遵守愉悦性原则,就是要多说对方喜欢听的话语,不说对方讨厌的言辞。这样,往往能收到较好的表达效果。

　小故事

关于朱元璋的一则笑话

朱元璋有两个过去一起长大的穷朋友。朱元璋后来做了皇帝,这两位朋友仍过着苦日子。一天,一位朋友从乡下赶到南京,拜见了朱元璋。他对朱元璋说:"我主万岁!当年微臣随驾扫荡庐州府,打破罐州城,汤元帅在逃,拿住豆将军,红孩儿当关,多亏菜将军。"朱元璋听到他讲得很动听,十分高兴,也隐约记起他所说的一些事情,立刻封他做了御林军总管。事情一传出,另外一个朋友也去了南京,拜见朱元璋,也说了那件事:"我主万岁!从前,你我都替人家看牛,一天我们在芦苇荡里,把偷来的豆子放在瓦罐里煮着,还没煮熟,大家就抢着吃,把罐子打破了,撒了一地豆子,汤都泼在泥地里。你只顾从地下满把的

抓豆子吃,却不小心连红草叶也送进嘴去。叶子哽在喉咙口,苦得你哭笑不得。还是我出的主意,叫你用青菜叶子带下肚子里去了……"朱元璋见他不顾体面,没等他说完,就命令:"推出去斩了!"从上例可见,第一位朋友将放牛娃偷吃豆子的趣事,赞美为叱咤疆场的赫赫战绩,巧妙比喻,高雅别致,说得动听,使人愉悦。第二位朋友明话直说,粗俗低劣,讲得不爱听,有伤皇帝尊严,自然当斩。①

③ 具体明确的赞美。空泛、含混的赞美因没有明确的评价原因,常使人觉得不可接受,并怀疑你的辨别力和鉴赏力,甚至怀疑你的动机、意图,所以具体明确的赞美才能引起人们的好感。对他人总以"你工作得很好"、"你是一个出色的领导"来赞美,只能引起对方的反感。

④ 符合实际的赞美。在赞美别人时,应尽量符合实际,虽然有时可以略微夸张一些,但是应注意不可太过分。如某个人对某领域或某个方面提出了一些很好的意见,或者有了一点成果,你可以说:"你在这方面可真有研究。"甚至可以说:"你是这方面的专家。"可如果你说"你真不愧是个著名的专家"、"你真是这方面的泰斗"等,对方如果是个正派人就会感到不舒服,旁观者就会觉得你是在阿谀奉承,另有企图。

⑤ 让听者无意的赞美。赞美者不是有意说给被赞美者听的赞美叫无意的赞美。这种赞美会被人认为是出自内心,不带私人动机的。如《红楼梦》中一次贾宝玉针对史湘云、薛宝钗劝他要做官为宦、仕途经济的话,对史湘云和袭人赞美黛玉道:"林妹妹不说这样混账话,若说这话,我也和他生分了。"凑巧这时黛玉正好来到窗外,无意中听见这些话,使她"不觉又惊又喜,又悲又叹"。结果宝黛二人推心置腹,感情大增。

⑥ 不断增加的赞美。阿伦森研究表明:人们喜欢那些对自己的赞美显得不断增加的人,并且与自始至终都赞美自己的人相比,人们更喜欢那些最初贬低自己,后来逐渐发展到赞美自己的人。因为相对来说,前者容易使人产生他可能是个对谁都说好的"和事佬"的感觉;但人们对后者会留下这样一种印象:说我不好,一定是经过考虑、分析的,可能有他一定的道理。从而认为对方可能更有判断力,进而更喜欢他。

⑦ 出人意料的赞美。若赞美的内容出乎对方意料,易引起好感。卡耐基在《人性的优点》中讲过他曾经历的一件事:一天,他去邮局寄挂号信,从事着年复一年的单调工作的邮局办事员显得很不耐烦,服务质量很差。当他给卡耐基的信件称重时,卡耐基对他称赞道:"真希望我也有你这样的头发。"闻听此言,办事员惊讶地看着卡耐基,接着脸上泛出微笑,热情周到地为卡耐基服务。显然这是因为他接受了出乎意料的赞美的缘故。

总之,赞美是人的一种心理需要,是对他人尊重的表现,是一剂理想的黏合剂,它给人以舒适感,使我们拥有更多的朋友。但"赞美引起好感"并不是绝对的、无条件的,它要受赞美动机、事实根据、交往环境诸因素的制约和影响。因此公关人员在与公众相处时,必须记住——"一味地赞美不足取"。

---

① http://www.cpd.com.cn/gb/newspaper/2010-09/04/content_1401057.html. 2010-09-04.

5.1.3　即兴演讲的技巧

随着人们交际范围的日益扩大和人们演讲水平的提高,即兴演讲已经更广泛地应用于答记者问、观后感、来宾介绍、欢迎致辞、婚事贺词、丧事悼念、宴会祝酒、赛场辩论、自由发言等场合。职业人士在公众场合即兴演讲的能力和水平也是其职业形象的反映。

1. 即兴演讲概述

即兴演讲是一种广义的演讲,是演讲者在无准备情况下临场构思起来"讲几句话",故被人称为"脱口而出的艺术"。在纷繁复杂的日常交际活动中,凡集会、讨论、访问、会谈、参观甚至致贺凭吊等,都要用到它。考察各种即兴演讲的发生,不外两种情况:一种是演讲者身临其境,有所见、有所感、有所想,产生强烈兴致而做的演讲,这是主动的即兴演讲。另一种是演讲者受邀请、遭"袭击"而被迫发表的演讲,这是被动的即兴演讲。

(1) 即兴演讲的特点

较之一般的演讲,即兴演讲有其特殊性,这主要表现在四个方面。

第一,话题明确,针对性强。由于即兴讲话一般是对近期或眼前情况的"有感而发",这就使话题的内容在一定的范围内显示其鲜明的针对性。所以选题宜小,内容比较集中,议论求准、求精。

第二,态度明朗,直陈己见。即兴讲话是在有限时间内对现实话题所做的迅速的反应,所以一般是直截了当地表明自己的看法,褒贬分明,毫不含糊,很少绕弯子。

第三,有感染力,有说服力。即兴演讲注重临场发挥,但临场发挥并不是信口开河,要力求说在点子上,以内容的深刻精辟及其无懈可击的逻辑力量令听众信服,同时力求贴近生活实际,以饱满的热情感染听众。

第四,短小精悍,生动活泼。即兴讲话常以简明扼要显其力度,并以亲切生动的表述给听众留下深刻的印象。但短小并不是空洞无物,恰恰相反,它要言之有物,信息密度大,应当实现思想性、知识性和趣味性的统一,显示出一种"磁性"。

(2) 即兴演讲的要求

即兴演讲要取得成功关键在于运用言语思考能力,在头脑中进行快速构思。其基本要求体现在以下几个方面。

① 要有明确的目的。由于场合、气氛、主题各不相同,当站起来说话时,要紧扣主题,并尽可能与场上的气氛和谐一致。在喜庆的场合,不要说丧气话;在庄严的场合,少讲玩笑话。最好围绕主题,有一说一,有二说二,切忌东拉西扯。

② 要有敏捷的思维。自己要讲的内容应迅速筛选,挑选与之有关的内容来讲,其他的"忍痛割爱"。对在场听众的反应也不可等闲视之,即便在讲的过程中也要通过"察言观色"体察听众的反应和场上的气氛,并对要讲的内容、语气、节奏等做出相应的调整。

③ 要快速组合材料。在中心和材料确定以后,先讲什么,后讲什么,要做到心中有数。一边讲,一边也要用语言去充实,使之条理清楚,内容充实。一般来说,是先有思维,后有语言,二者之间有那么一点点间隙,反应迅速就能心到口到,使讲话一气呵成。

④ 要讲出有见地的内容。即兴讲话要求讲话人反应迅速,不论是主动演讲,还是被动应付,都能就地随时产生出思想,找到话题、资料和语言,并有机地组合起来,在口头上如声应响地表达出来,所以即席发言者注意力要高度集中,其睿智常在此时迸发,深邃敏捷的思考能给听众以极大的启迪。即兴讲话虽然没有过多时间作充分准备,但不等于可以草率处之。其实,就是一两分钟的讲话,也应有新的见解,争取引人入胜。因此,在别人说话时要留心听,对别人的意见或观点要认真思考。到自己发言时,或补充发挥别人的观点,或独辟蹊径,提出新的观点。千万不要重复别人的讲话内容,这会导致听者反应冷淡,自己也自讨没趣。

要做到以上几点,演讲者在参加集会或活动之前,一是要小有准备,问问自己该讲些什么,事先打个腹稿,到时就能沉着镇定、侃侃而谈了。有时为避免发言的人把你准备好的内容"抢走",你最好准备几个话题。二是平时注意积累各方面的知识。没有思想,缺少知识,要想做出很漂亮的即兴讲话,一鸣惊人,是不可能的。所以,要丰富自己的知识,博闻强记,这样无论什么场合都会有话可说。

（3）即兴演讲的语言特色

即兴演讲独特的时境状态和交际氛围,决定了它必然具有区别于备稿演讲的语言特色。这种语言特色主要应该有以下四点。

① 符合情境。众所周知,即兴演讲是演讲者在特定场合、有感而发的演讲。因此,激起兴致的情境,就成了产生即兴演讲的一个不可缺少的重要因素。这种客观情境,不仅能对演讲者的心理加以刺激,促使其"说欲"的产生和思维的进展,而且会对演讲者的语言产生影响,致使其口头表达呈现出鲜明的情境特色。例如:"同学们,我们每天看到的都是白墙黑板灰泥地,我们应该去饱览一下那透着生命活力的绿色,去欣赏一下那蓝天下的红花绿柳、赭石褐土、青山白水,去领略一下大自然的风采,去谛听一下泠泠作响的激石泉水和嘤嘤成韵的百鸟争鸣! 不然,高考的硝烟快要把我们烤焦了,单调的'作息时间表'快要把我们驯化成'机器人'了。明天,就是清明,山明水秀、地清天明,让我们到水光潋滟的崂山去度过令人心醉的两天——出发!"这是一个教师在参加春游的学生整队待发时即兴演讲的一段话。演讲者置身校园这个让人感到枯燥单调的现实环境,面对充满期待的年轻人,心中禁不住涌出了一股激情。这激情拓开了广阔的精神世界,在想象的情境中,他生动地描述了春天的大自然那美丽迷人的风采。应当说,正是这一段极富情境色彩的形象化语言,一下子激发了学生对大自然的热切向往和美好憧憬,产生了强烈的心灵感召力。

② 口语表达。演讲是一种口语表达活动。在备稿演讲中,演讲者就不能不注重它的口语色彩。同备稿演讲比,即兴演讲更具有鲜明的口语特色。实践经验表明,演讲者只有运用通俗明快、朴实自然的口语表情达意,才能在即兴演讲中创造一种观众喜闻乐见的现场气氛。例如:"对一个人,不同的人有不同的感觉。我的下属看见我就觉得可怕。他们想到的就不是魅力,而可能是恐惧。南方有句话,叫空谈误国,实干兴邦。我每天工作到午夜,不是我勤快,是事情逼到这份儿上了。我对干部说,我一天工作十几个小时,你们干8 小时能干好? 现在讲潇洒、讲休息,我就不信这话。我说不把干部们累死我不甘心,不过这两年先别累死,还得让他们干活呢。"这是一位市长听了记者称赞他给人"感觉非常好"、"很有魅力"之后的一段即兴讲话。由此可见,这位政府官员讲话既不带官腔,也不事

雕琢。他善于运用浅显的词语、灵活的句式和变化的语气坦诚直言,给人以朴实亲切的感觉。正是这通俗易懂、切实感人的口语,体现了一个勤政为民的领导干部平易近人的作风和求真务实的精神。

③ 简洁鲜明。即兴演讲是在特定的场景中进行的。一个明智的演讲者,不会毫无顾忌地喋喋不休。因为这种饶舌,不仅会给人以啰唆之感,令人讨厌,而且由于准备不充分,说多了也难免出现口误。倒不如讲的少而精,讲的多些见解,表达效果反倒会好些。例如:

> "你们好!此时,面对大家,我真的有些紧张。我在想,你们能接受我吗?"

> "我是一名医学硕士研究生。传统观念里,人们常常把研究生和书呆子联系在一起。在这里,我要用自己的实际行动告诉大家:研究生同样有美的理想、美的追求,同样热爱美的生活。"

> "作为一名未来的医生,我从未后悔过对救死扶伤这一崇高职业的选择;作为一名现代女性,我更珍视拥有充实多彩的人生。"

> "在此,我要用我的实际行动来证明:春城的小姐都不是花瓶,而我们女硕士研究生也都不是书呆子。"

这是一位女研究生在礼仪小姐决赛场上的即兴演讲。演讲者走上台来,并不奢谈本次竞赛活动的重要意义,也不畅叙本人求学成功的曲折经历。短短几句话,中心明确,层次清晰。不仅陈述了自己现场的真实心境、参赛的独特动机,而且表达了自己崇高的职业理想、远大的人生追求,给听众以强烈的感染和深刻的启发。如此精粹的即兴演讲,突出体现了语言简洁的鲜明特色。

④ 幽默风趣。幽默感,作为一种特定的审美态度,是演讲者人格魅力的生动体现。演讲心理学研究表明,在即兴演讲中,激发演讲者产生说欲的"兴",不仅可以成为幽默语言的心理触媒,而且能够增强语言幽默的现场效应。因此,演讲者应当根据现场实际需要,善于运用多种艺术手段,表现出语言的幽默特色,使即兴演讲充满情趣性和感染力。例如:

> 唱爱情流行歌曲?这我倒是没有精神准备。不过,假如我唱上一段"这就是爱,稀里糊涂……"岂不是对我一辈子严肃认真、执着专一爱情的亵渎吗?老伴听了,岂不要抗议吗?(掌声、笑声)假如我喊上一嗓子"悄悄蒙上你的眼睛,让我猜猜你是谁",不得把在座的少男少女们吓趴下吗?(掌声、笑声)假如我唱上一段"让我一次爱个够,给你我所有……"诸君岂不要将我送进疯人院吗……(掌声、笑声)对于这些爱情流行歌曲,我既无相适应的年轻与潇洒,也缺少那软绵绵甜丝丝的嗓音儿,是不能也,亦是不为也。为此,美好的爱情歌曲,还是留给风华正茂的年轻朋友们唱吧。

这是一位老同志在某市新闻界举办的新春联欢会上即兴演讲的一段话。面对观众"欢迎老汉唱段现代'爱情'流行歌曲"的热情呼喊,他不是用生硬粗俗的语调严词拒绝,而是以幽默风趣的话语婉言谢绝,既含蓄地表达了对某些"爱情"流行歌曲的批评意向,又巧妙地避免了自己顺应要求而勉为其难的尴尬。如此富有幽默的讲话,显然强化了联欢会的喜悦气氛,突出了即兴演讲语言幽默的特色。

（4）即兴演讲的成功要素

即兴演讲是事先无准备、临场现发挥的演讲，它要求演讲人既能快速构思，又能流利表达。怎样才能达到这样的境界，取得即兴演讲的成功呢？必须从以下三个方面入手。

① 储备材料。作为即兴演讲，临时构思必须有素材，现场表达必须有内容。倘若脑中空洞无物，即使嘴皮子再灵，也免不了犯"无米之炊"之难，受"思路枯竭"之苦。可见，储备材料是关键所在。材料不是天上掉下来的，而是从平时的学习（也包括向生活学习、向社会学习）中积累起来的。一个人的知识面越宽、阅历越广，他的素材就越丰富，思路也就越开阔。当然，"积累"必须以"观察"、"多思"为基础。如果看书走马观花、听广播看电视过而不留、生活现象熟视无睹、社会新闻充耳不闻，讲话构思还是免不了"搜索枯肠"。积累，就是把所察所思储存起来，积累的东西方方面面，但归结起来不外两大类：一是典型事例；二是理性思辨。前者使我们说话有"凭据"；后者使我们分析有"道理"。需要时，可顺手拈来，使其为某一论题服务。当你用一根思想的红线把材料的珍珠穿起来时，一篇有理有据的"腹稿"就形成了。

② 构筑框架。材料有了，怎样迅速构筑起演讲的框架呢？请熟练掌握以下一些构架方式。

a. 开头部分。"好的开头往往是成功的一半。"即兴演讲一般时间都不会太长，精彩而有力的开头就显得更为重要。以下两种基本开头方式入题快、吸引人，可供采用，更多的精彩开头方式，本学习领域将有专节介绍。

一是直入。演讲开头直接进入论题，亮出观点。这样的开头干净利落，醒人耳目，而且无须费时费心去寻找其他的"引子"。使用这种方法切忌含含糊糊，要求观点明确、态度明朗。例如，列宁同志于1918年8月23日在《阿列克谢也夫民众文化馆群众大会上的讲话》是这样开头的："今天我们党召开群众大会来谈谈这样一个题目：我们共产党人为什么而奋斗。对于这个问题，可以作一个最简短的回答，为了停止帝国主义战争，为了社会主义。"

二是借境。这是指演讲者利用当时当地的环境特点来沉浸会议气氛、激发听众热情的一种演讲方法。这种方法灵活生动，富于情感。但描绘的环境特点必须与主题思想相吻合，切不可牵强附会，卖弄风骚。鲁迅先生曾在厦门中山中学作过一次演讲，他开头时说："今天我能够到你们这学校来，实在很荣幸。你们的学校，名叫中山中学，顾名思义，是为了纪念孙中山。中山先生致力国民革命40年，结果创造了'中华民国'。但是现在军阀跋扈，民生凋敝，只有'民国'的名目，没'民国'的实际。"鲁迅先生从自然环境中的学校名称讲起，一针见血地指出了名与实之间的巨大反差，从而激发出中山学校的师生们为完成中山先生未竟事业而奋斗的革命热情。

b. 主体部分。主体部分是用来展开演讲内容、充分阐释自己观点、见解的部分。它的构架方式多种多样，最基本的有如下几种方式。

一是并列式。把讲话的主体分为几个部分分别阐述，这几部分的关系是并列的。例如指导教师在"儿童口才培训班"结业汇报会上的讲话就采用了这种方式。

领导的支持坚定了我们搞儿童口才培训事业的决心——向领导致意。
家长的信赖与配合给予我们无穷的精神力量——向家长致谢。

小朋友们在培训班这个集体中刻苦练习、切磋琢磨,充分展示了自我——向小朋友祝贺。

希望大家随时随地练口才,将来做一个口才很棒的栋梁之材——静候小朋友进步的佳音。

二是连贯式。按事情发展经过和时空顺序来安排讲话的层次,各层次间的关系是连贯的。例如,以"家乡变奏曲"为题作即兴演讲,就可采用这种构架方式。

昨天,这里是一片荒凉;

今天,一片新绿在眼前;

明天,从这里走向辉煌。

三是递进式。把讲话主体分为几个层次,层次与层次之间是层层深入的关系。例如,对"商业贿赂"问题发表意见就可以这样构架。

"商业贿赂"的现状。

"商业贿赂"的实质与危害。

"商业贿赂"问题的根本治理。

四是正反式。主体部分是由正、反两方面的内容构成的,即一方面围绕着正面阐述;另一方面围绕着反面论述。例如,论证必须给企业"放权"的问题,可从以下两个方面入手。

企业没有自主权时,举步维艰;

企业有了自主权时,效益可观。

以上介绍的是几种最基本的组合方式,实际运用时,可综合交错使用。

c. 结尾部分。好的结尾犹如撞钟,响亮而有余音。以下几种方式可根据需要选择。

一是祈愿式。表达良好的祝愿(可用借境、作比等方法)。如:"祝中、尼(尼泊尔)两国人民的友谊像联结我们两国的喜马拉雅山那样巍峨永存。"

二是感召式。或抒发真挚、激越的情感,或展望光明美好的前景,或发出鼓动性的号召。如:"让我们用创造性的劳动去迎接新世纪的到来吧!"

三是理喻式。用寓意深刻的道理(可引用哲言警句等)启发听众去深思、探索。如:"'世有伯乐,然后有千里马'。人才辈出的时代首先应该是'伯乐'辈出的时代。"

四是总结式。用简洁的语句总结全篇、点明题意。如:"说一千道一万,归根结底还是这句话:扭转社会风气,要人人从'我'做起。"

切忌"泄劲"式的结尾。如:"我讲得不好,耽误大家时间了,请原谅。"

③ 完美展说。对即兴演讲来说,选材料、立框架,这一切都是在瞬间完成的,因而只是以一些片段的、轮廓式的、提纲大意的内部语言形式储存在头脑里。要把这样的内部语言转化为连贯的、具体的、有血有肉的外部语言,演讲者还必须具备一种"展说"能力,即把提纲大意"展说"成一篇内容具体、前后连贯的演讲词的能力。怎样来"展说"呢?

首先,要把"框架"中的每一个层次都看作一个"意核"或一个"中心句",心中把握住几个意核的顺序及内在联系。然后,不慌不忙先从第一个意核开始,围绕着它,或举例、引用,或回忆、联想,或比兴、引申,或补充、发挥⋯⋯把意核这个"中心句"扩展为"句群"。待这个意核充分发挥后,再进入第二个意核,也把它扩展为句群。这样仿效"扩展"下去,一篇内容具体、逻辑严密的即兴演讲就顺理成章地完成了。如果某个意核的含量太大,还可以把它分解为几个"小意核",按顺序把它们逐个展开。这种"扩句成群"的"展说"能力是即兴演讲的必备能力。很多人在心中打好了"腹稿"的前提下,说出来却吭吭哧哧,前言不搭后语,就是因为缺乏这种"展说"能力。没有或缺乏这种能力,内部语言就很难顺利、迅速地转化为外部语言。因而,我们平时就应有意培养这种"展说"能力。

以上三个方面,前两步立足于"快速构思";第三步着眼于"流利表达"。既能快速构思,又能流利表达,你就是一位成功的演讲家了。

2. 即兴演讲开场艺术

即兴演讲是一种最能反映人思维敏捷程度和语言组织能力的口头表达方式。而在极短的时间里构思出一次成功的演讲,开场白就显得尤为重要。下面介绍的即兴演讲开场艺术对演讲者的快速构思是大有裨益的。

（1）自我介绍

自我介绍适合于演讲者与听众初次相交,后者对前者的身份、工作和生活经历不很熟悉的情况。演讲者介绍的情况应是听众想了解的或是与会议主题内容相关的。某乡党委书记,一到任就深入某村搞调研,正值村召开青年大会,进行形势教育,于是乡党委书记就作即兴讲话,他是这样开头的:"大家可能不太熟悉我,因为我到这里工作的时间不长。我姓余,当然我不希望今天的讲话对大家是多余的。我参加工作五年,一直在农村度过,打交道的对象主要是像你们一样的农村青年。我的老家距这里只有几十华里之远,在座的大多数同志可能到过那里,因为驰名中外的屈子祠就坐落在我家的门前。"接着,他便从屈子祠讲起,转入了爱国主义教育的正题。

（2）综合归纳

综合归纳是指演讲者对其他人已经发言的内容进行综合,分析其特点,进而表明自己的观点或态度的一种演讲方法。一位领导者应邀去参加一个"领导干部与市场经济"的研讨会,在听取大多数同志的发言之后,他这样开始他的讲话:"以上很多同志做了发言,有的从宏观的角度谈了领导干部怎样去适应市场经济;有的结合工作实际从微观的角度论证了领导干部在市场经济中如何去搞好服务。前者具有较强的理论性;后者具有较强的针对性和操作性。我认为都讲得很好,至少可以说明,在'领导干部与市场经济'这个新的课题中,确实有很多新问题值得我们去思考去探讨。今天我要讲的是⋯⋯"

（3）提出问题

演讲者根据活动的主题思想有针对性地提出一些问题,进而进行解答。使用这种方法关键在于所提出的问题是否与主题思想相关,是否带有倾向性或争议性,解答问题时有明确的立场观点和充分的理由。在一次对高职学生进行就业观教育的会议上,一位演讲者是这样发言的:"为什么一些高校毕业生包括高职学生,总想着进企事业单位做管理性工作而不愿意去做一线的高级技工?为什么一些高职学生不发挥自己的专业特长去创业而甘愿闲居家中眼睁睁地盯着父母那几个血汗钱?我认为,这主要是我们的年轻人,包括一些年轻人的父母们还没有破除旧的就业观念。"

（4）故事启发

演讲者首先讲一个故事，然后从中启发性地提出问题，进而亮出自己的观点。使用这种方法应注意两个问题：一是讲的故事要短小精悍，并且具有趣味性或新闻性。二是这个故事的内容与会议主题相吻合，提出的问题应与会议的目的相吻合。在一次反腐倡廉的座谈会上，某与会者的发言是从一个古代故事讲起的。故事讲的是："春秋时代，孙子带着兵书去觐见吴王，吴王看后要孙子演习他的带兵方法。于是孙子挑选若干宫女分为两队，并挑选吴王的两名宠妃为队长。演习中尽管孙子三令五申，宫女们仍不听指挥，结果孙子置吴王命令于不顾，认为'臣既已受命为将，将在外，君命有所不受'，硬是将吴王的两名宠妃杀了。之后，宫女个个乖乖听话，无人抗命……"从这个故事，便引出了其发言的主题：要取得反腐的阶段性成果，关键在于不畏权势，敢于碰硬。

（5）借物寓意

借物寓意，即在事物寓于象征的意义上借"兴"而发。有的演讲者在开场白中采用以物证事的方法，借用某种具体事物，达到暗示事理的目的。

在上海市"钻石表杯"业余书评授奖会上，在众人的即兴演讲中，《书讯报》主编贾伟同志的演讲独具一格，他的开场白尤为精彩。

今天，我参加'钻石表杯'业余书评授奖会，我想说的是一句话：钻石代表坚韧，手表意味着时间，时间显示效率。坚韧与效率的结合，这是一个人读书的成功所在，一个人的希望所在。[①]

贾伟同志的开场白超脱了恭维话的俗套，以"钻石"象征"坚韧"，"手表"象征"时间"的修辞手法，给人的是力量、启迪与深思。语意深刻、言简意赅地揭示了读书求知、读书成才的道理，令人回味无穷。

（6）话题承转

话题转承，即在演讲主旨上借"兴"而发。演讲者巧借会议司仪的某个话题，转入演讲的主旨，提出自己的观点。

抗日战争时期，陈毅率领抗日游击队打日寇。有一次，部队在浙江开化县华埠镇休整，有一抗日组织请陈毅讲话，司仪主持会议时说："今天请一位将军给大家讲话。"陈毅这样开场："我姓陈，耳东陈的陈；名毅，毅力的毅。称我将军，我不敢当，现在我还不是将军。但称我将军也可以，我是受全国老百姓的委托去将日本鬼子的军。这一将，一直到把他们将死为止。"话音刚落，爆发出雷鸣般的掌声。陈毅同志这段十分精彩的开场白，在演讲主旨上作了发挥，洋洋洒洒，气势磅礴，为深化演讲主旨做了铺垫，有力地鼓舞了抗日群众的斗志。

（7）借题发挥

群众性演讲有特定的地点、特定的内容以及各不相同的气氛。演讲者即兴演讲的开头可以当场捕捉住这特殊的气氛，借题发挥，烘托气氛。

---

① http://wenku.baidu.com/view/1153d5fe700abb68a982.

上海市新闻工作者协会主席,原《解放日报》总编辑王维同志,一次出席上海市的企业报新闻工作者协会成立大会,这次会议是在上钢三厂新建的俱乐部会议厅召开的。他即兴演讲的开头说:"我来参加会议,没有想到有这么好的会场,这个会场不要说是上海市的企业报记者协会成立大会,就是市记协成立大会也可以在这里召开。没想到有这么多企业报的记者、编辑参加这个大会,它说明企业报的同人是热爱自己的组织、支持这个组织的。没有想到今天摆在主席台上的杜鹃花这么美丽,这标志着企业报记者协会也会像杜鹃花一样兴旺、发达……"他的演讲激起阵阵掌声。王维同志的开场白在会场、工作人员和鲜花上做文章,把三者巧妙地联系起来,提示了各个企业报雄厚的经济实力,表达了对各个企业报齐心协力的美好祝愿。

3. 即兴演讲出错补救

即兴演讲中语言出错是一种常见现象。我认为,解决这个问题的途径是,一方面,要通过长期的实践锻炼,不断提高自己即兴演讲的心理素质和表达水平,尽可能减少这种失误;另一方面,要掌握和运用一些必要的应变方法,以及时避免或消除因语言出错而可能造成的消极影响。

（1）将错就错

即兴演讲是在某种特定的现实场景中进行的,它的现场效果要受演讲者和听众两个方面的制约。无论是主观因素还是客观条件,一旦发生干扰,就可能造成演讲者无法预料的语言差错,而使自己陷入尴尬的境地。倘若出现这种情况,演讲就不妨将错就错,来一番即兴发挥,就会消除窘困,获得意想不到的现场效果。例如,一位节目主持人参加海南省狮子楼京剧团建团庆典,当她用充满激情的语言介绍京剧、剧团、来宾的时候,由于事先不了解情况,错把原本是花白头发的老汉——海南师范学院党委书记南新燕介绍成"小姐",面对"全场哗然"的意外,她先向被介绍人真诚地道歉,然后侃侃而谈。

您的名字实在是太有诗意了。我一见这三个字,立即想起了两句古诗:"旧时王谢堂前燕,飞入寻常百姓家。"这是一幅多么美丽的图画。今天,这里出现了类似的情景,京剧一度是流行在北方的戏曲,而现在,京剧从北到南,跨过琼州海峡,飞到了海南,而且在这里安家落户,这又是一幅多么美好的图画啊!

这位主持人的应变能力实在让人叹服。她在表示"对不起,我是望文生义了"的歉意之后,语意一转,就即兴发挥起来,由自己的语言失误引出活动的话题,并进行了富有诗意的生动描述。这一将错就错的补救方式,赢得了全场观众异乎寻常的热烈喝彩。

（2）巧妙辨析

实践表明,在即兴演讲中,演讲者有时会因为过于紧张或过于激动而造成一时的口误,在这种情况下,演讲者既不可能为了面子而置之不理,也不可能因为自尊而掩饰错误。"最好的办法是按正确的讲法再讲一遍"(邵守义语),也就是把错误改正过来。倘若能够根据现场的实际情况,有针对性地将正误对照起来巧作辨析,给听众的印象反而会更加深刻。例如,一位师范学校的班主任在新生入学后的第一次班会上即兴演讲,他说:

同学们,大家好! 你们从四面八方来到这所师范学校,开始了新的学习生活,我相信同学们一定会刻苦学习,不断进步。将来希望每一位同学都能成为合格的小学教师。不,应当这样说——希望将来每一个同学都能成为合格的小学教师。因为这个希望是现实的,它表达的是我此刻的真实心情,而你们将来才会真正走上讲台,开始从事太阳底下最光辉的职业……

这位教师在即兴演讲中凭敏锐的语感发觉了一句话的语序错误,并在迅速改正过来之后进行了巧妙地辨析。这样,既表明了语言的毛病,又解释了改正的原因。不仅没有造成语言失误的尴尬,反而强化了表达的效果,实在是一种高明的补救方法。

（3）自圆其说

在即席讲话中,演讲者一旦察觉自己的语言错误,往往会因为心理紧张而产生思维障碍,以致无法讲下去。倘若出现这种情况,演讲者应立即针对自己的失误,进行一番合乎情理的阐释,只要能够自圆其说,也不失为一种化错为正的补救方法。例如,在一次婚礼上,主持人热情地邀请来宾讲话,一位职业中学的教师上台即兴致辞,他说:

今天,是职业中学的夏明先生和经贸公司的叶红小姐喜结良缘的好日子……也许有人以为我说错了,夏先生和叶小姐不是同在一个公司上班吗？是的,夏明从商了,但一个月前,他还是职中的一名优秀青年教师。在我们心目中,他永远是我们的好同事。我愿借此机会,代表职中全体教职工,向一对新人表示最真挚的祝福！

显然,这位来宾由于一时激动,把新郎现在供职的单位介绍错了。也许他从听众异样的表情上察觉了自己的口误,于是,稍稍停顿之后,巧妙地进行了阐释。听了此番入情入理的言辞,谁还会责备他语言上的差错？演讲者这一化错为正的表白,不仅可以自圆其说,而且增强了抒情的真切感,产生了独特的现场表达效果。

（4）随机应变

进行即兴演讲,有时会出现这样的情况:演讲者自己不知为什么,竟说出一句错话,而且马上意识到了。怎么办呢？倘若遇上这种失误,演讲者不妨采用调整语意、改换语气等接续方式予以补救。只要反应敏捷、应变及时,就可以收到不露痕迹的纠错效果。例如,一位公司经理在开业庆典上发表即兴演讲,他用以下方式强调纪律的重要性。

公司是统一的整体,它有严格的规章制度,这是铁的纪律,每一个员工都必须自觉遵守。上班迟到、早退、闲聊、乱逛、办事推诿、拖沓、消极、懈怠,都是违反纪律的行为。我们允许这种现象的存在——就等于允许有人拆公司的台,我们能够这样做吗？

这位经理的反应能力和应变能力是很强的。当他意识到自己把本来想说的“我们决不允许这些现象的存在”一句话中的“决不”二字漏掉之后,马上循着语言表达的逻辑思路,续补了一句揭示其后果的话,同时用一个反问句结束,增强了演讲的启发性和警示力。这样的续接补救,真可谓顺理成章,天衣无缝。

4. 即兴演讲成功要诀

（1）实例引导

即兴演讲的开始便先举例,有三个好处:第一,你可以从苦苦思索下一句需要讲什么中解脱出来。第二,可以消除开始的紧张,使你有机会把自己所讲的题材逐渐温热起来,渐渐进入演讲的情景。第三,可以立即获得听众的注意,因为,事件——实例是立刻摄取听众注意力的万无一失的方法。

听众凝神谛听你所举出的富有人情趣味的实例,可使你在最迫切需要时——演讲开始后的极短时刻里,对自己的能力重新获得肯定。沟通是一种双方面的过程,能捉住注意力的演讲者马上就会感知到这一点,当他注意到那种接纳的力量,并感受到那种期盼的目光如电流般在听众头上交射时,他就感受到有种挑战要他继续讲下去。讲演者与听众之间建立的和谐关系,是一切成功演说的关键所在,没有它,真正的沟通即不可能发生。这就是为什么要以实例开始演说的原因。尤其是在别人请你说上几句话时,举例最为管用。

(2)充满生机

演讲者若拿出力量和劲头来,外在的蓬勃生气便会对其内在的心理过程产生极有益的效果。身体的活动与心理的活动关系极为密切,身心交流,即可使演讲产生最佳效果,慷慨激昂、侃侃而谈,从而吸引听众的注意力。一旦使身体充起"电"来,充起蓬勃的生气来,正如威廉·詹姆士所说:我们就能很快地使心灵快速展开活动。

(3)联系现场

即兴演讲时,首先向主持人致意,说上两句,可以有个喘息的机会,然后最好直接发表与听众有密切关系的言论,因为听众只有对自己和自己正在做的事情感兴趣。有三个来源可供演讲者摘取意念,作为即兴演讲之用。

一是听众本身。为使演讲轻松易行,千万要记住这一点:谈论自己的听众,说说他们是谁,正在做什么,特别是他们对社会和人类做了什么贡献,使用一个明确的实例来证明。

二是场合。当然也可以谈一下这次聚会的缘由,是研讨会、表彰大会、年度聚会还是政治集会?

三是前面人的演讲。善于演讲者往往也善于倾听,在听的过程中受到提示和启发,以此激发自己的演讲灵感。对前面的演讲话题,后面的演讲者或者可以拾遗补漏,或者可以转换角度,甚至可以因某个词、某句话的启发,构思一篇精彩的演讲。例如某大学中文系一次毕业生茶话会上,首先是系总支书记讲话,3分钟的即兴讲话主要是向毕业生们表示祝贺。然后是彭教授的讲话,他讲话的主题是希望同学们继续努力学习,还引用了一段列宁的名言。第三个讲话的潘教授朗诵了高尔基的《海燕》片段,以此勉励同学们学习海燕的精神。第四个讲话的系主任希望同学们永远记住母校和老师们。紧接着,毕业生们欢迎王教授讲话。王教授一字一顿地说:"我最喜欢说被人说过的话。(笑声)第一,我要祝同学们胜利毕业!(笑声)第二,我希望同学们'学习、学习、再学习'!(笑声)第三,我希望同学们像海燕一样勇敢地搏击生活的风浪!(笑声)第四,我希望同学们不要忘记母校,不要忘记辛勤培育你们的老师们!(大笑、热烈掌声)"王教授通过对前面四人演讲的主题的简练概括,完成了一次机智、风趣且具有个性特点的演讲。

(4)围绕中心

即兴演讲不是即兴乱说,手中无稿并非心中无谱,不着边际地胡扯瞎说,既不合逻辑,也不会成功。因此,必须围绕一个主题来合理归纳自己的思想,而这个主题就是演讲者要说明的,演讲者所举的事例要与这个主题一致。同时再强调一次,若能抱着至诚来演讲,演讲者一定会发现自己所表现的主题的充沛活力和无穷效力是有准备演讲所不能企及的。

（5）必要准备

正如著名的演讲大师卡耐基所言:无任何准备的演讲只是信口开河,根本不是真正的演讲。因此,即席演讲虽不像一般演讲那样需要有充足的时间来进行准备,但也应在尽可能的条件下进行准备。

① 心理准备。在参加一个会议或活动之前,可以先设想一下:自己是否有可能需要讲话? 如果讲,讲什么? 怎么讲? 在心理上做好准备。有了这种心理准备,可避免突然被"点将"后的那种吃惊、慌乱、尴尬或恐惧心理,能够迅速实现角色转换:由配角转向主角,由听者转向讲者,快速进入演讲状态。

② 材料准备。如果事先已经知道会议或活动的主题,可以简单地翻阅一下相关资料,临时扩大知识储备量以充实自己的大脑。这样,在被突然"点将"发言时,你就能对某一问题旁征博引,讲得头头是道,从而令听众对你刮目相看。

③ 酝酿腹稿。如果时间和情况都允许,演讲者还可以酝酿一下腹稿,形成一个大体框架,如迅速概括演讲的主题、组织工作演讲会结构等,明白自己要讲一个什么问题,如何讲清楚,先讲什么,后讲什么,如何结尾,把要讲的内容提要有条理、有层次地组织起来。值得注意的是,这个腹稿并不是一成不变的,随着演讲内容的逐步深入,可能在讲话过程中会随时改变或打乱原先的设计。

④ 临场准备。有时,演讲者也可能在毫无思想准备和心理准备的情况下被突然"点将",这时就要尽量争取临场准备时间。临场准备的时间虽短暂,却为演讲者提供了宝贵的思考空间。由于临场准备是以拖延时间为目的的,主要有以下两种方式。

a. 动作拖延。利用某种动作来拖延时间,在施展动作的同时,让大脑快速进行工作,然后再开始讲话。比如:端起茶杯喝口茶水、拉拉椅子、向听众点头或招手致意等。这些动作延迟的时间虽然很短,却给了演讲者一个喘息的机会,让大脑进行紧张快速地思考,同时调整了自己的心理状态。

b. 语言拖延。语言延宕就是先说些与主题关系不大的、无须深入思考且易于表达的题外话,以便大脑迅速组织材料。确立讲话的主旨、中心等,然后再慢慢切入主题。这样,就可避免演讲中冷场的尴尬。比如:在一次演讲当中,忽然有人向演讲者提问一个刁钻的问题,这位演讲者用语言延迟方法来解围:"这位听众问了一个很好的问题,我想大家也一定像他一样,很想知道我对这个问题的看法。那我就给大家做一下解答……"这样,在说这段话的同时,演讲者就可以使自己的大脑迅速活动和思考,等这段话说完了,他的答案也就组织得差不多了。

5.1.4　语言艺术修养

良好的语言表达能力、高超的语言艺术水平不是与生俱来的,而是艰苦磨炼、不懈努力的结果。我们要塑造美好形象,赢得他人的好感,就要在语言表达上具有一定的素养。

1. 塑造良好的语言形象

在人际交往中,每个人说话的内容、遣词造句,说话的语言、语调,说话的身姿、手势、表情……都会给对方留下一定的印象,即每个人都对他人树立了自己的语言形象。一个人说话的过程就是其语言形象塑造的过程。对现代人来说,语言形象是否具有魅力,直接影响到自身是否对对方具有吸引力,关系到交际的成败。那么,怎样塑造良好的语言形象呢? 可以从以下几方面着手。

(1) 增强自信心

自信心是交际取得成功的首要条件,是指一个人对自身能力与特点的肯定程度,是人的意志和力量的体现,是良好的语言形象的重要组成部分。

自信,意味着对自己的信任和欣赏。只有具有高度的自信心的人,在各种不同的公关交际场合才会显得落落大方、谈吐流畅,使自身的各种内在能力得到充分自如的发挥,而且还可以在交际中弥补自身其他方面的不足,增强整体的人际吸引力。

一个人的自信心不是与生俱来的,而是后天培养起来的。公关人员,尤其是刚涉足公关者,不要总想把一段话讲得尽善尽美,不出现丝毫纰漏,那样反而会在心理上造成一种不必要的压力。为了保持心理上的优势,一要消除自卑感,不必过多顾虑自我形象如何,只有做到"心底无私",才能感到"天地宽阔",自身的才气才会得到较好的发挥。二要正确对待听者,要了解环境和对象。要使语言富有感染力、说服力,就要尊重公众,放松情绪,不要一看到听众表情上的变化,便影响到自己的表达,给自己增加新的压力。三要有充分准备,对于自己说话的内容,尽可能事先想好,力争做到深思熟虑、胸有成竹,力求见解新颖、立论有据。同时,在语句搭配、表达方式上也须做必要的准备,有条件的还可事先练习一下。这样在语言表达过程中会表现得流畅自然,不致说到半截卡壳,也不会因发生意外情况而心慌意乱。

(2) 培养语言风度

语言风度是指一个人内在气质的语言表现,是一个人的涵养的外化。一个人风度翩翩,会使他具有强烈的人际吸引力,使人仰慕不已。使自己的语言具有风度,这是塑造语言形象的重要途径。

培养语言风度,首先要提高思想修养。风度是一种品格和教养的体现。俗话说:"慧于心秀于言","胸有诗书气自华"。如果没有远大的理想抱负、造福于人类的美好心灵,没有正义感、助人为乐、平等待人等高尚的道德情操,没有广博的知识储备、较高的文化素养、优雅的生活情趣,其语言必然粗鄙、不雅,毫无魅力可言。其次要使语言风度与自己的性格特征相吻合。风度是一种特征表现,各种不同的风度增添了人们交际的风采。要使自己成为成功、高雅的交际者,就应根据各自的气质、性格、特点来塑造自我风度,切勿东施效颦。正如卡耐基所说:"不要模仿别人。让我们发现自我,保持本色。"最后要注意修饰仪表,服饰要整洁大方,显示个性,富有美感,同时注意发型和美容。当然,要塑造外表美,必须从培养和提高内在素质入手。

(3) 提高口语发送能力

口语发送能力,即说话时对语言的速度节奏、声音的高低、声音的轻重大小、语流的顿挫断连的控制和变化能力。它是语言形象的又一组成部分。如果一个人有较好的声音造型,不但发音明亮悦耳、字正腔圆,而且还能随着交际的内容、场景、双方的人际关系的不同,有高低抑扬、快慢急缓、强弱轻重、顿挫断连、明暗虚实等多种变化,其声音就具有强烈的音乐旋律感和迷人的艺术魅力。怎样提高口语发送能力呢?

① 要发音准确,吐字清楚。读错字或发音不准,会闹出笑话,毫无魅力可言;吐字不清,含含糊糊,使听众感到吃力,也会降低其接受信息的信心。

② 要注意声调和语调。声调即单个汉字的调子,语调即贯穿整个句子的调子,两者决定了声音的高低抑扬。中国古诗越读越有味,声调平仄相谐,听起来就悦耳、动听,富有节奏感。语调可分为降调和升调两种基本类型,随着句子的语气和表达者感情的变化,可以变化出其他多种类型。语调有区别句子语气和意义的作用。如"你干得不错",说成降调,是陈述性句式,带有肯定、鼓励的语气;说成升调,是疑问性句式,带有不信任和讽刺的意味。公关人员应注意把握语调,以增强吸引公众的魅力。

③ 要注意语言的速度节奏。人们说话时,影响速度节奏的主要原因是人们内心情绪的起伏变化。速度节奏的控制和变化一般要通过音调的轻重强弱、吐字的快慢断连、重音的各种对比以及长短句式、整散句式、紧松句式的不同配合才能实现。公关人员应掌握这些规律,做到快慢适中,快而不乱、慢而不断,增强语言形象的美感。

此外,提高口语发送能力还应注意说话语气,从语音的音强变化等方面来改进语音形象。

2. 形成独特的语言风格

语言风格是语言运用中各种特点的综合表现。由于人们运用语言的方式、方法不同,从而形成不同的语言风貌、格调,在交际中各有用途、各具特色。必须根据不同的交际对象、不同的交际目的、不同的交际场合,对语言的表现风格做出不同的选择。语言风格一般有如下几类。

(1)简洁精练

简洁精练是以最经济的语言手段,输出最大的信息量。在公关交际中,简洁精练的语言常常能比繁杂冗长的话题更吸引人。它体现出说话人分析问题的快捷和深刻,是其认识能力和思维能力的高超表现;它能使听者在较短的时间内获得较多的有用信息,有助于博得对方的好感;它是说话人果敢、决断的性格表现。自信心强、办事果敢的人,其语言是简洁精练的。这一语言风格也是时代风貌的反映,现代化社会节奏快、时间观念强,说话简洁会给人一种生气勃勃的现代人的感觉,尤其为人推崇。所以,我们要努力培养自己的简洁精练的言语风格。要做到如下几点。

① 头脑里要储存一定量的材料,并且临场交际要善于先用恰当达意、言简意赅的词语来表达思想,不要让一条简短的信息淹没在毫无意义的修饰成分、限制成分和无谓的强化成分之中。

② 要抓住重点。说话时,要使语言中心突出、切中要害,不要东拉西扯、言不及义。

③ 要理清思路。说话前,对于自己要表达的思想先要非常清楚,要安排好结构,条理连贯,层次分明,同时注意平定情绪,保持情绪稳定,这是理清思路的一个重要条件。

（2）生动形象

生动形象是语言魅力的基本因素。形象生动的语言把无形变成有形，把概括变成具体，把枯燥变成生动，大大吸引了听众的注意力。形象化的语言让听众的视觉、听觉、嗅觉、味觉都一起参加接收活动，大大增强了语言的感染力。此外，它也是构成其他语言风格的基本手段。语言形象生动须做到如下几点。

① 选用有色彩、有形象的词语。色彩词和形象词可将听觉形象转化为视觉形象，而视觉形象留给人的印象往往比听觉形象留下的印象更深刻。

② 运用各种修辞手法，如比喻、拟人、夸张等。这些修辞手法可以用浅显通俗的事物或道理来说明比较复杂、抽象的事物或深奥难懂的道理。

③ 要注意寓理于事，将深刻的道理寓于具体事实之中。那种干巴巴的说教，往往使听者感到乏味。

（3）幽默风趣

幽默是人的思想、学识、智慧和灵感的结晶，幽默风趣的语言风格是人的内在气质语言的外化，在交际中有很重要的作用：第一，幽默能激起听众的愉悦感，使人轻松、愉快、爽心、抒情。这样可活跃气氛，联结双方感情，在笑声中拉近双方的心理距离。第二，幽默的一个显著特点是寓庄于谐，通过可笑的形式表现真理、智慧，于无足轻重之中现出深刻的意义，在笑声中给人以启迪和教育，产生意味深长的美感趣味。第三，幽默风趣还可使矛盾双方从尴尬的困境中解脱出来，打破僵局，使剑拔弩张的紧张气氛得以缓和平息。第四，幽默风趣还有利于塑造交际中的自我形象，因为幽默的风度是良好性格特征的外露。对现代人来说，幽默风趣的语言风度固然有先天成分的影响，但更有后天的习得，因此应掌握一些构成幽默语言的方法，并在语言表达中注意加以运用。

① 歪解。俗话说："理儿不歪，笑话不来。"说成鸭蛋是盐水煮的不是幽默，说成鸭蛋是咸鸭子生的才是幽默；前者是常规，后者是歪解。歪解就是歪曲、荒诞的解释，它以一种轻松、调侃的态度，随心所欲地对一个问题进行自由自在的解释，硬将两个毫不沾边的东西捻在一起，这样才能造成一种不和谐、不合情理、出人意料的效果。在这种因果关系的错位与情感和逻辑的矛盾之中，幽默也就产生了。如有人问鲁迅："先生，你为什么鼻子塌？"鲁迅笑答："碰壁碰的。"这个回答里面，既有对社会现实的不满，又有对自己生活坎坷经历的嘲讽，这样丰富的具有社会意义的内容与"塌鼻梁"这样一个具有丑的因素的自然生理特征结合在一起，便产生了无法言喻的幽默感。

② 降用。故意使用某些"重大"、"庄严"的词语来说明一些细小、次要的事情的表达技巧，谓之"降用"。恰当地运用降用，可暗示自己的思想，启发对方思考，令语言风趣生动。毛泽东就是一位极喜欢运用降用的行家里手。毛泽东的卫士封耀松在与一个女文工团员"吹"后不久，在合肥跳舞时又"挑"上一个大他3岁且又离过婚并带有一个孩子的女演员。毛泽东知道这些情况后，极不赞成此事，并通过当时的安徽省委书记曾希圣及其夫人"搅"散了这段"姻缘"。封耀松为此感到极为沮丧郁闷。毛泽东见状，笑着对封耀松说道："速胜论不行吧！也不要有失败主义，还是搞持久战好。""速胜论"、"失败主义"是抗日战争时期在对日寇入侵这一问题上所持的两种政治、军事观点，而"持久战"则是毛泽东为此而提出的著名论断。这里毛泽东新奇地劝诫卫士在婚姻问题上不要急于求成，而应持

相反的态度,以及"告吹"后不可有悲观失望情绪,于调侃、戏谑之中,委婉地批评了封耀松在对待婚姻问题上的轻率行为。

③ 仿似。故意模仿现成的词、语、句、调、篇及语句格式,临时创造新的词、语、句、调、篇及语句格式,谓之"仿似"。它是幽默诸多构成法中最常用的一种,往往借助于某种违背正常逻辑的想象和联想,把原来适用于某种语境、现象的词语用于另一种截然不同的新的环境和现象之中,而且模拟原来的语言形式、腔调、结构甚至现成篇章,造成一种前后不协调、不搭配的矛盾,给人以新鲜、奇异、生动的感受。毛泽东在一次报告中批评某些干部为评级而争吵、落泪时说:"有一出戏,叫《林冲夜奔》,唱词里说,'男儿有泪不轻弹,只因未到伤心处'。我们现在有些同志,他们也是男儿,他们是'男儿有泪不轻弹,只因未到评级时'。"这里运用的就是局部改动名句的仿拟之法,显得俏皮成趣、批评有力。

④ 自嘲。自我嘲讽,是指运用嘲讽的语气来嘲笑自己的缺陷和毛病,以取得别人的共鸣,引起别人会心一笑的方法。笑的规律是优笑劣、智笑愚、美笑丑、成熟笑幼稚。因此,如果公关人员善于显示自己比别人劣、愚、丑或幼稚,就会引人发笑,赢得公众的好感。自嘲还可嘲讽自己做过的蠢事、自己的生活遭遇等。

⑤ 辨析。辨析就是对字形、数字、姓名或其他常用的词组作巧妙地拆卸、组合、分辨、解析。这种"辨析"是一般人预想不到的,极具机智巧妙的动力,听者先深感"出乎意外",一经思考,又觉得在"情理之中",在"豁然顿悟"之中,幽默便油然而生。如在人际交往中,富有幽默感的人,自己介绍姓名或听人介绍时,往往都感到亲切自如,又找出了姓名中的特点,便于记忆。如薄一波初次见到毛泽东,当他介绍姓名后,毛泽东紧握他的双手,嘴里连声说道:"好啊,这个字很好!薄一波,薄一波,如履薄冰,如临深渊嘛!"说得周围的同志都笑了起来,毛泽东风趣的"析姓辨名",使初次会面的客人顿消紧张情绪,感到他和蔼可亲。

（4）委婉含蓄

委婉含蓄是指人在讲话时故意用委曲婉转的语言,把本意暗示出来,听者便知意在言外,让人思而得之。委婉含蓄是人际交往的缓冲术:在自我表露时,可绕过一些难于直言的内容;在拒绝对方的要求、表达不同于对方的意见或批评对方时,可以维护对方的自尊,给对方以面子。这一语言风格在交际中的作用是很大的。培养委婉含蓄的语言风格,应注意运用以下几种表达方法。

① 运用模糊语言,即用外延边界不清或内涵上极其笼统概括的语言来表达。如"你很漂亮"。漂亮一词外延不清晰,但它使用得极为广泛,在西方已成为礼貌交往的一般性恭维话。可以说模糊语言为日常交际提供了许多方便。

② 运用修辞手法。有许多修辞手法,如比喻、借代、双关、烘托、暗示、省略、折绕等,可以达到委婉含蓄的效果,在公关交际中可适当运用。

③ 运用语句换置。为了表达委婉,可采用变换某些词语、句式的方法。如当表示否定时,不用"不要……"、"不应该……"、"不是……"等否定句式,而代之以"请您……"的祈使句形式。这样语气缓和,不咄咄逼人,令人愿意接受。

3. 培养优异的表情语言

据统计,人类面部总表情达 25 万种之多。如笑就有微笑、轻笑、大笑、狂笑、狞笑、皮笑肉不笑、苦笑、讥笑等,各种不同的笑表现出极其复杂的内心世界。也正是因为人类面部表情的多样性,思想感情表达才更为细腻、准确和生动。然而在交际中,不少人面部表情呆板,本是一篇美文,从毫无表情的人嘴里说出味同嚼蜡,有的人不能及时领会对方的表情内涵,极大地影响了信息传播的效果。面部表情是心灵开启的一扇窗。从这扇窗里窥见说话者的内心世界,可得到口头语言上得不到的东西,现代人必须重视培养优异的表情语言。

（1）从内在做起

一个人随着岁月的推移逐渐成熟,其知识、智慧、才能、性格会在他们脸上留下痕迹。日本一位研究夫妻的专家指出:一些卓有成效的男士,面部表情威严睿智,而妻子却庸俗不堪。这是因为男士在小职员时与当时相匹配的妻子结婚,婚后男人接触大量信息,不停追求更高的目标;而妻子沉溺于小家庭的柴米油盐、锅碗瓢盆、奶瓶尿布,原先相似的两人慢慢在气质、才能、性格、智慧上相差甚远。林肯曾说,男人一过四十就要对自己说,为了高雅和具有亲和力的面部表情,努力加强文化知识和道德情操修养。外貌不可改变也可改变,把父母遗传的外貌靠自身的追求来增加高贵的气质并非不可能。

（2）把握线条分寸

人的面部表情是通过脸上的可变性线条决定的,那么就必须把握线条变化的"度",不能过分夸张,也不可敷衍了事,这就需要平时多加锻炼。

首先是微笑和眼神的培养,其具体方法在3.1.5小节有相关阐述,可供参考。

（3）锻炼面部肌肉

面部肌肉经常性得到锻炼,就能增加肌肉的弹性和活力。做口腔操就是最有效又便捷的方法:一是嘴提起上颌,每天200次。上颌肌肉有了力量,面部表情就会好看些;二是嘴唇撮圆,左右绕圈,每天20次。面部肌肉主要集中在嘴的四周,起初绕不起来,可以用手帮助,感到疼痛说明肌肉得到了锻炼;三是张开嘴巴发"a"(啊)。首先做十个节拍,每个节拍嘴巴张开10°,第10个节拍时嘴巴已经张得相当大了,注意是上颌后部提起,像揭锅盖那样把嘴揭开。然后,尽最大张开度使嘴巴连续10次张合;四是经常由下往上揉搓脸。由于地球的引力,脸部肌肉易往下坠,由下往上搓脸能保持脸部肌肉向上的积极状态。

人的气质风度,文化道德修养都写在脸上。在人际交往中,要得到别人的欢迎或敬佩,一定要加强面部表情的训练,因为它是心灵开启的一扇窗。在交际中要想游刃有余,就要学会观察别人的面部表情,因为人类复杂的思想感情,语言常显得苍白无力,而个性化的面部表情则能淋漓尽致地表现出来。

5.2 能力开发

5.2.1 阅读思考

1. 声音美的训练

动听而富有磁性的声音是个人美好形象的重要组成部分,它是科学训练的结果。

（1）声音的产生

有人把人的发声器官比作一架管风琴。肺是风箱，由它提供发声的原动力。气流从肺中自下而上，通过气管上升到喉头，声音就由喉部产生。当人们呼气时，使保护气管开端的肌肉（即声带）紧密地挨在一起，以使空气通过声带时能够产生振动。这种振动产生了微弱的声音，然后该声音再穿过咽部（喉咙）、口，以及在某些情况下上升到鼻腔时被抬高或产生共振。在这里，口和鼻腔就成了管风琴的两个管，它们不但可以起到扩大音量的作用，还可以任意变换音色，这样，共振后的声音被舌头、嘴唇、腭和牙齿这些发音器官改造，从而形成了语言体系中的声音。

我们认识发声器官，了解声音如何产生，目的是要在有声语言的训练中遵循其活动规律，正确发挥其功能和作用，从而有效地利用它来发出富有表现力和感染力的声音，增强语言表达的效果。

（2）影响声音质量的因素

现实生活中，去除语言的内容，人们经常能够通过一个人的声音判断出对方的许多信息，如对方的性格、涵养、情绪等；有时甚至单凭一个人的声音就去主观地判断这个人的外貌、形象等特征，尽管判断的结果有时与事实不相符合，但这正说明声音具有迷惑性。因此声音质量的高低直接影响听众对语言内容和表达者的接受程度。那么，影响声音质量的因素有哪些呢？

① 音域。音域即每个人声音从低音到高音的范围。大多数人运用音高的范围超过八度，也就是音阶上的八个全音。音域的宽窄直接影响到声音的质量。人们在平时交谈时，音域大多在一个八度左右，而常用的也只有四五个音的宽度，但是如果要同时与众多听众进行交流，如演讲或是表达强烈的思想感情时，这样的音域就显得过窄。因为这时表达者不得不用到音域的极限，自己会感到吃力，声音会变得不自然，而带给听者的则是极不舒服的感觉。如果一个人的音域过窄而造成表达上的障碍，则需要专门为此进行训练，以拓宽自己的音域。事实上，对于大多数人来说，不在于是否拥有令人满意的音域，而在于是否最好地利用了他们的音域。

② 音量。音量就是发出声音的强弱、大小。当人们正常呼气时，横膈肌放松，空气被排出气管。当人们讲话时，就会通过收缩腹肌来增加排出空气对振动声带的压力，从而提高了声音的音量。感受这些肌肉动作的方法是：将双手放在腰部两侧，将手指伸展放在腹部。然后以平常的声音发"啊"，再以尽可能大的声音发"啊"，这时我们会感觉到提高音量时腹部收缩力量的增强。微弱的声音缺乏力度，使有声语言没有表现力，难于表达强烈的思想感情；而响亮、浑厚、有穿透力的声音，则能做到高低起伏、轻重有别，可以增强声音的表现力与感染力。因此，如果我们的音量不够大，则可以通过在呼气时提高腹部区域压力的方法加以锻炼。

③ 音长。音长也就是声音的长短，它同语速、停顿密切相关，可以影响语言节奏的形成，对声音的质量同样有着不可忽视的作用。语速，也就是讲话的速度。大多数人正常交流时语速为每分钟 130～150 个字左右，而播音员的语速一般在 180～230 个字。可见，对于不同的人，不同的语言环境，语速的差异是比较大的。我们不需要去统一执行哪一个标准语速，因为一个人语速是否恰当，关键取决于听众是否能理解他在说什么。

通常情况下,当一个人发音非常清楚,并且富有变化、抑扬顿挫时,即使语速很快也能被人接受。

④ 音质。嗓音的音调、音色或声音。它往往是一个人声音的个性。如笛子有笛子的声音,而京胡有京胡的声音。音质决定于共鸣腔的状态和质量的变化。音质直接影响到声音是否优美悦耳,影响到声音的表现力。最好的音质就是一种清楚悦耳的音调。音质上的障碍包括鼻音、呼气声、嘶哑的声音和刺耳的声音。

上述这四个特征,我们一方面要进行良好的训练;另一方面要学会合理地控制这些特征,这样就可以使声音富于变化、轻重有别,从而更加有效地表达语言的思想内容。

（3）发声训练

我们已经知道,声音的产生并不是单靠哪一个器官完成的,而是呼吸器官、消化器官相互协同完成了发声。发音效果的好坏,与呼吸、声带、共鸣器官等有直接的关系。因此,要想提高声音的质量,使自己发出的声音更加富有表现力和感染力,就要从以下几个方面多加练习。

① 控制气息。气乃声之源。一个人气量的大小、能否正确用气,对语音的准确、清晰度和表现力都有直接影响。唐代文学家韩愈曾说过:"气,水也;言,浮物也。水大而物之浮者大小毕浮。气之与言犹是也,气盛则言之短长与声之高下者皆宜。"因此我们必须学会控制好气息,这样才能很好地驾驭声音。在语言交流中要想使声音运用自如、音色圆润、优美动听,就要学会控制气息,掌握呼吸和换气的技巧。

呼吸的紧张点不应放在整个胸部,而应放在丹田,以丹田、胸膛、后胸作为支点,即着力点。使力量有支点,声音才有力度。

第一,吸气。吸气时双肩放松,胸稍内含,腰腿挺直,像闻鲜花一样将气息吸入。要领是:气下沉,两肋开,横膈降,小腹收。这样随着吸气肌肉群的收缩容积立体扩张,有明显的腰部发胀、向后撑开的感觉,注意不要提肩,也不要让胸部塌下去。当气吸到七八成时,利用小腹的收缩力量控制气息,使之不外流。

第二,呼气。呼气时,要保持吸气时的状态,两肋不要马上下沉。小腹始终要收住,不可放开,使胸、腹部在努力控制下,将肺部储存的气息慢慢放出,均匀地向外吐。呼气要用嘴,做到匀、缓、稳。在呼气过程中,语音随之一个接一个地发出,从而使声音富有节奏。

第三,换气。在语言表达过程中,人们不可能一口气将所要说的内容说完,常需要根据不同内容和表情达意的需要作时间不等的顿歇。许多顿歇之处就是需要换气或补气之处,以保证语气从容、音色优美,防止出现气竭现象。换气有大气口和小气口两种换气方法。大气口是在类似于朗读、演讲这样的表达时,在允许停顿的地方,先吐出一点气,马上深吸一口气,为下面要说的话准备足够的气息。这种少呼多吸的大气口呼吸一般比较从容,也比较容易掌握。小气口是指表达一段较长的句子时,气息用得差不多了,但句子未完而及时补进的气息。补气时,可以在气息能够停顿的地方急吸一点气,或在吐完前一个字时不露痕迹地带入一点气,以弥补底气不足。无声、音断气连,这是难度较大的换气方法。

② 训练共鸣。气流从肺上升到喉头冲击声带发出的声音本来是很微弱的。但经过

喉腔、咽腔、口腔、鼻腔的共鸣,声音就扩大了,这点可以不经过训练,人人都可以做到。但是,要想使声音洪亮、圆润、悦耳,就需要进行特殊的训练了。

第一,鼻腔共鸣。鼻腔共鸣是由"鼻窦"实现的。鼻窦中的额窦、蝶窦、上颌窦、筛窦等,它们各有小小的孔窦与鼻腔相连,发音时这些小孔窦起共鸣作用使声音响亮、传得更远。运用鼻腔时,软腭放松,打开口腔与鼻腔的通道使声音沿着硬腭向上走,使鼻腔的小窦穴处充满气,头部要有振动感。这样,发出的声音才会震荡、有弹力。但要注意,鼻腔色彩不能过量,过了量就会形成"齉鼻音"。

第二,口腔共鸣。口抬起,呈微笑状,使整个口腔保持一定张力,口腔壁、咽腔壁的肌肉处于积极状态。这样,声带发出的声音随气流的推动流畅向前,在口腔的前上部引起振动,形成共鸣效果。共鸣时要把气息弹上去,弹到共鸣点。声音必须集中,同时还要带上感情,兴奋起来,这样才会达到一个好的共鸣效果。

第三,胸腔共鸣。胸腔是指声门以下的共鸣腔体,属于下部共鸣腔体,它可以使声音结实浑厚、音量大。运动胸腔共鸣时,声带振动,声音反着气流的方向通过骨骼和肌肉组织壁传到肺腔,这时胸部明显感到振动,从而产生共鸣。有了这个底座共鸣的支持,声音会真实而不飘。

在进行共鸣训练时,扩大共鸣腔要适度,不能无限制,要以不失本音音色为前提。同时,应该学会控制共鸣腔肌肉的紧张度,保持均衡的紧张状态。另外共鸣腔各部位包括肌肉要协同动作,这样才能真正提高声音的质量。

③ 吐字归音。吐字归音是汉语(汉字)的发声法则,即"出字"和"收字"的技巧。我们把一个字分为字头、字腹和字尾三部分,"吐字"是对字头的要求,"归音"是对字腹尤其是对字尾的发音要求。

第一,吐字。吐字也叫咬字。一是注意口型,口型该打开时不能半开,该圆唇的时候不能展唇,尽量使声音立起来;二是注意字头,字头是字音的开始阶段,要求叼住弹出。要做到吐字清晰,发音有力量,摆准部位,蓄足气流,干净利落,富有弹性。只有这样吐字才能使声音圆润、清楚。

第二,归音。字尾是字音的收尾部分,指韵母的韵尾。归音是指字腹到字尾这个收音过程。收音时,唇舌的动作一定要到位,字腹要拉开立起,即在字腹弹出后口腔随字腹的到来扯起适当开度,共鸣主要在这儿体现。然后收住,要收得干净利落,不拖泥带水,但也不能草草收住。如"天安门"三个字收音时舌位要平放,舌尖抵住上齿龈,归到前鼻韵母"n"音上。只有这样归音才到位,才能使声音饱满,富有韵味。[①]

思考题:

(1)声音美对交际有何作用?

(2)怎样才能使自己拥有美的声音?

2. 说话

说话并不是一件容易的事。天天说话,不见得就会说话;许多人说了一辈子的话,没

---

① 刘桂华.演讲与口才教程[M].大连:东北财经大学出版社,2012.

有说好过几句话。所谓"辩士的舌锋"、"三寸不烂之舌"等赞词,正是物以稀为贵的证据;文人们讲究"吐属",也是同样的道理。我们并不想做辩士、说客、文人,但是人生不外"言动",除了动就只有言,所谓人情世故,一半儿是在说话里。古文《尚书》里说,"唯口,出好兴戎",一句话的影响有时是你料不到的,历史和小说上有的是例子。

说话即使不比作文难,也绝不比作文容易。有些人会说话不会作文,但也有些人会作文不会说话。说话像行云流水,不能够一个字一个字地推敲,因而不免有疏漏散漫的地方,不如作文严谨。但说话时那些行云流水般的自然表达,却决非一般文章所及。

中国人很早就讲究说话。《左传》《国策》《世说》是三部说话的经典,一是外交辞令,一是纵横家言,一是清谈,你看他们的话多么婉转如意,句句字字打进人们的心坎里。还有一部《红楼梦》,里面的对话也极轻松、漂亮。此外,汉代贾君房号为"语妙天下",可惜留给我们的只有这一句赞词;明代柳敬亭的说书极有大名,可惜我们也无从领略。近年来的新文学,将白话文欧式化,从外国文学中借用了许多活泼、精细的表现,同时暗示我们要将精彩的内容重新咬嚼一番。这会给我们的语言一种新风味、新力量。加以这些年说话的艰难,使一般报纸都变乖巧了,他们知道用侧面的、反面的、夹缝里的表现了。这对于读者是一种不容避免的训练;他们渐渐敏感起来了,只有敏感的人,才能体会那微妙的咬嚼的味儿。这时期说话的艺术的确有了相当大的进步。论说话艺术的文字,从前著名的似乎只有韩非的《说难》,那是一篇剖析入微的文字。现在我们却已有了不少的精警之作,比如鲁迅先生的《立论》就是。

中国人对于说话的态度,最高的是妄言,但如禅宗"教"人"将嘴挂在墙上",也还是免不了说话。其次是慎言、寡言、讷于言。这三样又有分别:慎言是小心说话,小心说话自然就少说话,少说话少出错儿。寡言是说话少,是一种深沉或贞静的性格或品德。讷于言是说不出话,是一种浑厚诚实的性格或品德。前两种多半是生成的。第三种是修辞或辞令。至诚的君子,人格的力量照彻一切的阴暗,用不着多说话,说话也无须修饰。只知讲究修饰,嘴边天花乱坠,腹中矛戟森然,那是所谓小人;他太会修饰了,倒叫人不信了。他的戏法总有那伟大的魄力,可也不至于忘掉自己。只是不能无视世故人情,我们看时候、看地方、看人,在礼貌与趣味两个条件之下,修饰我们的说话。这儿没有力,只有机智;真正的力不是修饰所可得的。我们所能希望的只是:说得少,说得好。①

思考题:

(1)对朱自清"我们所能希望的只是:说得少,说得好。"这句话你是怎样理解的?

(2)本文对你还有哪些启发?

5.2.2 案例分析

1. 一句随意话引出是非

第二次世界大战期间,屡立奇功的一代名将巴顿,在战争的善后工作远未结束时,直

---

① 朱自清.说话[M].南京:风华出版社,2009.

性子的他在一次记者招待会上,对盟军拒绝前纳粹党员参加军管政府管理工作的决定大加非议。以追求轰动效应为目的的记者趁机问道:"将军,大多数普通德国人加入纳粹,难道不就是跟美国人加入共和党或民主党的情形差不多吗?"

"是的,差不多。"面对记者设计的"语言陷阱",巴顿不加任何思索地随口答道。

巴顿一语即出,随即令世界为之哗然,美国及许多国家的报纸上出现了一个天怒人怨的标题:"一位美国将军说,纳粹党人跟共和党人与民主党人一样!"

谁都知道,当时美国执政的是民主党,说它跟纳粹一样,那还了得!

终于,巴顿的上司也是他的好友艾森豪威尔将军为了挽回影响,不得不撤了巴顿第3集团军司令和驻巴伐利亚军事长官的职务,让他回国去了。艾森豪威尔为不使他的好友"过分"难堪,给了他一个有名无实的第15集团军司令的头衔。这是一个空架子的集团军和空头司令,任务只是带一些参谋和文职人员整理"二战"欧洲部分的军事史而已。从此,巴顿就一蹶不振了。

巴顿,一位功勋卓著的"二战"名将,就因为一句随意话,在和平到来之际,等来的竟是一个郁闷晚景,这是一幅多么令人悲哀的画面。[①]

思考题:

(1) 巴顿的一句随意话为什么引出了是非?

(2) 本案例对你有哪些借鉴意义?

2. 李开复走上"未选之路"

1995 年年初,苹果公司的 ATG 研发集团的副总裁也离职了。因此,苹果将提升唐纳德·诺曼(Donald Norman),一位著名的心理学家升任 ATG 的副总裁。而当时,我的大老板仍然是当初把我挖到苹果的戴夫·耐格尔。在唐纳德·诺曼的任命还没有宣布时,大老板有一次叫我去办公室聊天,征询我对 ATG 发展的意见。我看到老板来找我,就开诚布公地将自己的意见表达出来。

"ATG 队伍庞大,而且并没有严格的考核指标。因此,我认为,如果把 ATG 部门转换成产品部门,则可以让这个部门的激情被激发出来。现在,公司正在面临非常严峻的挑战,这种变化不失为一个让苹果的精英们集中起来进行脑力激荡的好方法。让 ATG 的好技术帮公司渡过难关,同时可以大大减轻苹果公司的财务压力。"

戴夫·耐格尔对我的看法不置可否,他沉默了许久。

这一次,我的想法没有得到认可。这是因为,新任的 ATG 副总裁唐纳德·诺曼对这个方案不认可。他说,当 ATG 成立之初,很多业内大师保证给他们做研发的空间,另外,在苹果公司,研究部门和产品部门完全分开,这是一个惯例和传统,不能打破。在苹果公司的市场份额越来越小的情况下,唐纳德·诺曼觉得,即使苹果要在这个时候缩减人员,也只能把 ATG 缩小,变得更像一个研究院。

---

① 侯爱兵.一句随意话引出是非[J].演讲与口才,2009(12).

戴夫·耐格尔虽然是把我挖到苹果公司的,而且对我很赏识,但是他和诺曼的思维方式更相像,而且两人都是加州大学理学系毕业的,从大学开始就相互认识。最后,一个奇怪的方案产生了,苹果最终选择了诺曼的方案,但是同时又想照顾我的想法,于是,我的大老板做出了一个新的决定。让诺曼出任ATG副总裁,让ATG继续做研发的工作,但是要分一些人给我做产品。这意味着,作为多媒体互动部门的总监,我可以把我的团队整体带到另一个副总裁手下,去做产品。

而诺曼听到这个方案以后,并不愿意我把ATG里的人员调走。他跑过来告诉我,"开复,你不能把任何一个团队带走。你应该让员工自己有选择的空间,选择你的跟你去做产品,选择和我做研发的就让我带走。"我听了这个决定,心中些许震惊。因为大家都知道,在研发部门工作,显然没有市场和考核的压力。"谁会愿意放弃舒坦的日子,而和我去做市场,去经历市场份额的严酷考验啊?"我心里这样想。

当我正绞尽脑汁想办法的时候,我听说诺曼先行一步,已经在ATG开起了员工大会。他一方面要求相关人员必须亲自表达意愿,才可以加入我的团队;另一方面又告诫大家,开复要研发的新产品有不小的风险,希望大家慎重选择。这样一来,我更被动了。我怎样才能说服大家跟我走呢?如果没有一个人愿意跟我走,我的处境将相当尴尬。

我没有放弃。在一个风和日丽的下午,我把我的团队拉到了一个酒店,在吃饭前,我打开自己熬了一个通宵写的PPT,讲起了新产品的规划和设计。我描述了互联网与多媒体相结合的新技术和新应用,以及它将形成的巨大发展空间,还与他们分享了新产品部门的愿景。然后,我鼓励他们分成小组,讨论这个愿景的可行性,以及在这样的愿景下自己的潜力将怎样得到更充分地发挥。

我还请来了专家,让他们指导员工扮演动物,"如果你是一只动物,你会怎么拯救苹果公司?"而员工则作了各种各样精彩的表演。这个游戏让大家格外感动,也格外地团结。在苹果利润持续下滑的几年里,这样的气氛已经越来越少了。

最后,我诚恳地对并肩战斗了几年的员工说:"我并不是让大家今天就做出选择,而是作一次心灵的沟通。我把我的设想和前景跟大家分享,最后大家的选择,还是遵循内心的感受。毕竟,有的人适合做研发,有的人适合做产品。但是,在苹果最危急的时刻,我认为做产品是最迫切的。让我们的产品去战胜我们的对手,苹果才可能真正得救。"

我清了清嗓子。开始朗诵我精心准备的一首诗——美国诗人罗伯特·弗洛斯特(Robert Frost)的《未选之路》(*The Road Not Taken*)。

The Road Not Taken

Robert Frost

Two road diverged in a yellow wood,

And sorry I could not travel both

And be one traveller, long I stood
And looked down one as far as I could
To where it bent in the undergrowth,
  Then took the other, as just as far,
  And having perhaps the better claim,
  Because it was grassy and wanted wear,
  Though as for that, the passing there
  Had worn them really about the same,
  And both that morning equally lay
  In leaves no step had trodden black.
  Oh, I kept the first for another day!
  Yet knowing how way leads on to way,
  I doubted if I should ever come back.
  I shall be telling this with a sigh
  Somewhere ages and ages hence：
  tow roads diverged in a wood, and I——
  I took the one less traveled by,
  And that has made all the difference!

未选之路

罗伯特·弗洛斯特

黄色的树林里分出两条道路，
可惜我不能同时去涉足，
我在那路口久久伫立，
我向着一条路极目望去，
直到它消失在丛林的深处。
但我却选择了另外一条路，
它荒草萋萋，十分幽寂，
显得更诱人、更美丽，
虽然在这两条小路上，
都很少留下旅人的足迹，
虽然那天清晨落叶满地，
两条路都未经脚印污染。
啊，留下一条等改日再见！
但我深知路径延绵无尽头，
恐我难以再回返。
也许多少年后在某个地方

> 我将轻声叹息将往事回顾，
>
> 一片树林里分出两条路，
>
> 而我选了人迹更少的一条，
>
> 从此决定了我一生的道路！

全诗的最后几句，深深打动了大家。"一片树林里分出两条路，而我选了人迹更少的一条，从此决定了我一生的道路。"我看着台下的员工，动情地说："这条路没有人走过，但是我们恰恰应该为了这个理由踏上这条路，创立一个网络多媒体的美好未来。"

正是这次会议，让90%以上的员工做出了"冒险"的决定，离开相对稳定的研究部门，随我加入全新的互动多媒体部门。这个部门，正是后来 QuickTime、iTunes 等许多著名网络多媒体产品的诞生地。

（资料来源：李开复，范海涛.世界因你而不同：李开复自传[M].北京：中信出版社，2009.）

思考题：

（1）李开复让90%以上的员工随其加入全新的互动多媒体部门，他运用了什么语言沟通技巧？

（2）本案例对你有何启示？

5.2.3　训练项目

交谈场景训练

实训目标：掌握交谈的技巧。

实训学时：2课时。

实训地点：教室。

实训背景：新学期开始，班上一位同学因为家境贫寒、生活拮据，产生自卑感，不愿和大家交往，性格有点孤僻。一次，班级组织大家春游，大家都踊跃报名，只有他一声不吭地待在寝室里。班主任让你找他谈谈，动员他参加这次集体活动。你打算和他从哪里谈起？

实训方法：

（1）选几位同学扮演这位有点自卑的同学，每人将自己最希望别人和你交谈的话题写在纸条上。

（2）其他同学扮演"你"，通过2分钟的准备，上前搭话，进行交谈。

（3）然后打开纸条看看自己的搭话和对方此时想要听的话有多大的联系。

课后练习

1. 讨论在交谈中遇到以下三种情况该如何处理。

（1）对方不知不觉将话题扯远了。

（2）对方心血来潮，忽然想到了他得意的事。

（3）对方故意转变话题，不愿意再谈原来的事。

2．请赞美你身边的同学。方法：请学员 1、2、3 报数，将相同数字的人分成一组，三组学员围圈席地而坐。请一位学员举手，他右边的第一位学员起立，其他人依次赞美他。用"我认为你……"、"我觉得你……"的说法，不要介入第三者。被赞美的人不能讲话，但要和赞美者作眼神交流；赞美者话不能太多，不能重复前面人的话，只赞美、不批评。全组学员都赞美过第一人后，换下一位。按顺时针方向依次进行。进行完后，讨论如下问题。

（1）被赞美的感觉是怎样的？

（2）赞美别人时你是怎样想的？

（3）你得到什么启示？

3．请一位朋友向你提问，你作直接快速的回答，提出问句时间不计在内，看答话用了多少时间。

（1）你的优点是什么？

（2）你的缺点是什么？

（3）你的爱好是什么？

（4）这个爱好是怎么形成的？

（5）这个爱好给你带来了什么好处？

（6）这个爱好为什么至今没有转移？

（7）你的烦恼是什么？

（8）你最珍惜的是什么？

（9）你最讨厌的是什么？

（10）你最崇尚什么？

（11）你最喜欢的格言是什么？

（12）你最大的乐趣是什么？

（13）你平时经常想的是什么？

（14）你做人的信条是什么？

（15）你最大的愿望是什么？

（16）你怎样评价自己？

（17）听到闲言碎语你如何对待？

（18）你是喜欢春天还是冬天？

（19）你是不是开始注意到金钱并非微不足道了？

（20）你现在是不是已打消了出国的念头？

训练提示：

第一，问句的角度要求避免单调和程式化，要富有变化。答语的观点要求旗帜鲜明、坦率从容，也可以含蓄风趣一点，有一些哲理色彩。

第二，简单明了，多用短语，尽可能一两句话就把自己的意思说得明明白白。多用直言句式直截了当地应对，不要模棱两可、不痛不痒，也要力求避免运用简单的肯定、否定（如"是"或"不是"）方式答对。

第三,少说空话、套话,内涵力求丰富充实,要敢于亮出自己的想法,不要遮遮掩掩,要显示出自己鲜明的个性。

第四,要留意复杂问句。所谓"复杂问句"是指隐含某种假定前提的问句。如"你还想着去北戴河旅游吗?"隐含前提是"曾经或一直想着去北戴河旅游"。其实你可能从来就没有"想"过,所以要回答针对"想没想",而不是"去不去"。对这类问句要留心前提,做出有针对性的回答。训练题中有些是复杂问句,如(18)、(19)和(20)。

4. 与人交谈时,要带着发掘尽可能多的信息的目的去倾听,要准备提出一系列探究性问题以获取必要的信息。

例如可以提出以下问题。

(1)你是怎么发现那人的?

(2)还发生了什么?

(3)你为什么这样认为?

(4)结果怎样?

(5)你还会这么做吗?

(6)你觉得从这一经历中有何收获?

不要用你的问题打断对方。要倾听,你的问题才会贴切地与对方的讲话内容对应起来,询问时你要持积极、合作的态度。

假如我们花费比通常更多些的时间做这些练习,不也是挺有趣的事情吗? 我们不仅将成为一个善听者,同时还将成为更有恒心的好学者。

5. 回想你上一次与某人的谈话,你使用或有意操纵了多少种非语言暗示来传达你的信息? 挑出你记得的每一种。

(1)目光接触。

(2)面部表情。

(3)姿势。

(4)形体动作。

(5)穿着装束。

(6)环境。

(7)空间(与他人的距离)。

(8)态度。

很可能你所有的暗示都做到了,但是这里仅需挑出你在那次谈话中有意使用的那些。你是否根据不同场合作不同的暗示? 你运用非语言暗示是否比语言暗示更自如? 你认为哪一种暗示更好地传递了你的信息?

6. 交谈语言技巧自我测试。

请回答以下问题以确定你与他人交流中的优缺点。1=从不这样;2=很少这样;3=有时这样;4=经常这样;5=每次都这样。选择符合的项即得相应的分数。

(1)与人交谈时,我发言时间少于一半。

(2)交谈一开始我就能看出对方是轻松还是紧张。

(3)与人交谈时,我想办法让对方轻松下来。

（4）我有意识提些简单问题，使对方明白我正在听，对他的话题感兴趣。

（5）与人交谈时，我留意消除引起对方注意力分散的因素。

（6）我有耐心，对方发言时不打断人家。

（7）我的观点与对方不一样时，我努力理解他的观点。

（8）我不挑起争论，也不卷入争论中。

（9）即使我要纠正对方，我也不会批评他。

（10）对方发问时，我简要回答，不做过多的解释。

（11）我不会突然提出令对方难答的问题。

（12）与人交谈时，头30秒钟我就把我的用意说清楚。

（13）对方不明白时，我会把我的意思重复或换句话说一次，再不然就总结一下。

（14）我每隔若干时间问问对方有何反应，以确保他听懂了我的意思。

（15）我发现对方不同意我的观点时，就停下来，问清楚他的观点。等他说完之后，我才就他的反对意见发表我的看法。

将以上各题的得分相加，得出总得分。

60～75分，你与人交谈的技巧很好。

45～59分，你的交谈技巧不错。

35～44分，你与人交谈时表现一般。

35分以下，你的交谈技巧较差。

通过以上测试找出自己语言交谈的薄弱环节，努力改进自己的谈话技巧，三个月后再进行测试，看有多大的提高。

7. 中国前总理朱镕基在2000年的记者招待会上，针对德国记者将腐败的问题与一党执政、多党轮流执政联系起来的说法，回答说："我看不出这个反腐的问题跟一个党执政、多党轮流执政有什么太大的关系，你那里是多党轮流执政，不也是腐败吗？"请你分析一下这段话的语言力量。

8. 在一家经营咖啡和牛奶的茶室，刚开始营业员总是问顾客："先生，喝咖啡吗？"或者是："先生，喝牛奶吗？"其回答往往是否定的。后来，营业员经过培训换了一种问法，"先生，喝咖啡还是喝牛奶？"结果其销售额大增。

请分析一下这是为什么？

9. 美国前总统卡特有一次举行记者招待会。一位记者提出刁难的问题："如果你女儿与人发生桃色事件，总统先生，你有什么感觉？"

这一问题突如其来，使卡特感到惊讶和棘手。如果拒绝回答，将有损他的公众形象，同时也会引起猜测，如果直接否认这种事情的发生，也未免过于自信和武断，同样是不利的。但是卡特总统到底是卡特总统，他镇定下来，略加思索，巧妙地说："……"

你知道卡特总统对这位记者说了什么吗？

10. 与你的同桌（2人一组），自拟情境进行说服训练。

11. 以某同学（或某个群体）为对象，练习恰当得体的赞美。

12. 你就要毕业了，将告别熟悉的校园、亲爱的老师和朝夕相处的同学。请你在告别会上作即兴演讲,表达对这一切的依依惜别之情。

13.以环境保护、地球资源、勤工俭学等为题进行即兴演讲练习。

14.学校准备采取竞选的方式产生新的一届学生会,你希望得到这个机会,那么请你做简短的竞选演说。假如你当选为学校学生会主席,那么,请你再向同学和老师们发表就职演说。

任务6

社交礼仪

在人与人的交往中，礼仪越周到越保险，运气越好。

——［美］托·卡莱尔

礼尚往来，往而不来，非礼也。来而不往，亦非礼也。人有礼则安，无礼则危。故曰：礼者不可不学也。夫礼者，自卑而尊人。虽负贩者，必有尊也，而况富贵乎？富贵而知好礼，则不骄不淫；贫贱而知好礼，则志不慑。

——《礼记·曲礼》

 学习目标

- 明确社交礼仪对塑造形象的作用。
- 掌握社交礼仪的规则。
- 掌握称呼、问候、介绍、握手等日常交际礼仪。
- 掌握宴饮的礼仪规范。
- 掌握旅行的礼仪规范。
- 掌握办公室的礼仪规范。

 案例导入

修养的作用

有一批应届毕业生22个人，实习时被导师带到北京的国家某部委实验室里参观。全体学生坐在会议室里等待部长的到来，这时有秘书给大家倒水，同学们表情木然地看着她忙活，其中一个还问了句："有绿茶吗？天太热了。"秘书回答说："抱歉，刚刚用完了。"林晖看着有点别扭，心里嘀咕："人家给你水还挑三拣四。"轮到他时，他轻声说："谢谢，大热天的，辛苦了。"秘书抬头看了他一眼，满含着惊奇，虽然这是很普通的客气话，却是她今天听到的唯一一句。

门开了,部长走进来和大家打招呼,不知怎么回事,静悄悄的,没有一个人回应。林晖左右看了看,犹犹豫豫地鼓了几下掌,同学们这才稀稀落落地跟着拍手,由于不齐,越发显得零乱起来。部长挥了挥手:"欢迎同学们到这里来参观。平时这些事一般都是由办公室负责接待,因为我和你们的导师是老同学,非常要好,所以这次我亲自来给大家讲一些有关情况。我看同学们好像都没有带笔记本,这样吧,王秘书,请你去拿一些我们部里印的纪念手册,送给同学们做纪念。"接下来,更尴尬的事情发生了,大家都坐在那里,很随意地用一只手接过部长双手递过来的手册。部长脸色越来越难看,来到林晖面前时,已经快要没有耐心了。就在这时,林晖礼貌地站起来,身体微倾,双手握住手册,恭敬地说了一声:"谢谢您!"部长闻听此言,不觉眼前一亮,伸手拍了拍林晖的肩膀:"你叫什么名字?"林晖照实作答,部长微笑点头,回到自己的座位上。早已汗颜的导师看到此景,才微微松了一口气。

两个月后,毕业分配表上,林晖的去向栏里赫然写着国家某部委实验室。有几位颇感不满的同学找到导师:"林晖的学习成绩最多算是中等,凭什么选他而没选我们?"导师看了看这几张尚属稚嫩的脸,笑道:"是人家点名来要的。其实你们的机会是完全一样的,你们的成绩甚至比林晖还要好,但是除了学习之外,你们需要学的东西太多了,修养是第一课。"[1]

人们常说礼仪是步入文明社会的"通行证",是进入文明社会的一把钥匙,是衡量人类社会文明程度和一个国家、一个民族进步、开化与兴旺的重要指标。随着社会生产力的不断发展,社会物质生活条件的逐步改善,社会文明程度的日益提高,人们对礼仪的要求也随之越来越高。一个人在社会中欲生存、发展,都必须以各种形式与其他人进行交往。因为没有交往就难以合作,没有合作就难以生存、发展。讲文明、懂礼貌,尊重他人,注重文明修养,讲究礼仪,塑造良好的个人形象,几乎是全社会成员的共同追求。

在职场上,要注意见面应酬、宴请赴宴、差旅出行、求职面试等职场交际礼仪。如见面应酬礼仪是与人交往时的最基本、最常用的礼节,它最能反映一个人及社会的礼仪水平,可以帮助我们顺利地通往交际的殿堂。人们见面后互致问候,不熟悉的人之间相互介绍,然后握手,互换名片,寒暄后才进入正题。这看似简单,却蕴含复杂的礼仪规则,表达着丰富的交际信息。掌握基本的见面应酬礼仪,能使现代人适应各种场合社交的礼仪要求,赢得交际对象的好感,塑造良好的社交形象。"案例导入"中的"林晖"正是以其完美的职业礼仪表现赢得了理想的职位,而同班的其他同学则因不注意见面礼仪,与就业机会失之交臂。

6.1　知识储备

6.1.1　社交礼仪与塑造形象

1. 社交礼仪有助于塑造个人形象

先让我们讲一个礼仪小故事,这个刊登在《故事会》杂志上的"三分钟典藏故事"颇值

---

[1]　朗月,http://www.gkxx.com/day/201103081520.shtml,2011-03-07.

得回味。

小节的象征

一位先生要雇一个没带任何介绍信的小伙子到他的办公室做事,先生的朋友挺奇怪。先生说:"其实,他带来了不止一封介绍信。你看,他在进门前先蹭掉脚上的泥土,进门后又先脱帽,随手关上了门,这说明他很懂礼貌,做事很仔细;当看到那位残疾老人时,他立即起身让座,这表明他心地善良,知道体贴别人;那本书是我故意放在地上的,所有的应试者都不屑一顾,只有他俯身捡起,放在桌上;当我和他交谈时,我发现他衣着整洁,头发梳得整整齐齐,指甲修得干干净净,谈吐温文尔雅,思维十分敏捷。怎么,难道你不认为这些小节是极好的介绍信吗?"①

无独有偶,美国第25任总统威廉·B.麦金利的好朋友查尔斯·G.道斯曾经讲述过的一件事更能说明问题。

错 失 机 会

多日来,总统一直为任命一个重要的外交职务而犯难——他要在两个同样有才干的候选人中选出一个,然而始终举棋不定,难以拍板。突然他回忆起一件事,此事竟如此清晰地浮现在眼前:一个风雨交加的夜晚,总统搭乘一辆市内有轨电车,坐在后排的最后一个位子上。电车停在下一站,上来一位洗衣老妇人,挽着一个沉重的篮子,孤零零地站在车厢的过道上。老妇人面对着的是一位具有绅士风度的男子,该男子举着报纸将脸挡住,故意装作没看见。总统从后排站起来,沿着过道走去,提起那一篮子沉甸甸的衣物,把老妇人引到自己的座位上坐下。该男子仍然举着报纸低着头,对车厢里发生的一切似乎什么也没有看见。总统顺便朝那男子瞅了一眼,那张脸庞深深地印入了脑海。

这男人不正是总统要任命的两位候选人之一吗?总统果断地做出决定:取消该人的任命资格,而另一位则理所当然地成为外交官。

查尔斯·G.道斯说:这位候选人永远不会知道,就是这一点点的自利行为,或者说缺少那么一点点的仁慈之心,因此而失去了他一生雄心勃勃想实现的东西。②

可见,讲究礼仪对个人的成功是至关重要的,因为它关系到个人的形象。个人形象是指一个人的相貌、身高、体形、服饰、语言、行为举止、气质风度以及文化素质等方面的综合。这其中有先天构成要素,但更多要素需要我们通过后天不断地努力来加以改善和提高。礼仪在上述诸方面都有详尽的规范,因此学习礼仪、运用礼仪,无疑将有益于人们更

① 杨友苏,石达平.品礼:中外礼仪故事选评[M].上海:学林出版社,2008.
② 陈联,王欢芳.现代公关礼仪[M].长沙:中南大学出版社,2010.

好地、更规范地设计个人形象,维护个人形象,更好、更充分地展示个人的良好教养与优雅风度。

首先,遵守社交礼仪可以给人留下良好的第一印象。众所周知,人际交往中存在着"首因效应",即人们在日常生活中初次接触某人、某物、某事时所产生的即刻的印象,通常会在对该人、该物、该事的认知方面发挥明显的甚至是举足轻重的作用。对于人际交往而言,这种认知往往直接制约着交往双方的关系。美国推销学会有这样一个统计,在第一次接触时成功与否形象占55%、声音占38%、内容占7%。可见,在现代社交中,可能前30秒、10秒,甚至3秒都能决定你工作、交际的成败。充分认识到这一点,我们就不难理解社交礼仪对树立良好的第一印象所起的重要作用,从而在学习和工作当中更好地运用社交礼仪。

其次,遵守社交礼仪可以充分展示个人良好的教养与优雅的风度。可以说礼仪即教养,而有道德才能高尚,有教养才能文明。也就是说,通过一个人对礼仪运用的程度,可以察知其教养的高低、文明的程度和道德的水准。学习礼仪、运用礼仪,能够展示出现代人良好的个人形象。个人形象说到底是由人的身材、长相、服饰打扮以及姿态、风度构成的,是一个人精神面貌和内在素质的外在表现。身材、长相是天生的,而服饰打扮以及姿态、风度却是可以通过后天培养的。一个人的外在美固然能引人注目,但只有将外在的美丽与内在美结合起来,个人的魅力才能长久不衰。社交礼仪不仅要求现代人注重仪容仪表,更强调现代人要培养良好的语言行为习惯,遵守社会公德以及法纪法规,符合社会规范。

最后,遵守社交礼仪可以更好地向交往对象表示尊敬、友好之意,赢得对方的好感。"礼仪"中"礼"字就是表示敬意、尊敬、崇敬之意,多用于对他人的尊重,体现着一个人对他人和社会的认知水平、尊重程度,是一个人的学识、修养和价值的外在表现。一个人只有在尊重他人的前提下,才会被他人尊重。人与人之间的和谐关系,也只有在这种互相尊重的过程中,才能逐步建立起来。这是礼仪的重点和核心,是对待他人的诸多做法中最重要的一条。要做到敬人之心常存,处处不可失敬于人,不可伤害他人的尊严,更不能侮辱对方的人格。掌握了这一点,就等于掌握了礼仪的灵魂。

2. 社交礼仪有助于塑造组织形象

组织形象是指社会公众心目中对一个组织的总体评价,包括组织的价值观念、组织的行为准则和规范、组织的传统习惯和道德修养、组织的礼仪文化。组织形象是组织最宝贵的无形资产,塑造和树立良好的组织形象是组织生存和发展的根本。因此,名牌企业对自己的组织形象格外重视,如麦当劳的黄色大M、员工整齐划一的服饰和操作流程;可口可乐使人过目不忘的Coca-Cola的标准字体、白色水线和红底色的图案,常变常新的代言人;"蓝色巨人"IBM统一的服饰打扮……在一个成熟的买方市场中,消费者决不会为一两个耀眼的广告、一两句动听的广告语而进行购买。在一个成熟的买方市场中,企业卖的或生产的是什么?是组织形象。礼仪是组织形象的核心内容之一,而礼仪必须通过人来展现。所以,现代人的个人形象与组织形象不可避免地紧密地联系在一起。组织员工是组织形象的代表,他们是组织形象的主要塑造者,是组织连接消费者的"桥梁"。在职场上，社交礼仪不再仅仅是个人素质的外在表现，更是组织文化内涵的体现。大凡国际化的大组织，对礼仪都有着极高的要求，原因就在于组织希望通过形式规范的礼仪表现出组织的整体素质，从而获得良好的公众评价。因此，社交礼仪能展示组织的文明程度、管理风格和道德水准，塑造组织形象。

良好的组织形象是任何组织都刻意追求的目标，组织形象的塑造处处都需要礼仪。比如，你想和某一单位联系业务，当你拨打对方办公室电话竟无人接听或铃响五六声之后才有人接听时，你会对该单位产生一种印象——工作效率不高、制度不健全或员工素质差等。反之，当你一拨通电话，听到对方和蔼可亲的问候、得体的称谓、礼貌的语言、简洁干练的回答、热情的接待，你立即会有一种亲切之感。

组织形象常常是在不经意间体现并塑造出来的。整洁优雅的环境，宽敞明亮、井然有序的办公室，独具个性、富有哲理的价值观，色彩柔和的服饰，彬彬有礼的员工，富有特色的广告等，都会给公众留下深刻的印象。礼仪则是通过组织员工的仪容仪表、言谈举止、礼貌礼节、仪式及活动过程表现出来的，它是塑造组织形象的基础工程。任何不讲究礼仪的组织，都不可能获得良好的社会形象。

组织通过各种规范化的礼仪，还可以激发员工对组织的自豪感，增强组织的凝聚力和向心力。如日本松下公司创作了自己的"松下之歌"、"松下社训"，每天早晨八点钟，遍布各地的松下组织员工一起高唱松下歌曲，使每一名员工都以自己是松下的员工而感到自豪。目前，我国的许多组织通过统一组织标识、统一组织服装、统一色彩等，塑造组织统一的社会形象，也使组织的员工自觉地维护组织的形象；还有许多组织通过开业庆典、周年纪念、表彰大会等仪式，激发员工对本组织的了解、爱戴，加深感情，增强组织的凝聚力和向心力。可见，社交礼仪在塑造组织形象中的作用是十分巨大的。

3. 社交礼仪有助于塑造职业形象

职业形象是行业或组织的精神及文化理念与从业人员个体形象的有机融合，是个性化和规范化的统一。不同的行业和组织都有各自不同的文化和理念，这就要求其从业人员的个人形象必须服从于组织形象，其个性的凸显必须在符合企业要求的前提之下。因此，职业形象必须是个体形象与组织形象的完美结合，不同行业的从业人员，其个体形象必须符合某类特定职业角色的要求。每一个现代人，都应该树立起与之相适应的职业理想、职业道德、职业信念，都应该具备与行业要求相吻合的职业素质、职业气质和职业仪表。

著名的形象顾问法兰克（Frank）曾经说过："你在职场中的威信，有五成来自于别人如何看待你。"面对竞争激烈的现代商业社会，现代人想要在职场中脱颖而出，必须与各种各样的人打交道，这就必须学会与人相处。社交礼仪的本质就是按照规范与人交往。你的服饰打扮不符合要求，别人会拒绝与你为伍；你的举止谈吐粗俗，别人将对你敬而远之；你不尊重他人的宗教习俗，它会令你功败垂成。而良好的礼仪可以更好地向对方展示自己的长处和优势，它往往决定了机会能否降临。为他人服务不是件简单而容易的事情。要赢得社会的认同和尊重，就必须不断地学习，提高自己的素质，树立良好的职业形象，这些非常重要。

 小故事

职业形象的典范——张秉贵

张秉贵 1955 年 11 月到百货大楼站柜台,三十多年的时间里接待顾客 400 万人,没有跟顾客红过一次脸、吵过一次嘴,没有怠慢过任何一个人。他把为人民服务的信念与本职工作密切联系起来,他认为:"站柜台不单是经济工作,也是政治工作;不单是买与卖的关系,还是相互服务的关系。""一个营业员服务态度不好,外地人会说你那个城市服务态度不好,港澳同胞会感到祖国不温暖,外国人会说中华人民共和国不文明。我们真是工作平凡,岗位光荣,责任重大!"

从为国家争光、为人民服务的政治信念出发,他练就了"一抓准"和"一口清"的过硬本领,通过眼神、语言、动作、表情、步伐、姿态等调动各个器官的功能,几乎成了那个时代商业领域的服务规范,商业服务业的简单操作,被他升华为艺术境界。

在北京,传统的"燕京八景"名扬天下,而张秉贵售货艺术被人们誉为"第九景"。张秉贵不仅技术过硬,而且注重仪表,天天服装整洁,容光焕发。他认为:"站柜台就得有个干净利落的精神劲儿,顾客见了才会高兴地买我们的东西。特别是我们卖食品的,如果不干不净,顾客就先倒了胃口,谁还会再买我们的东西啊!"他坚持每周理发,每天刮胡子、换衬衣、擦皮鞋。

张秉贵一进柜台,就像战士进入阵地。普通售货员一般早晨精神饱满,服务态度较好;下午人疲倦了,不太爱说话了,也懒得动弹,对顾客就容易冷漠。张秉贵却不然,从清晨开门接待第一个顾客,到晚上送走最后一个顾客,自始至终都能春风满面、笑容可掬。他到了退休年龄,体力明显不济,一上柜台还是表现得生龙活虎,下班后,他却往往步履蹒跚。同志们说他是"上班三步并作一步走,下班一步变为三步迈"。

看张秉贵工作,也成了许多人的享受。有一位挂着拐杖的老人,经常来欣赏他卖货。这位老人对他说:"我是因病休息的人,每天来看看您站柜台的精神劲儿,我的病也仿佛好了许多。"一位音乐家看他售货后说:"你的动作优美,富有节奏感,如果配上音乐,是非常动人的旋律。"①

4. 社交礼仪有助于塑造国家形象

一个国家的实力由软实力和硬实力构成。硬实力是指国家的 GDP、科技实力、军事实力等;软实力就是指文化、文明礼仪以及修养水平等精神要素。哈佛大学肯尼迪政府学院前院长约瑟夫·奈(Joseph Nye)教授认为,可以将软实力表述为一国的文化、价值观念、社会制度、发展模式的国际影响力与感召力。如果软实力做得好,国家的文化就容易被别人吸收,文化辐射力就强,国家的政策也就容易被别人理解,对外交往遇到的障碍就相对少得多。随着改革开放的深入,以及中国国力的提高,世界对中国的关注也加大了,可以说整个世界都在分析和关注中国。所以,当我们的公民走出国门的

① 曹彦志.张秉贵.京八景添一景.北京青年报,2001-06-21(10).

时候,我们的公司走出国门的时候,就要严格遵循道德和文明礼仪规范,因为这涉及整个中国的形象问题。

一个国家的公民道德素质和文明礼仪涉及国家对外的信用,影响整个民族、整个国家的对外形象。随着我国融入世界经济经贸大循环,对外开放进一步扩大,这就意味着我国与世界各国的交往日益增多,各类人员涉外服务也随之增加。我们的一言一行、一举一动,无不代表了国家的形象。"中国"——"玉"在其中,我们要对得起这个名字。

6.1.2 社交礼仪的规则

了解现代社交礼仪一般规则,并且注意在各种具体情况下灵活运用这些礼仪规则,可以使我们在现代社交中更好地按照礼仪的规范要求去做,从而提高交际的效果,建立起和谐的人际关系。

1. 女士优先

我们在听演说时,演讲者总是这样称呼"女士们,先生们",从没有人称呼"先生们,女士们",为什么这样呢? 原来这与国际社会公认的一条重要礼仪原则——"女士优先"有直接的关系。

"女士优先"主要是指成年异性间进行社交活动时的一个礼仪规范和礼仪原则。其含义是:在一切社交场合,每一位成年男子,都有义务主动自觉地去尊重、照顾、体谅、关心、保护女性,并且想方设法为女士排忧解难,只有这样才能体现出绅士风度。强调"女士优先"并非因为妇女被视为弱者,值得同情、怜悯,最重要的原因是,人们将妇女视为"人类的母亲",处处对妇女给予礼遇,是对"人类母亲"的感恩之意。

在社交中,讲究"女士优先"时,作为男士要注意对所有的女士应一视同仁,不仅对待同一种族的妇女要如此,对待其他种族的妇女也要如此;不仅对待熟悉的妇女要如此,对待陌生的妇女也要如此;不仅对待年轻貌美的妇女要如此,对待年老色衰的妇女也要如此;不仅对待有权势的妇女要如此,对待一般的妇女也要如此……具体要从以下几个方面做起。

(1) 行走

在室外行走时,如果是男女并排走,则男士应当自觉地"把墙让给女士",即请女士走在人行道的内侧,而自己主动行走在外侧。这样做既可以防止女士因疾驶的车辆而感到不安全,担惊受怕,还可避免汽车飞驶溅起的污泥浊水弄脏女士的衣裙。

当具体条件不允许男女并行时,男士通常应该请女士先行,而自己随行其后,并与之保持大约一步的距离。当男士与女士"狭路相逢"时,前者不论与后者相识与否,均应礼让,闪到路边,请女士率先通过。男士在路上遇到认识的女士时,应点头致意,并把手抽出衣袋,也不要嘴里叼着烟。

当男士与女士走到门边时,男士应赶紧上前几步,打开屋门,让女士先进,自己随后。

(2) 乘车

陪伴女士或同乘火车、电车时,男士应设法给女士找一个较为舒适、安全的座位,然后再给自己找一个尽可能靠近她的座位;如果找不到,应站在她面前,尽可能离其近一些。

乘出租车时,男士应首先走近汽车,把右侧的车门打开,让女士先坐进去,男士再绕到车左边,坐到左边的座位上。有时,为了在马路上上下车安全起见,出租车左侧车门用安全装置封闭了,那么男士只好随女士其后从右侧上车,坐在本应由女士坐的尊贵的右边座位上,这种情况不算失礼。

当男士自己驾驶汽车时,他应先协助女士坐到汽车驾驶座旁的前排座位上,而后绕到另一侧坐到驾驶座上。抵达目的地后,男士要先下车,然后绕到汽车的另一侧,打开车门,协助女士下车。

（3）见面

参加社交聚会时,男宾在见到男、女主人后,应当先行向女主人问好,然后方可问候男主人。男宾进入室内后,须主动向先行抵达的女士问候。女士们如果已经就座,则此时不必起身回礼。

而在女宾进入室内时,先到的男士均应率先起身向其致以问候,已入座的男士也应起身相迎。不允许男士坐着同站立的女士交谈,而女士坐着同站立的男士交谈则是允许的。

当女士在场时,男士不得吸烟,在女士吸烟时,则不准男士加以阻止,不仅如此,男士还要为女士点烟。

主人为不相识的来宾进行介绍时,通常应当首先把男士介绍给女士,以示对女士的尊重。当男女双方进行握手时,只有当女士伸过手来之后,男士才能与之相握,否则就是违背"女士优先"的原则。为了表示对女士的尊重,男士还必须在与女士握手时摘下帽子,脱下手套,而女士在一般情况下则没有必要这样做。

（4）上下楼

在上楼梯时,男士要跟随在女士的后面,相隔一两级台阶的距离;下楼梯时,男士应该先下。如果是乘电梯上下楼,进电梯时,男士应请女士先进去,然后自己再进入。在电梯里,男士负责按电钮,礼貌地询问女士所上的楼层。

（5）进餐馆

如果男士预订了餐桌,则应走在前面为女士引路,如果不是这样,行进的顺序应该是:侍者—女士—男士。在餐桌旁,男士应协助女士就座,把椅子从桌边拉开,等女士即将坐下时再把椅子移近桌子。坐定后,男士应把菜单递给女士,把选择菜单的权利先交给女性。一般餐毕也应是由男士付账的。

若出席宴会,女主人是宴会上"法定"的第一顺序。也就是说,其他人在用餐时的一切举动,均应跟随女主人而行,不得贸然先行。按惯例女主人打开餐巾,意味着宣布宴会开始,女主人将餐巾放在桌上,则表示宴会到此结束。

（6）观看影剧

进影剧院或是听音乐会时,应由男士拿着入场券给检票员检票。在存衣室,男士应先协助女士脱下大衣、披风,然后自己再脱去外套。如果没有专人引导入座,男士就应走前几步为女士引路。从两排之间穿行,走向自己的座位时,应面向就座的观众,并且女士走在男士的前面。如果是几个男士和几个女士一起去观看影剧或听音乐会,那么最先和最后穿过就座观众的应是男士,女士夹在中间进去,这样,可以使女士不与陌生人坐在一起。散场人挤时,男士应走在女士前面;不挤时,女士稍前或并排与男士同行。

(7)助臂

男士应该帮助他所陪伴的女士携带属于她的较重的或拿着不方便的物品,如购物袋、旅行包、伞等。女士携带的东西掉在地上,男士不论相识与否,都应帮她拾起。在女士可能失足、滑倒的时候,男士应该以臂相助。

值得说明的是,以上"女士优先"的具体做法主要适用于社交场合,在商务场合,人们强调的是"男女平等",或是"忽略性别",因而是不太讲究"女士优先"的。

2. 讲究礼宾次序

社交中,对出席活动的国家、团体、人士的位次按某些规则和惯例进行排列,这种排列的先后次序称为礼宾次序。为使交往顺利进行,必须讲究礼宾次序。

(1)礼宾次序的依据

在国际交往中,其礼宾次序主要按宾客的身份与职务高低依次排列。在多边活动中,有时可按姓氏的顺序排列;有时可按参加国的字母顺序(一般以英文字母为准)排列;有时则可按代表团组成日期的先后排列;有时则可按代表团抵达活动地点的时间先后排列。

(2)礼宾次序的具体要求

在社交中,大到政治磋商、商务往来、文化交流,小到私人接触、社交应酬,凡确定礼宾次序必须从其总的原则出发,这一总的原则就是"以右为尊",即一般以右为大、为长、为尊;以左为小、为次、为卑。

按照惯例,在并排站立、行走或者就座的时候,为了表示礼貌,主人理应主动居左,而请客人居右;男士应当主动居左,而请女士居右;晚辈应当主动居左,而请长辈居右;未婚者应当主动居左,而请已婚者居右;职位、身份较低者应当主动居左,而请职位、身份较高者居右。

在不同场合也有特殊要求,具体如下:

两人同行,以前者、右者为尊。

三人行,并行以中者为尊;前后行,以前者为尊。

上楼时,尊者、妇女在前,下楼时则相反。

迎宾引路时,主人在前,送客时,则主人在后。

宴请排位,主人的右边是第一贵客,左边次之。

进门上车时,应让尊者先行。上车时,位低者应让尊者从右边车门上车,然后自己再从车后绕到左边上车;坐车(指轿车)时,以后排中间为大位,右边次之,左边又次之,前排最小。

3. 身份对等

身份对等是社交礼仪的一项基本原则。其含义是指主人在接待来宾时,要兼顾对方的身份、来访的性质以及双方关系等诸多因素来安排接待工作,以便使来宾得到与其身份相称的礼遇。尽管各种礼宾规格各不相同,但身份对等的原则都是普遍适用的。

根据这一原则,己方迎送来宾的主要人员应与来宾的身份大体相当,如其身体不适或不在本地而不能亲自出面时,应由与其身份相称的人或由其副职出面接待,并应向来宾做出适当的解释。倘若宾主身份相差悬殊,身份不对等,则有怠慢客人之嫌。

根据这一原则,己方人员在迎送来宾以及与之会见会谈时,参加的人数应与对方的人数大致相等。此外,在安排来宾的住宿和宴请时,也应使其档次和规模与来宾的身份相称。有时,主人为强调对双方特殊关系的重视和对来宾的敬重,会打破惯例,提高对来宾的接待规格。

例如,1984年英国首相撒切尔夫人(Margaret Thatcher)来华访问,中英双方发表了关于香港问题的联合公报,在她访华的短短36个小时中,中方为她安排了14场活动。邓小平、胡耀邦、李先念等在同一天会见了她,被认为是一次"破格"的接待。可见礼仪管理不应当是机械的教条,其巧妙应用还在于结合实际情况善于安排。

4. "等距离"规则

所谓"等距离"规则,是指在社交场合,特别是在一些交际应酬中,对待众多的合作伙伴,应努力做到一视同仁,不要使人感觉有明显的亲疏远近、冷暖明暗之分。

例如在国际交往中签订条约协定时,应遵守"轮换制",即每个缔约国在其保存的一份文件上名列首位,它的代表在这份文本上首先签字。在文字的使用上,每个国家都有使用本国文字的权利,本国文字与别国文字具有同等效力。

在握手寒暄时,应按礼节规定的顺序依次进行,不应该不讲先后顺序,跳跃式地进行。与多人握手时,注意与每人握手的时间应大致相等。

在与为数不多的人交换名片时,应按礼节规定的顺序依次把自己的名片递过去。那些在场者并不一定都想要你的名片,但仅凭自己的判断不给他们名片是失礼的行为。

一个男士与两个女士同行或坐在一起时,不应夹在她们中间,否则,他同两个女士谈话就不得不左右兼顾。男士的最佳位置应是坐在或走在她们的左侧才合乎礼仪。此刻他同任何一位女士谈话都不会把后脑勺留给另一位女士。

然而,这一规定也有例外。在一个未婚男子同两位单身女子同行时,如果他靠近其中一位而离另一位较远,反而可能引起她们的不安。因此,在这种情况下,他还是走在她们中间较好。

在招待客户时,不论是对待大客户还是小客户都要设法照顾周到,尽量避免产生不必要的误会。在某公司的一次大型答谢晚宴上,业务员小王及其他业务员都招待各自的客户。小王的客户很多,小王与小客户打过招呼后,就借用餐时间与一个大客户交谈起来,因为这个大客户曾与公司产生过误会,通过交谈,与这个大客户基本上达到了沟通的目的,消除了误会。事后,有一个小客户打来电话,说不想用该公司的产品了,当时小王非常吃惊,因为双方一直合作得很不错,虽然产品用量不大,但是一直保持业务往来,且关系很好。他不知道是哪方面得罪了这位"上帝",后来经多方打听,原来在那次晚宴上,这位客户就坐在自己的邻桌,因受其冷落,所以才欲终止合作。后来小王几经努力不断地加以解释,才挽回了这位顾客。

到公司去洽谈业务或办事,进入办公室后应设法与办公室中的业务员都聊上几句,以调节气氛,而不能只与业务主管攀谈,目无他人,冷落其他在场的人,否则别人会觉得你只认领导,往往会产生不好的效果。

5. 修饰避人

所谓修饰避人,意即维护自我形象的一切准备工作应在"幕后"进行,绝不可以在他人面前毫无顾忌地去做。注意养成修饰避人的良好习惯,并不断提高自己的素质修养,把自己的最佳形象展现在他人面前。

注意不要在客人面前打领带、提裤子、整理内衣、化妆或补妆、梳理头发、修理指甲等,社交中的这些举止会显得缺乏教养,甚至会使客人产生不满。

此外,在就餐时当众剔牙齿,会谈中当众掏耳朵和鼻孔、抓头皮,这些不雅的举动,使人感到粗俗和恶心。

女士在社交应酬中更要注意小节,比如毫无顾忌地检查裤子或裙子的拉锁是否拉好,拉直下滑的长筒丝袜,摆弄自己的衣裙和整理鞋袜等,这些都应避开他人的视线,到洗手间去进行,以免"污染"他人视觉。

6. 尊重他人隐私

所谓隐私,就是指一个人出于个人尊严和其他某些方面的考虑,因而不愿意公开,不希望外人了解或是打听的个人秘密、私人事宜。在社交中,人们普遍讲究尊重个人隐私,并且将尊重个人隐私与否视作一个人在待人接物方面有没有教养、能不能尊重和体谅交际对象的重要标志之一。

由于习俗不同,许多民族都有其忌讳的话题,如政治问题、宗教信仰问题、风俗习惯、个人好恶等。一般而言,在社交,尤其是涉外交往中,对以上内容是不宜妄加非议的。此外。个人隐私、他人的短长、令人不愉快的事物以及低级趣味,也是不应选择的话题。在社交中一旦发现自己选择的话题不受欢迎,应立即转移话题,不要毫不知趣地继续下去。如因自己疏忽而选择了令对方不快的话题,则应道歉,这也是对对方的尊重。

在涉外交际中,首先要避免与对方交谈时涉及个人隐私,一般要做到"八不问"。

(1) 不问年龄

在国外,人们普遍将自己的实际年龄当作"核心机密",不会轻易告之于人。这主要是因为外国人,尤其是英美人对年龄都十分敏感,希望自己永远年轻,对"老"字则讳莫如深,对年龄守口如瓶。因而与外国人交往时,打听对方的年龄属于不礼貌的行为。我国的传统向来对年龄比较随意,不仅如此,社会交往中还习惯于拔高对方的辈分,以示尊重。比如年轻男子相聚,彼此之间总喜欢以"老李"、"老张"、"老赵"相称,为了表示对对方的尊敬,人们会使用"老人家"、"老先生"、"老夫人"等一类尊称,实际上,这一类尊称在外国人听起来却似诅咒谩骂一般。在对外交往中,照套我国的传统习惯,会使对方十分难堪。

对"老"的忌讳

有位从事外事工作的女孩曾经接待过一位82岁高龄的美国加州老太太,她是来华旅游并参加短期汉语学习班的,见面时这位女孩对老太太说:"您这么大年纪了,还到外国旅游、学习,可真不容易呀!"这话要换了同样高龄的中国老太太听了,准会眉开眼笑,高兴一番。可是那位美国老太太一听,脸色即刻晴转多云,冷冷地应了一句:"噢,是吗? 你认为老人出国旅游是奇怪的事情吗?"弄得中国女孩十分尴尬。女孩的本意是表示礼貌尊重,结果却事与愿违,原因在于西方人对年龄、对"老"的忌讳。[①]

在外国,人们最不希望他人了解自己的年龄,所以有这样一种说法:一位真正的绅士,应当永远"记住女士的生日,忘却女士的年龄"。

（2）不问收入

在国际社会里,人们普遍认为,任何一个人的实际收入,均与其个人能力和实际地位有直接的因果关系。所以,个人收入的多寡,一向被外国人看作自己的脸面,十分忌讳他人进行直接、间接的打听。如果一位中国人问一位外国人:"您一个月挣多少钱?"那位外国人会觉得:"这个中国人真没有教养,干吗问我的工资呀!"

除去工资收入以外,那些可以反映个人经济状况的问题,例如:纳税数额、银行存款、股票收益、私宅面积、汽车型号、服饰品牌、娱乐方式、度假地点等,因与个人收入相关,所以在与外国人交谈时也不宜提及。

（3）不问婚姻

中国人的习惯,是对亲友、晚辈的恋爱、婚姻、家庭生活时时牵挂在心,但是绝大多数外国人却对此不以为然。西方人将此视为纯粹的个人隐私,向他人询问是不礼貌的。

在一些国家,跟异性谈论此类问题,会被对方视为无聊之举,甚至还会因此被对方控告为"性骚扰",从而吃官司。

（4）不问工作

在我国,人们相见时,会询问对方"您正在忙些什么"、"上哪里去"、"怎么好久不见你了"等问题,其实这只是些问题,回答不回答并不重要。但你若拿这些问题问外国人,他们会觉得你如果不是好奇心过盛,就是不懂得尊重别人,甚至是别有用心,因为这些问题在外国人看来都属个人隐私。

（5）不问住址

对于家庭住址、私宅电话,中国人在人际交往中,都是愿意告之于人的,是不保密的。但在外国恰恰相反,外国人大都视自己的私人居所为私生活领地,非常忌讳别人无端干扰

---

① 黎运汉.公关语言学[M].广州:暨南大学出版社,1998.

其宁静。西方人认为,留给他人自己的住址,就该邀请其上门做客,在一般情况下,他们一般不大可能邀请外人前往其居所做客。为此他们都不喜欢轻易地将个人住址、住宅电话号码等纯私人信息"泄密"。在他们常用的名片上,也没有此项内容。

(6)不问经历

初次见面,中国人之间往往喜欢打听一下交往对象"是哪里人"、"哪一所学校毕业的"、"以前干过什么",总之是想了解一下对方的"出处",打探一下对方的"背景"。然而外国人大都将此项内容视为自己的"底牌",不愿意轻易让人知道。外国人甚至认为一个人动辄对初次交往的对象"忆往昔峥嵘岁月稠",并不见得是坦诚相见,相反却大有可能是别有用心。

(7)不问信仰

在国际交往中,由于人们所处的社会制度、政治体系和意识形态多有不同,所以要真正实现交往的顺利、合作的成功,就不能以社会制度划界线,而应以友谊为重。不要动辄对交往对象的宗教信仰、政治见解评头品足,更不要将自己的政治观点、见解强加于人,否则对交往对象来说,就是不友好、不礼貌、不尊重的表现。所以对宗教信仰、政治见解,这些在外国人看来非常严肃的话题,还是避而不谈为好。

(8)不问健康

中国人彼此相见,人们会问候"身体好吗"。如果已知对方身体曾经一度欠安,还会问"病好了没有"。如果彼此关系密切,还会询问"吃了些什么药"、"怎么治疗的"。并且还会向对方推荐名医或偏方。可是在国外,人们在闲聊时一般都是"讳疾忌医"的,非常反感其他人对自己的健康状况关注过多,对他人的这种过分关心,外国人会觉得不自在。

随着我国现代化的不断深入,许多青年人也接受了这些观念。在社交中,我们应注意观察,假如对方对这些话题较敏感,我们就应避免谈论这些话题。

7. 不公开纠错

中国人有句老话说:人前教子,背后训妻。这句话的意思是教育子女应该在公开场合或可以在公开场合进行,而纠正妻子的错误,则应该在私下场合进行。

这一条原则也适用于社交。对于那些与我们身份相当或比我们年龄大、地位高、资格老的人,即使他在社交场合出现了知识性错误,我们也不应该当着第三者的面指出来,因为这样,可能会使对方感到难堪。即使对方宣称自己胸怀宽广、不计较这一类冒犯,也不要公开纠正他的错误。

合适的做法,应当是在这一次的社交活动之后私下里告诉他,这样他一定会感激你的。

但是也有几种情况应该指出来。一种是对方念了错别字,并且因为活动的需要,你预见到他在这一场合可能还会念到这个字,那么,应写个纸条或悄悄告诉他,让相同的错误不致重犯。一种是对方严重失礼,并且因为这种失礼可能会给对方自身带来不良影响,我们也应该选一个别人不注意的时机,向他指出来,并说明原因,他一定会因此而感激你。如果失礼几乎没有造成什么不良影响,则不必指出。如果几个人在进行一场讨论,则应本着实事求是、追求真理的精神,即使对方是权威、领导、老资格,我们也应该发表自己的意见。假如你的意见正确,对手是愿意听到不同意见的。

8．不妨碍他人

在公共场合每个有教养的人都应当有意识地约束自己的行为,尽量不因为自己的行为举止妨碍、打扰他人。

在办公室里打电话除了应调低自己的音量外,还应注意长话短说,避免长时间占用电话,影响单位业务信息的传达。更不要在办公室没完没了地抒情,因为大家都忙于工作,唯独你神采飞扬,这不仅妨碍工作,也影响他人情绪。

寻找他人或打手机时,不要动不动就扯开喉咙,大喊大叫。这不但影响他人,使本该宁静的环境嘈杂不安,而且有可能泄露公司的秘密,造成无法弥补的损失。

吸烟时,要注意场合,不要随意污染公共环境,给他人造成影响。

在车站、机场、商店等公共场所,说话的声音要小到不妨碍他人为宜,手势也不宜过多,那种高谈阔论、指手画脚的谈笑是对他人的妨碍,也是一种对他人的轻视。

在大庭广众之下走路不得咚咚作响,步子要轻些,遇急事不宜慌不择路、拼命奔跑,引起他人的不安,在保持神情的镇定、上身基本稳定的情况下,脚下加快步伐就可以了。

9．不必过分谦虚

中国人在待人接物时,讲究的是含蓄和委婉,奉行"满招损,谦受益"的古训,在对自己的所作所为进行评价时,中国人大都主张自谦、自贬,不提倡多作自我肯定,尤其是反对自我张扬。在这方面若不好自为之,就会被视为妄自尊大,嚣张放肆,不够谦逊,不会做人。实际上,在对外交往时,过于自谦并非益事,它常常会引起他人的疑惑和不满,不利于涉外交际的顺利进行。

遵守不必过谦的原则,会使人感到自己为人诚实,充满自信,因为过分的自谦、客套,只能给人以虚伪、做作的感觉。在涉外交往中,特别是在面临如下情况时,更要敢于、善于充分地从正面肯定自己。

（1）当面对赞美时

当外国友人赞美自己的相貌、衣着、手艺、工作、技术等时,一定要落落大方高兴地道一声"谢谢",而不应加以否认和自我贬低。接受外国人的赞美是对其本人的接纳和承认,是自己自信和见过世面的表现。

小故事

南辕北辙的赞美

曾有这样一个笑话,一个法国朋友在称赞一位中国姑娘漂亮时,那位中国姑娘表现得十分谦虚,连忙说:"哪里,哪里!"没想到这一说却出了洋相。因为那位法国朋友误以为对方是在问他"哪里漂亮",便立即答道:"你的眼睛很漂亮。"可对方依然谦虚如故,"哪里,哪

里！"法国朋友又答道："你的鼻子也漂亮……"结果南辕北辙了。[①]

（2）当赴宴、馈赠时

宴请外国人出席宴会时，不必说"今天没什么好菜，随便吃一点"；当送礼给外国人时，也不要说"礼品很不像样子，真不好意思拿出手来"之类的话。相反，应得体大方地说："这是本地最有特色的菜"、"这是这家饭店烧的最拿手的菜"、"这是我特意为您挑选的礼物"等。反过来，在接受外国人的赴宴邀请或接受外国人送的礼物时，也不应过于谦虚地没完没了地说"真不敢当"、"受之有愧"之类的话，这会使人产生不愉快的感觉，使宴请和送礼者感到难堪，及时表示谢意是得体的做法。

（3）当做客、拜访时

到外国人家里做客、拜访时，对主人准备的小饮不要推辞不用。如果主人问"喝点什么，茶还是咖啡"，你可以任选一种；若桌上备有小吃，可随意取用，但不可失态。若主人问"是否加糖或加牛奶"，则可按自己的喜好谢绝或选择其中一种。

（4）当交往应酬时

当自己同外国友人交往应酬时，一旦涉及自己正在忙什么、干什么的时候，无论如何都不要脱口而出"瞎忙"、"混日子"、"什么正经事都没有干"，否则会被对方认为自己是不务正业之人。

6.1.3　见面礼仪

见面是社交的开始，了解和掌握见面时的礼节，可以帮助我们顺利地通往交往的殿堂。本节所介绍的称呼、介绍、握手、名片等礼仪都是最常见的见面礼节。

1. 称呼的礼仪

在社会交往中，交际双方见面时，如何称呼对方，这直接关系到双方之间的亲疏、了解程度、尊重与否及个人修养等。一个得体的称呼，会令彼此如沐春风，为以后的交往打下良好的基础。否则，不恰当或错误的称呼，可能会令对方心里不悦，影响到彼此的关系乃至交际的成功。一个得体的称呼可谓交际的"敲门砖"！

 小故事

叶永烈采访陈伯达

著名传记作家叶永烈在着手写陈伯达传记时，必须采访陈伯达，采访时究竟怎样称呼陈伯达，叶永烈颇费了一番心思。采访的前一天晚上，叶永烈辗转反侧：明天见到了陈伯达到底该叫他什么呢？叫他陈伯达同志，不合适，因为陈伯达是在监狱服刑的犯人；叫他老陈，也不行，因为陈伯达已经是八十四岁的老人了，而自己才四十八岁。究竟应怎样称

---

① http://www.zwsdlpw.cn/newsshow.asp? id＝567.

呼他呢？突然,叶永烈灵机一动,称呼他"陈老",这是再恰当不过的称呼了。果然,第二天采访时,叶永烈一声"陈老"的亲切得体的称呼,令陈伯达听了感动万分,眼里充满了泪花。①

（1）称呼的原则

① 礼貌原则。合乎礼节的称呼,是向他人表达尊重的一种方式。在人际交往中,称呼对方要用尊称。现在常用的有:您——您好、您慢走;贵——贵姓、贵公司、贵方、贵校;大——尊姓大名、大作（文章、著作）;老——王老、李老、您老辛苦了;高——高寿、高见等;芳——芳名、芳龄。

② 尊重原则。一般来说,汉族人有崇大、崇老、崇高的心态,如对同龄人,一般称呼对方为哥、姐;对既可称"叔叔"又可称"伯伯"的长者,以称"伯伯"为宜;对副校长、副处长、副厂长等,也可在姓后直接以正职相称。

③ 恰当原则。许多青年人往往对人喜欢称"师傅",虽然亲热有余,但文雅不足,且普适性较差。对理发师、厨师、司机称师傅恰如其分,但对医生、教师、军人、干部、商务工作者称师傅就不合适了,如把小姑娘称为"师傅"则要挨骂了！所以,要视交际对象、场合、双方关系等选择恰当的称呼。

（2）通常的称呼

① 称呼姓名。一般的同事、同学关系,平辈的朋友、熟人,均可彼此之间以姓名相称。例如,"王小平"、"赵大亮"、"刘军"。长辈对晚辈也可以如此称呼,但晚辈对长辈却不可这样做。为了表示亲切,可以在被称呼者的姓前分别加上"老"、"大"、"小"字相称,而免称其名。例如,对年长于己者,可称"老张"、"大李";对年幼于己者,可称"小吴"、"小周"。但这种称呼多在职业人士间常见,不适合在校学生。对同性的朋友、熟人,若关系极为亲密,可以不称其姓,而直呼其名,如"春光"、"俊杰"。对于异性一般则不可这样做,因为只有其家人或配偶才这样称呼。

② 称呼职务。在工作中,以交往对象的职务相称,以示身份有别、敬意有加,这是一种最常见的称呼方法。具体做法:可以仅称呼职务,如"局长"、"经理"、"主任"等;也可以在职务前加上姓氏,例如,"王总经理"、"李市长"、"张主任"等;还可以在职务之前加上姓名,这仅适用于极其正式的场合。例如,"×××主席"、"×××省长"、"×××书记"等。

③ 称呼职称。对有职称者,尤其是有高级、中级职称者,可以在工作中直接以其职称相称。可以只称职称,例如,"教授"、"研究员"、"工程师"等;可以在职称前加上姓氏,例如,"张教授"、"王研究员"、"刘工程师",当然有时可以简化,如将"刘工程师"简化为"刘工",但使用简称应以不发生误会、歧义为限;可以在职称前加上姓名,它适用于十分正式的场合。例如,"王久川教授"、"周蕾主任医师"、"孙小刚主任编辑"等。

④ 称呼学位。在工作中,以学位作为称呼,可增加被称呼者的权威性,有助于增强现场的学术氛围。可以在学位前加上姓氏,如"张博士";可以在学位前加上姓名,如

"张明博士"。称呼学位一般仅限于拥有博士学位者,对学士学位、硕士学位拥有者不作此项称呼。

⑤ 称呼职业。称呼职业,即直接以被称呼者的职业作为称呼。例如,将教员称为"老师",将教练员称为"教练"或"指导",将专业辩护人员称为"律师",将财务人员称为"会计",将医生称为"大夫"或"医生"等。一般情况下在此类称呼前,均可加上姓氏或姓名。

⑥ 称呼亲属。亲属,即本人直接或间接拥有血缘关系者。在日常生活中,对亲属的称呼业已约定俗成,人所共知。面对外人,对亲属可根据不同情况采取谦称或敬称。对本人的亲属应采用谦称。称辈分或年龄高于自己的亲属,可以在其称呼前加"家"字,如"家父"、"家叔"。称辈分或年龄低于自己的亲属,可在其称呼前加"舍"字,如"舍弟"、"舍侄"。称自己的子女,则可在其称呼前加"小"字,如"小儿"、"小女"、"小婿"。对他人的亲属,应采用敬称。对其长辈,宜在称呼前加"尊"字,如"尊母"、"尊兄"。对其平辈或晚辈,宜在称呼之前加"贤"字,如"贤妹"、"贤侄"。若在其亲属的称呼前加"令"字,一般可不分辈分与长幼,如"令堂"、"令爱"、"令郎"。

⑦ 涉外称呼。在涉外交往中,一般对男子称先生,对女子称夫人、女士或小姐。已婚女子称夫人,未婚女子称小姐;对婚姻状况不明的女子称"小姐"或"女士"。在西方国家,凡是举行宗教结婚仪式的人,都习惯在无名指上戴一枚戒指,男子戴在左手,女子戴在右手,所以对外宾的称呼可以此而定。以上是根据性别和婚姻状况来称呼,使用起来具有普遍性。

(3) 常见的称呼介绍

① 同志。志同道合者才称同志。如政治信仰、理想、爱好等相同者,都可称为同志。在我国,同志这个称呼流行于新中国成立后,已成为内地公民彼此之间最普通、常用的称呼。这一称呼不分男女、长幼、地位高低,除了亲属之外,所有人都可以称同志。在改革开放之后的今天,这一称谓的使用率相对减少,因此在使用同志一词时应有所区别。如在同一党内、同一组织内,对解放军和国内的普通公民,这一称呼皆可使用。但对儿童,对具有不同政治信仰、不同价值观、不同国家的人,尽量少使用或不使用。

② 老师。老师这一词原意是尊称传授文化、知识、技术的人,后泛指在某些方面值得学习的人。孔子曰:"三人行,必有我师焉。"这说明,在古代"老师"这一称呼已泛指所有值得学习的人。现代社会,老师这一称谓一般用于学校中传授文化科学知识、技术的教师。目前,老师这一称谓在社会上也比较流行,有时人们出于对交际对象的学识、经验或某一方面的敬佩、尊重,常常以"姓+老师"来称呼对方,尤其在文艺界比较常见,这种称谓,一般会使交际的对方感到受到了尊重,心情比较舒畅。

③ 先生。在我国古代,一般称父兄、老师为先生,也有称郎中(医生)、道士等为先生的。有些地区还有已婚妇女对自己的丈夫或称别人家的丈夫为先生的,现在在我国南方某些地区仍这样使用。新中国成立后,先生一词则很少使用,有时只有对教师称为先生。改革开放以后,随着对外交流的增多,"先生"一词又流行起来,不过,其概念已与以前有所不同。目前,先生一词泛指所有的成年男子。在西方国家,对成年男子一般都称呼先生。不过也有例外,如在美国,12 岁以上的男子就可以称先生;在日本,对身份高的女子也称

先生。在我国知识界,也喜欢对有学问的女子称先生。先生这一称谓大方得体,既显示了彼此的尊重,又有彼此平等之意,有利于提高交际效果。

④ 师傅。师傅这一词原意是指对工、商、戏剧行业中传授技艺的人的一种尊称,后泛指对所有有技艺的人的称谓。到了20世纪五六十年代,师傅这一词在社会中比较流行,有虚心请教、尊敬对方之意。但师傅这一称呼大多用于非知识界的人士,一般不用于称呼有职称、有学位的人,否则可能会产生误解,有漠视之嫌。在现代社交中,师傅这一称谓已基本恢复其原意,即称呼工、商、戏剧行业中传授技艺的人。但是,在我国北方使用仍比较频繁,人们对不认识的人都称呼师傅。

⑤ 小姐。《现代汉语词典》中,"小姐"解释为:旧时对未婚女子的称呼;母家的人对已出嫁的人也称为小姐。"小姐"这一称谓在我国可谓冷热几十年,宠辱一口间,颇体现出了中国特色。

五十多年前,一个女性如能被人称为小姐,那么她不是大家闺秀也是文化丽人。小姐这两个字,一般人是配不上的。

二十多年前,"小姐"是被批判的"封资修"的东西,称呼别人小姐,不但被叫者不高兴,叫人者也要倒霉。那时男女老少流行统称同志。

十几年前,面对年轻的女子,称呼"小姐",对方不仅沾沾自喜,还会感到受宠若惊,"小姐"一词被《国家公务员条例》列为国家公务员的指定礼貌用语。

然而在今天,"小姐"一词又带有反面意义了。在某大城市一男士携妻购物,女店员笑容可掬:"先生,您给小姐买点什么?"这位妻子当即相斥:"你才是小姐呢。"小姐沾了"三陪"的光,成了"黄"称。而在国外,"小姐"这个称呼不知叫了多少年没有什么变化,就是对未婚女子的称呼,而且你如果对年龄偏大的女士叫一声小姐,对方不但不会责怪你,还会心里暗暗高兴呢!因为这样有夸她年轻之意,她往往愿意接受。

(4) 称呼的禁忌

① 使用错误的称呼。常见的错误称呼有两种:一是误读,一般表现为念错被称呼者的姓名。比如"郇"、"查"、"盖"这些姓氏就极易弄错。要避免犯此错误,就一定要作好先期准备,必要时不耻下问、虚心请教。二是误会,主要指对被称呼者的年纪、辈分、婚否以及与其他人的关系做出了错误判断。比如,将未婚妇女称为"夫人",就属于误会。

② 使用不当的行业称呼。学生喜欢互称为"同学";军人经常互称为"战友";工人可以称为"师傅";道士、和尚可以称为"出家人",这并无可厚非。但以此去称呼"界外"人士,并不表示亲近,没准对方不领情,反而产生被贬低的感觉。

③ 使用庸俗低级的称呼。在人际交往中,有些称呼在正式场合切勿使用。例如,"兄弟"、"朋友"、"哥们儿"、"姐们儿"、"死党"、"铁哥们儿"等一类的称呼,就显得庸俗低级、档次不高。它们听起来很肉麻,而且带有明显的黑社会的风格。逢人便称"老板",也显得不伦不类。

④ 使用绰号作为称呼。对关系一般者,切勿自作主张给对方起绰号,更不能随意以道听途说来的对方的绰号去称呼对方。至于一些对对方具有侮辱性质的绰号,例如,"北佬"、"阿乡"、"鬼子"、"鬼妹"、"拐子"、"秃子"、"罗锅"、"四眼"、"肥肥"、"傻大个"、"柴火

妞"、"北极熊"、"麻秆儿"等,则更应当免开尊口。另外,还要注意,不要随便拿别人的姓名乱开玩笑。要尊重一个人,必须首先学会去尊重他的姓名。

⑤ 学会记住别人的名字。美国交际学家戴尔·卡耐基(Dale Carnegie)说:"一个人的姓名是他自己最熟悉、最甜美、最妙不可言的声音。在交际中,最明显、最简单、最重要、最能得到好感的方法,就是记住人家的名字。"记住并准确地叫出对方的姓名,会使人感到亲切自然、一见如故。否则,即使有过交往的朋友也会生疏起来。作为服务行业的从业人员,应养成牢记顾客名字的习惯,在服务顾客的过程中,无疑占据了有利地位。

2. 问候礼仪

在人际交往中,当互相见面或被他人介绍时,应起身站立,热情认真地向对方问候,打个招呼,这是最普通的礼节。问候时应注意如下问题。

(1) 男士尊重女士

如果你在途中遇见相识的女士,倘若她不打招呼,你就不要去打扰她。她是不是主动向你打招呼,全由她去决定。你只可向她答礼,除非你和她非常熟悉。男士主动先向女士打招呼,有时会给女士带来不便或尴尬。

(2) 不用莽撞的问候方式

如果你在公共场所遇见了久违的好朋友,请不要太激动。在街上,突然冲向对方,甚至冲撞了行人;在会场上,猛然从座位上跳起来并穿过整个大厅;在人群里,冷不丁高呼朋友的名字,让旁人吓一跳,并为之行侧目礼等,都是很失礼的。

(3) 不苛求"熟视无睹"的相识者

有时会碰见相识者对你"熟视无睹",而感到不高兴,其实这大可不必。请不要把不经心的视而不见与故意的轻蔑混为一谈。这很可能是对方正在沉思,或者眼睛近视,也可能因为你的外貌有了改变。例如,有位女士对自己所从事的专业很有研究和造诣,是行业中公认的专家。但她的同事对她一直很有意见,认为她骄傲,不理人,摆架子。其实她的"视而不见",是因为她习惯在行走和空闲时,独自一人沉思。

(4) 适时、适地打招呼

如果参加一个国际性的或者是跨省市、跨行业的会议,在一天内几次遇见同一个熟人,每次都说"您好",似乎太单调了。可以根据时间、场合,适地、适时地用不同的方式打招呼。

(5) 与相遇的人打招呼

有时因出差、开会、旅游等,在旅馆居住或在商店购物时,都应该同遇见的服务员或售货员打招呼。只要是经常同自己打交道的,不论地位高低、贫富不同,都要注意见面打招呼。

3. 介绍的礼仪

介绍是社交活动最常见、也是最重要的礼节之一,它是初次见面的陌生的双方开始交往的起点。介绍在人与人之间起桥梁与沟通作用,几句话就可以缩短人与人之间的距离,为进一步交往开个好头。

（1）自我介绍

在不同场合，遇见对方不认识自己，而自己又有意与其认识，当场没有他人从中介绍，往往需要自我介绍。自我介绍要注意如下方面。

① 把握自我介绍的时机。在交际场合，自我介绍的时机包括：与不相识者相处一室；不相识者对自己很有兴趣；他人请求自己作自我介绍；在聚会上与身边的陌生人共处；打算介入陌生人组成的交际圈；求助的对象对自己不甚了解，或一无所知；前往陌生单位，进行业务联系时；在旅途中与他人不期而遇而又有必要与人接触；初次登门拜访不相识的人；利用社交媒介，如信函、电话、电报、传真、电子信函，与其他不相识者进行联络时；初次利用大众传媒，如报纸、杂志、广播、电视、电影、标语、传单，向社会公众进行自我推介、自我宣传时。

② 选择自我介绍的方式。自我介绍的方式主要有：第一，应酬式的自我介绍。这种自我介绍的方式最简洁，往往只包括姓名一项即可，如："您好！我叫王平。"它适合于一些公共场合和一般性的社交场合，如途中邂逅、宴会现场、舞会、通电话时，它的对象主要是一般接触的交往人。第二，工作式的自我介绍。工作式的自我介绍的内容，包括本人姓名、供职的单位以及部门、担负职务或从事的具体工作等。比如说："我叫唐婷，是大地广告公司的客户经理。"第三，交流式的自我介绍。也叫社交式自我介绍或沟通式自我介绍，是一种刻意寻求交往对象进一步交流沟通，希望对方认识自己、了解自己、与自己建立联系的自我介绍。适用于在社交活动中，大体包括本人的姓名、工作、籍贯、学历、兴趣以及与交往对象的某些熟人的关系等。如："我的名字叫陈友，是招商银行的理财顾问，说起来我跟您还是校友呢。"第四，礼仪式的自我介绍。这是一种表示对交往对象友好、尊敬的自我介绍。适用于讲座、报告、演出、庆典、仪式等正规的场合。内容包括姓名、单位、职务等。自我介绍时，还应多加入一些适当的谦辞、敬语，以示自己尊敬交往对象。如："女士们、先生们，大家好！我叫宋河，是精英文化公司的常务副总。值此之际，谨代表本公司热烈欢迎各位来宾莅临指导，谢谢大家的支持。"第五，问答式的自我介绍。针对对方提出的问题，做出自己的回答。这种方式适用于应试、应聘和公务交往，在一般交际应酬场合也时有所见。例如，对方发问："这位先生贵姓？"回答："免贵姓张，弓长张。"

③ 掌握自我介绍的分寸。首先，语言要力求简洁。要节省时间，通常以半分钟左右为佳，如无特殊情况最好不要长于1分钟。为了提高效率，在作自我介绍时，可利用名片、介绍信等资料加以辅助。其次，态度要友好自信。态度要保持自然、友善、亲切、随和，整体上讲要落落大方、笑容可掬。要充满信心和勇气，敢于正视对方的双眼，显得胸有成竹、从容不迫。语气自然，语速正常，语言清晰。最后，内容要追求真实。进行自我介绍时所表达的各项内容，一定要实事求是、真实可信。过分谦虚，一味贬低自己去讨好别人，或者自吹自擂、夸大其词，都是不足取的。

（2）他人介绍

他人介绍即社交中的第三者介绍。在他人介绍中，为他人做介绍的人一般有社交活动中的东道主、社交场合中的长者、家庭聚会中的女主人、公务交往活动中的公关人员（礼宾人员、接待人员、文秘人员）等。他人介绍要注意如下方面。

① 他人介绍的时机。他人介绍的时机包括：在家中或办公地点接待彼此不相识的客人；与家人外出，路遇家人不相识的同事或朋友；陪同亲友，前去拜会亲友不认识的人；陪同上司、来宾时，遇见了其不相识者，而对方又跟自己打了招呼；打算推介某人加入某一交际圈；受到为他人做介绍的邀请等。

② 他人介绍的顺序。一般来说，在被介绍的两个人中，应让女士、长者、位尊者拥有"优先知晓权"，例如：介绍年长者与年幼者认识时，应先介绍年幼者，后介绍年长者；介绍长辈与晚辈认识时，应先介绍晚辈，后介绍长辈；介绍老师与学生认识时，应先介绍学生，后介绍老师；介绍女士与男士认识时，应先介绍男士，后介绍女士；介绍已婚者与未婚者认识时，应先介绍未婚者，后介绍已婚者；介绍同事、朋友与家人认识时，应先介绍家人，后介绍同事、朋友；介绍来宾与主人认识时，应先介绍主人，后介绍来宾。

在集体介绍时要注意：第一，少数服从多数。当被介绍者双方地位、身份大致相似时，应先介绍人数较少的一方。第二，强调地位、身份。若被介绍者双方地位、身份存在差异，虽人数较少或只一人，也应将其放在尊贵的位置，最后加以介绍。第三，单向介绍。在演讲、报告、比赛、会议、会见时，往往只需要将主角介绍给广大参加者。第四，人数多的一方的介绍。若一方人数较多，可采取笼统的方式进行介绍。如"这是我的家人"、"这是我的同学"。第五，人数较多各方的介绍。若被介绍的不止两方，则需要对被介绍的各方进行位次排列。排列的方法：a. 以其负责人身份为准；b. 以其单位规模为准；c. 以单位名称的英文字母顺序为准；d. 以抵达时间的先后顺序为准；e. 以座次顺序为准；f. 以距介绍者的远近为准。

③ 他人介绍的细节。细节决定成败，在介绍中还要注意如下细节，只有这样才能取得良好的交际效果。

第一，介绍者未被介绍者介绍之前，一定要征求一下被介绍双方的意见，切勿上去开口即讲，显得很唐突，让被介绍者感到措手不及。

第二，被介绍者在介绍者询问自己是否有意认识某人时，一般不应拒绝，而应欣然应允。实在不愿意时，则应说明理由。

第三，介绍人和被介绍人都应起立，以示尊重和礼貌；待介绍人介绍完毕后，被介绍双方应微笑点头示意或握手致意。

第四，在宴会、会议桌、谈判桌上，视情况介绍人和被介绍人可不必起立，被介绍双方可点头微笑致意；如果被介绍双方相隔较远，中间又有障碍物，则可举起右手致意，点头微笑致意。

第五，介绍完毕后，被介绍双方应依照合乎礼仪的顺序握手，并且彼此问候对方。问候语有"你好，很高兴认识你"、"久仰大名"、"幸会幸会"，必要时还可以进一步做自我介绍。此外，介绍时不要开玩笑，不要使用易生歧义的简称，特别是在首次介绍时要准确地使用全称。

4. 握手的礼仪

当今，握手已成为世界上最为普遍的一种礼节，其应用的范围远远超过了鞠躬、拥抱、接吻等。在日常交际中，我们必须注意握手的基本礼节。

小知识

握手的由来

史前时期，人类的祖先以打猎为生，世界对他们来说是充满着危险的。因此，当陌生人相遇时，如果双方都怀着善意，便伸出一只手来，手心向前，向对方表示自己手中没有石头或武器，走近之后，两人互相摸摸右手，以示友好。这样沿袭下来，便成为今天人们表示友好的握手。

关于握手礼来源的另一种说法是：中世纪时，骑士们都穿着盔甲，全身披挂后，除两只眼睛外，其余都包裹在盔铁甲里，随时准备冲向敌人。如果表示友好，互相走近时就应脱去右手的甲胄，伸出右手，表示没有武器，互相握手，这是和平的象征。

（1）握手的次序

根据礼仪规范，握手时双方伸手的先后次序，一般应当遵守"尊者先伸手"的原则。由尊者首先伸出手来，位卑者只能在此后予以响应，而绝不可贸然抢先伸手，不然就是违反礼仪的举动。其基本规则如下：

① 男女之间握手。男女之间握手，男士要等女士先伸出手后才握手。如果女士不伸手或无握手之意，男士向对方点头致意或微微鞠躬致意。男女初次见面，女方可以不和男士握手，只是点头致意即可。男女握手时，要脱帽和脱右手手套，如果匆匆忙忙来不及脱，要道歉。女士除非对长辈，一般可不必脱手套。

② 宾客之间握手。宾客之间握手，主人有向客人先伸出手的义务。在宴会、宾馆或机场接待宾客，当客人抵达时，不论对方是男士还是女士，女主人都应该主动先伸出手。男士因是主人，尽管对方是女宾，也可先伸出手，以表示对客人的热情欢迎。而在客人告辞时，则应由客人首先伸出手来与主人相握，在此表示的是"再见"之意。

③ 长幼之间握手。长幼之间握手，年幼的一般要等年长的先伸手。和长辈及年长的人握手，不论男女，都要起立趋前握手，并要脱下手套，以示尊敬。

④ 上下级之间握手。上下级之间握手，下级要等上级先伸出手。但涉及主宾关系时，可不考虑上下级关系，做主人的应先伸手。

⑤ 一个人与多人握手。若是一个人需要与多人握手，则握手时亦应讲究先后次序，由尊而卑，即先年长者后年幼者，先长辈后晚辈，先老师后学生，先女士后男士，先已婚者后未婚者，先上级后下级，先职位、身份高者后职位、身份低者。

值得注意的是，在公务场合，握手时伸手的先后次序主要取决于职位、身份。而在社交、休闲场合，则主要取决于年龄、性别、婚否。

（2）握手的方式

握手的标准方式，是行礼时行至距握手对象约1米处，双腿立正，上身略向前倾，伸出右手，四指并拢，拇指张开与对方相握。握手时应用力适度，上下稍许晃动三四次，随后松开手来，恢复原状。具体应注意如下几点。

① 神态。与人握手时神态应专注、热情、友好、自然。在通常情况下，与人握手时，应面含微笑，目视对方双眼，并且口头问候。在握手时切勿显得自己三心二意、敷衍了事、漫

不经心、傲慢冷淡。如果在此时迟迟不握他人早已伸出的手,或是一边握手,一边东张西望,目中无人,甚至忙于跟其他人打招呼,都是极不应该的。

②力度。握手时用力应适度,不轻不重,恰到好处。如果手指轻轻一碰,刚刚触及就离开,或是懒懒地慢慢地相握,缺少应有的力度,会给人勉强应付、不得已而为之之感。一般来说,手握得紧是表示热情,男人之间可以握得较紧,甚至另一只手也加上,握住对方的手大幅度上下摆动,或者在手相握时,左手又握住对方胳膊肘、小臂甚至肩膀,以表示热烈。但是注意既不能握得太使劲,使人感到疼痛;也不能显得过于柔弱,不像个男子汉。对女性或陌生人,轻握是很不礼貌的,尤其是男性与女性握手应热情、大方、用力适度。

③时间。通常是握紧后打过招呼即松开。但如亲密朋友意外相遇、敬慕已久而初次见面、至爱亲朋依依惜别、衷心感谢难以表达等场合,握手时间就长一点,甚至紧握不放,话语不休。在公共场合,如列队迎接外宾时,握手的时间一般较短。握手的时间应根据与对方的亲密程度而定。

(3) 握手的禁忌

在交际中,握手虽然司空见惯,看似寻常,但是由于它可被用来传递多种信息,因此在行握手礼时应努力做到合乎规范,并且注意下面几点。

不要用左手与他人握手,尤其是在与阿拉伯人、印度人打交道时要牢记此点,因为在他们看来左手是不洁的。

不要在握手时争先恐后,而应当遵守秩序,依次而行。特别要记住,与基督教信徒交往时,要避免两人握手时与另外两人相握的手形成交叉状,这类似十字架,在基督教信徒眼中是很不吉利的。

不要戴着手套握手,在社交场合女士的晚礼服手套除外。

不要在握手时戴着墨镜,只有患有眼疾或眼部有缺陷者才能例外。

不要在握手时将另外一只手插在衣袋里。

不要在握手时另外一只手依旧拿着香烟、报刊、公文包、行李等东西而不肯放下。

不要在握手时面无表情,不置一词,好似根本无视对方的存在,而纯粹是为了应付。

不要在握手时长篇大论,点头哈腰,滥用热情,显得过分客套,让对方不自在,不舒服。

不要在握手时把对方的手拉过来、推过去,或者上下左右抖个没完。

不要在与人握手之后,立即揩拭自己的手掌,好像与对方握一下手就会使自己受到感染似的。

小知识

握手方式与性格

(1) 控制式。即用掌心向下或向左下的姿势握住对方的手。这种人想表达自己的优势、主动、傲慢或支配地位。一般具有说话干净利落、办事果断、高度自信的特点。凡事一经自己决定,就很难改变观点,作风不大民主。

(2) 谦恭式。即用掌心向上或向左上的手势与对方握手。这种人往往性格软弱,处于被动、劣势地位,处世比较谦和、平易近人,不固执,对对方比较尊重、敬仰,甚至有几分畏惧。

（3）对等式。即握手时两人伸出的手心都不约而同地向着对方握在一起。这种人比较友好，也可能是很遵守游戏规则的平等的竞争对手。

（4）双握式。即在右手相握的同时，再用左手加握对方的手背、前臂、上臂或肩部。加握部位越高，其热情友好的程度也显得越高。这种人热情真挚、诚实可靠、信赖别人。

（5）捏手指式。即只捏住对方的几个手指或手指尖部。女性与男性握手时，为了表示自己的矜持与稳重，常采取这种方式。如果是同性别的人之间这样握手，就显得有几分冷淡和生疏。若换成显贵人物，则其意在显示自己的"尊贵"。

（6）拉臂式。即将对方的手拉到自己的身边相握。这种人往往过分谦恭，在他人面前唯唯诺诺、轻视自我、缺乏主见与敢作敢为的精神。

（7）死鱼式。即握手时伸出一只无任何力度、质感，不显示任何积极信息的手。这种人的性格不是生性懦弱，就是对人冷漠无情，待人接物消极傲慢。

（4）握手的技巧

① 主动与每个人握手。在商务场合，如谈判开始之前，双方都要互相介绍认识一下。这时候，你最好表现得积极一些、主动一些，表示你很高兴与他们认识。你可以主动地与他们每一个人握手表示你对对方的尊重，只有在你尊重别人时，也才会受到别人的尊重。

② 有话想让对方出来讲，握手时不要松开。有时你找对方谈一些事，不巧的是里边还有其他人在，你想与对方单独谈，耐心等了很久仍没有机会，你可以想办法让对方出来说。但你不能明白告诉对方"我有点事，咱们到外边说"，这显然是不礼貌的，你得想办法让对方起身相送。在你起身告辞时，对方站起来，你就边与对方交谈，边向外走。如果对方无意起身，你就走近他，很礼貌地与他握手，出于礼貌对方会站起身走出自己的座位，然后你边说边往外走，中间不能停。因为当你还有话要说时，对方是很不好意思不送你的。说话时，眼睛也要看着对方，不要只顾走。走到门口对方要与你告辞，你主动伸手与他握手，握手之后不要马上松开，要多握一会儿，并告诉对方："你看我还有件事……"你说得缓慢些，对方也就意识到了，就会主动走出来。

③ 握手时赞扬对方。握手时的寒暄话是非常重要的。在你与对方握手的时候，可以对对方表示一下关心和问候，或赞扬对方两句。握手时双方的距离很近，对方的衣着服饰可以尽收眼底，如果你用心观察，肯定会有某一方面值得你赞扬。而每个人又都有自己特别注重修饰的地方，有人特别爱惜自己的发式，每天修理头发，使自己神采奕奕；有人特别注意领带，不惜高价买一条，或用一枚精制的领带夹子点缀一下，使自己容光焕发；有的穿了一件新西装，质地优良、做工讲究；有的穿一件衬衣，色彩和谐明快，使人显得年轻漂亮。见面握手时不能对这些熟视无睹，要加以赞美。双方会因此而显得亲近，你则显得格外大方、热情、细心，因而会给人留下一个好印象。

（5）常见的其他见面礼节

在国内外交往中，除握手之外，以下见面礼也颇为常见。

① 点头礼。点头礼适用于路遇熟人，或在会场、剧院、歌厅、舞厅等不宜与人交谈之处，或在同一场合碰上自己多次见面者，或遇上多人又无法一一问候之时。行礼的做法

是：头部向下轻轻一点，同时面带笑容，不宜反复点头不止，也不必点头的幅度过大。

②　举手礼。行举手礼的场合与行点头礼的场合大致相似，它最适合向距离较远的熟人打招呼。其做法是右臂向前方伸直，右手掌心向着对方，其他四指并齐、拇指分开，轻轻向左右摆动一两下。不要将手上下摆动，也不要在手摆动时用手背朝向对方。

③　脱帽礼。戴着帽子的人，在进入他人居所、路遇熟人、与人交谈并握手或行其他见面礼时、进入娱乐场所、升挂国旗、演奏国歌等一些情况下，应自觉主动地摘下自己的帽子，并置于适当之处，这就是所谓脱帽礼。女士在社交场合可以不脱帽子。

④　注目礼。具体做法是：起身立正，抬头挺胸，双手自然下垂或贴放于身体两侧，笑容庄重严肃，双目正视于被行礼对象，或随之缓缓移动。一般在升国旗、游行检阅、剪彩揭幕、开业挂牌等情况下，使用注目礼。

⑤　拱手礼。拱手礼是我国民间传统的会面礼，今天也常使用，如在过年时举行团拜活动、向长辈祝寿、向友人恭喜（结婚、生子、晋升、乔迁）、向亲朋好友表示无比感谢，以及与海外华人初次见面时表示久仰大名等。行礼时应起身站立，上身挺直，两臂前伸，双手在胸前高举抱拳，自上而下或者自内向外，有节奏地晃动两三下。

⑥　鞠躬礼。在日本、韩国、朝鲜等国，鞠躬礼十分普遍。目前在我国主要适用于向他人表示感谢、领奖或讲演之后、演员谢幕、举行婚礼或参加追悼活动。行礼时应脱帽立正，双目凝视受礼者，然后上身弯腰前倾。男士双手应贴放于身体两侧裤线处，女士的双手则应下垂搭放于腹前。下弯的幅度越大，所表示的敬重程度就越大。

⑦　合十礼。在东南亚、南亚信奉佛教的地区以及我国傣族聚居区，合十礼最为普遍。行合十礼时双掌十指在胸前相对合，五个手指并拢向上，掌尖和鼻尖基本持平，手掌向外侧倾斜，双腿立直站立，上身微欠低头，可以口颂祝词或问候对方，亦可面带微笑，但不准手舞足蹈、反复点头。一般而论，行此礼时，合十的双手举得越高，越体现出对对方的尊重，但原则上不可高于额头。

⑧　拥抱礼。在西方，特别是在欧美国家，拥抱礼是十分常见的见面礼与道别礼。在人们表示慰问、祝贺、欣喜时，拥抱礼也十分常用。正规的拥抱礼，讲究两人正面面对站立，各自举起右臂，将右手搭在对方左肩后面；左臂下垂，左手扶住对方右腰后侧。首先各向对方左侧拥抱；其次各向对方右侧拥抱；最后再一次各向对方左侧拥抱，一共拥抱3次。在普通场合行礼，不必如此讲究，次数也不必要求如此严格。

⑨　亲吻礼。亲吻礼也是西方国家常用的见面礼，有时它会与拥抱礼同时使用。行礼时，通常忌讳发出亲吻的声音，而且不应将唾液弄到对方脸上。在行礼时，双方关系不同，亲吻的部位也有所不同。长辈吻晚辈，应当吻额头；晚辈吻长辈，应当吻下颌或吻面颊；同辈之间，同性应当贴面颊，异性应当吻面颊。接吻，即吻嘴唇，仅限于夫妻与恋人之间，而不宜滥用，不宜当众进行。

⑩　吻手礼。吻手礼主要流行于欧美国家。它的做法是：男士行至已婚妇女面前，首先垂手立正致意，然后以右手或双手捧起女士的右手，俯首以自己微闭的嘴唇，去象征性地轻吻一下其手背或是手指。行吻手礼的地点，应在室内为佳。吻手礼的受礼者，只能是妇女，而且应是已婚妇女。行吻手礼时，如果啧啧作响或把唾液留在女士的手背上，是十分无礼的，应该双唇轻沾对方的手，不出声响。

5. 名片的礼仪

名片是现代社会中必不可少的社交工具。两人初次见面,先互通姓名,再奉上名片,单位、姓名、职务、电话等历历在目,既回答了一些对方心中想问而有时又不便贸然出口的问题,又使相互之间的距离一下子接近了许多。在交往中,熟悉和掌握名片的有关礼仪是十分重要的。

有趣的是,作为礼仪之邦,中国古代就有这种功能类似的"名片"。清代学者赵翼在《陔馀丛考》卷三十"名帖"中说:"古人通名,本用削木书字,汉时谓之谒,汉末谓之刺。汉以后虽则用纸,而仍相沿曰刺。"按照他的说法,汉代的名片是木质,上面墨书文字,名称叫作"谒",汉末改为"刺"。汉以后随着造纸术的发明和推广,名片虽改为纸制,但仍沿用了"刺"这一名称。

名片在中国古代一直被使用,时至明清,使用更为广泛。每临春节,商人们都要制作大量的红纸名片,上书商号。除夕之夜,派人广为散发,不管认识与否,有无来往,见门就塞,以示恭贺新春,这里面当然有"多多光临"的意思。收到名片的人家就把它贴到墙上,以烘托喜庆的气氛。就因为如此,才有了于右任遇难得救的故事。

 **小故事**

于右任遇难得救

1905 年,于右任写了一本《半哭半笑楼诗草》的书,抨击时政。陕甘总督认为"递竖昌言大逆不道"而密奏清政府,慈禧阅后批复就地处决。此时于右任在开封,他的同学李合甫的父亲李丙田探知消息后,雇人日夜兼程送信。于右任获信后,当即转移,临行时,他随手揭下了旅馆墙上的 20 多张名片,沿途每遇人盘查,便拿出一张,以名片中的姓名应付,蒙过重重关卡,结果名片用完了,他也逃出了虎口。[①]

现代交往中,名片已不仅仅用于拜访,在交往中,人们用它做自我介绍,介绍友人相识或托人取物,也可以作为简单的礼节性通信往来,表示祝贺、感谢、劝慰、吊唁等。随着社会文明的发展,小小的名片在人们之间的信息传递中,扮演了一个不可缺少的角色。正如一位名人所说:"在现代生活中,一个没有个人名片,或是不会正确地使用个人名片的人,就是一个缺乏现代意识的人。"

（1）名片的制作

① 名片的规格、材质与色彩。名片一般为 10cm 长、6cm 宽的白色卡片。我们经常使用的规格略小,长 9cm、宽 5.5cm。值得说明的是:如无特殊需要,不应将名片制作过大,甚至有意搞折叠式,免得给人以标新立异、虚张声势之感。

印制名片,最好选用纸张,并以耐折、耐磨、美观、大方的白卡纸、再生纸、合成纸、布纹纸、麻点纸、香片纸为佳。至于高贵典雅、纸质挺括的钢骨纸、皮纹纸,则可量力而行,酌情选用。必要时,还可覆膜。

---

① 杨友苏,石达平.品礼:中外礼仪故事选评[M].上海:学林出版社,2008.

印制名片的纸张,宜选庄重朴素的白色、米色、淡蓝色、淡黄色、淡灰色,并且以一张名片用一色为好。

② 名片的内容。很多企业认为名片是宣传组织的一个极好的媒介,如果所有工作人员,特别是业务员的名片设计得风格一致、个性鲜明,将会给人一种统一的视觉印象,而这种个性很大程度表现在名片的内容设计上。

例如以下几位艺术家和社会名流的名片就颇具个性,独领风骚,使人耳目一新,睹名片如见其人。

棋圣聂卫平的名片"棋"高一招,上部是自己的漫画像;中部用钢笔签名;下部是一幅围棋谱局。图文并茂,一目了然。

青年舞蹈家杨丽萍的名片印着"孔雀头"手形剪影的特有标志,将其优美的孔雀舞姿再现于名片之上,形态栩栩如生、惟妙惟肖,而艺术化的"YLP"三个英文字母即姓名缩写。设计新颖别致、浑然一体,令人叫绝。

著名作家沙叶新的名片也设计得别具一格,其名片左下方是其右手夹书、左手拿笔的漫画像,右上方是个大括号,内书:

我,沙叶新,

上海人民艺术剧院院长——暂时的,

剧作家——永久的,

某某委员、某某理事、某某教授、某某顾问——这些都是挂名的。

一般的,名片上应该印上工作单位、姓名、身份、地址、邮政编码等。工作单位一般印在名片的上方,社会兼职紧接工作单位排列下来;姓名印在名片中央,右侧印有职务、职称;名片的下方为地址、邮政编码、电话号码、传真、E-mail 地址等。

名片的背面,一般都印上相应的英文,作为对外交往时用。但也有些名片在背面印上企业、公司的简介、经营范围、产品及服务范围以方便客户和作为宣传。例如,大连市某县有一名副县长的名片,就是除了姓名、职务等内容之外,还有一幅本县的风光图片。照他的说法,这样做有利于增强人们的环保意识。原来该县是个海岛县,风光秀丽,近年来发展了旅游业,成为该县经济的支柱产业之一。在开发旅游资源的时候,他们首先想到的是保护自然环境,为子孙后代留下一片蓝天、碧水。它集宣传本地与普及环保意识于一体,收到了良好的经济效益和社会效益。

很多企业有标准的员工名片格式,有的要加印公司的标识甚至企业经营理念,并且规定了名片的统一规格、格式等。

(2) 名片的用途

对现代人来讲,名片是一种物有所值的实用型交际工具,其用途是多方面的。

① 介绍自身。名片最主要的用途是介绍自身。会客交友,取出一张名片,自我的基本情况跃然纸上,让他人一目了然。它在介绍中的好处是简明扼要、介绍方便。在当着一两个人口头自我介绍时,总是很简短,几乎就是姓名、单位。有时候职务都不便开口说出,因为介绍自己的一官半职总有自我炫耀之嫌,当身兼数职时更不好——启齿,但有了名片,一切都写得清清楚楚,不用为难和啰唆,他人就能较多地了解你。

② 维持联系。名片犹如"袖珍通信录",利用它所提供的资料,即可与名片的提供者保持联系。正因为有了名片上所提供的各种联络方式,人们的"常来常往"才变得更加现实和方便。

③ 显示个性。通过名片展示个性,获得他人对自我多方面和多层次的了解。可以在名片上印上代表自己个性的爱好和特点,如"酷爱足球,性喜笔耕,嗜辣如命,钟情绿色,崇尚真诚",这样的名片很快就让别人读懂了自己,也赢得了友善。也有的人在名片上印上自己的座右铭或喜爱的格言及与对方相识的真诚的话语等,如"一握你的手,永远是朋友"、"不握你的手,照样是朋友"这样的名片很容易给对方留下好感,加深交往。

④ 拜会他人。初次前往他人居所或工作单位进行拜会时,可将本人名片交由对方门卫、秘书或家人,转交给被拜访者,以便对方确认"来系何人",并决定见与不见。这种做法比较正规,可以避免冒昧造访。

此外,名片在交往中有多种用途,如馈赠附名、代替请柬、喜庆告友、祝贺升迁等。

（3）名片的交换

要使名片在交际中正常地发挥作用,还需在交换名片时做得得法。遇到以下几种情况时需与对方交换名片:一是希望认识对方时;二是被介绍给对方时;三是对方提议交换名片时;四是对方向自己索要名片时;五是初次登门拜访对方时;六是通知对方自己的变更情况时;七是打算获得对方的名片时。

① 递交名片。名片的持有者在递交名片时动作要洒脱、大方,态度要从容、自然,表情要亲切、谦恭。应当事先将名片放在身上易于掏出的位置,取出名片便先郑重地握在手里,然后再在适当的时机得体地交给对方。

递交名片的姿势是:要双手递过去,以示尊重对方。将名片放置手掌中,用拇指夹住名片,其余四指托住名片反面,名片的文字要正向对方,以便对方观看,若对方是外宾,则最好将名片上印有对方认得的文字的那一面面对对方,同时讲些"请多联系"、"请多关照"、"我们认识一下吧"、"有事可以找我"之类友好客气的话。

递交名片的时间,应当根据具体情况而定。如果名片持有者与人事先有约,一般可在告辞时再递上名片。如果双方只是偶然相遇,则可在相互问候,得知对方有与你交往的意向时,再递交名片。

与多人交换名片时,要注意讲究先后次序,或由近而远,或由尊而卑。一定要依次进行,切勿采取"跳跃式",当然也没有必要散发传单似的,站在人流拥挤处随意滥发名片。

② 接受名片。接受他人名片时,应恭恭敬敬、双手捧接,并道感谢。接受名片者应当首先认真地看看名片上所显示的内容,必要时可以从上到下、从正面到反面重复看一遍,或者可把名片上的姓名、职务(较重要或较高的职务)读出声来,如:"您就是张总啊!"以表示对赠送名片者的尊重,同时也加深了对名片的印象。然后把名片细心地放进名片夹或笔记本、工作证里夹好。

在别人给了名片后,如有不认识或读不准的字要虚心请教。请教他人的姓名,丝毫不会降低你的身份,反而会使人觉得你是一个对待事情很认真的人,增加对你的信任。

接受名片时应避免:马马虎虎地用眼睛瞄一下,然后顺手不经意地塞进衣袋;随意往裤子口袋一塞、往桌上一扔;名片上压东西、滴到了菜汤油渍;离开时把名片忘在桌子上。

名片是一个人人格的象征,这些行为是对其人格的不尊重,这样都会使人感到不快。

当然在收到了别人的名片后,也要记住给别人自己的名片,因为只收别人的名片,而不拿出自己的名片,是无礼拒绝的意思。

③ 索取名片。如果没有必要最好不要强索他人名片。若索取他人名片,则不宜直言相告,而应委婉表达此层意思:可向对方提议交换名片、主动递上本人的名片;询问对方"今后如何向您求教?"(向尊长者索要名片时多用此法),询问对方"以后怎么与你联系?"(向平辈或晚辈索要名片时多用此法)。

反过来,当他人向自己索取名片时,自己不想给对方时,不宜直截了当,也应以委婉方式表达此意。可以说,"对不起,我忘带名片了。"或说:"抱歉,我的名片用完了。"

(4) 名片的存放

① 名片的放置。在参加交际活动之前,要提前准备好名片,并进行必要的检查。随身所带的名片最好放在专用的名片夹里,也可放在上衣口袋里。不要把名片放在裤袋、裙兜、提包、钱包等里面,那样既不正式,又显得杂乱无章。在自己的公文包以及办公桌抽屉里,也应经常备有名片,以便随时使用。在交际场合,如感到要用名片,则应将其预备好,不要在使用时再去盲目乱找。

参加交际活动后,应立即对所收到的他人名片加以整理收藏,以便今后利用方便。不要将它随意夹在书刊、材料内,压在玻璃板底下,或是扔在抽屉里面。存放名片的方法大体有四种,它们还可以交叉使用。a. 按姓名的外文字母或汉语拼音字母顺序分类;b. 按姓名的汉字笔画分类;c. 按专业或部门分类;d. 按国别或地区分类。若收藏的名片甚多,还可以编一个索引,那么用起来就更方便了。

② 名片的利用。随着交际的不断深入,还可在收藏的他人名片上随手记下可供本人参考的资料,使其充当社交的记事簿。在收藏的他人名片上可记的有利于交际的资料有如下内容。

收到名片时的具体情况。包括收到名片的地点、时间,以及是否与对方亲自交换等。在国外有一种做法,即把名片的右上角向下折,然后再使其恢复原状,它表示该名片是对方亲自与自己交换的。

交换名片者个人的资料。例如,性别、年龄、籍贯、学历、专长、嗜好等。这既可备忘,也可补充作资料。

交换名片者在交换名片后变化的情况,例如,单位、部门的变化,职业的变动调任,职务、学衔的升降,联络方式的改变等。

6. 馈赠礼仪

中华民族素来重交情,古代就有"礼尚往来"之说。人们在交往过程中有时会通过赠送礼物,来表达对交往对象的尊重、敬意、友谊、纪念、祝贺、感谢、慰问、哀悼等情感与意愿。成功的馈赠行为,不仅能够恰到好处地向受赠者表达自己的友好、敬重或其他某种特殊的情感,还能让对方产生快感,并留下深刻的印象。但若是不会选择合适的礼品,不懂馈赠的礼仪,就会造成耗费了一定精力和物力送出的礼物,不仅没给贵宾带来快乐,反而引起贵宾的不满。

（1）馈赠礼物的标准

① 情感性。馈赠礼物要重视其情感意义。礼物作为友好的象征物，其意义并不在礼物本身，而在于通过礼物所传达的友好情意，这是馈赠礼物的基本思想，所谓"千里送鹅毛，礼轻情义重"。情义是无价的，情义是无法用金钱来衡量的。"烽火连三月，家书抵万金。"同样说明"情"的价值，丝毫也不夸张。著名作家萧乾当年访问一位美籍华人朋友，特意捎去几颗生枣核。他深深知道：朋友身在异国他乡，年纪越大，思乡越切。送去几颗故乡故土的生枣核，让它在异国他乡生根、开花、结果。果然那位美籍朋友一见到那几颗生枣核，勾起了缕缕乡情，他把枣核托在手掌，仿佛它比珍珠玛瑙还贵重。因此选择礼物时，勿忘一个"情"字，应挑选价廉物美、具有一定纪念意义，或具有某些艺术价值，或为受礼人所喜爱的小艺术品，如纪念品、书籍、画册等。

选择礼物的价值要"得体"。并非是价值越昂贵的礼物所表达送礼者的情意越深厚。送礼要与受礼者的经济状况相适合，中国人历来有"礼尚往来"的习俗，若受礼者的经济能力有限，当接到一份过于贵重的礼物时，其心理负担一定会大于受礼时的喜悦，尤其当你有求于对方的时候，昂贵的厚礼会让人有以礼代贿的嫌疑，不但加重了对方接受这份礼物的心理压力，也失去了平衡交流的意义。

② 独创性。送人礼物，与做其他许多事情一样，最忌讳"老生常谈"、"千人一面"。选择礼物，应当精心构思、匠心独运、富于创意，力求使之新、奇、特，这就是礼物的独创性。赠送具有独创性的礼物给人，往往可以令其耳目一新，既兴奋又感动，赠送者在对方心目中往往也会因此而"升值"。

③ 时尚性。赠送礼物应折射时代风尚。当今人们追求生活的高尚品位，什么样的礼物够档次，多半取决于礼物是否符合时代风尚。改革开放以来，随着人们生活水准的提高和思想观念的转变，人们相互馈赠礼物也发生了质的变化和飞跃，从经济实用的物质型礼物向高雅、新潮的精神型礼物转化。"精神礼物"已成为当今人际交往中的一道亮丽的风景线。它包括：智力型，如报纸、杂志、图书、各种教学录音带、计算机软件等；娱乐型，如唱片、激光影碟、体育比赛门票、晚会展览会入场券等；祝贺型，如鲜花、节日贺卡、各种礼仪电报等。

④ 适俗性。挑选礼物时，特别在为交往不深或外地区人士和外国人挑选礼物时，应当有意识地使赠品与对方所在地的风俗习惯一致，在任何情况下，都要坚决避免把对方认为属于伤风败俗的物品作为礼物相赠，这样才表明尊重交往对象。如在我国大部分地区，老年人忌讳发音为"终"的钟；恋人们反感于发音为"散"的伞。阿拉伯地区严禁饮酒。在西方药品不宜送人。因此在涉外交往中，要根据不同国家、地区的习惯与个人的爱好做些必要的选择，赠礼问俗是我们不能忽视的，这也是一个重要标准。1972 年，尼克松总统准备访华，急于寻求能代表国家的礼物。美国保业姆公司闻讯后，趁此良机，向尼克松总统献上公司生产的一尊精致的天鹅群瓷器珍品，因为瓷器的英文 china，也具有"中国"的意思，尼克松一见，大喜过望，于是把这尊具有双重意义而且具有很高艺术价值的瓷器珍品带到了中国。

（2）馈赠礼品的场合

在交往中，人们在不同的场合下选送不同的礼品。

① 表示谢意敬意。当我们接受他人或某个组织的帮助之后应当表示感谢。如某位医生妙手回春治愈你多年的顽症、某个组织为你排忧解难等。此时为表示感谢和敬意,可考虑送锦旗,并将称颂之语书写在锦旗上。

② 祝贺庆典活动。当友人和其他组织适逢庆典纪念之时,如某公司成立二十周年纪念,为表示祝贺,可送贺匾、书画或题词,既高雅别致又具有欣赏保存价值。

③ 公共关系礼品。开展公共关系活动中所送的礼品要与公共关系活动的目标一致,并且送礼的内容与送礼的组织形象是相符的。例如,上海大众汽车公司赠给客人的桑塔纳车模型,上海大中华橡胶厂精心设计研制的轮胎外形的钢皮卷尺等。

④ 祝贺开张开业。社会组织开张开业之际,都是宣传自身、扩大影响的好机会,一般来讲,都是要借机大肆宣传一番的。因而适逢有关组织开张开业之际,应送上一份贺礼,以示助兴和祝愿。一般选送鲜花贺篮为多,在花篮的绸带上写上祝贺之语和赠送单位或个人的名称。

⑤ 适逢重大节日。春节、元旦等节庆日都是送礼的旺季,组织可向公众、组织内部的员工等,适时地送上一份小小的礼物,对他们给予组织工作的关心和支持表示感谢,并希望继续得到他们的帮助。亲朋好友之间也可通过节日联络感情。此时也可选择适宜的礼品相赠。

⑥ 探视住院病人。公司的客人、员工生病或亲友患病住院,均应前去探视,并带上礼品。目前探视病人的礼品也不断地从"讲实惠"到"重情调"。以往送营养品、保健品,如今变为用多种水果包装起来的果篮、一束束鲜花。有一位教授住院,学生送他一束鲜花,夹在鲜花中的一张犹如名片大小的礼卡上写着这样的话语,"尊敬的导师:花香带来温馨的祝福,愿您静心养病,早日康复。您的弟子赠。"字里行间,充满了关切之情和师生之意。

⑦ 应邀家中做客。我们经常会应邀到别人家中做客或者出席私人家宴。为了礼尚往来,出于礼貌,应带些小礼品。如土特产、小艺术品、纪念品、水果以及鲜花等。有小孩的可送糖果、玩具之类。

⑧ 遭受不测事件。世上难有一帆风顺之事,一个家庭或组织遇上不测事件之时,及时地送上一份礼物表示关心,更能体现送礼者的情谊。比如:对方遇上火灾、地震等灾难,马上去函或去电表示慰问,也可送上钱款相助。

(3) 馈赠礼品的礼仪

① 精心包装。送给他人礼品,尤其是在正式场合赠送于人的礼品,在相赠之前,一般都应当认真进行包装。可用专门的纸张包裹礼品或把礼品放入特制的盒子、瓶子里等。礼品包装就像穿了一件外衣,这样才能显得正式、高档,而且还会使受赠者感到自己备受重视。

② 表现大方。现场赠送礼品时,要神态大方自然,举止大方,表现适当。千万不要像做了"亏心事",小里小气,手足无措。一般在与对方会面之后,将礼品赠送给对方,届时应起身站立,走近受赠者,双手将礼品递给对方。礼品通常应当递到对方手中,不宜放下后由对方自取。如礼品过大,可由他人帮助递交,但赠送者本人最好还是要参与其事,并援之以手。若同时向多人赠送礼品,最好先长辈后晚辈、先女士后男士、先上级后下级,按照次序,依次有条不紊地进行。

③ 认真说明。当面亲自赠送礼品时要辅以适当的、认真的说明。一是可以说明因何送礼，如若是生日礼物，可说"祝你生日快乐"；二是说明自己的态度，送礼时不要自我贬低，说什么"没有准备，临时才买来的"、"没有什么好东西，凑合着用吧"，而应当实事求是地说明自己的态度，比如"这是我为你精心挑选的"、"相信你一定会喜欢"等；三是说明礼品的寓意，在送礼时，介绍礼品的寓意，多讲几句吉祥话，是必不可少的；四是说明礼品的用途，对较为新颖的礼品可以说明礼品的用途、用法。

（4）接受馈赠的礼仪

① 受礼坦然。一般情况下，对于对方真心赠送的礼物不能拒收，因此没完没了地说"受之有愧"、"我不能收下这样贵重的礼物"这类话是多余的，有时还会使人产生不愉快的感觉。即使礼物不称心，也不能表露在脸上。接受礼物时要用双手，并说上几句感谢的话语。千万不要虚情假意、推推躲躲、反复推辞，硬逼对方留下自用；或是心口不一，嘴上说"不要，不要"，手却早早伸了过去。

② 当面拆封。如果条件许可，在接受他人相赠的礼品后，应当尽可能地当着对方的面，将礼品包装当场拆封。这种做法在国际社会是非常普遍的。在启封时，动作要井然有序、舒缓得当，不要乱扯、乱撕。拆封后不要忘记用适当的动作和语言，显示自己对礼品的欣赏之意，如将他人所送鲜花捧在身前闻闻花香，然后再插入花瓶，并置放在醒目之处。

③ 拒礼有方。有时候，出于种种原因，不能接受他人相赠的礼品。在拒绝时，要讲究方式、方法，处处依礼而行，要给对方留有退路，使其有台阶可下，切忌令人难堪。可以使用委婉的、不失礼貌的语言，向赠送者暗示自己难以接受对方的好意，如当对方向自己赠送一部手机时，可以告之"我已经有一部了"。可以直截了当向赠送者说明自己之所以难以接受礼品的原因。在公务交往中，拒绝礼品时此法最为适用，如拒绝他人所赠的大额贵重礼品时，可以说："依照有关规定，你送我的这件东西，必须登记上缴。"

（5）赠花的礼仪

鲜花是美好、吉祥、友谊和幸福的象征。我国早在汉代就有"折柳送别话依依"的诗句，可见在当时已有交际赠花之习俗。当今社交中无论是欢迎、送别、婚寿庆祝，还是节庆、开业、慰问、吊唁及国际交往中，人们经常赠之以鲜花，言志明心。但由于各地风俗习惯不同，花的含义也不同，送花时必须注意得体，要做到以下几点。

① 了解"花卉语"。

当我们用花为媒来传递友谊时，要注意运用正确的"花卉语"，以免出现尴尬。以下是常见的花卉的寓意。

荷花——纯洁、淡泊和无邪　　　　　红蔷薇——求爱、爱情

月季——幸福、光荣　　　　　　　　杜鹃——节制、盼望

红玫瑰——爱情　　　　　　　　　　康乃馨——健康长寿

白菊——真实　　　　　　　　　　　红茶花——天生丽质

百合——圣洁、幸福、百年好合　　　山茶花——美好的品德

野百合——幸福即将来临　　　　　　勿忘草——永志不忘、真挚和贞操

红罂粟——安慰、慰藉　　　　　　　剑兰——步步高升

松柏——坚强

橄榄枝——和平

梅花——刚毅、坚贞不屈

文竹——祝贺长寿

常春藤——结婚、白头偕老

水仙——尊敬、自尊

橄榄枝——和平

牡丹——拘谨、害羞

牵牛花——爱情

紫丁香——初恋

野丁香——谦逊、美好

黄郁金香——爱的绝望

红郁金香——宣布爱恋

蓝色郁金香——诚实

樱花——心灵的美

并蒂莲——夫妻恩爱

万年青——长寿、友谊长存

红豆——相思

兰花——优雅

仙人掌——热心

竹子——正直、虚心

美人蕉——坚实

……

在不同的国家和地区,同一种花也许会有不同的寓意,如在一些国家,菊花和康乃馨被认为是厄运的象征。垂柳在美国表示"悲哀";但在法国,柳则是"仁勇"的象征。实际上,同一种类型的花卉,因其不同的颜色,也有不同甚至截然相反的寓意。如红色的郁金香是"爱的表示";蓝色的郁金香象征"诚实";而黄色的郁金香则象征"无望的恋爱"。因此要恰当地运用好"花卉语"。

② 不同场合的赠花。向恋人赠玫瑰花的花语是"我真心爱你";蔷薇花象征"我向你求爱,小天使";桂花表示"我挚意爱你",这类花卉赠之恋人,可收心有灵犀一点通之功。若将这类花卉赠之其他对象,则会交际不成,反而引火烧身。

婚礼赠花可以送一束美丽鲜艳的由红玫瑰、吉祥草、文竹灯花组成的花束。红玫瑰象征爱情美好;吉祥草祝朋友吉祥如意、生活美满;文竹绿叶葱葱,祝朋友爱情永葆青春。此外并蒂莲表示"恩爱如初,幸福长存";百合花象征"百年好合"。这些及红色郁金香等花都是婚礼的理想花卉。

慰问病人,送一束黄月季,表示"早日康复",一束芝兰,象征"正气清运,贵体早康",或送一束松、柏、梅花,以鼓励他与病魔做斗争"坚贞不屈","胜利属于你"。

庆贺生日赠花,年轻一点的可送其火红的石榴花、鲜红的月季花、美丽的象牙花,祝其前程如火样红烈,青春如红花鲜艳等。对年老者,赠之以万年青、寿星草、龟背竹等,以示祝福老人健康长寿,快乐幸福。

③ 赠花的注意事项。正式场合,如组织开张、纪念、庆典等,大多可送花篮;迎宾、欢送、演出中送给演员,大多送花环、花束;宴请、招待会等送胸花;参加追悼会时送花圈以示哀悼。

送花一般不能送单一的白色花,因为会被人认为不吉利;送玫瑰花时应送单数,不要送双数,但 12 除外,不要将红玫瑰送给未成年的小姑娘,不要将浓香型的鲜花送给病人。送一束花时最好用彩色透明纸将花包装好,再系一根与鲜花颜色相匹配的彩带,这样既便于携带,又能使花显得更漂亮。

7. 接待的礼仪

（1）接待前的准备

① 接待前的心理准备。首先，要待客诚恳。公关人员在接待客人时，要以自己最大的诚心、热情和耐心去面对一切问题。无论是预约的客人还是没有预约的，无论是通情达理的客人还是脾气暴躁的，都要让对方感到自己是受欢迎的、得到重视的。接待客人时要有一种"欢迎光临"、"感谢惠顾"的心理。其次，要善于合作。当看到同事招待客人比较忙碌时，要主动帮助同事做一些力所能及的事情。另外，即使不是负责接待工作的部门员工，见到来客时也要态度诚恳，尽量帮忙，因为同是一家公司的员工，这样做能传递一种协作精神、一种真诚的友谊、一种企业的氛围，让客人感受到这是一个团结合作、奋发向上、有集体荣誉感的团队，有助于提升企业形象。

② 接待前的物质准备。首先，是环境准备。为了使接待活动给来宾留下美好印象，要充分布置好活动地点及周边的环境。接待环境应该清洁、整齐、明亮、美观、无异味。可以在前台、走廊、会客室等地放置一些花束或绿色植物，使客人产生好感。其次，是办公用品准备。让客人站着是不礼貌的，所以，前厅要准备沙发或座椅，样式要线条简洁流畅，摆放要整齐舒适。会客室里桌椅要摆放整齐，桌面清洁。茶具、茶叶、饮料应该事先准备好，茶杯要干净，不可有污渍、缺口。会议室墙上可以挂一些雅致的壁画，让人一进门就觉得清静雅致，身心愉悦。最后，是了解来宾的基本情况。公关人员在接待来宾之前，要准确地掌握对方的基本情况。对于对方主宾的基本信息，如姓名、性别、年龄、籍贯、民族、单位、职务，以及文化程度、宗教信仰、生活习惯、家庭状况等都一清二楚。对来宾的具体人数、性别概况、组团情况也要给予一定的关注。对于来宾正式抵达的时间，如具体日期、具体时间，以及相关的航次、车次、地点等，接待人员必须充分掌握。

③ 制定接待流程。一般性的接待活动，特别是需要举行专门仪式的接待活动，都必须事先制定接待流程，以保证接待事务循序而行、井井有条。

a. 确定接待规格。接待人员要在接待之前确定接待规格，这关系到由哪位管理人员出面接待、陪同，以及接待用餐、用车、活动安排等一系列接待活动的规格。接待规格主要取决于接待方主陪人的身份。高规格接待，就是主陪人比主宾的职务高的接待方式；对等规格接待，就是主陪人与主宾的职务相当的接待方式；低规格接待，就是主陪人比主宾的职务低的接待方式。

b. 拟定日程安排。为了让所有有关人员都准确地知道自己在此次接待活动中的任务，可制定两份表格，印发给各有关人员。一是人员安排表。包括时间、地点、事项、主要人员、陪同人员。二是日程安排表。包括日期、活动时间、地点、内容、陪同人员等。

④ 注意细节。在接待宾客的具体活动中，接待人员既要事事从大局着眼，又要处处从小事着手，关注具体的细节问题。

在准备中，要时时关注天气的变化情况，掌握当地的天气变化规律，针对可能产生天气变化的情况，制订应急方案。同时，还要注意交通状况，树立"安全第一"的观念。

（2）接待的礼仪

① 迎候礼仪。迎接宾客，要体现出主人应有的主动和热情。对于远道而来的客人，

要派专人提前到机场、码头或车站去等候迎接。在人声嘈杂的迎候地点迎接素不相识的客人时,为了方便客人识别,可试用以下方法。

a. 使用接站牌。接站牌上可以写上"热烈欢迎某某同志"或者"某单位接待处"。

b. 悬挂欢迎条幅。在迎接重要客人或众多客人时,这种方法最适合。

c. 佩戴身份胸卡。迎宾人员佩戴供客人确认身份的标志性胸卡,其内容主要为本人姓名、工作单位、所在部门及现任职务等。

② 见面礼仪。在接待宾客时,要注意正确使用日常见面礼仪。接待人员要品貌端正,举止大方,服饰要整洁、端正、得体、高雅。当宾客到达后,要主动迎上去,热情地与对方握手,并有礼貌地询问和确认对方的身份,如:"您好,请问您是从某某公司来的吗?"对方认可后,接待人员应作自我介绍,如:"您好,我是某某公司的秘书,我叫张某某。"然后把迎客方的成员按一定顺序一一介绍给客人。如果客人递送名片时,应双手接住,认真仔细地看一看,然后很郑重地把名片放入名片夹中,或放进上衣上部口袋中。

③ 乘车礼仪。对方如有行李,接待方应主动帮客人把行李提到车上。上车时,最好让客人从右侧门上,主人从左侧门上。安排座位要符合规范。轿车的座次尊卑一般是右高左低,前高后低。在公务接待中,轿车前排副驾驶座通常为"随员座",唯独在主人亲自驾驶时,主宾应坐在副驾驶座上,与主人"平起平坐"。

④ 引导礼仪。当客人到达公司时,要引导客人进入会客室。引导要注意以下一些礼仪,在走廊上时,引导人员应走在访客左前方 2~3 步,当访客走在走廊正中央时,接待人员要走在走廊的一旁,偶尔向后望,确认访客跟上了,当转弯时,接待人员要说"请往这边走。"

在上楼梯时,接待人员先说一声"在某某楼层。"然后引领访客到楼上。一般来说,高的位置代表尊贵。上楼时应该让访客先走,下楼时让客人后行,在上下楼梯时,不应并排行走,而应当右侧上行,左侧下行。

上电梯时,接待人员要先按电梯按钮,让客人先进。若客人不止一人时,接待人员可先进电梯,一手按住"开"按钮,对客人礼貌地说"请进!"到达目的地后,接待人员要一手按"开"按钮,一手做请出的动作,并说道:"到了,您先请!"客人走出电梯后,接待人员应立即走出电梯,在客人前面引导方向。到达会客室开门时,接待人员要把住门把手,站在门旁让客人先进。

⑤ 座次礼仪。客人进入会客室后,接待人员要请客人入座。招待客人入座时,要讲究座次礼仪。请参考本章"拓展阅读"的相关内容。

⑥ 端茶倒水礼仪。当客人入座后,接待人员要主动及时地给客人斟茶。以茶待客是最具中国特色、最受中国人欢迎的待客方式。若来访的客人较多,上茶的顺序一定要慎重。合乎礼仪的做法是先为客人上茶,后为主人上茶;先为主宾上茶,后为次宾上茶;先为女士上茶,后为男士上茶;先为长辈上茶,后为晚辈上茶。

标准的上茶步骤是:双手端着茶盘进入客厅,首先将茶盘放在临近客人的茶几上或备用桌上,然后右手拿着茶杯的杯托,左手附在杯托附近,从客人的左后侧双手将茶杯递上去,并置于客人右前方。茶杯放置到位后,杯耳应朝向右侧。有时,为了提醒客人注意,可在为之上茶的同时,轻声告之:"请您用茶。"若对方向自己道谢,不要忘记答以"不客气"。如果自己的上茶打扰了客人,则应对其道一声"对不起"。

⑦ 送客礼仪。当接待人员与来访者交谈完毕或领导与来访客人会见结束时,接待人员一般都应礼貌地送别客人。"出迎三步,身送七步"是接待宾客最基本的礼仪。接待宾客要善始善终,所以,送别客人是必不可少的环节之一。接待工作是否圆满,很大程度上体现在送别来宾这一环节上。

送别来宾时,有很多方面要注意。首先,不要在客人面前看表,否则会给客人带来下"逐客令"的感觉,所以,在会客的时候,接待人员不应该总是看时间。其次,当客人提出告辞时,要等客人起身后再站起来相送,切忌没等客人起身,自己先于客人起立相送。更不能嘴里说再见,而手中却还忙着自己的事,甚至连眼神也没有转到客人身上。最后,当客人起身告辞时,应马上站起来,主动为客人取下衣帽,与客人握手告别,同时选择最合适的言辞送别,如"希望下次再来"等礼貌用语。尤其对初次来访的客人更是应热情、周到、细致。

a. 送别本地客人。对本地客人,一般陪同送至单位楼下或大门口。客人带有较多或较重东西时,送客时要主动帮客人提重物。出办公室时,要轻轻关门,不可将门"砰"地关上,这样极不礼貌。在门口告别时,接待人员要与客人握手,帮客人拉开车门,待其上车后轻轻关上车门,挥手道别,目送客人离开。要以恭敬真诚的态度,笑容可掬地送客,不要急于返回,应挥手致意,待客人移出视线后,才可结束告别仪式。

b. 送别外地客人。首先,要确定时间。对于远道而来的客人,负责送别来宾的接待人员必须重视,一定要提前与对方商定双方会合的时间和地点。对于送别的具体时间,双方不仅要事先商定,而且通常要讲究主随客便。接待人员在安排有关送别活动的时间表时,要留有一定的时间幅度。要在执行上留有适当的余地,即送别人员在执行送别任务时,应当提前到场、最后离场,并且在特殊情况发生时见机行事。其次,要充分准备。具体从事来宾接待工作时,接待人员必须高度重视送别工作,并悉心以对。在送别时,接待人员要注意以下两点:一是限制送别的规模。目前要求简化接待礼仪,所以,有必要对送别规模加以限制。在组织活动时,应突出实效、体现热情,但在实际操作上则应务实从简,在参加人数、主人身份、车辆档次与数量上严格限制,不搞前呼后拥、人海战术。二是在力所能及的情况下,送别来宾所使用的交通工具应有主办方负责提供。对于主办方来说,一定要保证交通工具的数量能够满足要求,以备不时之需。最后,要热情话别。为客人送行,应使对方感受到自己的热情、诚恳、礼貌和修养。接待方应提前为客人订返程的车票、船票或机票。一般情况下,公务接待人员应专程陪同来宾乘车前往车站、码头或机场,亲自为来宾送行。有必要时,可在贵宾室与来宾稍叙友谊,或举行专门的欢送仪式。在宾客临上火车、轮船或飞机之前,送行人员应按一定顺序同来宾一一握手话别,祝愿客人旅途平安并欢迎再次光临。火车、轮船开动之时或飞机起飞之后,送行人员应向宾客挥手致意,直至它们在视野中消失。

8. 拜访礼仪

拜访是公务、商务等社会活动中一件经常性的工作,是最常见的社交形式。同时,也是联络感情、增进友谊的一种有效方法。要使拜访做得更得体、更有效,即更好地实现拜访的目的,就要重视和学习拜访的礼仪。

（1）约好时间

拜访前，应事先联络妥当，尽可能事先告知，最好是和对方约定一个时间，以免扑空或打乱对方的日程安排，即使是电话拜访也不例外，不告而访是非常失礼的。如果双方有约，应准时赴约，不能轻易失约或迟到。但如果因故不得不迟到或取消访问，一定要立即设法在事前通知对方，并表示歉意。拜访应选择适当的时间，选择一个对方方便的时间。做客拜访一般可在平时晚饭后或假日的下午，要避免在吃饭和休息的时间登门造访。

（2）做好准备

① 明确拜访目的。无论是初次拜访还是再次拜访，事先都要明确拜访的主要目的。

② 准备有关资料。商务拜访，比如客户拜访，要准备的资料就包括公司及业界的资料、相关产品资料、客户的相关信息资料、销售资料及方案、针对可能出现的情况事先拟订的解决方案或应对方案、一些小礼品等。此外，名片、电话号码簿等也要事先准备好。

③ 设计拜访流程。要针对拜访环节准备好最稳妥、最得体的称呼和开场白，选择好话题材料，确定话题范围等。

④ 电话预约确认。出发前应致电被拜访者，再次确认本次拜访人员、时间和地点等事宜。

⑤ 注意礼仪细节。到达前，最好先稍事整理服装仪容。如果是重要的拜访对象，要事先关掉手机，体现对拜访对象的尊敬、对访问事宜的重视。

（3）上门有礼

到达拜访地点后，如果对方因故不能马上接待，可以在对方接待人员的安排下在会客厅、会议室或在前台安静地等候。如果等待时间过久，可以向有关人员说明，并另定时间，不要显出不耐烦的样子。有抽烟习惯的人，要注意观察该场所是否有禁止吸烟的警示。即使没有，也要问问工作人员是否介意抽烟。如果接待人员没有说"请随便看看"之类的话，就不要随便东张西望，到处窥探，那是非常不礼貌的。到达被访人所在地时，一定要事先轻轻敲门，进屋后等主人安排后坐下。后来的客人到达时，先到的客人应站起来，等待介绍或点头示意。对室内的人，无论认识与否，都应主动打招呼。如果与对方是第一次见面，应主动递上名片或作自我介绍。对熟人可握手问候。如果你还带了其他人来，也要介绍给主人。进门后，应把随身带来的外套、雨具等物品搁放到对方接待人员指定的地方，不可任意乱放。接茶水时，应从座位上欠身，双手捧接，并表示感谢。吸烟者应在主人敬烟或征得主人同意后，方可吸烟。和主人交谈时，应注意掌握时间。有要事必须要与主人商量或向对方请教时，应尽快表明来意，不要不着边际，浪费时间。

（4）礼貌告辞

拜访结束时彬彬有礼地告辞，可给对方留下良好的印象，同时也给下次的拜访创造良好氛围和机会。所以，及时告辞、礼貌告辞这一环节相当重要。拜访时间长短应根据拜访目的和主人意愿而定，通常宜短不宜长，适可而止。当接待者有结束会见的表示时，应立即起身告辞。告辞时要同主人和其他客人一一告别。如果主人出门相送，应请主人留步并道谢，热情说声再见。中途因特殊情况不得不离开时，无论主人在场与否，都要主动告别，不能不辞而别。

（5）拜访过程应注意的礼仪

① 准时到达。让被拜访者无故等候无论因何原因都是严重失礼的事情。如果是对方要晚点到，可安静等待，充分利用剩余的时间，检查准备工作。

② 控制时间。谈话时开门见山，不要海阔天空，浪费时间。最好在约定时间内完成访谈，如果客户表现出有其他要事的样子，千万不要再拖延，如未完成工作，可约定下次拜访时间。

③ 注意言谈举止。要以优雅得体的言谈举止体现素质、涵养和职业精神，赢得对方的好感和敬重。即便与接待者的意见相左，也不要争论不休。要注意观察接待者的举止神情，当对方有不耐烦或为难的表现时，应转换话题或口气。总之，要避免出现不愉快或尴尬的场面。

④ 处理好"握手"与"拥抱"的关系。必须事先搞清对方人员的真实身份，根据主次或亲疏的关系，处理好见面时的礼仪关系。

⑤ 尊重对方习惯。由于被拜访者的国别、民族、年龄、性别以及爱好、兴趣、习惯各有不同，事先要了解清楚，并给予充分的尊重。

⑥ 讲究服饰。服饰事关拜访者自身的职业形象和所代表的机构形象，也能体现出对被拜访者的尊重。所以，拜访前对服饰的选择和斟酌马虎不得。

⑦ 及时致谢。对拜访过程中接待者提供的帮助要及时适当地致以谢意。

⑧ 事后致谢。若是重要约会，拜访之后给对方寄一封谢函或留一条短信，会加深对方的好感。

9. 电话礼仪

电话是人们开展社交活动不可缺少的工具，在日常生活和工作交往中，都要利用电话与别人取得联系和交谈。据美国《电话综述》（*Telephone Review*）说，一个人一生平均有8760小时在打电话。在录像电话还没普及之前，人们通过电话给人的印象完全靠声音和使用电话时的习惯，要想有"带着微笑的声音"或者通过电话赢得信任，就必须掌握使用电话的礼节与技巧。

（1）电话语言要求

目前大部分电话能传输的信号是声音，但这一信号载体却包含着许多信息。说话人想做什么，要做什么，是高兴还是悲伤，还有对另一方的信任感、尊重感，彼此都可以清晰地得知。这些都取决于电话的语言与声调。因此，电话语言要求礼貌、简洁和明了，以便准确地传递信息。

① 态度礼貌友善。当我们使用电话交谈时，不能简单地将对方视作一个"声音"，而应看作面对一个正在交谈的人。尤其是对办公人员来说，我们面对的是组织的一名公众，如果是初次交往，那么，这样一次电话接触便是你给公众的第一次"亮相"，应十分慎重。因此，在使用电话时，多用肯定语，少用否定语，酌情使用模糊用语；多用些致歉语和请托语，少用些傲慢语、生硬语。礼貌的语言、柔和的声音，往往会给对方留下亲切之感。正如日本一位研究传播的权威所说："不管是在公司还是在家庭里，凭一个人在电话里的讲话方式，就可以基本判断出其'教养'的水准。"

② 传递信息简洁。电话用语要言简意赅,将自己所要讲的事用最简洁、明了的语言表达出来。因为通话的一方尽管有诸如紧张、失望而表情异常的体态语言,但通话的另一方不知道,他只能依据他听到的声音来做出判断。在通话时最忌讳发话人吞吞吐吐,含混不清,东拉西扯,正确的做法是:问候完毕对方,即开宗明义,直言主题,少讲空话,不说废话。

③ 控制语速语调。通话时语气温和,语调、语速适中,这种有魅力的声音容易使对方产生愉悦感。如果说话过程语速太快,则对方会听不清楚,显得应付了事;太慢,则对方会不耐烦,显得懒散拖沓;语调太高,则对方听得刺耳,感到刚而不柔;太低,则对方会听得不清楚,感到有气无力。一般来说,保持正常的语速、语调就可以了,即使是长途电话,也无须大喊大叫,把受话器放在离嘴两三寸的地方,正对着它讲就行了。另外通电话时,周围如有嘈杂的声音,会使对方觉得自己未受到尊重而不快,这时应向对方解释,以保证双方心情舒畅地传递信息。

④ 使用礼貌用语。在电话交际中应使用礼貌用语,尤其是"你好"、"请"、"谢谢"、"对不起"、"再见"等礼貌用语应该常用。

(2) 接电话

① 迅速接听。接电话首先应做到迅速接,力争在铃响三次之前就拿起话筒,这是避免让打电话的人产生不良印象的一种礼貌。电话铃响过三遍后才做出反应,会使对方焦急不安或不愉快。正如日本著名社会心理学家铃木健二所说:"打电话本身就是一种业务。这种业务的最大特点是无时无刻不在体现每个人的特性。""在现代化大生产的公司里,职员的使命之一,是一听到电话铃声就立即去接。"接电话时,也应首先自报单位、姓名,然后确认对方,如:"您好!这是××公司营销部。"如果对方没有马上进入正题,可以主动请教:"请问您找哪位通话?"

② 积极反馈。作为受话人,通话过程中,要仔细聆听对方的讲话,并及时作答,给对方以积极的反馈。通话中听不清楚或意思不明白时,要马上告诉对方。在电话中接到对方邀请或会议通知时,应热情致谢。

③ 热情代转。如果对方请你代转电话,应弄明白对方是谁,要找什么人,以便与接电话人联系。此时,请告知对方"稍等片刻",并迅速找人。如果不放下话筒喊距离较远的人,可用手轻捂话筒或按保留按钮,然后再喊接话人。如果因其他原因决定将电话转到别的部门,应客气地告知对方。如:"真对不起,这件事是由财务部处理,如果您愿意,我帮您转过去好吗?"

④ 做好记录。如果要接电话的人不在,应为其做好电话记录,记录完毕,最好向对方复述一遍,以免遗漏或记错。可利用电话记录卡片做好电话记录。电话记录卡片如图6-1所示。

(3) 打电话

① 时间适宜。打电话的时间应尽量避开上午 7 时前、晚上 10 时以后的时间,还应避开晚饭时间。有午休习惯的人,也请不要用电话打扰他。电话交谈所持续的时间也不宜过长,把事情说清楚就可以了,一般以 3~5 分钟为宜。因为在办公室打电话,要照顾到其他电话的进、出,不可过久占线,更不可将办公室的电话或公用电话当作聊天的工具,这是

```
给 _____
日期 _____    时间 _____

你不在办公室时                                    先生
_____ 公司的 _____   女士
                                              小姐
电话 _____
    ○手机            ○请打电话回去
    ○要求来访          ○还会打电话来
    ○是否紧急          ○回你的电话
        留言 _____
             _____
```

图 6-1 电话记录卡片

惹人讨厌的行为。著名相声表演艺术家马季曾说过一段相声,名叫《打电话》,讽刺的就是这种人。

② 有所准备。通话之前应该核对对方公司或单位的电话号码、公司或单位的名称及接话人姓名。写出通话要点及询问要点,准备好在应答中使用的备忘纸和笔,以及必要的资料和文件。估计一下对方情况,决定通话时间。

③ 注意礼节。接通电话后,应主动友好地自报家门和核实一下对方的身份。应先说明自己是谁,除非通话的对方与你很熟悉,否则就该同时报出你的公司及部门名称,然后再提一下对方的名称。打电话要坚持用"您好"开头、"请"字在中、"谢谢"收尾,态度要温文尔雅。若你找的人不在,可以请接电话的人转告,如:"对不起,麻烦您转告×××……"然后将你所要转告的话告诉对方。最后别忘了向对方道一声谢,并且问清对方的姓名。切不可"咔嚓"一声就把电话挂了,这样做是不礼貌的,即使你不要求对方转告,也应该说一声:"谢谢,打扰了。"电话结束时,要道谢和说声再见,这是通话结束的信号,也是对对方的尊重。注意声音要愉快,听筒要轻放。一般来说,应是打电话的人先放下电话,接电话的人再放下电话。但是,假如是与上级、长辈、客户等通话,无论你是通话人还是发话人,都最好让对方先挂断。

(4)使用手机的礼仪

无论是在社交场所还是在工作场合,放肆地使用手机,已经成为礼仪的最大威胁之一。在国外,如澳大利亚电信的各营业厅就采取了向顾客提供《手机礼节》宣传册的方式,宣传手机礼仪。在使用手机的时候应该注意以下礼仪。

① 置放到位。在一切公共场合,手机在没有使用时,都要放在合乎礼仪的常规位置。不要在没有使用的时候放在手里或是挂在上衣口袋外。放手机的常规位置有:一是随身携带的公文包里,这种位置最正规;二是上衣的内袋里;有时候,可以将手机暂放腰带上,也可以放在不起眼的地方,如手边、背后、手袋里,但不要放在桌子上,特别是不要对着对面正在聊天的客户。

② 注意场合。在会议中或和别人洽谈的时候,最好的方式还是把手机关掉,起码也

要调到振动状态。这样既显示出对别人的尊重，又不会打断发言者的思路。而那种在会场上铃声不断，像是业务很忙，使大家的目光都转向他的人，实际给人的印象只能是缺少教养。注意手机使用礼仪的人，不会在公共场合或座机电话接听中、开车中、飞机上、剧场里、图书馆和医院里接打手机，就是在公交车上大声地接打电话也是有失礼仪的。公共场合特别是楼梯、电梯、路口、人行道等地方，不可以旁若无人地使用手机，应该把自己的声音尽可能地压低一下，而绝不能大声说话，同时不要妨碍他人通行。在一些场合，如在看电影时或在剧院打手机是极其不合适的，如果一定要回话，采用静音的方式发送手机短信是比较适合的。

③ 考虑对方。给对方打手机时，尤其当知道对方是身居要职的忙人时，首先想到的是，这个时间他（她）方便接听吗？并且要有对方不方便接听的准备。在给对方打手机时，注意从听筒里听到的回音来鉴别对方所处的环境。如果很静，应想到对方在会议上，有时大的会场能感到一种空阔的回声；当听到噪声时对方就很可能在室外，开车时的隆隆声也是可以听出来的。有了初步的鉴别，对能否顺利通话就有了准备。但不论在什么情况下，是否通话还是由对方来定为好，所以"现在通话方便吗？"通常是拨打手机的第一句问话。其实，在没有事先约定和不熟悉对方的前提下，我们很难知道对方什么时候方便接听电话，所以，在有其他联络方式时，还是尽量不打对方手机好些。

在餐桌上，关掉手机或是把手机调到震动状态还是必要的，避免正吃到兴头上的时候，被一阵烦人的铃声打断。不要在别人注视自己的时候查看短信。一边和别人说话，一边查看手机短信，是对别人的不尊重。当与朋友面对面聊天时，不要正对着朋友拨打手机，避免发射时高频的电流对他产生辐射，让对方心中不愉快。使用手机时必须牢记"安全至上"，否则不但害人，还会害己。注意不要在驾驶汽车时使用手机，以防止发生车祸；不要在病房、油库等地方使用手机，免得它们发出的信号有碍治疗，或引发火灾、爆炸；不要在飞机飞行期间使用手机，否则极可能使飞机"迷失方向"，造成严重后果。

另外现在有不少人，特别是年轻人喜欢使用彩铃。有些彩铃很搞笑或很怪异，与千篇一律的铃声比较起来，确实有独特之处。但是彩铃是给打电话的人听的，如果我们需要经常用手机联系业务，最好不要用怪异或格调低下的彩铃，以免影响自己和单位的形象。

④ 会发短信。手机短信已成为人们交际活动的一种重要方式。其礼仪主要包括书写发送手机短信礼仪和接收手机短信礼仪。

a. 书写发送手机短信礼仪。第一，内容要简单明了；第二，语意要清楚；第三，检查文法和错别字；第四，短信拜年，记得署名。还有一点需要注意：在短信的内容选择和编辑上，应该和通话文明一样重视。不要编辑或转发不健康的、格调不高的短信，特别是一些带有讽刺伟人、名人甚至是革命烈士的短信，更不应该转发。

b. 接收手机短信礼仪。第一，接收短信及时回复；第二，及时删除不用短信，保持手机短信容量有一定空余量，以免影响新短信的接收，甚至耽误大事；第三，重要短信及时移至收藏夹。

10．网络沟通礼仪

（1）收发电子邮件礼仪

电子邮件即通常说的 E-mail。它是一种重要的通信方式，因其方便快捷，费用低廉，深受人们喜爱，使用者越来越多，尤其是国际通信交流和大量信息交流更是优势明显。对待电子邮件，应像对待其他通信工具一样讲究礼仪。

① 书写规范。虽然是电子邮件，但是写信的内容与格式应与平常书信一样，称呼、敬语不可少，签名则仅以打字代替即可。写电子邮件语言要简略、不要重复、不要闲聊，写完后要检查一下有无错误。因为发出去的邮件很可能被对方打印出来研读或是贴在公告牌上。写完后还要核定所用字体和字号大小，太小的字号不仅收件人读起来费力，也显得粗心和不够礼貌。写邮件时最好在主题栏写明主题，以便让收件人一看就知道来信的主旨。

② 发送讲究。电子邮件的发送有如下讲究：最好不要将正文栏空白只发送附件，除非是因为各种原因出错后重发的邮件，否则不仅不礼貌，还容易被收件人当作垃圾邮件处理掉。重要的电子邮件可以发送两次，以确保能发送成功。发送完毕后，可通过电话等询问对方是否收到邮件，通知收件人及时阅读。应尽快回复来信，如果暂时没有时间，就先简短回复，告诉对方自己已经收到其邮件，有时间会详细说明。

③ 注意安全。电子邮件是计算机病毒重要的传染源和感染病毒的主要渠道。收发电子邮件都要注意远离计算机病毒。发送电子邮件时要注意尽可能不使邮件携带计算机病毒。因此如果没有反病毒软件实时监控，发送邮件前务必要用杀毒程序杀毒，以免不小心把有病毒的信件寄给对方。如果没有把握不妨用贴文的方式代替附加文档。

接收电子邮件时的安全问题更为重要，来历不明的信件必须谨慎处理，若不确定则最好删除。目前一般计算机都安装有监控邮件病毒的反病毒软件，如金山毒霸的金山网镖、KV3000 的病毒王等进行实时监控。由于监控软件考虑安全性较多，因此，许多正常邮件也会给出可能有病毒的提醒，需要及时判断处理，有时宁可损失信息也要果断删除一些可能含有病毒的不明邮件，以免计算机感染病毒。对于没有正文仅有附件的不明邮件，除非与发件人熟悉或事先约定好了，原则上都不应该打开邮件，对正文中提示的邮件地址不熟悉一般不要轻易打开，因为这往往是陷阱，许多国际电话费骗子就把诱饵放在这里。在删除了怀疑的病毒邮件后，要及时清空邮件回收箱，否则，病毒还会在计算机硬盘中，没有从物理硬盘上将其删除掉。

此外，要注意定期及时清理邮件收件箱、发件箱、回收箱，空出有限的邮箱容量空间。及时将一些有用的电子邮件地址记下来并存入通信簿也是很必要的。

（2）发帖、聊天礼仪

发帖指在任何被允许发表自己言论的论坛、博客等网络提供的交流平台上，针对某一主题发表自己的观点、意见和看法；聊天指与特定的网友在上述交流平台上进行互动式的沟通。利用互联网搭建的交流平台与人交往，重要的是必须考虑如何给自己带来愉快及如何避免给他人带来不愉快，同时要提高自我保护意识。一般来说，发帖、聊天要遵守如下礼仪规范。

① 记住你是在跟"人"打交道。互联网给来自不同地域的人们提供了一个共享、沟通

的平台,这是高科技的优点,但往往也使人们觉得面对着的只是计算机屏幕,而忘了自己是在跟其他人打交道,很多人在上网时放松了自我道德约束,降低了自己的道德标准,允许自己的行为更粗俗和无礼。为了构建一个融洽、和谐的网络交流平台,人人都应该做到:当着别人的面不会说的话在网上也不要说,发帖以前仔细斟酌用词和语气,不要故意挑衅和使用脏话,为自己塑造良好的网络形象。

② 尊重别人的时间。打算在一个论坛上发表主题时,首先要看看该论坛是否开展过类似的讨论,有可能现成的答案随手可及。不要以自我为中心,随意提问,让别人为你寻找答案而消耗时间。

③ 自觉遵守论坛规则。同样是网站,不同的论坛有不同的规则。在这个论坛可以做的事情,也许到那个论坛就不能做。因此,要先浏览一下论坛中的内容,熟悉该论坛的气氛然后再发帖子。注意不要全部用大写字母键入信息,这表示在大喊大叫,会触怒很多网络高手。

④ 树立共享知识的理念。网上交流时,当你提了一个有意思的问题而得到很多回答之后,应该写一份总结与大家分享,同时表明谢意。这是对那些未曾谋面的热心人必不可少的交代。

⑤ 提倡有风度的辩论。在网络上,人们有不同的观点、看法是正常现象,辩论甚至争论也是正常现象。辩论时要保持翩翩君子的风度,以理服人,以情感人。不要一遇不同观点就大动肝火,用过激的言辞对对方进行人身攻击。

⑥ 重视保护隐私权。不随意公开个人信息,比如个人的邮件地址、真实姓名、住宅地址、电话号码、手机号码等。对于他人的隐私,应该更加注意,以免给人带来伤害。别人与你用电子邮件或私聊(QQ)的记录应该是隐私的一部分。假如你认识的某个人用笔名上网,未经过他同意就将其真名在论坛上公开,也是一种不道德的行为。

⑦ 以宽容之心对待网友。当看到别人写错字、用错词、问低级问题时,不要讽刺挖苦或严厉训斥,应该用平和、平等的语气指出来。如果你想进一步帮助他,最好用电子邮件或其他联系方式私下沟通,这样就能有效地维护网络新手的尊严。

⑧ 坚决杜绝有害行为。切忌以淫秽内容伤害他人,或表面文质彬彬的恶意攻击行为,或者导致他人的计算机和网络系统受损。蓄意的破坏者常常悄悄地进入他人的系统,或者发送死循环指令让他人的计算机当场死机。这些行为都是不道德的,甚至是非法的。

6.1.4 餐饮礼仪

1. 赴宴的礼仪

宾客参加宴会,无论是作为组织的代表,还是以私人身份出席,从入宴到告辞都应注重礼节规范。这既是个人素质与修养的表现,也是对主人的尊重。

(1) 认真准备

接到邀请,能否出席应尽早答复对方,以便主人做出安排。安排邀请后不要随意改动,万一遇到特殊情况不能出席时,尤其是作为主宾,要尽早向主人解释、道歉,甚至亲自登门表示歉意。应邀出席一项活动之前,要核实宴请的主人,活动举办的时间、地点,是否邀请配偶以及主人对服饰的要求。

出席宴会前,一般应梳洗打扮。女士要化妆,男士应梳理头发并剃须。衣着要求整洁、大方、美观。这将给宴会增添隆重热烈的气氛。

若参加家庭宴会,可给女主人准备一定的礼品,在宴会开始前送给主人。礼品价值不一定很高,但要有意义。

（2）按时抵达

按时出席宴会是最基本的礼貌。出席宴请活动,抵达时间的迟早、逗留时间的长短,在一定程度上反映出对主人的尊重程度,应根据活动的性质和当地习俗掌握。迟到、早退、逗留时间过短被视为失礼或有意冷落。身份高者可略晚些到达,一般客人宜略早些到达。出席宴会要根据各地习惯,正点或晚一两分钟抵达;我国则是正点或提前一两分钟抵达。出席酒会可以在请柬注明的时间内到达。抵达宴会活动地点,先到衣帽间脱下大衣和帽子,然后前往迎宾处,主动向主人问候。如果是庆祝活动,应表示祝贺。对在场其他人,均应点头示意,互致问候。

（3）礼貌入座

应邀出席宴会活动,应听从主人安排。若是宴会,进入宴会厅之前,先掌握自己的桌次和座位。入座时注意桌上座位卡是否写有自己的名字,不可随意入座。如邻座是长者或女士,应主动协助帮助他们先坐下。入座后坐姿要端正,不可用手托腮或将双臂肘放在桌上。坐时应把双脚踏在本人座位下,不可随意伸出影响他人。不可玩弄桌上的酒杯、盘碗、刀叉、筷子等餐具,不要用餐巾纸擦餐具,以免使人认为餐具不洁。

在社交场合,无论天气如何炎热,不可当众解开纽扣,脱下衣服。小型便宴时,若主人请宾客宽衣,男宾可脱下外衣搭在椅背上。

（4）注意交谈

坐定后,如已有茶,可轻轻饮用。无论作为主人、陪客或宾客都应自动与同桌的人交谈,特别是左邻右座,不可只与几位熟人或一两人交谈。若不相识,可先作自我介绍。谈话要掌握时机,要视交谈对象而定。不可只顾自己一人夸夸其谈,或谈些荒诞离奇的事而引人不悦。交谈时宜选择轻松、愉快的话题并遵守交谈礼仪,不要高声大笑或窃窃私语,不谈论隐私及过于严肃的话题。交谈时务必用餐巾拭嘴,以免食物残留唇边,影响雅观。商务宴请中一些安全的话题以及应避开的话题如表6-1所示。

表6-1 商务宴请中一些安全的话题以及应避开的话题

安全的话题	应避开的话题
天气	自己的健康状况
交通	他人的健康状况
体育	物品的价格、收入
无争议的新闻,如奥斯卡奖	个人的不幸
旅游	有争议的兴趣爱好
环境问题	低级笑话
对会址或城市的赞美	小道消息

续表

安全的话题	应避开的话题
共同的经历	宗教
书籍	争议性很大的问题,如堕胎或焚烧国旗
文学、艺术	有关私生活的细节

　　(5) 文雅进餐

　　出席宴会,并不是一件轻松的事情。在觥筹交错之际,我们的"吃相"正向人们昭示着自己的修养与品格。古往今来,餐桌都是社会交际的重要场所,因而餐桌礼仪历来为人们所重视。在餐桌上最要紧的是要检点自己的"吃相"。有人总结了如下口诀:取菜文雅,注意礼让;文明用筷,举箸得当;闭嘴细嚼,不发声响;嚼食不语,唇不留痕;骨与秽物,切莫乱扔;禁烟少酒,用餐文明;使用公筷,讲究卫生;席间交谈,增进感情。

　　宴会开始时,一般是主人先致祝酒词。此时应停止谈话,不可吃东西,注意倾听。致辞完毕,主人招呼后,即可开始进餐。

　　用餐前应先将餐巾打开铺在腿上。用餐完毕叠好放在盘子右侧,不可放在椅子上,亦不可叠得方方正正而被误认为未使用过。餐巾只能擦嘴,用时一手捏住一面的上端,另一手相助。餐巾不能用于擦面、擦汗。服务员送的香巾是用来擦面的,擦完后要放回原盛器内。

　　古语说:"主不请,客不尝。"上菜后,待主人说"请",再动手夹菜。取菜要适量,不要显得过于贪婪。如主人向客人敬酒,应起立回应,喝过酒后再开始吃菜。吃东西时应小口小口地吃,咀嚼要闭嘴不要发出声来,吧唧嘴会令人讨厌,也不要一边咽食一边说话。喝汤时,汤匙应由身边向外舀出,喝汤不要吸,也不要左手拿匙、右手拿筷"双管齐下"。进餐过程中,嘴里的骨头和鱼刺应用筷子夹放在垫盘上,吃剩的菜、用过的勺,也应放在垫盘内,就餐的整个过程中,都要注意礼让、注意关照邻座的宾客,不要见到自己喜欢吃的就"埋头苦干",不理别人。男士不要戴着帽子进餐。为了避免酒后失礼,饮酒应留有余地。也不要边吃边饮边抽烟。

　　若遇本人不能吃或不爱吃的菜品,当服务员或主人夹菜时,不可打手势,不可拒绝,可取少量放入盘中,并表示"谢谢,够了"。对不合口味的菜,勿显出难堪的表情。己方作为主人宴请时,席上不必说过分谦虚的话。对来华时间过长的人,不必说这是中国的名酒名菜。在给宾客让菜时,要用公用餐具,切不可用自己的餐具让菜。

　　冷餐酒会,服务员上菜时,不可抢着去取,待送至本人面前时再取。周围的人未取到第一份时,自己不可急于去取第二份。勿围在菜台旁,取完即离开,以便让别人取食。

　　吃食物要讲究文雅,要微闭着嘴咀嚼,不可发出声响。要将食物送进口中,不可伸口去迎食物。食物过热时,可稍凉后再吃,切勿用嘴吹。鱼刺、骨头、菜渣等不可直接往外吐,要用餐巾掩嘴,用筷子取出,或轻吐在叉匙上,放在碟中。嘴里有食物时不可谈话。尽量不要剔牙,更不可边走动边剔牙。吃剩的菜,用过的餐具等应放在碟中,勿放置桌上。

　　(6) 学会敬酒

　　敬酒也叫祝酒,是现代商务宴会必不可少的程序,是向对方表达敬意的良好方式。如果时间把握合适,祝酒词恰到好处的话,敬酒可以给整个聚餐带来一种良好的气氛。

① 斟酒。敬酒之前需要斟酒。按照规范来说:除主人和服务人员外,其他宾客一般不要自行给别人斟酒,如果主人亲自斟酒,应该用本次宴会上最好的酒斟,宾客要端起酒杯致谢,必要的时候起身站立。如果是大型的商务用餐,都应该是服务人员来斟酒。斟酒一般要从位高者开始。如果你不想喝了,可把手挡在酒杯上,说声"谢谢,不用了"。中餐里,别人斟酒的时候,也可以回敬以"叩指礼"。特别是自己的身份比主人高的时候。即以右手拇指、食指、中指捏在一起,指尖向下,轻叩几下桌面表示对斟酒的感谢。酒倒多少才合适呢? 白酒和啤酒可以斟满,而其他洋酒就不用斟满。

② 敬酒的时机。敬酒应该在特定的时间进行,并以不影响来宾用餐为首要考虑。敬酒分为正式敬酒和普通敬酒。正式敬酒,一般是在宾主入席后、用餐前就可以开始。而普通敬酒,只要注意不在对方咀嚼食物的时候,认为对方可能愿意接受你的敬酒就可以。而且,如果向同一个人敬酒,应该等身份比自己高的人敬过之后再敬。

③ 敬酒的顺序。敬酒按什么顺序呢? 一般情况下应按年龄大小、职位高低、宾主身份为序,敬酒前一定要充分考虑好敬酒的顺序,分明主次,避免出现尴尬的情况。即使你分不清或职位、身份高低不明确,也要按统一的顺序敬酒,比如先从自己身边按顺时针方向开始敬酒,或是从左到右、从右到左进行敬酒等。

④ 敬酒的举止。无论是主人还是来宾,如果是在自己的座位上向集体敬酒,就要求首先站起身来,面含微笑,手拿酒杯,面朝大家。当主人向集体敬酒、说祝酒词的时候,所有人应该一律停止用餐或喝酒。主人提议干杯的时候,所有人都要端起酒杯站起来,互相碰一碰。按国际通行的做法,敬酒不一定要喝干。但即使平时滴酒不沾的人,也要拿起酒杯抿上一口装装样子,以示对主人的尊重。除了主人向集体敬酒,来宾也可以向集体敬酒。来宾的祝酒词可以说得更简短,甚至一两句话都可以。比如:"各位,为了以后我们的合作愉快,干杯!"平时涉及礼仪规范内容更多的还是普通敬酒。普通敬酒就是在主人正式敬酒之后,各个来宾和主人之间或者来宾之间可以互相敬酒,同时说一两句简单的祝酒词或劝酒词。别人向你敬酒的时候,要手举酒杯到双眼高度,在对方说祝酒词或"干杯"之后再喝,喝完后,手拿酒杯和对方对视一下,这一过程才结束。

对我国来说,敬酒的时候还要特别注意。敬酒无论是敬的一方还是接受的一方,都要注意因地制宜、入乡随俗。我们大部分地区特别是东北、内蒙古等北方地区,敬酒的时候往往讲究"端起即干"。在他们看来,这种方式才能表达诚意、敬意。所以,在具体的应对上就应注意,自己酒量欠佳应该事先诚恳地说明,不要看似豪爽地端着酒去敬对方,而对方一口干了,你却只是"意思意思",往往会引起对方的不快。另外,对于敬酒的人来说,如果对方确实酒量不济,没有必要去强求。喝酒的最高境界,应该是"喝好"而不是"喝倒"。

在中餐里,还有一个讲究。即主人亲自向你敬酒干杯后,要回敬主人,和他再干一杯。回敬的时候,要右手拿着杯子,左手托底,和对方同时喝。干杯的时候,可以象征性地和对方轻碰一下酒杯,不要用力过猛,非听到响声不可。出于敬重,可以使自己的酒杯低于对方酒杯。如果和对方相距较远可以以酒杯杯底轻碰桌面表示碰杯。

和中餐不同的是,西餐用来敬酒、干杯的酒,一般都用香槟。而且,只是敬酒不劝酒,只敬酒而不真正碰杯。还不可以越过自己身边的人和相距较远者敬酒干杯,尤其是交叉干杯。

⑤ 拒酒的礼仪。宴会上,特别是在中式宴会上,要适当拒酒,这不仅是自我保护的需要,也是营造良好、健康气氛的需要,可以有效避免过量喝酒引起的失态,甚至彼此间的不愉快。但是,无论是因为生活习惯、健康或是工作需要等原因而不能喝酒,都不能直接给予拒绝,因为这样会让敬酒者陷于尴尬的境地,所以这就需要礼貌、大方的拒酒技巧。一是客观、诚恳地申明不能喝酒的原因;二是主动以其他饮料代酒;三是委托同事、部下代喝酒。千万不要在别人给自己斟酒的时候,躲躲藏藏,显得特别小气。乱推酒瓶、敲击杯口、倒扣酒杯、偷偷倒掉,或者把自己的酒倒到别人的杯中,尤其是将自己喝了一点的酒倒进别人杯中,都是不礼貌的表现。

⑥ 敬酒的误区。主要包括:第一,不要强人所难,灌他人酒。平时嗜酒如命,必须有所收敛。不胜酒力的,不一定要喝酒,喝水、喝饮料也行,关键有这个想法就可以了。第二,西餐里,如果你是重要的客人或是主宾,要回敬主人一杯。你可以在主人敬酒时立即回敬。一般情况下,别人给你敬酒的时候,不要同时给对方敬酒。第三,没必要非得碰杯,尤其是使用玻璃器皿的时候。第四,主人应该是第一个敬酒的人,不要越俎代庖。第五,不要敲杯子以吸引大家的注意。

(7) 告辞致谢

正式宴会一般吃水果后宴会即结束,此时,一般先由主人向主宾示意,请其做好离席的准备,然后从座位上站起,这是请全体起立的信号。一般以女主人的行动为准,女主人先邀请女主宾离席退出宴会厅。告辞时应礼貌地向主人道谢。通常是男宾先向男主人告辞,女宾先向女主人告辞,然后交叉,再与其他人告辞。

席间一般不应提前退席。若确实有事需提前退席,应向主人打招呼后轻轻离去,也可事前打招呼到时离去。退席时要有礼貌。退席理由应当尽量不使主人难堪和心中不悦。从宴会结束到告辞前不可有任何不耐烦的表示。

对主人的致谢,除了在宴会结束告辞时表达谢意之外,若正式宴会,还可在2~3天内以印有"致谢"或"P. R"字样的名片或便函表示感谢。有时私人宴请也须致谢。名片可寄送或亲自送达。首先致谢女主人,但不必说过谦的话。

2. 宴会的组织

宴会对宾客而言是一种礼遇,必须按规定、按有关礼节礼仪要求组织。

(1) 确定宴会的目的与形式

宴会的目的一般很明确,如节庆日聚会、工作交流、贵宾来访等。根据目的决定邀请什么人、邀请多少人,并列出客人名单。宴请主宾身份应该对等,多边活动还要考虑政治因素、政治关系等。宴请形式很大程度上取决于当地的习惯做法。

(2) 确定宴请时间和地点

宴会的时间和地点,应当根据宴请的目的和主宾的情况而定。一般来说,宴会时间不应与宾客工作、生活安排发生冲突,通常安排在晚上6~8点。同时还应注意宴请时间上要尽量避开对方的禁忌日。例如,欧美人忌讳"13",日本人忌讳"4"、"9"。在安排宴会时应避开以上数字。宴请的地点,应依照交通、宴请规格、主宾喜好等情况而定。

（3）邀请

当宴请对象、时间和地点确定后,应提前1～2周制作、分发请柬,以便被邀请的宾客有充分的时间安排自己的行程。即使是便宴,也应提前用电话准确地通知。

（4）确定宴会规格

宴会规格对礼仪效果的影响是十分明显的。宴会规格一般应考虑宴会出席者的最高身份、人数、目的、主人情况等因素。规格过低,会显得失礼;规格过高,则无必要。确定规格后,应与饭店(酒店、宾馆)共同拟订菜单。在拟订菜单时,应考虑宾客的口味、禁忌、健康等因素。对于个别宾客需要特别照顾的,应尽早做好安排。

（5）席位安排

宴请往往采用圆桌布置菜肴、酒水。采用一张以上圆桌安排宴请时,排列圆桌的尊卑位次有两种情况:一种是由两桌组成的小型宴会,当两桌横排时,其桌次以右为尊,以左为卑。这里所讲的右与左,是由面对正门的位置来确定的。这种做法又叫"面门定位",如图6-2所示。

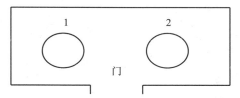

图 6-2　两桌横排的桌次排列方法

当两桌竖排时,其桌次则讲究以远为上,以近为下。这里所谓的远近,是以距正门的远近而言的,如图6-3所示。此法亦称"以远为上"。

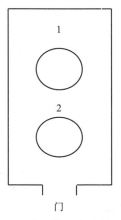

图 6-3　两桌竖排的桌次排列方法

另一种是三桌或三桌以上所组成的宴会。通常它又叫多桌宴会。在桌次的安排上除了要遵循"面门定位"、"以右为尊"、"以远为上"这三条规则外,还应兼顾其他各桌距离主桌,即第一桌的远近。通常距主桌越近,桌次越高;距主桌越远,桌次越低,如图6-4和

图 6-5所示。

　　然后需引起注意的是席位安排。在进行宴请时,每张餐桌上的具体位次也有主次尊卑之别。排列位次的方法是主人大都应当面对正门而坐,并在主桌就座;举行多桌宴请时,各桌之上均应有一位主桌主人的代表就座,其位置一般与主人同向,有时也可面对主桌主人;各桌之上位次尊卑,应根据其距离该桌主人的远近而定,以近为上,以远为下;各桌之上距离该桌主相同的位次,讲究以右为尊,即以该桌主人面向为准,其右为尊,其左为卑。

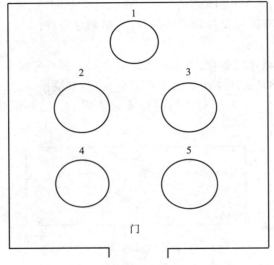

图 6-4　多桌桌次排列方法(1)

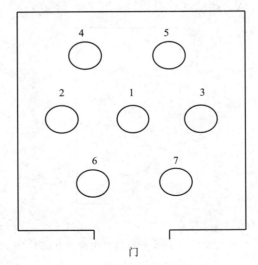

图 6-5　多桌桌次排列方法(2)

　　另外,每张桌上所安排的用餐人数应限于 10 人之内,并宜为双数。

　　圆桌上位次的具体排列又可分为两种情况:一是每桌一个主位的排列方法,主宾在其右首就座,如图6-6所示。

　　二是每桌两个主位的位次排列方法,其特点是主人夫妇就座于同一桌,以男主人为第一主人,以女主人为第二主人,主宾和主宾夫人分别在男女主人右侧就座,这样每桌就形成了两个谈话中心,如图6-7所示。

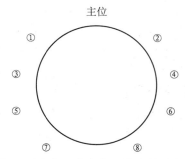

图6-6　每桌一个主位的位次排列方法

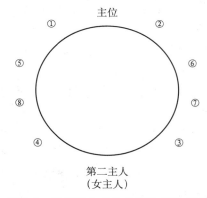

图6-7　每桌两个主位的位次排列方法

　　有时,倘若主宾身份高于主人,为了表示尊重,可安排其在主人位次上就座,而请主人坐在主宾的位次。

　　(6)餐具的准备

　　宴请餐具十分重要,考究的餐具是对客人的尊重。依据宴会人数和酒类、菜品的道数准备足够的餐具,是宴会的基本礼仪之一。餐桌上的一切物品都应十分卫生,桌布、餐巾都应浆洗洁白并熨平,玻璃杯、酒杯、筷子、刀叉、碗碟等餐具,在宴会之前都必须洗净擦亮。

　　(7)宴请程序

　　迎客时,主人一般在门口迎接。官方活动除男女主人外,还有少数其他主要官员陪同主人排列成行迎宾,通常称为迎宾线,其位置一般在宾客进门存衣以后进入休息厅之前。与宾客握手后,由工作人员引入休息厅或直接进入宴会厅。主人抵达后,由主人陪同进入休息厅与其他宾客见面。休息厅由相应身份的人员陪同宾客,服务员送饮料。

　　主人陪同主宾进入宴会厅,全体宾客入席,宴会开始。若宴会规模较大,则可请主桌以外的客人先就座,贵宾后入座。若有正式讲话,一般安排在热菜之后甜食之前由主人讲话,接着由主宾讲话,也可以一入席双方即讲话。冷餐会及酒会讲话时间则更灵活。吃完水果,主人和主宾起立,宴请即告结束。

外国人的日常宴请以女主人作为第一主人时,往往以她的行动为准。入席时,女主人先坐下,并由女主人招呼开始进餐。餐毕,女主人起立,邀请女宾与其一起离席。然后男宾起立,随后进入休息厅或留下吸烟。男女宾客在休息厅会齐,即上茶或咖啡。主宾告辞时,主人把主宾送至门口。主宾离去后,迎宾人员按顺序排列,与其他宾客握手告别。

3. 吃西餐的礼仪

西餐是西方国家的一种宴请形式。由于受民族习俗的影响,西餐的餐具、摆台、酒水菜点、用餐方式、礼仪等都与中餐有较大差别。目前由于我国对外交往活动的不断增多,西餐也已成为我国招待宴请活动的一种方式。因此,了解西餐的一般常识和礼仪是十分重要的。

西餐的餐具多种多样。常见的西餐餐具有叉、刀、匙、杯、盘等。

摆台是西餐宴请活动中的一项专门的技艺,也是必不可少的一个礼仪程序。它直接关系到用餐过程、民族习俗和礼仪规范等。西餐的摆台因国家的不同也有所不同,常见的有英美法国式和国际式西餐摆台。这里我们介绍一下国际式西餐摆台。

国际上常见的西餐摆台方法是:座位前正中是垫盘,垫盘上放餐巾(口布)。盘左放叉,盘右放刀、匙,刀尖向上、刀口朝盘,主食靠左,饮具靠右上方,如图 6-8 所示。正餐的刀叉数目应与上菜的道数相等,并按上菜顺序由外至里排列,用餐时也从外向里依序取用。饮具的数目、类型应根据上酒的品种而定,通常的摆放顺序是从右起依次为葡萄酒杯、香槟酒杯、啤酒杯(水杯)。吃西餐时,应注意掌握以下几个方面的礼仪。

图 6-8　西餐餐具的摆放

（1）上菜顺序

西餐上菜的一般顺序是：①开胃前食；②汤；③鱼；④肉；⑤沙拉；⑥甜点；⑦水果；⑧咖啡或茶等。菜肴从左边上，饮料从右边上。

（2）餐巾使用

入座后先取下餐巾，打开，铺在双腿上。如果餐巾较大，可折叠一下，放在双腿上，切不可将餐巾别在衣领上或裙腰处。用餐时可用餐巾的一角擦嘴，但不可用餐巾擦脸或擦刀叉等。用餐过程中若想暂时离开座位，可将餐巾放在椅背上，表示还要回来；若将餐巾放在餐桌上表示已用餐完毕，服务员则不再为你上菜。

（3）刀叉使用

吃西餐时，通常用左手持叉、右手持刀，用叉按住食物，用刀子切割，然后用叉子叉起食物送入口中，切不可用刀送食物入口。如果只使用叉子，也可用右手使用叉子。使用刀叉时应避免发出碰撞声。用餐过程中，若想放下刀叉，应将刀叉呈"八"字形放在盘子上，刀刃朝向自己，表示还要继续吃，如图 6-9 所示。用餐完毕，则应将叉子的背面向上，刀的刀刃一侧应向内与叉子并拢，平行放置于餐盘上。尽量将柄放入餐盘内，这样可以避免由于碰触而掉落，服务生也容易收拾，如图 6-10 所示。

图 6-9　刀叉呈"八"字形

图 6-10　用餐完毕

（4）用餐礼节

当全体客人面前都上了菜，主人示意后开始用餐，切不可自行用餐；喝汤时不要发出声响；面包要用手去取，不可用叉子去取，也不可用刀子去切，面包应用手掰着吃；吃沙拉时只能使用叉子;用餐过程中,若需用手取食物,要在西餐桌上事先备好的水盂里洗手(沾湿双手拇指、食指和中指),然后用餐巾擦干,切不可将水盂中的水当成饮用水喝掉;最好避免在用餐时剔牙,若非剔不可,必须用手挡住嘴;当招待员依次为客人上菜时,一定要等招待员走到我们的左边时再取菜,如果在我们的右边,不可急着去取;吃水果不可整个咬着吃,应先切成小瓣,用叉取食;若不慎将餐具掉在地上,可由服务员更换;若将油水或汤菜溅到邻座身上,应表示歉意,并由服务员协助擦干。

4. 冷餐会礼仪

冷餐宴是一种比较自由的宴请形式,一般不设座,食品集中放在餐厅中央或两侧桌上,由客人按顺序自动取食,不要抢先;取食后可找适当位置坐下慢慢进食,也可站立与人边交谈边进食;所取食物最好吃完;第一次取食不必太多,若需添食,可再次或多次去取。冷餐会可招待较多的客人,客人到场或退场比较自由。客人一面做好就餐的准备,一面可以和同席的人随意进行交谈,以创造一个和谐融洽的用餐气氛。不要旁若无人,兀然独坐;更不要眼睛碌碌地盯着餐桌上的冷盘,或者下意识地摸弄餐具,显出一副迫不及待的样子。

当开始用餐时,特别要注意以下几点:一是主人举杯示意开始时,客人才能开始;二是客人不能抢在主人前面;三是要细嚼慢咽,这不仅有利于消化,也是餐桌上的礼仪要求,绝不能大块往嘴里塞,狼吞虎咽,这样会给人留下贪婪的印象;四是不要挑食,不要只盯着自己喜欢的菜吃,或者急忙把喜欢的菜堆在自己的盘子里;五是用餐的动作要文雅,夹菜时不要碰到邻座,不要把盘里的菜拨到桌上,不要把汤碰翻;六是不要发出不必要的声音,如喝汤时“咕噜咕噜”,吃菜时嘴里“叭叭”作响,这都是粗俗的表现。用餐结束后,可以用餐巾、餐巾纸或服务员送来的小毛巾擦嘴,但不宜擦头颈或胸脯;餐后不要不加控制地打饱嗝或嗳气。

5. 鸡尾酒会礼仪

鸡尾酒会也称酒会,是一种自由的社交活动,备有多种饮料和少量小食品,一般在下午或晚上举行,不设座,时间短,客人到场或退场自由。中途离开的客人,应向主人道别,但出席酒会不能太迟或到达不久就立即离去。

鸡尾酒会的形式活泼、简便,便于人们交谈,招待品以酒水为重,略备一些小食品。如点心、面包、香肠等,放在桌子、茶几上或者由服务生拿着托盘,把饮料和点心端给客人,客人可以随意走动。举办的时间一般是下午5点到晚上7点。近年来,国际上各种大型活动前后往往都要举办鸡尾酒会。

这种场合下,最好手里拿一张餐巾,以便随时擦手。用左手拿着杯子,好随时准备伸出右手和别人握手。吃完后不要忘了用纸巾擦嘴、擦手。用完的纸巾丢到指定位置。

6. 喝咖啡的礼仪

咖啡可以自己磨好咖啡豆以后用咖啡壶煮制,也可以用开水冲饮速溶的。人们一般认为自制的咖啡档次比较高,而速溶的咖啡不过是节省时间罢了。

饮用可以加入牛奶和糖,称为牛奶咖啡。也可以不加牛奶和糖,称为清咖啡或黑咖啡。在西餐中,饮用咖啡是大有讲究的。

（1）杯的持握

供饮用的咖啡,一般都是用袖珍型的杯子盛出。这种杯子的杯耳较小,手指无法穿过去。但即使用较大的杯子,也不要用手指穿过杯耳端杯子。正确的拿法应是用右手的拇指和食指握住杯耳,轻轻地端起杯子,慢慢品尝。不能双手握杯,也不能用手端起碟子去吸食杯子里的咖啡。用手握住杯身、杯口,托住杯底,也是不正确的方法。

（2）杯碟的使用

盛放咖啡的杯碟都是特制的。它们应当放在饮用者的正面或右侧,杯耳应指向右方。咖啡都是盛入杯中,放在碟子上一起端上桌子的。碟子用来放置咖啡匙,并接收杯子里溢出的咖啡。喝咖啡时,可以用右手拿着咖啡的杯耳,左手轻轻托着咖啡碟,慢慢地移向嘴边轻啜。不要手握咖啡杯大口吞咽,也不要俯首去就咖啡杯。如果坐在远离桌子的沙发上,不便用双手端着咖啡饮用,此时可以做一些变通。可用左手将咖啡碟置于齐胸的位置,用右手端着咖啡饮用,饮毕应立即将咖啡杯置于咖啡碟中,不要让二者分家;如果离桌子近,只需端起杯子,不要端起碟子。添加咖啡时,不要把咖啡杯从咖啡碟中拿起来。

（3）匙的使用

咖啡匙是专门用来搅咖啡的,如果咖啡太热也可用匙轻轻搅动,使其变凉。饮用咖啡时应当把咖啡匙取出来,不要用咖啡匙舀着咖啡喝,也不要用咖啡匙来捣碎杯中的方糖。不用匙时,应将其平放在咖啡碟中。

（4）咖啡的饮用

饮用咖啡时,不能大口吞咽,更不可以一饮而尽,而是一小口一小口细细品尝,切记不要发出声响,这样才能显示出品位和高雅。如果咖啡太热,可以用咖啡匙在杯中轻轻搅拌使之冷却,或者等自然冷却后再饮用。试图用嘴去把咖啡吹凉,是很不文雅的动作。

（5）给咖啡加糖

给咖啡加糖时,砂糖可用咖啡匙舀取,直接加入杯内;也可先用糖夹子把方糖夹在咖啡碟的近身一侧,再用咖啡匙把方糖加入在杯子里。如果直接用糖夹子或手把方糖放入杯内,有时可能会使咖啡溅出,从而弄脏衣服或台布。

（6）用甜点的要求

有时喝咖啡可以吃一些点心,但不要一手端着咖啡杯,一手拿着点心,吃一口、喝一口地交替进行,这样的行为是非常不雅观的。饮咖啡时应当放下点心,吃点心时则放下咖啡杯。

在咖啡屋里,举止要文明,不要盯视他人。交谈的声音越轻越好,千万不要不顾场合,高谈阔论,破坏气氛。

█ 小知识

咖啡的种类

依据饮咖啡的添加配料不同,咖啡可被分为多个品种。其中最常见的有六种。

（1）黑咖啡。它所指的是既不加糖,也不加牛奶的纯咖啡。

（2）白咖啡。它是指饮用之前加入牛奶、奶油或特制的植物粉末的咖啡。

（3）浓黑咖啡。它的全名叫意大利式浓黑咖啡。它以特殊的蒸汽加压方法制作，极黑浓，不宜多饮。

（4）浓白咖啡。它的全名叫意大利式浓白咖啡。其制作方法基本上与浓黑咖啡相类似，只是加入了用牛奶打制出来的奶油或奶皮，故此显得又稠又浓，口味甚佳。

（5）爱尔兰式咖啡。爱尔兰式咖啡的最大特点，是在饮用咖啡之前不加入牛奶，而是加入一定数量的威士忌酒。

（6）土耳其式咖啡。土耳其式咖啡大致与白咖啡类似，在咖啡之中可以酌情加入适量的牛奶。但是与其他种类所不同的是，它的咖啡渣并未除去，而是被装入杯中与咖啡一起上桌，供人饮用。

7. 饮茶的礼仪

中国是茶的故乡，制茶、饮茶已有几千年的历史，名品荟萃，主要品种有绿茶、红茶、乌龙茶、花茶、白茶、黄茶。茶有健身、治疾之药物疗效，又富欣赏情趣，可陶冶情操。品茶待客是中国人高雅的娱乐和社交活动，坐茶馆、茶话会则是中国人社会性的群体茶艺活动。中国茶艺在世界享有盛誉，在唐代就传入日本，形成了日本茶道。

茶是中国人最喜欢的饮料，同时也为外宾乐于接受。在商务交往中，经常有专门举行茶会来招待来宾的。茶水虽然物美价廉，但饮茶却是一种文化。

为客人沏茶之前，首先要清洗双手，并洗净茶杯或茶碗。要特别注意茶杯或茶碗有无破损或裂缝，残破的茶杯或茶碗是不能用来招待客人的。还要注意茶杯或茶碗里面有无茶迹，有的话一定要清洗掉。茶具以陶瓷制品为佳。不能用旧茶或剩茶待客，必须沏新茶。在为客人沏茶前可以先征求其意见。就接待外国客人而言，美国人喜欢喝袋泡茶，欧洲人喜欢喝红茶，日本人喜欢喝乌龙茶。

茶水不要沏得太浓或太淡，每一杯茶斟得七成满就可以了。主人在陪伴客人饮茶时，要注意客人杯、壶中的茶水残留量，一般用茶杯泡茶，如已喝去一半，就要添加开水，随喝随添，使茶水浓度基本保持前后一致，水温适宜。正规的饮茶讲究是把茶杯放在茶托上，一同敬给客人。茶杯要放在左边。如饮用红茶可准备好方糖，请客人自取。喝茶时，不允许用茶匙舀着喝。

上茶时，可由主人向客人献茶，或由招待员给客人上茶。主人给客人献茶时，应起立，并用双手把茶杯递给客人，然后说"请"。客人也应起立，以双手接过茶杯，说"谢谢"。添茶水时，也应如此。

由接待员上茶时要先给客人上茶，而不允许先给主人上茶。如果客人较多，应先给主宾上茶。上茶的具体步骤是：先把茶盘放在茶几上，从客人的右侧递过茶杯，右手拿着茶托，左手扶在茶托旁边。如果茶托无处可放，应以左手拿着茶盘，用右手递茶。注意不要把手指搭在茶杯边上，也不要让茶杯撞击在客人的手上，或洒了客人一身。如妨碍了客人的工作或交谈，要说一声"对不起"。客人对接待员的服务应表示感谢。在往茶杯倒水、续水时，如果不便或没有把握一并将杯子和杯盖拿在左手上，可把杯盖翻放在桌子或茶几上，只是端起茶杯来倒水。服务员在倒、续完水后要把杯盖盖上。注意，切不可把杯盖扣放在桌面或茶几上，这样既不卫生，也不礼貌。如发现宾客将杯盖扣放在桌面或茶几上，服务员要立即斟换,用托盘上,将杯盖盖好。

如果用茶水和点心接待客人,应先上点心,点心应给每个人上一小盘,或几个人上一大盘。点心盘应用右手从客人的右侧送上。待其用毕,即从右侧撤下。

在饮茶中,不应大口吞咽茶水,或喝得咕咚咕咚直响,应当慢慢地一小口一小口地仔细品尝。遇到漂浮在水面上的茶叶,可用杯盖拂去,或轻轻吹开,切不可用手从杯里捞出来扔在地上,也不要吃茶叶。我国旧时有以再三请茶作为提醒客人应当告辞了的做法,因此,在招待老年人或海外华人时要注意,不要反复地劝其饮茶。西方常以茶会作为招待宾客的一种形式,茶会通常在下午4时左右开始,设在客厅之内,准备好座位和茶几就行了,不必安排座次。茶会上除饮茶之外,还可以上一些点心或风味小吃。

6.1.5 旅行礼仪

随着人们生活水平的提高,平时和假日的旅行增多了,改革开放以来,特别是加入世界贸易组织以后,因公因私在国内或海外旅行的机会也增多了。所以,掌握旅行的相关礼仪知识,不断培养自觉遵守旅行礼仪的习惯是十分重要的。

1. 旅行的装备

下面是一些旅行行家的建议,告诉我们如何精心装备自己,使旅行愉快。

(1)旅行装备的原则

总的来说,旅行装备应遵循以下三个原则。

一是精简原则。合理选择旅行服装是旅行轻松愉快的前提。外出旅行不需要太多的衣饰,即使你要保持一贯的风格和形象,也应只备用得着的衣饰。否则,去时一大箱行李,回来时又添几件行李,会很辛苦。

二是美观原则。注重组合系列化、多样化及时装化,体现前所未有的服饰审美要求和消费观念,注重美观及情趣是旅行服饰的新特色。有了这种全新观念,你就可以在衣橱中找出相对漂亮方便的衣饰作为旅行装束了。

三是舒适方便原则。旅行服饰要注意面料的舒适性。一般来说,丝、棉、麻这些天然纤维,透气滑爽,适于在夏天及长途旅行中贴身穿着。外衣面料则应以混纺人造纤维及合成布等不易皱、弹性佳、牢度强且洗涤方便的面料为主。

(2)不同旅行目的装备

通常旅行可分为两种,结合工作目的的旅行和纯粹的度假旅游。旅行目的不同,装备也不一样。

工作性质的旅行你要多带正式感强的衣服。你如果有很多应酬场合,就必须带足应付各种场合的服装,同时又不应杂乱和累赘。比如两件职业装对于商务谈判和业务沟通就很有必要。你也可以给这次旅行定一个主色调,如蓝色系列,再稍带点粉红和黑色的服饰,这样就可以搭配出统一风格的形象。

如果你每天要见的是不同的人,就可以放心大胆地穿同一套你最得意的衣服,而不必每天都换装,这样就相当轻松和简单了。

正式的酒会服装必须带一套,因为现在相当多的生意或公事是在酒会、晚宴等场合敲定的。所以,晚礼服及相应的首饰、内衣、鞋、包应备齐。

专为度假休息的旅行装相对比较随意,一般应根据地形、气候、时间长短、行程特点来挑选服饰。度假是为了解除平时的疲劳而舒展身心的,行李越轻越好。要选那些可叠得很小的轻软的衣物,如 T 恤、休闲裤、丝衬衣等。

春秋两季出游可带些天然质料的内衣、短风衣、毛衣、夹克和 T 恤衫及运动装的外衣;夏季旅行,丝麻衬衫、方便搭配的 T 恤、裙子、长短裤等更适合你,可帮你度过一个湿热多汗的旅程;冬天旅行可带组合配套的羽绒装或皮衣裤,保暖又方便。

行李箱也是旅行中的重要配件,传统的硬面皮箱虽然笨重些,但固定性好,衣物及其他重要物品不易受损,如果是短时间的公事旅行,可选择这类行李箱。现时流行一种容量大而软的行囊,以鲜艳夺目的尼龙防水面料拼接而成,有圆角的长方形、圆筒形等,轻捷方便,不同的隔层可有多种用途,亮丽的色彩平添旅行情趣,特别适合休闲旅行时使用。

（3）化妆品及其他细节

千万别指望飞机上或旅馆中提供化妆品。出门旅行,依旧保持在你所熟悉的化妆品环境中,会使你更从容舒适,尤其对于有工作目的的旅行。旅行前把头发修剪到方便梳洗的长度,再把所有要用的化妆品清点进小包里,如夏天的防晒品、冬季的护肤霜以及化妆盒。还可带上方便的洁面巾,以便在旅行中及时净面。

在飞机上多喝些淡盐水,会令皮肤保湿、眼神清澈,如果是出差,会令来接机的同行感到你精力充沛、神采飞扬。另外,下了飞机可立即去做一次面膜,帮助脸上肌肤恢复光泽。

2. 步行的礼仪

无论外出到什么地方,借助何种交通工具,都离不开步行。在公共场所无处不在的步行,更能体现一个人的礼仪修养程度。

（1）注意安全

遵守交通规则是步行安全的重要保障。城市的交通法规对行人和各种车辆的行驶均有严格的规定,人人都应自觉遵守。穿越马路时,一定要从人行横线处走过去,并注意红灯停、绿灯行,不可随意穿越,不可低头猛跑,更不可翻越栏杆,要注意避让来往车辆,确保安全。在有信号指示或交通警察指挥的地方,一定要遵守信号和听从指挥。

（2）行路文明

在行走之时,走路的姿势要端庄,不要弓腰、低头,不要东张西望,不要摇头晃脑,也不要哼着小调或吹着口哨。两人走路时,不要勾肩搭背。多人走路时,不要依仗人多而无所顾忌,高声说笑或横占半个马路而影响他人行走,应自觉排成单队或双队。男女同行时,通常男子应走在女子的左侧,需要调换位置时,男子应从女士背后绕过,不要胳膊相挽而行,不要亲热得拥在一起行走。当一个男子与两个以上的女子结伴而行时,男子不应走在女士的中间,而应走在女士们的外侧。在街上遇到熟人不可话说个没完,交谈时不要站在马路中央,影响他人通行。如果遇到的是异性,更不要长时间交谈,确需长谈,应另约地点。在拥挤狭窄的路上行走,应自觉礼让,特别对年长者、妇女、患病体弱者一定要主动让路。

行走时以中速为宜,正常情况下不要猛跑。如果不小心碰到别人或踩了别人的脚,要主动向对方道声"对不起",即使对方态度不好,也不要与其发生口角。别人撞了自己或踩了自己的脚,应大度宽容,对主动道歉者说声"没关系",不可以口出怨言,斥责对方。如果遇到残疾人不仅要主动让路,必要时还要主动上前搀扶一把,绝不可与其抢道,更不能以强欺弱,无视公德。行路时要维护马路卫生,不要边走边吃东西,更不要把瓜果皮核往马路上扔,应自觉地扔到马路边上的果皮箱里。

(3) 问路礼貌

需要问路时,首先应选择合适的对象,最好不要去问正在急于行走的人或正在与人交谈以及正忙碌的人。如果民警正在指挥车辆,也应尽量不去打扰。可以另找那些看起来比较悠闲的人打听。其次,问路时要礼貌地称呼对方,可根据对方年龄、性别和当地的习惯来称呼,绝不能用"喂"、"哎"等一些不礼貌的语气呼叫对方。最后,当别人给予回答后,要诚恳地表示感谢,若对方一时答不出,也应礼貌地说声"再见"。

小知识

步行时的禁忌

一忌行走时与他人相距过近,尤其是避免与对方发生身体碰撞。万一发生,务必及时向对方道歉。

二忌行走时尾随于他人身后,甚至对其窥视、围观或指指点点。在不少国家里,此举会被视为"侵犯人权",或是"人身侮辱"。

三忌行走时速度过快或者过慢,以致对周围的人造成不便。

四忌在私人居所附近进行观望,甚至擅自进入私宅或私有的草坪、森林、花园。此举在一些国家被定为违法之举。

五忌一边行走,一边连吃带喝,或是吸烟不止。那样不仅有损自身形象,而且还会有碍于人。

六忌与成年的同性在行走时勾肩搭背、搂搂抱抱。[①]

3. 乘车礼仪

以车代步讲究效率,是现代社会的一个显著特点。乘坐车辆的类型不同,其注意事项也有差异,具体如下。

(1) 乘坐公共汽车礼仪

公共汽车是城乡主要的交通工具,同时又是公共场所之一。大多数市民,尤其是朝九晚五的上班族及学生,几乎天天都需要搭乘公共汽车等大众运输工具。别小看这小小的车厢,方寸之间应对进退的礼貌却大有学问。有的人可能因为一早搭公共汽车就惹了一

---

① 张卫东,武冬莲.现代商务礼仪[M].北京:电子工业出版社,2010.

肚子的气,使得一整天的情绪低落,实在没有必要。其实,只要掌握礼让、无我的原则,做一个快乐的乘车族是不难的。

① 按顺序上下车。车到站时,要先下后上,自觉排队,不要拥挤。一般情况下,"男女有别,长幼有序"应是一种公众准则。遇有残疾及行动不便者,应主动给予帮助。绝不可凭借自己身强力壮,车尚未停稳便推开众人往上挤,这样不仅显得十分野蛮,而且极不道德。

② 注意文明细节。上车后应主动买票、打卡、投币或出示月票。上车后应尽量往里走,不要堵在车门口。一般情况下,一上公共汽车,如果车上仍有很多座位,应该避免坐老弱病残专座;如果大家都就座,只剩下老弱病残专座,那么暂且坐下也无妨,但在下一站若有老弱病残上车,第一个必须起立让座,这是毋庸置疑的。搭乘公共汽车几乎是大部分市民生活的一部分,因而,即使是小小的礼貌细节,都可能会影响他人,引起不悦。诸如,在车上大声聊天、谈论别人的隐私;放任幼儿在车上啼哭、嬉戏,妨碍同车者的情绪,甚至影响司机开车的注意力;在车厢内吸烟、随地吐痰、乱扔废弃物等。人人都应该争做净化乘车环境的使者。

③ 提前做下车准备。车到站以前,应提前做好下车准备。如果自己不靠近车门,应先礼貌地询问前面的乘客是否下车,如前面的乘客不下车,要设法与其调换一下位置。

(2) 乘坐火车礼仪

火车是重要的交通工具之一,良好的乘车环境需要大家共同努力,因此在乘车过程中,要讲文明、懂礼貌,多一分宽容,多一分礼让。这样,不仅能减少许多不必要的麻烦,还能保持良好的心情,减轻旅途疲劳。

① 讲究候车规则。乘客在候车时,要爱护候车室的公共设施,不大声喧哗,携带的物品要放在座位下方或前部,不抢占座位或多占座位,更不要躺在座位上使别人无法休息。要保持候车室的卫生,瓜果皮核等废弃物要主动扔到果皮箱里,不要随手乱扔,不随地吐痰。检票时自觉排队,不乱拥乱挤,有秩序地上下车。

② 维护车厢秩序。要有秩序地进入车厢并按要求放好行李,行李应放在行李架上,不应放在过道上或小桌子上。放、取行李时应先脱掉鞋子后站到座位上,以免踩脏别人的座位。自己的行李要摆放整齐,尽量不要压在别人的行李上,如果实在不行,也应征得他人的同意。不在车厢内吸烟,不随地吐痰,乱扔废物。不在车厢内大声说话。到达目的地后,拿好自己的物品有礼貌地与邻座旅客道别,有序下车,不要抢道拥挤。

③ 注意礼貌交谈。长途旅行,与邻座的旅客有较长的时间相处,有兴趣时可以共同探讨一些彼此都乐于交谈的话题。但应注意交谈礼貌:交谈前应看清对象,与不喜欢交谈的人谈话是不明智的,和正在思考问题的人谈话也是失礼的。即使与旅伴谈得很投机,也不要没完没了,看到对方有倦意就应立刻停止谈话。注意谈话中不要问对方的姓名、住址及家庭情况,这些不是火车上好的交谈话题。

(3) 乘坐轿车礼仪

在交际中,乘坐轿车已成为大家日常生活的一个组成部分。在乘坐轿车时应注意如下礼仪。

①　讲究上下车顺序。同女士、长者、上司或嘉宾乘双排座轿车时,应先主动打开车后排的右侧车门,请女士、长者、上司或嘉宾在右座上就座,然后把车门关上,自己再从车后绕到左侧打开车门,在左座坐下。到达目的地后,若无专人负责开启车门,则自己应先从左侧门下车后绕到右侧门,把车门打开,请女士、长者、上司或嘉宾下车。

②　注意车上谈吐举止。在轿车行驶过程中,乘车人之间可以适当交谈,但不宜过多与司机交谈,以免司机分神。话题一般不要谈及车祸、劫车、凶杀、死亡等使人晦气的事情,也不要谈论隐私性内容以及一些敏感且有争议的话题,可以讲一些沿途景观、风土人情或畅叙友情等能够使大家高兴的事,使大家的旅行轻松愉快。举止要文明,不要在车内吸烟,因为车内相对封闭容易使空气浑浊。不要在车内脱鞋赤脚,女士不要在车内化妆。不要在车内乱吃东西、喝饮料,不要在车内吐痰或向车外吐痰,更不要通过车窗向车外扔东西,这是有损个人形象和社会公德的。

③　自驾车的礼仪。如果亲自驾车,应自觉遵守交通规则,文明开车,表现出良好的驾车风度。要注意礼让、考虑别人,要了解各路段的时速限制,注意路上的交通标志,集中精力、谨慎驾驶。要遵守交通信号,不抢行,不乱按喇叭。下雨天开车,要尽量慢行,尽量避开水坑,以免使污水溅到行人身上。道路拥挤或车辆堵塞时,应自觉循序而进或耐心等待,不可随意超车堵道。在快、慢车道分明的公路上行车,应根据自己的情况合理选择,既不要在快车道上开"蜗牛车",也不要在慢车道上开"飞车",不要频繁变换车道,影响后面车辆行驶。夜晚开车时要适时变换远近灯光,绝不可一直用远光直射对方。需要停车时应到允许停放的地方停放,停车不挡车道及出入口。车内的废弃物等不能往车外扔,要放在一起,到达目的地时集中处理。

小知识

马路文明:各国的脸面

"到一个国家,只要先看看马路上的情形,你大体上就可以把握这个国家的发展水平了。"一位去过近百个国家的中国记者说。

美国:礼貌谦让是常识

有"汽车王国"之称的美国,即便在人口拥挤、道路狭窄的大都市,马路秩序也能保持井然。

美国人很少按汽车喇叭,除非你的车技太差,挡了人家的路,或者提醒你后车门没关好什么的。在美国,"最牛的"车要数校车,这种车一般通体黄色,如果它在路边停下来接送孩子,它左面和后面的车辆都得停下来,直到马路上没有孩子才能开动。

美国人视时间为生命,但在开车的时候却争当君子。记者刚到美国遇到与人"争抢路段"的时候,对方总是挥挥手示意记者先行,几次下来,记者的急脾气被磨平不少,毕竟安全才是第一位的。

韩国:用应急灯表示歉意

在韩国,开车的人都会遵守红灯停、绿灯行的规矩,行人不会在没有斑马线的地方乱穿马路。韩国人等公共汽车时,即使只有几个人,也会认认真真地排队,按顺序上车。初在韩国大街上开车,发现有人插到前面时都会闪起应急灯,十分不解,后来才知道,这是表示歉意或感谢的意思。当急于并线时,先打起并线灯,再打应急灯,人家也会让一下。开车的人找到这样一种不用下车就可交流的方式,减少了许多马路纠纷。

德国:马路文明"以人为本"

德国街头几乎看不到交通警察,但路上总是秩序井然。

刚到德国时,记者总会习惯地站在斑马线前等待疾驶的车辆通过,但汽车却主动停下来,开车人打手势示意记者先行,记者以为碰上了讲礼貌的人,便摆手致谢。到驾校学车时记者才知道,这是行人的权利,无须致谢。德国人说:"车是可以修复的,而人是无法修复的。"

德国人驾照首次通过率不到一半。一旦违章,驾驶员不仅会被罚款和扣分,其违章情况还会在网上公布,今后驾车、购车和享受相关社会福利都会受到影响。除了严格的法规约束之外,民众也很自觉。

德国一些汽车公司销售厅里常备有特制的电动小汽车,经常有大人带着孩子在那里"路考",过关后还发放"执照",以鼓励孩子从小了解、重视并遵守交通规则。①

4. 乘飞机礼仪

飞机是目前世界上最快捷的交通工具,具有速度快、时间短、乘坐舒适等特点,很适合人们的旅行。空中旅行与地面旅行有很多差异,必须注意以下礼仪。

(1) 登机前的礼仪

乘坐飞机要求提前一段时间去机场。国内航班要求提前半小时到达;而国际航班需要提前至少一小时到达,以便留出托运行李,检查机票、身份证和其他旅行证件的时间。大多数机场的登记行李和检查制度效率很高,等待时间很短。有时飞机起飞时间快到了,而自己却排在长长的人龙后面,这会使我们心生焦虑。这时一方面要注意礼节,耐心等候;另一方面也要提醒自己以后应提前去机场。

乘飞机需要尽可能轻便,手提行李一般不超过 5 公斤,其他能托运的行李要随机托运。

乘坐飞机前要取到登机卡。大多数航班都是在托运行李时由工作人员选择座位卡。登机卡应在安检时和登机时出示。

领取登机卡后,乘客要通过安全检查门。乘客应先将有效证件(如身份证、军官证、警官证、护照、台胞回乡证等)、机票、登机卡交安检人员查验,放行后通过安检门时需将电话、传呼机、钥匙和小刀等金属物品放入指定位置,手提行李放入传送带。乘客通过安检门后,注意将有效证件、机票收好以免遗失,只持登机卡进入候机室等待。

上下飞机时,均有空中小姐站立在机舱门口迎送乘客。她们会向每一位通过舱门的乘客热情地问候,此时,作为乘客应有礼貌地点头致意或问好。

---

① http://web.xwwb.com/wbnews.php? db=11&thisid=71564.

（2）登机后的礼仪

登机后，乘客要根据飞机上座位的标号按秩序对号入座。飞机座位分为两个主要等级，也就是头等舱和经济舱。经济舱的座位设在靠中间到机尾的地方，占机身的3/4空间或更多一些，座位安排较紧；头等舱的座位设在靠机头部分，服务较经济舱好，但票价较高。所以登机后购买经济舱票的人不要因头等舱人员稀少就抢坐头等舱的空位。找到自己的座位后，要将随身携带的物品放在座位头顶的行李箱内，较贵重的东西放在座位下面，自己管好，注意不要在过道上停留太久以免影响其他人。

飞机起飞前，乘务员通常给旅客示范表演如何使用降落伞和氧气面具等，以防意外。当飞机起飞和降落时要系好安全带。在飞机上要遵守"请勿吸烟"的信号，同时禁止使用移动电话、AM/FM收音机、便携式计算机、游戏机等。

飞机起飞后，乘客可看书报或与同座交谈。如果自己愿意交谈，可以"今天飞行的天气真好"等开场白来试探同座是否愿意交谈，在谈话中不必互通姓名，只是一般谈谈而已。如果自己不愿交谈，对开话头的人只需"嗯哼"表示，或解释"我很疲倦"。飞机上的座椅可调整，但应考虑前后座位的人，不要突然放下座椅靠背，或突然推回原位，或跷起二郎腿摇摆颤动，这些行为都会引起他人的反感。

在飞机上使用盥洗室和卫生间的规则与其他交通工具上相同，要注意按次序等候，注意保持其清洁。同时，不要在供应饮食时到厕所去，因为有餐车放在通道中，其他人无法穿过。如果晕机，可想办法分散注意力，如若呕吐，要吐在清洁袋内，如有问题，可打开头顶上的呼唤信号，求得乘务员的帮助。

（3）停机后的礼仪

停机后，乘客要带好随身携带的物品，按次序下飞机，不要抢先出门。国际航班上下飞机要办理入境手续，通过海关便可凭行李卡认领托运的行李。许多国际机场都有传送带设备，也有手推车以方便搬运行李，还有机场行李搬运员可协助乘客。在机场除了机场行李搬运员要给小费外，其他人不给小费。下飞机后，如一时找不到自己的行李，可通过机场行李管理人员查寻，并可填写申报单交航空公司。如果行李确实丢失，航空公司会照章赔偿的。

5. 乘客轮的礼仪

人们出差、旅行经过江河湖海需乘坐客轮，有时观光游览还可乘坐专门的游览船或游艇。乘坐客轮较飞机、火车活动空间大，因而更舒适、自由。然而，乘客轮时人人都讲礼仪，才能使旅行更舒畅。

客轮的舱位是分等级的。我国的客轮舱位一般分特等舱、一等舱、二等舱、三等舱、四等舱、五等舱等几种。客轮实行提前售票，每人一个铺位，游船也实行对号入座。因船上的扶梯较陡，所以，上下船时大家应互相谦让，并照顾老年人、孩子和女士。

乘客轮时要注意安全，风浪大时要防止摔倒；到甲板上要小心；带孩子的乘客要看住自己的孩子；吸烟的乘客要避免火灾；不要在船头挥动丝巾或晚上拿手电乱晃，以免被其他船误认打旗语或灯光信号。

船上的服务设施齐全，有餐厅、阅览室、娱乐室、歌舞厅和录像厅等可供就餐或休闲，乘客也可以去甲板散步,享受浪漫的诗情画意。如邀请其他乘客一起娱乐,一定要两相情愿,不可强求。若房中其他乘客出门,也不要出于好奇去翻动同房乘客的物品。

乘船时要注意小节。如不要在船上四处追逐,忘乎所以;不要在甲板上将收录机放到很大声;不要在客房大吵大嚷;晕船呕吐要去卫生间;遇上景点拍照不要挤抢等。另外,要注意船上的忌讳,如不要谈及翻船、撞船之类的话题,不要在吃鱼时说"翻过来"或说"翻了"、"沉了"之类的话语。

6. 乘电梯礼仪

在现代社会中,电梯是人们用来缩短距离与提高工作效率的工具。乘电梯的礼仪如下。

等电梯时,要主动面带微笑额首问安;进电梯时不争先恐后;要尽量能够避免近靠他人和背对他人。在电梯内正确的站法是:先进电梯要靠墙而站,不要以自己的背对着别人,可站成"n"字形。看到双手抱满东西的人,可代为按钮。

与长辈、上司、女士同行,应礼让他们先进,代他们按下要去的楼层。值得一提的是,如果你与女士同行,他人礼让,并不表示也礼让你,要避免大大咧咧地率先而行。

有人按着电梯开门钮对他人交代事情,偶尔为之可以理解,但一定要简单明了,事后记得向电梯内其他人道歉。如果一时说不清楚,不如搭下一班电梯,以免耽误他人时间。

7. 住店礼仪

客房是客人临时之家,是为客人提供休息的场所。在我国,客人的入住一般须出示居民身份证等有效证件,然后办理住宿登记等手续。在一些发达国家,大都是先预订房间,到达后,只要说出自己的姓名,然后在登记册上签名即可。根据工作需要,旅行人员也可在房间办公、举行小型会议、洽谈业务或会友。不论将客房作为休息场所还是临时办公地点,掌握入住的基本规定,对自己、对工作都是十分有益的。

(1) 内外有别

因为旅店既是休息的地方,又是工作的地方,所以,室内着装可相对随便些。但是,如果约好客人在下榻饭店的客厅或自己的房间洽谈业务,则要仪表端庄,注意自己的职业形象,同时也应遵守前面提到的待客礼仪和日常礼仪。此外还应为客人准备好相关的茶水和饮料。

(2) 文明入住

住店要处处体现文明。关房门时注意用力轻一些。深夜回来,如需洗澡,注意动作要轻一些,避免打扰到隔壁邻居,如可能最好等第二天早晨再洗。如果与别人合住一个房间,应该注意出门时随手将门关上,不要在房间里喧哗,以免影响他人休息。休息的时候可以按上"请勿打扰"的标志灯,或在门外挂上"请勿打扰"的牌子。到别的房间找人,应该敲门,经主人许可再进入,不要擅自闯入。

(3) 安全第一

入住宾馆,进入客房后应先阅读门后的消防逃生路线图,熟悉所在房间的位置和逃生楼梯的方位。之后，要查看一下窗户和侧门是否锁好。如果饭店员工无法将侧门锁好，可以要求换一个房间。旅行期间，尽可能地将你所带来的贵重物品随身携带，不要把钱或贵重物品留在房间里，要把珠宝、照相机、文件等都锁在饭店的保险箱里。进入饭店房间后，离开房间时，为了安全起见，如果条件允许，你可以让电视机开着。待在房间里的时候，把门关好并上好锁。除非你在等人，否则不要开着门；如有人敲门，开门前要先问一声，或从窥孔那儿查看一下来人是谁。如果对方宣称自己是饭店员工，或者你有其他考虑，可以给前台打电话进行核实。晚上睡觉前，应将防撬链扣挂好。房门钥匙要随身携带，不要当众展示你的钥匙，也不要把它放在饭馆的餐桌上、健身房里或者其他容易丢失的地方。门厅的灯可以亮着，可以开夜灯睡觉，或者开着洗手间的灯睡觉，以便让自己感到安全，或者遇到紧急的情况时可以照亮。

（4）爱护设施

宾馆客房内备有供旅客生活使用的各种物品，如桌、椅、灯具、电视、空调以及洗刷和卫生洁具、浴具等设施，使用时应予以爱护，不许用力拧、砸、敲。如不慎损坏应主动赔偿，故意破坏房内物品或损坏了物品不声不响，甚至把房内的不属于自己的东西随意拿走等都是违背社会公德的不文明行为。

（5）保持卫生

在客房内衣物和鞋袜不要乱扔乱放。废弃物应投入垃圾桶内，也可放到茶几上让服务员来收拾，千万不要扔进马桶里，以免堵塞影响使用。吸烟者不要乱弹烟灰、乱抛烟头，以免烧坏地毯或家具，甚至引起火灾。出门擦鞋应用擦鞋器，用枕巾、床单擦鞋是不道德的行为。

6.1.6　办公室礼仪

办公室礼仪最能体现一个人是否具备良好的素质和个人修养。因为办公室是日常工作的地方，同事们在这里朝夕相处，很多礼仪需要我们注意。良好的礼仪不仅能树立个人和组织的良好形象，也关系到一个人的个人前程和事业发展。

1. 办公室内的一般礼仪规范

（1）不要随便打电话

有些公司规定办公时间不要随便接听私人电话，一般在外国公司里用公司电话长时间地、经常性地打私人电话是不允许的。私人电话，顾名思义只能私人听，但在办公室里打，则难免会被人听到。即使公司允许用公用电话谈私事，也应该尽量收敛一些，不要在电话里与自己的家人、孩子、恋人等说个没完，这样会让人感觉不舒服，有损你的敬业形象。有的办公室里人很多，如果听到有人在打私人电话，最好是佯装没有听见。

（2）要守时，不迟到或早退

上班时间要按时报到，遵守午餐、上班、下班时间，不迟到早退，否则会给公司留下一个懒散、没有时间观念的印象。另外，要严格遵守上班时间，一般不能在上班时间随便出去办私事。国外一个著名企业老板，针对商务白领归纳出了13条戒律，其中一条就是：没有守时的习惯,经常迟到早退。

(3) 做错了事勇于承认

有些小的事情办错了,当上司询问时,如果这件事与自己有关,即使别的同事都有一些责任,你也可以直接替大家解释或道歉;如果是自己做错了事,更要勇于承担责任,绝不可以诿过于别人。

(4) 主动帮助别人

当看到同事有需要帮忙的事情,一定要热心地帮助。在任何一个工作单位里,热心助人的人都会有好人缘。

(5) 不要随便打扰别人

当你已经将手头的活干完时,一定不要打扰别人,不要与没有干完活的人交谈,这样做是不礼貌的。

(6) 爱惜办公室公用物品

办公室的公用物品是大家在办公的时候用的,不要随便把它拿回家去,也不要浪费公用物品。

(7) 中午午睡关好门

许多人有中午午睡的习惯,可以略微休息一下,但午睡时要关好门。如果你有急事必须进出门时,应记住每次进出门后必须带上门。不要怕有关门声而将门半开或虚掩着,这样不礼貌。因为关好门能给午睡者一种安全感,其心里更踏实,而关门声的吵扰相对可以忍受。

2. 办公室环境礼仪

当人们走进办公区时,如情绪是积极的、稳定的,就会很快进入工作角色,不仅工作效率高,而且质量好;反之,情绪低落,则工作效率低,质量差。在办公区内,整洁、明亮、舒适的工作环境,可以使员工产生积极的情绪,这样工作时就会充满活力,工作起来会卓有成效。

随着现代化进程的加快,人们的办公"硬件"水平逐渐提高,办公环境也在不断发展,人们的工作效率也应该随之相应地提高。

(1) 办公室桌面环境

办公室的桌椅及其他办公设施,都需要保持干净、整洁、井井有条。正如鲁迅先生所说,"几案精严见性情",心理状态的好坏,必然在几案或其他方面体现出来。

从办公桌的状态可以看到当事人的状态,会整理自己桌面的人,做起事来肯定也是干净爽快。他们为了更有效地完成工作,桌面上只摆放目前正在处理的工作文件;在休息前应做好下一项工作的准备;用餐或去洗手间而暂时离开座位时,应将文件覆盖起来;下班后的桌面上只能摆放计算机,而文件或是资料应该收放在抽屉或文件柜中。

随着办公室改革的推进,有的公司已废弃掉了个人的专用办公桌,而是用共享的大型办公桌,为了下一个使用者工作方便,对共享的办公桌应保持整洁。

(2) 办公室心理环境

"硬件"环境的发展仅仅是提高工作效率的一个方面,而更为重要的往往是"软件"条件,即办公室工作人员的综合素质之一的心理素质。这个观点正在被越来越多的"白领"们接受。

在日常工作中,人际关系是否融洽非常重要。互相之间面露微笑,会体现出友好、热情与温暖,大家就会和谐相处。工作人员在言谈举止、衣着打扮、表情动作中,都可以体现出是否拥有健康的心理素质。

总之,办公室内的软件建设是需要在心理卫生方面下一番功夫的。因为"精神污染"从某种意义上说要比大气、水质、噪声的污染更为严重,它会影响人们工作的积极性,进一步会影响工作效率、工作质量。为此,在办公室内需要不断提高心理卫生水平,具体应从以下几个方面努力。

学会选择适当的心理调节方式,使工作人员不被"精神污染"。领导应主动关心员工,了解员工的情绪周期变化规律,根据工作情况,采取放"情绪假"的办法。工作之余多组织一些文娱体育活动,既丰富了文化生活,又宣泄了不良情绪。有条件的可以建立员工心理档案,并定期组织"心理检查",这样可以"防微杜渐",避免严重心理问题的产生。经常组织一些"健心活动",使工作人员能够经常保持积极向上、稳定的情绪。同时,作为员工也应掌握协调与控制情绪的技巧与方法。

(3)办公室里谈话的注意事项

① 一般不要谈薪金等问题。在美国、日本等国家一般最忌讳谈论薪金问题,不论是你问别人的薪水,还是别人问你,都会让人难以回答。因为在很多公司里,每一个人的工作不一样,得到的报酬也不一样。如果你说出你的薪水比别人高时,容易引起一些麻烦事。

② 不要谈私人生活和反映你个人不愉快的消极话题。不要谈论你的私人问题,也不要在办公室讨论你的不良情绪和遇到的不好的事情,因为这会影响别人的情绪,或者引起别人对你不好的看法。不要将自己的私人生活全部暴露在同事面前,保留一点神秘感对你是有好处的,让人认为你是一个有魅力的人,一个能处理好自己生活的人,因为一个连自己的生活都处理不好的人是不可能将公司的重任担当起来的。如果不注意,不但会影响你的形象,还会影响你的前途。

③ 不要评论别人。在办公室里最忌讳的是谈论别人的是是非非,正如中国那句古话:当面少说好话,背后莫议人非。当有人在评论别人时,你不要插嘴,也不要充当谣言的传播者。

④ 在谈论自己和别人时注意别人的反应。在谈论自己和别人时不要滔滔不绝,而要观察别人的反应来决定谈话是不是继续进行。当别人对你所谈论的话题不感兴趣时,就应该转向别的话题。否则,这样的谈话就会成为大家的负担,而不是一种快乐。

3. 在同事办公室的礼仪

(1)提前预约,准时赴约

即使和同事是在同一个办公楼里办公,在见面之前,也一定要提前预约,而且要准时赴约,如果见面的是比你的职位更高的同事,那就更不能迟到了。如果约好在某人的办公室会面,而那人却不在,一般你就不宜再进去。如果没有等候室,可在门外等候。进同事的办公室之前先敲门,以便让他知道你来了,即使门开着也要这样做,等他示意后,再进屋。如果对方正在打电话,可在门外等一会儿或过一会儿再来。

（2）尊重同事的办公室规则

我们所谈到的有关客人拜访的规则同样适用于你的同事:在别人的办公室里,要等人示意后才能入座。如果有电话打断了你们的谈话,应该通过手势示意是否回避。不要把文件、茶杯等随意放在桌子上,而应先征得主人的同意。比如说:"我把茶杯放这儿行吗?"同样,需主人同意后才能挪动椅子,并在离开前放回原处。

（3）爱护同事的办公室设备

如果确实需要使用某人的办公室或设备,应事先征得同意。如果主人同意了,给了你这项特权,也不可滥用。不要乱翻同事抽屉里的文件,不要偷看同事桌上的文件。如果需用什么东西,用完后应及时"完璧归赵",并向主人致谢。如果用坏别人的办公工具,应该向人家说明,并征求是否需代为修理或买一个新的。

（4）及时撤离

在到别人办公室拜访时,无论是否达到拜访的目的,都不要停留过久,到了该走的时间就要离开,因为停留过久会影响被拜访人的工作。

6.1.7　社交礼仪修养

社交礼仪修养是指一个人在社会交往实践活动中,根据一定的社交礼仪原则和规范自觉地进行学习和训练,以使自己养成一种时时事事按礼仪要求待人接物的行为习惯的过程。社交礼仪的修养不仅指对礼仪的学习、练习,还包括将所习之礼培养成一种习性或者说是品性的过程,非一朝一夕可练就。一般来说,应着重于知、情、意、行的统一,注重运用以下方法。[①]

1. 树立学习礼仪的意识

在明确礼仪重要性的基础上,最关键的就是必须树立长久的"习礼意识",处处留心,时时经意。礼仪是一个社会文化沉淀的外显方式,经历了传承、变异的过程,它的习得首先便是个体的"社会化"的过程。也就是说,它是靠传统,靠有意无意地模仿,靠周围环境的影响,靠在交际实践中不断地学习、摸索,并逐渐地总结经验教训而习得的。同时,就社会方面而言,为适应现代市场经济发展的需要,可开办一些礼仪学校或短期培训班,也可通过电视、广播等传播媒介开办专题系列讲座,发挥大众传媒的示范作用,这些都是人们学习礼仪的良好方法。

2. 陶冶尊重他人的情感

在礼仪教育过程中,情感是由知到行的桥梁。陶冶情感就是要使受教育者产生一种尊重他人的真挚的情感,能够时时处处替他人着想,对他人始终抱有一种热情友好的态度。我们大概都有这样的体验,在交际活动中如果遇到一个对人热情诚恳的人,那么就能

---

① 何浩然.中外礼仪[M].大连:东北财经大学出版社,2002.

与其建立起一种良好的关系；相反，如果碰到的是一个冷漠无情或虚情假意的人，则难以产生一种融洽交流的气氛。一个人可以很快就了解一些礼仪方面的知识，但若缺少对他人的情感，那么他就无法使这些礼仪形式完满地表现出来，这些形式也就成了没有灵魂的躯壳。因此可以看出，情感比认识具有更大的保守性，改变情感比改变认识要困难得多，陶冶情感是礼仪教育中更为艰巨的一项任务。

3. 锻炼履行礼仪的意志

要使礼仪规范变成自觉的行为，没有坚韧不拔的意志是办不到的。意志坚强的人能有效地控制自己的言行，特别是在不顺利的情况下也能不畏困难，始终不渝地按照自己的信念待人处世。同时，还要有意识地摈弃不合礼仪的旧习惯，养成遵从礼仪的新习性。

习性是一个人行为方式的自动化，是不需要多加思考和意志努力的行为方式，它受人的性格核心层和中介层的支配与制约。一个人的行为习惯是其观念、态度下意识的表现。习性一旦形成后，具有一定的稳固性，但通过意志努力可以使之改变。因此，不该以"习惯成自然"为由，姑息迁就那些不合礼仪的坏习惯，而应从思想观念上加以重视、加强"礼仪意识"，牢记坚强的意志是保证实现礼仪规范的精神力量。

4. 养成遵从礼仪的行为

礼仪规范是为维护社会生活的稳定而形成和存在的，实际上反映了人们的共同利益要求。社会上的每个成员不论身份高低、职位大小、财富多寡，都有自觉遵守、应用礼仪的义务，都要以礼仪去规范自己的一言一行、一举一动。如果违背了礼仪规范，就会受到社会舆论的谴责，自然交际也就难以成功。例如，苏联领导人赫鲁晓夫（Khrushchev）在这方面就有前车之鉴。他在一次联合国会议上为了让人们安静下来，竟然脱下鞋子，并用鞋子敲打会议桌子。他的不雅举止显然违背了礼仪规范，更有损他本人及苏联的国际形象。在这次会议上，联合国做出决定：对苏联代表团罚款一万美元。可见，违背社交礼仪的原则是不行的，关键是要养成良好的习惯。

 **小故事**

令人尴尬的女经理

某省会城市一家三星级饭店的女总经理，衣着得体大方，语言热情适宜，正在宴请北京来的专家。席间，秘书突然过来说有急事，请她暂时离席去送外宾，可是这位女经理迟迟未起身。原来她的双脚不堪忍受高跟鞋的束缚，出来"解放"了一会儿，突然有了情况，一时竟找不到"归宿"，令女总经理好不难堪。造成这种情况的原因恐怕不是不懂礼仪知识，而是还没有养成良好的习惯，对礼仪规则遵守得不够造成的。所以，养成遵从礼仪的行为是十分必要的。①

———————————

① 李兴国.现代社交礼仪［M］.哈尔滨：黑龙江科学技术出版社，1998.

礼仪教育的综合结果就在于使人们养成良好的礼仪行为,也就是使人们在交际活动中对于礼仪原则和规范的遵从变成一种习惯的行为。衡量礼仪教育的效果如何,主要不是看受教育者了解了多少有关礼仪的书本知识,而是看他在交际活动中的行为是否符合礼仪规范的要求,是否能够促进交际活动顺利进行。因此,在礼仪教育中,要认真组织和指导受教育者的行为演练,通过严格的训练掌握调节行为的能力,养成良好的行为习惯。从一件件具体、琐碎的小事做起,点滴养成;大处着眼,小处着手;寓礼仪于细微之中,逐渐养成习惯。

在礼仪教育过程中,知、情、意、行是相互联系、相互渗透、相互促进、缺一不可的。没有知,情就失去了理性指导,意和行就会是盲目的;没有情,就难以形成意,知就无法转化为行;没有意,行即缺乏巨大的力量,知和情也就无法落到实处;没有行,知、情、意都没有具体的表现,也就都变成了空谈。因此,在礼仪教育过程中,要坚持晓之以理、动之以情、炼之以意、守之以行。

小知识

有教养者的十大特征

(1)守时。无论是开会、赴约,有教养的人从不迟到。他们懂得,即使是无意迟到,对其他准时到场的人来说,也是不尊重的表现。

(2)谈吐有节。注意从不随便打断别人的谈话,总是先听完对方的发言,然后再去反驳或者补充对方的看法和意见。

(3)态度和蔼。在同别人谈话的时候,总是望着对方的眼睛,保持注意力集中,而不是翻东西、看书报,心不在焉,显出一副无所谓的样子。

(4)语气中肯。避免高声喧哗,在待人接物上,心平气和,以理服人,往往能取得满意的效果。扯开嗓子说话,不但不能达到预期目的,反而会影响周围的人,甚至使人讨厌。

(5)注意交谈技巧。尊重他人的观点和看法,即使自己不能接受或明确同意,也不当着他人的面指责对方是"瞎说"、"废话"、"胡说八道"等,而是陈述己见,分析事物,讲清道理。

(6)不自傲。在与人交往相处时,从不强调个人特殊的一面,也不有意表现自己的优越感。

(7)信守诺言。即使遇到某种困难也不食言。自己谈出来的话,要竭尽全力去完成,身体力行是最好的诺言。

(8)关怀他人。不论何时何地,对妇女、儿童及上了年纪的老人,总是表示出关心并给予最大的照顾和方便。

(9)大度。与人相处胸襟开阔,不会为一点小事情而和朋友、同事闹意见,甚至断绝来往。

(10)富有同情心。在他人遇到某种不幸时,尽量给予同情和支持。①

———————————

① http://www.58751.com/wanjiajiaoliu/2220.html.

6.2 能力开发

6.2.1 阅读思考

1. 社交中应戒除的不良举止

一个人的举止端庄、行为文明、动作规范,是良好素养的表现,它能帮助个人树立美好形象,也能为组织赢得美誉,反之,则会损害组织形象。

《人民日报》有过这样一则报道:中国长江医疗机械厂经过艰难的谈判即将与美国客商约瑟先生签订"输液管"生产线的合同。然而在参观车间时,厂长陋习难改,在地上吐了一口痰,约瑟看后一言不发,掉头就走,只留给厂长一封信:"我十分钦佩您的才智和精明,但您吐痰的一幕使我彻夜难眠。一个厂长的卫生习惯可以反映一个工厂的管理素质,况且我们合作的产品是用来治病的,人命关天。请原谅我的不辞而别,否则上帝都会惩罚我的。"

一口痰毁了一项合同,可见,日常举止是优美仪态的一个重要组成部分,端庄的举止、文明的行为体现在日常生活中的方方面面,社交中也要求人们对自己的举止有一定的约束。以下不受欢迎的坏习惯和不良举止就应在社交中努力戒除。

(1)冒冒失失的行为

行为冒失的人,往往是"目中无人",以自我为中心,不考虑自己的行为是否会对他人造成影响。行为冒失的人的行为特征是手脚太"快",动作太"硬",幅度太"大"。有些人是手脚冒失,如在庄重肃穆的场合,冒失的人往往会蹿来蹿去;展览会上的展品他会随便去摸;进别人的房间时,往往忘了敲门;由于手脚冒失经常将物品损坏。有些人是语言冒失,他们常常说话不看对象、不分场合、不讲分寸,结果常常闹出笑话或得罪人。如初次相识,冒失的人便会对对方提出一些不恰当的问题或要求;连别人是否结了婚都没闹清楚,便贸然问人家的孩子是男孩还是女孩;一不小心就伤害了别人的自尊心等。有人认为这是性格粗犷、豪爽仗义,其实这些冒冒失失的行为举止,正表现出其在礼仪方面的修养很不成熟。

(2)大声说话

在公共交通工具上、餐厅里、剧院、电梯等地方经常可以看到一些人大声交谈,即使是一些很隐私的问题,他们也旁若无人地进行大声地交流。这必将影响周围人的心情、思绪,有时甚至让听到者感到难堪。所以,在公共场合应注意控制自己说话的音量,以免干扰别人。可以尽量找一个不影响他人的区域去谈话。

(3)随便吐痰,乱扔垃圾

吐痰是最容易直接传播细菌的途径,随地吐痰是非常没有礼貌而且绝对影响环境、影响我们的身体健康的行为。如果要吐痰,应该把痰吐在纸巾上,丢进垃圾箱,或去洗手间吐痰,但不要忘记清理痰迹和洗手。随手扔垃圾也是应当受到谴责的最不文明的举止之一。

（4）搔痒

搔痒的举止很不文雅,但瘙痒的原因很多,出现这些情况时,要按所处场合来灵活掌握。如果处在极严肃的场合,应稍加忍耐,如果实在是忍无可忍,则只有离席到较为隐蔽的地方去挠一下,然后赶紧回来。一般来说在公共场合不得用手抓挠身体的任何部位,因为不管怎么注意,抓挠的动作都是不雅的。

（5）嚼口香糖

有些人必须当众嚼口香糖以保持口腔卫生,那么,应当注意在别人面前的形象。咀嚼的时候闭上嘴,不能发出声音,并把嚼过的口香糖用纸包起来,扔到垃圾箱里。

（6）当众挖鼻孔、掏耳朵

有些人用小指当众挖鼻孔或用钥匙、牙签、发夹等掏耳朵,这是一个很不好的习惯。尤其是在餐厅或茶坊,别人正在进餐或饮茶,这种不雅的小动作往往令旁观者感到非常恶心。

（7）当众挠头皮

有些头皮屑多的人,因为头皮发痒往往在公共场合忍不住挠起头来,顿时头皮屑飞扬四散,令旁人大感不快。特别是在庄重的场合中,这样是很难得到别人谅解的。

（8）抖腿

有些人坐着时会有意无意地抖动双腿,或者让跷起的腿像钟摆似的来回晃动,而且自我感觉良好,以为无伤大雅,其实这会令人觉得很不舒服。记住,这不是文明的表现,也不是优雅的行为。有一位华侨到国内洽谈合资业务,洽谈了好几次,最后一次来之前,他曾对朋友说:"这是我最后一次洽谈了,我要跟他们的最高领导谈,谈得好,就可以拍板。"过了两个星期,他和朋友相遇,朋友问:"谈成了吗?"他说:"没谈成。"朋友问其原因,他回答:"对方很有诚意,进行得也很好,就是跟我谈判的这个领导坐在我的对面,当他跟我谈判时,不时地抖着他的双腿,我觉得还没有跟他合作,我的财都被他抖掉了。"可见,抖腿的损失是巨大的。

（9）打哈欠

在交际场合,打哈欠给对方的感觉是对所讲话题不感兴趣,表现出很不耐烦了。因此,如果控制不住要打哈欠,一定要马上用手盖住嘴,跟着说"对不起"。

（10）体内发出各种声响

生活经验告诉我们,任何人对发自别人体内的声响都不欢迎,如咳嗽、喷嚏、打嗝、响腹、放屁等。总之,大庭广众之下一定要注意克服。

（11）吃零食

公共场合吃零食,既不雅观也不卫生,为了维护自身的良好形象,在人来人往的公共场合,最好不要吃零食。

（12）不稳妥的行为

在大庭广众之下要保持行为举止的稳重大方。如不要趴在或坐在桌子上;不要在他人的面前躺在沙发里;遇到急事时,要沉住气,不要慌张奔跑,表现出急不择路的样子。这些不稳妥的举止都会影响自身的交际形象。

此外,参加正式活动前吃带有刺激性气味的食品,公共场合对别人品头论足等也是必须克服的不良举止。[①]

思考题：

（1）检视一下自身，社交中你是否有这些不良举止？

（2）你打算怎样克服自身社交中的不良举止？

2. 商务活动中的方位次序礼仪

方位次序是指对参加社交活动的个人、团体或国家按照一定的惯例进行排列的先后次序。它是商务接待工作中应遵守的规则，体现了接待方对宾客尊重的心理。方位次序礼仪是商务人员的日常工作中经常遇到的问题。它看起来简单，但稍不注意出现了差错，就会使参与者处于尴尬的境地，甚至影响工作的顺利开展。因此，在商务活动中千万不可小视方位次序礼仪。

1）方位次序原则

凡两个人以上在一起行走、站立、坐……都有一个方位次序的问题。谁在左边、谁在右边，谁在前面、谁在后面都有一定的规则。在商务活动中，我们通常遵循"以右为尊"、"前排为尊"、"中间为尊"的原则。"以右为尊"即是当两个人就座、行走时，右边的位置比左边的更尊贵。应当让职位高者、长者、客人、女性处于右侧，以表对他们的尊重。当几个条件同时存在时，应当视场合而定。在商务场合，应以职位高者为尊者，让其在右侧。若是社交场合，应先按年龄，再按性别的顺序进行安排。"前排为尊"即是在会议、合影、行走时，应以前排的位置为尊。"中间为尊"即在会议、合影、行走时，应以中间的位置为尊。

2）不同场合的位次礼节

（1）主席台的座次。主席台上的座次顺序略有不同，它是按"中间为尊"、"以左为尊"的原则来确定位次的。"中间为尊"就是把职务最高者居中，然后再按"以左为尊"的顺序先左边后右边依次向两边递延，这是我国传统的"以左为尊"观念的体现。主席台上的人数若是双数，只要把最后一个位次暂时先去掉，使人数变成单数，再按照"中间为尊"原则确定第一号人物，再按"以左为尊"原则依次向两边排序，再把最后一个位次依照刚才的排序方法加在最后即可。

（2）会见的位次。会见、会谈、接待、拜访等许多场合都涉及座次问题，我们应按国际惯例"以右为尊"原则来安排。但由于会客室桌椅摆放各不相同，所以其体现方式也不尽相同。因为会客室大小不一，门所在的位置、方向也不相同，这些都影响了桌椅的摆放方位，上座、下座的确定也不尽相同。一般来说，主要有以下几种摆放方式。

① 并列式。并列式是指主、客双方并排面对门而坐，门通常在主、宾的正前方。会见时，第一主人应该请主宾坐在他的右侧（上座），主宾双方的其他人员则各自一方按其身份高低依次排列就座，翻译或记录人员可在其两边或后侧就座。

② 相对式。相对式是指主人与客人相对而坐。这要依据门的位置来布置会客室。确定位次的总原则是：离门远、面对门的一侧是上座；离门近、背对门的一侧是下座。应该

[①] 张岩松，罗建华. 社交与家庭礼仪[M]. 北京：北京大学出版社，2010.

让客人坐在离门远、面对门的上座。具体还要根据门的方位与桌子的摆放来确定上座和下座:进门后,桌子横摆,那么离门远、面对门的是上座,应该让客人坐。进门后,桌子竖摆,即桌子的窄端面对门的时候,以进门后面对桌子窄端的右手一边为上座。如果在办公室接待来访者,那么离办公桌远、靠窗户近、比较安静的座位是上座。

③ 自由式。自由式即宾主自由选择座位,不事先安排座次。这种位次方式通常用于宾客比较多,不便于排座次时;或宾主双方关系比较密切,不需排座时。这种座次方式也能营造出一种轻松的谈话氛围。

(3) 会谈的座次。会谈是由主客双方或多方就共同关心的问题交换意见和看法,寻求解决办法的一种沟通形式。会谈的氛围一般比较严肃,座次安排要求更加规范。

① 相对式。相对式一般使用长形或椭圆形谈判桌,宾、主各自列于桌子两侧,主谈人员居中,其他人员按以右为尊原则,依职位高低由近而远分坐于主谈人员两侧。根据谈判桌的摆放和门的方位,通常有两种座次安排方法:一是谈判桌的窄端面向门,进门后右侧为上,是客方所坐;左侧为下,是主方所坐。二是谈判桌横放,面对正门的一方是上座,为客方所坐;背对门的一侧是下座,为主方所坐。

② 主席式。这种形式适合三方或三方以上的多边会谈。在会场里面设一个主席台,发言人轮流到主席台上发表意见、陈述观点。

③ 自由式。这种形式适合多方(三方或三方以上)会谈,可以不排列顺序,随意而坐。会场通常是圆桌式的会场布置,表明各方平等的关系。一般东道主坐于背靠门的下座,表明对客方的尊重。

④ 商务宴请的座次。商务宴请的座次,人们讲究以右为尊,即离主人近为尊,离门远为尊。中餐座次,习惯让男性和女性各坐一边。男主宾坐在男主人右边,女主宾坐在女主人右边,其他来宾按职务高低依次排列。如有翻译,翻译可坐在主宾的右侧。

另外,也可按"之"形排列法或对角线排列法排列座次。人数较多的正规宴请,应该事先在桌上摆放名牌,主人就可示意大家按名牌入席。如果未放置名牌,主人就要邀请客人坐上座。假设主宾身份甚高或主人十分敬重他,就可以请主宾坐在正中,自己向左移一位(按中国传统礼节,主宾此时应该推辞、谦让一番,在主人坚决请求下再入座。不过现代人已经不需要过多的客套,略略谦让一下即可,如果老是推辞,大家都不能入座)。这样的移动会影响到整个座次的安排,但是不论怎样坐,背靠门口的座位一定要让主人一方的人来坐,因为这是个下座。

(4) 乘车的座次。商务人员在接待工作中常常为来宾安排乘坐轿车等事宜,乘车座次如何安排也是一项体现工作人员工作是否周密、对来宾的尊重程度如何的一个重要方面。由于各国交通规则不同,在不同的国家,轿车座次礼仪也不相同。英、美等国是靠左行驶,我国是靠右行驶。以我国为例,乘坐轿车的位次原则如下:右高左低,后高前低。另外,情况不同,也有不同的安排。我们既按原则办事,又尊重他人选择。

① 驾驶者是专业司机时。双排五座轿车,除司机外其他人员的尊卑位次是:后排右座,后排左座,后排中座,前排副驾驶座。若非常讲究座次的话,则后排只安排两人。

② 驾驶者是主人时。当主人开车时,位次尊卑顺序不同。双排五座轿车,其他人员

的尊卑位次是:副驾驶座,后排右座,后排左座,后排中座。主宾应该坐在前排副驾驶的座位,与身份相当的主人并排而坐,也表示了对主人的尊重。若非常讲究座次的话,则后排只坐两人即可。

3)不同场合的次序礼节

(1)行走的次序礼节。行走次序是指人们在步行中的位次排列顺序。商务人员经常陪同领导、宾客时,要特别注意这个问题,不可违反,否则有不礼貌之嫌。行走原则一般是:

① 二人行。前后行:前为尊,后为次;左右行:右为上,左为下;沿路行:内侧为上,外侧为下。

② 三人并行。中为尊,右为次,左为下。

③ 男女同行。女在右,男在左;或女在内侧,男在外侧。

④ 主客同行。主人应让客人走在内侧,主人走在外侧;若路况不好或路灯不明时,主人应走在客人前面,照顾、提醒客人。

(2)乘坐电梯的次序礼节。有电梯工值守时,应让尊者、客人先进或先下。没有电梯工值守时,接待人员应先进电梯,按住电钮,请尊者、客人后进或先下,防止被门夹住。

(3)上下楼梯的次序礼节。上楼梯时,应让上司、客人、年长者、女士走在前面,秘书、随员走在后面。下楼梯时,男性、年轻人、主人应走在前面,上司、年长者、客人、女士走在后面。这种次序礼节是使尊者、需要照顾者总处在上方,万一他们不小心踏空摔倒,走在下面的人能很快将他们扶住。如果接待的是女士,而她又穿着短裙,上楼梯时,接待人员就要走在前面。这是为防止女士所穿短裙高高在上,有"走光"的危险。

(4)进出门的次序礼节。在接待工作中,商务接待人员经常要引导客人进出房间。如果房间门朝内推,接待人员应走到前面,进门后把房门推开,扶持好,等尊者进门后,再把门关好;如果房间门朝外拉,接待人员也应走上前去把门拉开,扶持好,等尊者进门后,自己再跟进来,并把门关好。

(资料来源:王芬.商务活动中的方位次序礼仪.商场现代化,2008(15).)

思考题:

(1)结合本文总结一下社交方位次序的基本规则有哪些?

(2)请讲一个你在交际中讲究方位次序的小故事。

6.2.2 案例分析

1."小"字别乱喊

孙西是某咨询公司的高级培训师。上个月,他与公司另一名同事去杭州出差做一个项目。在企业做了一天的内部访谈后,第二天安排到市场一线做实地调研,由各地的区域经理负责安排接待陪同。

市场调研到了嘉兴,当地的区域经理白天陪同一起走访市场,晚上安排了晚餐。区域经理几杯啤酒下肚,便开始称兄道弟。当他得知孙西比自己小几岁后,敬酒时便对孙西的同事喊着张经理我们干一杯,然后冲孙西说:"小孙,咱们也喝一杯。"

孙西一听,感觉有点不对味,故意推辞:"不好意思,我吃完饭回去还得整理一下调研材料,就免了吧。"那个区域经理觉得被扫了面子,又冲着孙西的同事说:"张经理,你看小孙,可真不够意思!"

孙西闻言,更加不舒服了,他端起酒杯很绅士地对那个区域经理说:"请问您贵姓?"区域经理很纳闷,答道:"我姓彭。""哦,小彭,咱们第一次见面,也不是很熟悉,但我要很负责地跟你说句话,你听好了——即使是你们老板跟我一起吃饭,敬酒时也都会很尊敬地称我一声'孙老师'或'孙经理'!好了,这杯酒我敬您。喝完我就先告辞了。"孙西一饮而尽,留下那个屁股刚抬起一半准备喝酒的区域经理,站也不是,坐也不是,呆立当地。[①]

讨论题:

(1)本案例中那位区域经理的问题出在哪儿?

(2)职场中的称呼应该注意什么?

2. 自我介绍不到位

著名礼仪专家金正昆曾谈到这样一件事:有一次去参加春节联欢会,节目开始前我们几个朋友在嘉宾休息室聊天。我们在那儿聊普京和布什这两个总统,讨论到底哪个人口才比较好,哪个人外形比较好,哪个人个人魅力指数比较高,当然这是大家在那儿说笑话了,有的说普京,有的说布什。说着说着来了个小伙子,听清了我们聊的内容就说,我看他们俩都不行,然后自顾自地说了普京的不行,布什的不行。我们大家都误认为他是我们这四五个人中间某个人的熟人,他走之后我们就问,这是谁的朋友?大家都说不认识,结果在场的四五个人没有一个人认识他。

讨论题:

(1)案例中的小伙子的行为存在哪些礼仪错误?

(2)在交际场合如何避免自我介绍不到位的情况?

(3)应该怎样进行自我介绍?

3. 电话里的女高音

某杂技团计划于下月赴美国演出,该团团长刘明就此事向市文化局作请示,于是他拨通了文化局局长办公室的电话。

可是电话响了足足有半分多钟,也没有人接听。刘明正纳闷着,突然电话那端传来一个不耐烦的女高音:"什么事啊?"刘明一愣,以为自己拨错了电话:"请问是文化局吗?""废话,你不知道自己往哪儿打的电话啊?""哦,您好,我是市歌舞团的,请问王局长在吗?""你是谁啊?"对方没好气地盘问。刘明心里直犯嘀咕:"我叫刘明,是杂技团的团长。"

① 晓蒂.你会打"职场招呼"吗.秘书之友,2011(4).

"刘明？你跟我们局长什么关系？"

"关系？"刘明更是丈二和尚摸不着头脑。

"我和王局长没有私人关系，我只想请示一下我们团出国演出的事。""出国演出？王局长不在，你改天再来电话吧。"没等刘明再说什么，对方就"啪"地挂断了电话。

刘明感觉像是被人戏弄了一番，拿着电话半天没回过神来。①

讨论题：

（1）本案例中"女高音"接电话哪些地方不符合礼仪规范？

（2）接电话与塑造组织形象有怎样的关系？

4. 小张错在哪？

一位刘小姐和一位男士小张在一家西餐厅就餐，小张点了海鲜大餐，刘小姐则点了烤羊排。主菜上桌，两人的话匣子也打开了，小张边听刘小姐聊起童年往事，一边吃着海鲜，心情愉快极了，正在陶醉时，他发现有根鱼骨头塞在牙缝中，让他极不舒服。小张心想，用手去掏太不雅了，所以就用舌头舔，舔也舔不出来，还发出啧啧喳喳的声音，好不容易将它舔吐出来，就随手放在餐巾上。之后他在吃虾时又在餐巾上吐了几口虾壳。刘小姐对这些不太计较，可这时小张想打喷嚏，拉起餐巾遮嘴，用力打了一声喷嚏，餐巾上的鱼刺、虾壳随着风势飞出去，其中的一些正好飞落在刘小姐的烤羊排上，这下刘小姐有些不高兴了。接下来，刘小姐话也少了许多，饭也没怎么吃。②

讨论题：

（1）请指出本例中小张的失礼之处。

（2）本案例对你有哪些启示？

5. 王先生乘车

某公司的王先生年轻肯干，点子又多，很快引起了总经理的注意并拟提拔为营销部经理。为了慎重起见，决定再进行一次考查，恰巧总经理要去省城参加一个商品交易会，需要带两名助手，总经理选择了王先生和公关部的杜经理。王先生自然同样看重这次机会，也想借机好好表现一下。

出发前，由于司机小王乘火车先行到省城安排一些事务，尚未回来，所以，他们临时改为搭乘董事长驾驶的轿车一同前往。上车时，王先生很麻利地打开了前车门，坐在驾车的董事长旁边的位置上，董事长看了他一眼，但王先生并没有在意。

车上路后，董事长驾车很少说话，总经理好像也没有兴致，似在闭目养神。为活跃气氛，王先生寻到一个话题："董事长驾车的技术不错，有机会也教教我们，如果自己会开车，办事效率肯定会更高。"董事长专注地开车，不置可否，其他人均无应和，王先生感到没趣，便也不再说话。一路上，除董事长向总经理询问了几件事，总经理简单地回答后，车内再也无人说话。到达省城后，王先生悄悄问杜经理：董事长和总经理怎么好像都有点不太高

① http://www.liyi360.com/2009/11/27/ajgkv.html.2009-11-27.

② 谢迅.商务礼仪[M].北京：对外经济贸易大学出版社，2007.

兴？杜经理告诉他原委,他才恍然大悟,"噢,原来如此。"

会后从省城返回,车子改由司机小王驾驶,杜经理由于还有些事要处理,需在省城多住一天,同车返回的还是四人。这次不能再犯类似的错误了,王先生想。于是,他打开前车门,请总经理上车,总经理坚持要与董事长一起坐在后排,王先生诚恳地说:"总经理您如果不坐前面,就是不肯原谅来的时候我的失礼之处。"并坚持让总经理坐在前排才肯上车。

回到公司,同事们知道王先生这次是同董事长、总经理一道出差,猜测着肯定提拔他,都纷纷向他祝贺,然而,提拔之事却一直没有人提及。[①]

讨论题:

(1) 请指出王先生的失礼之处。

(2) 乘小轿车究竟应该怎样就座?

6. 成功从电梯口开始

两年前,我到一家国外的化妆品公司参加面试。刚刚走进社会的我,没有丰富的面试经验,也不具备较好的外在条件。面试在市中心的写字楼里,看着出入大厅的靓丽都市白领,再瞅瞅自己特地从室友那儿借来的略显肥大的套裙,唉!

下午2点30分面试,我是提早15分钟到达的,面试在大厦的12层。

电梯来了,大家鱼贯而入,满满当当地挤了十几个,刚要关门,一个西装笔挺的人跑了进来,电梯间里立刻响起了刺耳的警告声,超载了。

大家都把目光投向了那个最后进来的人身上,但他丝毫不为所动。顿时,电梯间陷入了刹那的尴尬之中,虽然还有时间等下一班电梯,但谁也不愿意冒这个险,毕竟大家都想给主考人员留个不错的印象。

我站在靠边的位置,自然地走了出去,转过身,在关门的瞬间,不自觉地冲电梯中的人微扬了一下嘴角。

考试进行得紧张而顺利,每个人都回家等通知。第三天,我被这家公司正式聘用了。

上班后,我见到了面试那天那个最后跑上电梯的男人。他是我的同事,进公司已经两年了。当我问他那天面试时的详情,他说,他也只是依照上级老板的意思,在电梯门口等待时机,公司除了要看应聘人与主考人员的交流,还会参考很多因素,如到会场的时间,与周围人的沟通等。

他说:"许许多多的测试都是无形之中就完成了的——面试在你一迈进大楼就已经开始了。"[②]

讨论题:

(1) 为什么说"面试在你一迈进大楼就已经开始了"?

(2) 从本案例中你学到了什么?

---

① http://www.doc88.com/p-7330115712.html.

② http://www.0535job.net/news_view.asp? NewsId＝670.

6.2.3 训练项目

见面场景模拟训练

实训目标:掌握见面礼仪相关要求与规范,塑造良好的职业交际形象。

实训学时:2学时。

实训地点:实训室。

实训情景:中国深圳的方正公司、印度的联泰公司、新加坡的鹏峰公司约定于2014年4月26日上午洽谈一项关于电子设备三方合作的项目,中方出劳动力、印方出技术、新方出资金。26日上午,方正公司秘书张叶接到鹏峰公司吴总的电话,说航班延误,要比预定的时间晚两个小时。

实训方法:将全班学生分成若干组,每组6~8人。课前各组首先进行对白和场景设计,并准备道具。课上每组将三方见面中设计的称呼、介绍、握手、递接名片、礼物馈赠、电话沟通等交际礼仪连贯地仿真模拟演练下来。各组演练之前,每组应指定一名学生就设计的场景和成员的角色进行说明。通过学生相互打分和教师评分,选出1个优秀小组和1个最佳社交形象大使,激发学生的积极性。最后教师作实训总结。①

课后练习

1. 小张和同学小李一同去听孙教授的礼仪讲座,小李对讲座非常感兴趣,想和孙教授进行深入交流。由于孙教授曾经给小张所在的班级上过课,认识小张,因此小李让小张在工作结束后把自己介绍给孙教授。

请问:如果你是小张你将怎样做介绍?请与同学分别扮演相关角色实际模拟演示一下。

2. 在一次业务洽谈会上,小王遇到了一直想与之合作的某集团公司周总,他立即起身走到周总面前,伸出双手去握周总的手。

请问:小王的表现有什么不妥?与同学一起模拟演示一下正确的做法。

3. 设计出用于商务场合的富有个性的名片,然后相互之间练习名片的递接。选出最具特色的名片,进行一次名片展览。

4. 模拟训练赠送与受赠礼物的礼节。

5. 进行拜访礼仪实践。学生2~4人为一组,利用业余时间,到亲朋好友家进行拜访。拜访的目的可以是社会调查、礼节性拜访或是请教问题等。拜访结束后,每个人写出详细的拜访过程,在教师的指导下,在全班进行拜访总结。

6. 请纠正以下电话礼仪中的错误并用正确的礼仪语言重说一遍。

"喂,王芳在吗?"

"对不起,她不在,您有什么需要……"

"不在?算了,算了。"

---

① 牟红,林洁.《职业形象塑造》课程教学的几点思考——以泸州职业技术学院为例,2013(9).

7. 赴宴应注意哪些礼仪?

8. 如果下星期你打算到南方(如果你现在南方,那就去北方)出差,打开你的衣橱,谈谈携带哪些衣服比较合适。

9. 列举十种以上行路时的不文明行为。

10. 小王第一次乘飞机,他异常兴奋,看什么都新鲜,空中的壮观景象更令他震撼,于是,他在空中悄悄打开手机拍摄下了几张照片。

请问:小王的行为有何不妥?为什么?

11. 模拟问路、指路的言语举止,对不正确的地方相互纠正。

12. 办公室的天地虽小,可这方寸天地之间皆讲礼仪,你知道办公室礼仪都包括哪些方面吗?假如你要去一个办公室实习,你该做哪些准备?

13. 在职场你认为哪些礼仪是我们需要特别关注的?

14. 自我测试。

请你完成下面的选择题,看看自己在办公室是否受欢迎。

(1) 是否经常早到 10 分钟? (　　)
　　　A. 经常　　　　　B. 很多次　　　　　C. 偶尔　　　　　D. 从不

(2) 是否经常打水、扫地? (　　)
　　　A. 经常　　　　　B. 很多次　　　　　C. 偶尔　　　　　D. 从不

(3) 是否经常翻人家的东西? (　　)
　　　A. 经常　　　　　B. 很多次　　　　　C. 偶尔　　　　　D. 从不

(4) 是否传小道消息? (　　)
　　　A. 经常　　　　　B. 很多次　　　　　C. 偶尔　　　　　D. 从不

(5) 是否经常打断别人的谈话而自己浑然不知? (　　)
　　　A. 经常　　　　　B. 很多次　　　　　C. 偶尔　　　　　D. 从不

(6) 是否经常向人得意扬扬地夸耀在哪儿进餐、在哪儿购物? (　　)
　　　A. 经常　　　　　B. 很多次　　　　　C. 偶尔　　　　　D. 从不

(7) 是不是经常"一杯茶、一根烟、一张报纸看半天"? (　　)
　　　A. 经常　　　　　B. 很多次　　　　　C. 偶尔　　　　　D. 从不

(8) 有没有借同事的钱没有还的事情发生,即使数额不多? (　　)
　　　A. 经常　　　　　B. 很多次　　　　　C. 偶尔　　　　　D. 从不

参考答案:如果回答 A 项居多,你就要好好反省了,因为测试表明你很可能不怎么受同事欢迎。如果回答 D 项居多,那说明你很懂得办公室里的礼仪,应该是很受大家欢迎的人物。

任务7

求职应聘

莫愁前路无知己,天下谁人不识君。

——[唐]高适

每一个成功都有一个开始,勇于开始才能找到成功的路。

——佚名

 学习目标

- 求职前能够精心准备,提高求职效果。
- 应聘面试符合礼仪规范。
- 能够正确得体地回答面试中遇到的问题。
- 做好面试后的工作。

 **案例导入**

面 试

凯恩集团正在招聘职员,小林马上就要毕业了,对此她信心百倍,因为她专业对口,而且其他条件也非常符合。面试当天,小林为了给招聘单位留下好印象,决定好好打扮一下自己。在寝室忙了半天,她最后选中了一条大花的连衣裙,穿上高跟鞋,戴上项链、耳环、手链,还化了现在最流行的闪亮妆,她想这样一定能在外形上取得优势。面试当天,小林与其他面试者在办公室外等待。当看到发来的题目时,小林更觉得胜券在握。她松松垮垮地站在门口准备上场,回头看见有一排沙发,便坐在沙发上,跷起二郎腿,悠闲地拿出化妆包开始补妆。面试时,小林看到题目有点陌生,忍不住挠头抓痒,在座位上扭来扭去。面试完毕,结果可想而知。①

---

① 陈光谊.现代使用社交礼仪[M].北京:清华大学出版社,2009.

求职礼仪是求职者在求职过程中与招聘单位招聘者接触时应具有的礼貌行为和仪表形态规范。它通过求职者的应聘资料、语言、仪态举止、仪表和着装打扮等几个方面体现其内在素质。求职过程中求职者要讲究对人的尊重和礼貌修养，给招聘者留下一个良好的印象，增加招聘单位录用自己的机会。千万不要像本任务"案例导入"中的小林那样，其不良的礼仪表现是不会取得求职的成功的。

7.1　知识储备

7.1.1　求职前的准备

1. 搜集就业信息

就业信息是指通过各种媒介传递的有关就业方面的消息和情况，如就业政策、供需双方的情况及用人信息等，它是求职者择业所必须搜集和掌握的材料。

就业信息的种类有两种：宏观信息和微观信息。宏观信息是指国家的政治经济情况，国家或地区社会经济的方针政策规定，国家对毕业生的就业政策与劳动人事制度改革的信息，社会各部门、企业需求情况及未来产业、职业发展趋势所要求的信息。掌握这些信息，就可宏观地把握就业方向。同学们在校期间，要关心国家政策的重大改革，对确立宏观的择业方向有着重大的意义。微观信息是指某些具体的就业信息。如用人单位的需求情况、发展前景、需求专业、条件、工资待遇等。这些信息是在大学即将毕业时所必须搜集的具体材料。

搜集就业信息的途径主要有以下几种：一是通过学校就业指导办公室和各就业工作服务站搜集。学校收集的信息都会及时传至各系（处），或发布在学校网页的就业信息栏中。二是通过各级政府主管部门和就业指导机构搜集。这些主管部门主要是教育部和省教育厅、人力资源与社会保障厅及各市的教育局、人力资源与社会保障局。这些部门和就业机构的主要职责，就是制定辖区的毕业生就业政策，提供高校毕业生和用人单位的信息，为毕业生就业提供咨询与服务。来自这方面的信息也是真实可信的。三是通过学校老师和亲朋好友搜集。老师在多年的社会实践、教学实习、科研协作中，与一些专业对口的单位联系密切，通过他们了解就业信息，推荐求职，对择业成功有很大帮助。家长、亲朋、好友，在多年的社会交往中，也会给你带来大量的就业信息，希望所有的毕业生要有意识地收集。四是通过各类"双向选择"招聘活动搜集。各人才服务机构、省市就业服务部门、学校每年都会举办各种人才招聘会，为毕业生收集就业信息提供了更广泛的途径。五是通过有关新闻媒体和网络搜集。新闻媒体特别是网络可为毕业生提供更丰富的就业信息。应届毕业生也可通过网站发布个人简历和求职要求。

求职者搜集到求职信息后，还要善于分析求职信息，这样才能增大求职成功的机会。否则，事到临头，只凭自己的想象和猜测或是被动地服从他人之命，依据社会上的流行看法盲目选择，只会使求职陷入困境。就一则具体的招聘信息来讲，求职者在阅读时一定要从岗位的职责、岗位的硬件要求、招聘单位的具体情况（规模、待遇、前景、地址、联系方式等)、岗位的供需情况、单位的企业文化与人际关系、岗位的细分情况等角度加以分析。只有善于分析阅读招聘信息,才有可能取得应聘的成功。

2. 明确求职途径

(1)招聘会

一般应到由政府人力资源与社会保障部门所属的人才交流机构开办的人才市场或"招聘会"求职,这类部门运作规范、服务周到、信誉高、手续齐全,出现问题可得到合理保护。

(2)网上求职

网络突破时空的限制,通过网络求职经济、方便、快捷,避免了大群人集中在一起而近距离地接触,所承载的信息量大,不仅可以了解职位信息,还可在网上人才信息库中保存个人基本资料,以供用人单位查询。

(3)实习

目前很多知名企业通过招募实习生的方式来培养和招聘自己的员工。

(4)报刊招聘广告

报刊招聘广告是人们获得就业信息的最主要的传统手段,其信息较之网络有更强的真实性,但也有不实的虚假招聘信息。如果招聘职位好,可能会有很多应聘者。

(5)人才服务机构、职业介绍所等

通过人才中介来获取职位,今后将成为主流。随着法律的完善,监管到位,通过人力资源中介来获得职位是一种不错的选择。人才服务机构的优势在于信息来源多、专业化程度高等。

(6)电话求职

了解招聘信息后,可以电话咨询感兴趣的信息,电话求职时要讲究礼仪。

(7)直接上门找公司负责人或人力资源部经理

这是毛遂自荐的方式。如果看好某企业,可主动上门求职,展示自身的工作实力,让用人单位了解并能够录用自己。

(8)各院校的就业指导办公室

大学生们可以到所在院校的就业指导办公室,可以得到许多用人单位的需求信息,也可以得到有关就业政策和择业技巧的指导。

(9)社会关系

通过亲朋好友(包括老师、同学、师兄、师姐等)获取招聘信息或者推荐,也是一种符合中国国情的求职方式。

3. 撰写面试材料

在双向选择过程中,大部分用人单位安排面试的依据是有关反映毕业生情况的书面材料,通过这些书面材料来判断和评价毕业生的学习成绩、工作潜力。毕业生要成功地向用人单位推销自己,拟定具有说服力和吸引力的求职面试材料是成功的第一步。

面试材料包括毕业生就业推荐表、简历、自荐信、成绩单及各式证书(获奖证书,英语、计算机等各类技能等级证书）、已发表的文章、论文、取得的成果等。

（1）简历

简历主要是针对应聘的工作，将相关经验、业绩、能力、性格等简要地列举出来，以达到推荐自己的目的。由于毕业生就业推荐表栏目和篇幅限制，多数毕业生更希望有一份个性突出、设计精美、能给用人单位留下深刻印象的简历。

① 简历的设计原则。真实、简明、无错是简历设计的三个原则。真实原则就是指简历从内容上讲必须真实，比如选了什么课，就写什么课；如果没有选，就不要写。兼职工作更是如此，做了什么，就写什么。不要做了一，却写了三或四。因为在面试时，你的简历就是面试官的靶子，他会就简历上的任何问题提出疑问。如果你学了或做了，你就能答上来，否则你和考官都会很尴尬，你在其眼里的信誉也就没有了，这是很不利的。要讲真话，不要言过其实，相信自己的判断力是十分重要的。

如果你没有参加任何兼职工作，可以不写，因为主考官知道你是刚毕业的学生，而学生的本职工作就是学习。或许你就是重点地学了本专业，没有顾上其他；或许你在学习本专业同时选择了第二专业或辅修专业；或许你虽然没有在校外兼职，但在校内系里或班里做了大量社会工作。总之，你没有必要为没有兼职工作而苦恼或凭空捏造。请记住，主考官也有过当学生的经历，他们会尊重你的选择。

简历、简历，最好简单明了。这是简明原则的又一重要原则。如果简历内容过多，又缺乏层次感，会给人以琐碎的感觉。必要信息如姓名、性别、出生年月、联系电话和地址等一定要写上。相比之下，身高、体重、血型、父母甚至兄弟姐妹做什么工作并不是非常重要的，这些内容属于辅助信息，至少不应占据重要位置。可以将自己认为重要的信息全部浓缩到第一页上，然后把认为次要的信息，诸如每学期成绩单、获奖证书复印件等信息都当作附件。这样的简历主考官只看一页就清楚了，主次分明，非常有效，主考官如果感兴趣，可以继续看附件里的文件。

无错原则是指简历应该没有错误，尽可能在寄出简历之前，一个字一个字地检查一遍，标点符号也不能落下。否则会被认为是一个粗心的人，在激烈的竞争中就可能被淘汰。

② 简历的内容。简历并没有固定格式，对于社会经历较少的大学毕业生，一般包括个人基本资料、学历、社会工作及课外活动、兴趣爱好等，其内容大体包括以下几方面。

a. 个人基本材料。主要指姓名、性别、出生年月、家庭住址、政治面貌、身高、视力等，一般写在简历最前面。

b. 学历。用人单位主要通过学历情况了解应聘者的智力及专业能力水平，一般应写在前面。习惯上书写学历的顺序是按时间的先后，但实际上用人单位更重视现在的学历，最好从现在开始往回写，写到中学即可。学习成绩优秀，获得奖学金或其他荣誉称号是学习生活中的闪光点，可一一列出，以加重分量。

c. 生产实习、科研成果和毕业论文及发表的文章。这些材料能够反映你的工作经验，展示你的专业能力和学术水平，将是简历中一个有力的参考内容。

d. 社会工作。近几年来，越来越多的用人单位渴望招聘到具有一定应变能力、能够从事各种不同性质工作的大学毕业生。学生干部和具备一定实际工作能力、管理能力的毕业生颇受青睐。社会工作对于仍在求学的毕业生来说，主要包括社会实践活动和课外活动，是应聘时相当重要的。

e. 勤工助学经历。即使勤工助学的经历与应聘职业无直接关系，但是勤工助学能够显示你的意志，并给人留下能吃苦、勤奋、负责、积极的好印象。

f. 特长、兴趣爱好与性格。是指你拥有的技能，特别是指中文写作、外语及计算机能力。兴趣爱好与性格特点能够展示你的品德、修养、社交能力及团队精神，它与工作性质关系密切，所以用词要贴切。

g. 联系方式。联系地址、电话、邮政编码千万不要忘记写，以免用人单位因联系不到你而失去择业机会。

（2）自荐信

自荐信即求职信，其基本内容应该包括以下方面。

写明用人信息的来源及自己所希望从事的工作岗位，否则，用人单位将无法回答。

愿望动机。这是自荐信的核心内容，说明自己要求竞争所期望的职业的理由和今后的目标。

所学专业与特长。将大学所学的重要专业课程写入，但不要面面俱到，以免使主要的专业课程"淹没"在文字之中。对自己熟悉的、有兴趣的，特别是与期望单位所需人才职业关系紧密的，可多写一些。

兴趣和特长，要写得具体真实。

最后应提醒用人单位留意你附带的简历，请求给予同意等。

信函求职在毕业生求职过程中，是最常用的、最主要的方式。求职信由开头、正文、结尾和落款组成。在开头，要有正确的称呼和格式，在第一行顶格书写，如"尊敬的人事处负责同志"、"尊敬的张教授"等，加一句问候语"您好"以示尊敬和礼貌。正文部分主要是个人基本情况即个人所具备的条件。求职信的核心部分要从专业知识、社会实践能力、专业技能、性格特长等方面使用人单位确信，他们所需要的正是你所能胜任的。结尾部分可提醒用人单位回答消息，并且给予用人单位更为肯定的确认："您给我一个机会，我会带给您无数个惊喜！"结束语后面，写表示敬意的话，如"此致"、"敬礼"。落款部分署名并附日期。如果有附件，可在信的左下角注明。

求职信的信封、信纸最好选用署有本学校名称的信封、信纸，忌讳选用带有外单位名称的信封、信纸。字迹清晰工整。如果写一手漂亮的书法，最好手写，因为更多的人相信"字如其人"。如果字写得不好看，就不如用计算机打出来，篇幅要适中，不宜过长，1000 字左右较为合适。求职信是个人与单位的第一次接触，所以，文笔要流畅，可以有鲜明的个人风格，但不可过高地评价自己，也不可过于谦虚。要给用人单位留下较为深刻的印象。最后，要留下自己的联系方法。

在毕业就业推荐表、简历和自荐信后，还应附有成绩单及各式证书、已发表的文章复印件，论文说明、成果证明等。如果本专业比较特殊，还应附一份本专业的介绍。

4. 熟悉面试方法

求职面试的基本方法主要有电话自荐、考试录用、网上应聘等，在各种方法之中也有很多应试技巧,掌握这样一些方法和技巧,会有助于你求职面试取得成功。

（1）电话自荐

通过电话推荐自己,是常用的一种求职方式,如何充分地利用电话接通后的短暂时间,用最简洁明了的语言清楚地表达自己,能否给对方留下一个深刻清晰的印象,是大学生十分关心的问题。

打电话之前,首先一定要做好充分的准备工作。谈话内容上要了解用人单位的有关情况,尽量做到心中有数。其次要对自己有一个客观、公正的认识。最后要根据用人单位的需求情况,结合自己的特长,列出一份简单的提纲,讲究条理并重点突出地介绍自己,力争给受话人留下深刻印象。另外,还要调整好自己的心态,做好充分的心理准备,努力控制好说话的语音、语调、语速,在短暂的时间里,展现自己积极向上、有理有节的个人良好品质。

电话接通后应有礼貌地询问:"请问这是某单位人事处吗?"在得到对方单位的肯定答复后,应作简短的自我介绍,并说明来电意图。求职者一定要言简意赅,并着力表现自身特长,与所求职位相互吻合。

（2）考试录用

笔试是常用的考核方法,笔试限于专业技术要求很强,对录用人员素质要求很高的单位,如一些涉外部门或技术要求高的专业公司等。

参加笔试前,应了解笔试的大体内容。一般而言,用人单位的笔试包括以下几个方面的内容:一是对于知识面的考核,包括基础知识和专业知识;二是智力测试,主要测试受聘者的记忆力、分析观察力、综合归纳能力、思维反应能力;三是技能检测,主要是对其处理实际问题的速度与质量的测试,检验其对知识和智力运用的程序和能力。参加笔试要按要求准时到场,不能迟到。卷面要整洁,字迹要工整,应给阅卷老师留下良好的印象。考试过程中,绝对不能作弊或搞小动作,对于这一点,用人单位是尤其看重的。

（3）网上应聘

网上求职首先要准备一份既简明又能吸引用人单位的求职信和简历。求职信的内容包括:求职目标——明确你所向往的职位;个人特点的小结——吸引人来阅读你的简历;表决心——简单有力地显示信心。

在准备求职信时还要注意控制篇幅,要让人事经理无须使用屏幕的流动条就能读完;直接在内编辑,排版要工整;要做到既体现个人特点又不过分吹牛。对于网上求职来讲,简历的准备相对比较简单,"中华英才网"等人才网站上都提供了标准的简历样本。需要注意的是,学历和工作经历要按时间顺序倒着填,也就是把最近的工作经历和学历写在最前面,以便招聘方了解你目前的状况。在填写工作经历时,很多求职者只是简单列出工作单位和职位,没有详细描述工作的具体内容,而招聘方恰恰就是根据你做过什么来评估你的实际工作能力的。除非应聘美工职位,否则不要使用花哨的装饰或字体。

在网上填简历,要严格按照招聘方的要求填写,要求网上填写的就不要寄打印的简历;要求用中文填写的就不要用英文填写;有固定区域填写的就不要另加附件。发送简历是网上求职关键的一步,如果是自己在网上通过 E-mail 发简历,应该以"应聘某某职位"作为邮件标题,把求职信作为邮件的正文,再把简历直接拷贝到邮件正文中,这样既方便对方阅读,又杜绝了附件带计算机病毒的可能性。如果通过人才网站求职,可以直接把填好的简历发送给招聘单位,网站的在线招聘管理系统还能把个人简历以数据库的方式储存起来,根据求职者的要求,供招聘单位检索和筛选。

7.1.2 应聘面试礼仪

面试时首先遇到的就是应何时到达面谈地点较为恰当。是准时抵达还是提前到达?若是早到又应以几分钟为宜?在等待的时间中应该注意什么?由于目前的交通状况不甚良好,令人无法预计准确的车程时间,所以最好提早出门,比原定时间早5~10分钟到达面谈地点,所谓"赶早不赶晚"。早到可先熟悉这家公司附近环境并整理仪容。但如果早到10分钟以上,千万别在接待区走来走去。因为这样会打扰公司上班的职员,有损他人对自己的第一印象,对后面的面试一点好处也没有。所以此时可向别人询问盥洗室,在那里可再一次检查自己的服装仪容。接下来轮到自己上场面试时,须掌握以下要点。

1. 入座的礼仪

进入考官办公室时,必须先敲门再进入,之后应等主考官示意坐下才可就座。如果有指定座位,则坐上指定的位子;但如觉得座位不舒适或光线正好直射,可以对主考官说:"有较强光线直接照射我的眼睛,令我感觉不舒服,如果主考官不介意,我是否可换个位置?"若无指定位置时,可以选择主考官对面的位子坐定,如此方便与主考官面对面交谈。

2. 自我介绍的分寸

当主考官要求你作自我介绍时,因为一般情况都已事先附在自传上,所以不要像背书似的发表长篇大论,那样会令主考官觉得冗长无趣。记住将重点挑出稍加说明即可,如姓名、毕业学校名称、主修科目、专长等。如主考官想更深入地了解你的家庭背景及成员,你再简单地加以介绍即可。"时间就是金钱",通常主考官都是公司的高级主管,时间安排相当紧凑,也因此说明越简洁有力越好,若是说得过于繁杂会显不出重点所在,效果反倒不好。以下是自我介绍礼仪的评分标准,供大家自评时参考。

自我介绍礼仪评分标准(满分为100分):

第一,内容(50分)

A. 详略得当,有针对性;

B. 言之有物,评价客观;

C. 层次清晰,合乎逻辑;

D. 文理通顺,富有文采;

E. 简单明了,清楚明白。

第二,仪表(10分)

A. 服饰整洁、得体,女子适度淡妆,男子适当修饰;

B. 精神饱满,落落大方,面带微笑。

第三,态势(10 分)

A. 站有站相,坐有坐相,走有走相,步履稳健,从容自如;

B. 面部表情、手势与有声语言协调。

第四,礼节(10 分)

A. 开头(见面)礼节;

B. 告别(离去)礼节。

第五,语言(15)

A. 脱离讲稿;

B. 使用普通话或英语(其他外语),口齿清楚,声音洪亮;

C. 有一定节奏,语言流畅,发音准确。

第六,时间(5 分)

介绍过程 1~3 分钟,过长或过短适当扣分。

3. 交谈的礼节

交谈是求职面试的核心。面试是与面试官交谈和回答问题的过程,在这个过程中要根据自我介绍和交谈内容控制音量的大小、语速的快慢、语调的委婉或坚定、声音的和缓或急促,在抑扬顿挫之中表现出你的坚定和自信。如果装腔作势,会给人一种华而不实、在演戏的感觉。

交谈时要口齿清晰、发音正确,尽量使用普通话。讲话要言简意赅、通俗易懂。不要为了显示自己而只顾使用华丽、奇特的辞藻,这样会很难顾及语言的逻辑和通顺,反而使人感到你用词不当、逻辑思维能力差。此外,急于显示自己的妙语惊人,往往会忽略了自己的语言过于锋利、锋芒太露,而显得有些张狂。

交谈过程中要注意掌握和控制语速、语调。一般情况下,语速掌握在每分钟 120 个字左右为宜,要注意语句间的停顿,不要滔滔不绝而让人应接不暇。语调是表达人的真情实感的重要元素,要通过语调表现出你的坚定、自信和放松。

交谈中还要注意谈话礼貌,不要打断对方的讲话,要集中注意力认真"倾听"对方的讲话。听清和正确理解对方的一字一句,不但要听出其"话中话",而且要听出其"弦外之音",这样才能做出敏捷的反应。

回答问题是面试交谈的重要方面,得体地回答面试官提出的问题是面试取得成功的关键,面试者要对面试官可能提到的问题有充分的准备。

4. 拥有职业化举止

一家医疗机构为了选拔护士长进行了一次面试。一位应试者在笔试中是佼佼者,但在面试过程中,她不但拍桌子,脚不断地敲打地板,身体还时不时地扭动。她认为自己很有希望,但结果却落选了。她为什么会落选呢? 原因就是她缺乏职业化的举止。

许多面试者往往只注重衣着和话语,而忽略了胜过有声语言的形体语言。职业化的举止,就是一种无声胜有声的形体语言。形体语言是指人的动作和举止,包括姿态、体态、手势和表情。

在面试中,面试者应该特别注意自己的站姿、坐姿、走姿、握手和表情等。

站姿给人的印象非常重要。人们往往认为其简单而忽略它的重要性。站立应当身体挺直、舒展、收腹,眼睛平视前方,手臂自然下垂。这样的站姿给人一种端正、庄重、稳定、朝气蓬勃的感觉。如果站立时歪头、扭腰、斜伸着腿,会给人留下轻浮、没有教养的印象。

面试时就座,不要贪图舒服。许多人养成了瘫坐的习惯,在面试时一下子就表现出来了。正确的坐姿从入座开始,入座的动作要轻而缓,不要随意拖拉椅子,身体不要前后左右晃动,背部要与椅背平行,沉着地、安静地坐下。落座后,上身要保持直立状态,既不前倾,也不后仰。双手自然下垂,肩部放松,五指并拢。男女的坐姿还有一定的区别:男士可以微分双脚,这样给人以自信、豁达的感觉,双手可以随意放置;女士一般要并拢双膝,或者小腿交叉端坐,这样,给人端庄、矜持的感觉,双手一般要放在膝盖上。

以下这些做法是应该避免的。

- 拖拉椅子,发出很大的声音。
- 一屁股坐在椅子上。
- 坐在椅子上,耷拉着肩膀,含胸驼背,给人萎靡不振的感觉。
- 半躺半坐,男的跷着二郎腿,女的双膝分开、叉开腿等,给人放肆和缺乏教养的感觉。
- 坐在椅子上,脚或者腿自觉不自觉地颤动或晃动。

面试时重要的是自信。这种自信可以通过你的走姿表现出来。现在,越来越多的公司强烈地意识到走姿的重要性。自信的走姿应该是,身体重心稍微前倾,挺胸收腹,上身保持正直,双手自然前后摆动,脚步要轻而稳,两眼平视前方。步伐要稳健,步履自然,有节奏感。需要注意的是,如果同行的有公司的职员或接待人员,你不要走在他们前面,应该走在他们的斜后方,距离一米左右。

每个人都会有一些属于自己的习惯动作,比如挠头、揉眼睛、玩手指、双手交叉在胸前等,若是在平时,你尽可以去做,但在面试时,都要省略,它们会分散人的注意力,给面试考官留下不好的印象。

中国有句古话"此时无声胜有声"。用你无声的、职业化的举止,向招聘者表明"我是最适合的人选"。

5. 面试的其他细节

正在面试时,千万不要出现不礼貌的行为,因为一些小动作也会被主考官列作评判内容。以下举例说明需留意的小节。

- 不嚼口香糖、不抽烟,尤其现在提倡禁烟,更不要在面谈现场抽烟。与人谈话时,口中吃东西、叼着烟都会给人不庄重的感觉,也显得不尊重对方。
- 不可要求茶点,除非是咳嗽或需要一杯水来镇定自己。
- 不要随便乱动办公室的东西。
- 不要谈论个人故事而独占谈话时间。

- 自己随身带的物品,不可放置在面试考官办公桌上。可将公文包、大型皮包放置于座位下右脚的旁边,小型皮包则放置在椅侧或背后,不可挂在椅背上。
- 离座时记住椅子要还原,并向主考官行礼以示谢意。

在一般面试者看来,主考官向你表示面谈结束,求职面试的全过程就结束了。其实不然,这只是面谈的结束,求职还没有结束。此时此刻,作为求职者的你,万万不可大意,认为大功告成或没有希望了。面谈结束后的礼仪同样对你很重要,也许可以扭转你的不利局面,在困境中重新获得生机。你一定要使求职过程结束得完美。

7.1.3　面试常见问题的应对

以下是首席大学生就业顾问、著名职业生涯规划专家李震东老师,向大家介绍面试问题及回答思路,供大家参考。

问题一:请你自我介绍一下。

思路:

1. 这是面试的必考题目。
2. 介绍内容要与个人简历相一致。
3. 表述方式上尽量口语化。
4. 要切中要害,不谈无关、无用的内容。
5. 条理要清晰,层次要分明。
6. 事先最好以文字的形式写好背熟。

问题二:谈谈你的家庭情况。

思路:

1. 自我介绍对于了解应聘者的性格、观念、心态等有一定的作用,这是招聘单位问该问题的主要原因。
2. 简单地罗列家庭人口。
3. 宜强调温馨和睦的家庭氛围。
4. 宜强调父母对自己教育的重视。
5. 宜强调各位家庭成员的良好状况。
6. 宜强调家庭成员对自己工作的支持。
7. 宜强调自己对家庭的责任感。

问题三:最能概括你自己的三个词是什么?

思路:我经常用的三个词是:适应能力强、有责任心和做事有始有终,结合具体例子向主考官解释,使他们觉得你具有发展潜力。

问题四:你有什么业余爱好?

思路:

1. 业余爱好能在一定程度上反映应聘者的性格、观念、心态,这是招聘单位问该问题的主要原因。
2. 最好不要说自己没有业余爱好。

3. 不要说自己有哪些庸俗的、令人感觉不好的爱好。

4. 最好不要说自己仅限于读书、听音乐、上网,否则可能令面试官怀疑应聘者性格孤僻。

5. 最好能有一些户外的业余爱好来"点缀"你的形象。

6. 找一些富于团体合作精神的。这里有一个真实的故事:有人被否决掉,因为他的爱好是深海潜水。主考官说:因为这是一项单人活动,我不敢肯定他能否适应团体工作。

问题五:你最崇拜谁?

思路:

1. 最崇拜的人能在一定程度上反映应聘者的性格、观念、心态,这是面试官问该问题的主要原因。

2. 不宜说自己谁都不崇拜。

3. 不宜说崇拜自己。

4. 不宜说崇拜一个虚幻的或是不知名的人。

5. 不宜说崇拜一个明显具有负面形象的人。

6. 所崇拜的人最好与自己所应聘的工作能"搭"上关系。

7. 最好说出自己所崇拜的人的哪些品质、哪些思想感染着自己、鼓舞着自己。

问题六:你的座右铭是什么?

思路:

1. 座右铭能在一定程度上反映应聘者的性格、观念、心态,这是面试官问这个问题的主要原因。

2. 不宜说那些易引起不好联想的座右铭。

3. 不宜说那些太抽象的座右铭。

4. 不宜说太长的座右铭。

5. 座右铭最好能反映出自己某种优秀品质。

6. 参考答案——"只为成功找方法,不为失败找借口"。

问题七:谈谈你的缺点。

思路:

1. 不宜说自己没缺点。

2. 不宜把那些明显的优点说成缺点。

3. 不宜说出严重影响所应聘工作的缺点。

4. 不宜说出令人不放心、不舒服的缺点。

5. 可以说出一些对于所应聘工作"无关紧要"的缺点,甚至是一些表面上看是缺点,从工作的角度看却是优点的缺点。绝对不要自作聪明地回答"我最大的缺点是过于追求完美",有的人以为这样回答会显得自己比较出色,但事实上,他已经有可能落选了。

问题八:谈一谈你的一次失败经历。

思路:

1. 不宜说自己没有失败的经历。

2．不宜把那些明显的成功说成失败。

3．不宜说出严重影响所应聘工作的失败经历。

4．所谈经历的结果应是失败的。

5．宜说明失败之前自己曾信心百倍、尽心尽力。

6．说明仅仅是由于外在客观原因导致失败。

7．失败后自己很快振作起来，以更加饱满的热情面对以后的工作。

问题九：想过创业吗？

思路：这个问题可以显示你的冲劲，但如果你的回答是"有"，千万小心，下一个问题可能就是"那么为什么你不这样做呢？"

问题十：你参加过义务活动吗？

思路：现在就着手做一些义务活动，不仅仅是那些对社会有贡献的，还要是你的雇主会在意的，如果他们还没有一个这样的员工，那么你会成为很好的公关资源。

问题十一：你为什么选择我们公司？

思路：

1．面试官试图从中了解你求职的动机、愿望以及对此项工作的态度。

2．建议从行业、企业和岗位这三个角度来回答。

3．参考答案——"我十分看好贵公司所在的行业，我认为贵公司十分重视人才，而且这项工作很适合我，相信自己一定能做好。""我来应聘是因为我相信自己能为公司做出贡献，而且我的适应能力使我确信我能把工作带上一个新的台阶。"

问题十二：对这项工作，你有哪些可预见的困难。

思路：

1．不宜直接说出具体的困难，否则可能令对方怀疑应聘者不行。

2．可以尝试迂回战术，说出应聘者对困难所持有的态度——"工作中出现一些困难是正常的，也是难免的，但是只要有坚韧不拔的毅力、良好的合作精神以及事前周密而充分的准备，任何困难都是可以克服的。"

问题十三：如果我录用你，你将怎样开展工作？

思路：

1．如果应聘者对于应聘的职位缺乏足够的了解，最好不要直接说出自己开展工作的具体办法。

2．可以尝试采用迂回战术来回答，如："首先听取领导的指示和要求；其次就有关情况进行了解和熟悉，接下来制订一份近期的工作计划并报领导批准；最后根据计划开展工作。"

问题十四：与上级意见不一致，你将怎么办？

思路：

1．一般可以这样回答："我会给上级以必要的解释和提醒，在这种情况下，我会服从上级的意见。"

2．如果面试你的是总经理，而你所应聘的职位另有一位经理，且这位经理当时不在场，可以这样回答："对于非原则性问题，我会服从上级的意见；对于涉及公司利益的重大问题,我希望能向更高层领导反映。"

问题十五:我们为什么要录用你?

思路:

1. 应聘者最好站在招聘单位的角度来回答。

2. 招聘单位一般会录用这样的应聘者:基本符合条件、对这份工作感兴趣、有足够的信心。

3. 如:"我符合贵公司的招聘条件,凭我目前掌握的技能、高度的责任感和良好的适应能力及学习能力,完全能胜任这份工作。我十分希望能为贵公司服务,如果贵公司给我这个机会,我一定能成为贵公司的栋梁!"

问题十六:你能为我们做什么?

思路:

1. 基本原则上"投其所好"。

2. 回答这个问题前应聘者最好能"先发制人",了解招聘单位期待这个职位所能发挥的作用。

3. 应聘者可以根据自己的了解,结合自己在专业领域的优势来回答这个问题。

问题十七:你是应届毕业生,缺乏经验,如何能胜任这项工作?

思路:

1. 如果招聘单位对应届毕业生的应聘者提出这个问题,说明招聘单位并不真正在乎"经验",关键看应聘者怎样回答。

2. 对这个问题的回答最好要体现出应聘者的诚恳、机智、果敢及敬业。

3. 如:"作为应届毕业生,在工作经验方面的确会有所欠缺,因此在读书期间我一直利用各种机会在这个行业里做兼职。我也发现,实际工作远比书本知识丰富、复杂。但我有较强的责任心、适应能力和学习能力,而且比较勤奋,所以在兼职中均能圆满完成各项工作,从中获取的经验也令我获益匪浅。请贵公司放心,学校所学及兼职的工作经验使我一定能胜任这个职位。"

问题十八:你希望与什么样的上级共事?

思路:

1. 通过应聘者对上级的"希望"可以判断出应聘者对自我要求的意识,这既是一个陷阱,又是一次机会。

2. 最好回避对上级具体的希望,多谈对自己的要求。

3. 如:"作为刚步入社会的新人,我应该多要求自己尽快熟悉环境、适应环境,而不应该对环境提出什么要求,只要能发挥我的专长就可以了。"

问题十九:告诉我三件关于本公司的事情。

思路:你应该知道十件和公司有关的事情,他问你三件你回答四件,他问你四件你回答五件。说几件你知道的事,其中至少有一样是"销售额为多少多少"之类。

问题二十:你为什么还没找到合适的职位呢?

思路:别怕告诉他们你可能会有的聘请,千万不要说"我上一次面试弄得一塌糊涂"。

指出这是你第一次面试。[1]

7.1.4　面试后的三件事

许多大学生求职者只留意面试时的工作,而忽略了面试后的礼仪。实际上,面试结束并不意味着求职过程的完结,求职者不应该翘首以待聘用通知的到来,还有三件事情要做[2]。

1. 诚心诚意地感谢主考官

面试结束并不意味着求职过程的结束。为了加深招聘人员对你的印象,增大求职成功的可能性,对想抓住每个工作机会的人来说,面试后的两三天内,最好给主考官打个电话或写封信表示感谢。

(1) 打电话

打电话表示感谢可以在面试后的一两天之内进行。电话感谢要简短,最好不要超过3分钟,电话里不要询问面试结果。因为这个电话仅仅是为了表现你的礼貌和让对方加深对你的印象而已。打电话的时候,要考虑在什么时间内打电话"合适"。

(2) 写面试感谢信

主考官对面试人的记忆是短暂的。感谢信是你最后的机会,它能使你显得与其他求职者有所不同。面试感谢信包括电子邮件和书面感谢信。

如果平时是通过电子邮件的途径和公司联系,那么在面试结束后,发一封电子感谢信,是既方便又得体的方式。但大多的情况下还是写书面感谢信,特别是在面试的公司非常传统的情况下,更应如此。书面感谢信最好用白色的 A4 纸,字的颜色要求是黑色。内容要简洁,最好不要超过一页纸,在书写方式上有手写和打字两种。打印出来的感谢信较为标准化,表示你熟悉商业环境和运作模式,但有时难免给人留下千篇一律的印象。如果想与众不同,或是想对某位给予你特别帮助的主考官表示感谢,手写则是最好的方式,这个前提是你的字写得要比较正规而好辨认。

感谢信必须是写给某个具体负责人的,你应该知道他的姓名,不可以写什么"负责人"、"部门负责人"等之类的模糊收件人。

感谢信的开头应提你的姓名及简单情况,以及面试的时间,并对主考官表示感谢。中间部分要重申你对该公司、该职位的兴趣,或增加一些对求职成功有用的新内容。结尾可以表示你对能得到这份工作的迫切心情,以及为公司的发展壮大做贡献的决心。

2. 耐心细致地打电话询问

面试结束之后的两星期左右,如果还没有得到任何回音,就给负责招聘的人打个电话,询问一下面试结果。打电话询问面试结果,有两个礼仪细节必须要注意:什么时间打

① http://jiaren.org/2008/02/28/interview-quetions-key/.
② 周裕新.求职上岗礼仪[M].上海:同济大学出版社,2006.

电话？怎么问？

（1）什么时间打电话

从礼仪角度来说，打电话最得体的时间应该是对方方便的时间。什么是方便的时间？以下时间之外的时间，都可以认为是方便的时间：工作繁忙时间、休息时间、用餐时间、生理疲倦时间。因为询问面试结果是公事，所以当然必须是在正常工作日的时间段内打这个电话。

工作繁忙时间。一般是周一上午和周五下午，因为这两个时间段很多单位都有开例会的习惯。即使不开例会，因为周一早上是新的一周的开始，往往还处于适应期，而且还有工作上的事宜需要安排；周五下午又要面临着周末，所以从心理上自然会"排斥"给他添麻烦的事情。还有就是每天刚上班的一个小时和下班前的一个小时。这个时间段内不是要忙着安排一天的工作，就是没法集中精力处理公事。

休息时间。一般是指工作日的中午一小时左右的时间，其他私人时间，特别是节假日时间。

用餐时间。在用餐的时间，给人打电话是不礼貌的。而且往往在这个时间打电话会找不到人，当然影响打电话的效果了。

生理疲倦时间。这个时间段一般都是每天下班前的一小时左右，中午下班前的半小时左右。

（2）怎么问

在电话里，同样的一句话，问候方式的不同，虽不致有不同的结果，最起码会给人不同的印象：或有礼貌，或显唐突。所以在通话的过程中，自始至终都要尊重自己的通话对象，待人以礼，表现得有礼、有节。一定按照标准的接打电话礼仪规范进行。

如果知道自己没被录用，此时你的情绪要非常稳定。同时，冷静地、仍然热情地请教一下未被录用的原因，可以说："对不起，我想请教一下我没有被录用的原因，我好再努力"。谦虚有可能赢得对方的同情，同时给你下一次的面试机会。需要说明的是，打电话询问面试结果，最多打三次电话询问就可以了。因为即使再研究，经过前后三个电话询问的周期，再复杂的研究程序也早该最后确定了，而且三次的电话询问，也会对你有足够的印象。如果想聘用你就会直接告诉你或及时和你联系。再多的电话，反而会适得其反，甚至会给人"骚扰"、"无聊"的感觉。感谢信也是如此。

3. 心平气和地接收录取通知

作为一个求职者，在经过数日的奔波、多次的面试之后，终于"修成了正果"，得到了被录用的消息。这时，你可能会庆幸自己数月的辛苦和努力没有白费，甚至还会欣喜若狂、大宴宾朋、一醉方休。先别急！虽然成功在望，但还有几个问题需要解决。

（1）聘你的公司是第几选择

确实，掌握机会是个极重要的原则，不能三心二意，顾虑太多。不过，这件事不妨再稍加思考：录用你的公司，是你的第几选择？你在求职的过程中，或许投过很多份简历，面试过多次。在艰难的求职过程中，往往被你首选的公司屡次拒绝使你十分丧气。于是在亲戚朋友的劝解下，或许使得择业标准一降再降，甚至见到相关的招聘就投简历、面试。但是,这份职业真的适合你吗?符合你的职业规划吗?这是一件非常值得思考的事情。否则,或许你将走更多的弯路,甚至做一辈子你并不喜欢的工作,更不用说你能在工作上有所成就了。

(2)录取的条件和面试时相符吗

录取的条件中包括很多内容,比如职务、薪资、报到日期等。现在有一些机构在招聘的时候同时招聘很多岗位。在部分岗位已经满额的情况下,会善意地安排他们认为比较不错的求职者从事其他岗位的工作。问题是,或许对方安排的岗位并不是你的专业特长或你并不喜欢。而且,岗位的不同,薪资待遇等方面也会有所不同。

如果录取的条件和面试时的不一样,就要考虑你所追求的究竟是名分上的不同,还是实质上的差异?或是兴趣上的差异?如果与你的追求或期望值有一定差距,就值得考虑了。面试的时候,大部分人会谈到薪酬,比如说不低于多少。通知被录用的时候,如果所提到的薪资和面试的时候谈得差不多,固然最好;但有了差异时,特别是差异较大的时候就要考虑了。

(3)接收之后全面了解用人单位

收到你所心仪的公司的录用通知是一件喜事,值得好好放松一下、庆祝一番。但同时还有一件事情要求你能认真地面对:了解公司、了解工作。在正式报到之前,先对所要服务的公司有所了解,这样在开展工作的时候就会顺畅很多。了解公司的方法很多,包括在面试时带回的公司简介、刊物,或企业形象方面的资料、企业网站等,有条件或可能的话进行实地全面考察最好。这会使你对公司的整体情况和营运有所掌握,会对你的新工作、新环境带来很大帮助。

当然,除以上三点外,还一定要确认好你去报到的具体时间、地点和联系人。在这些细节方面更要特别留意。

7.2 能力开发

7.2.1 阅读思考

1. 职场新人的职业形象设计

对于刚刚走出校门的大学生而言,职业形象设计是其开始自身职业生涯的第一步,也是从求职走向工作的一个重要过程。职业形象设计需要与自身职业历程相结合,不断地进行提升和修复。职场新人的职业形象设计,需要遵循以下几个方面。

(1)树立合理的形象,做好自身的定位分析

对一个职业者进行合理的恰如其分的职业定位,能够节省很多的求职时间,并且节省较多的在求职过程中产生的求职成本;能够在职场上最大限度地发挥自己的职业专长,并且在求职的过程中得到很大的成就感与幸福感,从而使自身的职业生涯规划发展得又快又好。诸多的现实情况告诉我们,职场新人们感到十分困惑的原因就是找不到一个具体的对自身的定位。他们往往通过很多次的以身试场或不断跳槽的方法来获得职场的定

位,这样,不但失去很多宝贵的机会,往往还使自己在职场上处处碰壁。大大地打击了自己在职场上的信心。因此,职场新人应该合理地对自身职业形象进行定位,从而进行合理的职业设计。

职场新人在进行职业形象设计时,首先要对行业、社会以及岗位的实际需求进行分析,并且结合自身的特点、兴趣爱好,对自身的优势以及劣势进行分析,结合面临的风险与机会,合理地做好职业形象定位,从而为职业形象设计打下良好的基础。大学生刚刚走出校门,对行业的实际需求了解较少,并且对不同企业的文化背景认识不深,难以合理并且准确地对自身职业形象进行定位。大学生在进行职业形象设计时,要做好规划,将自身与企业的需求进行恰当的批评,从而达到职场新人与企业形象相适应的目的。职业形象设计的过程,也是大学生走入社会、适应社会的过程,也是毕业生不断成长、完善自我、发挥个人优势的过程。职业形象的合理性,是职场新人成长的重要标准,只有保证合理的职业形象,才可以保证日后发展过程的顺利。以往的职业形象设计主要注重对职场新人的外形方面的修饰,在定位上缺乏对职业方向的关注,忽略了相关行业的具体职业需求。目前,很多大学生在工作的过程中,由于缺乏足够的锻炼,在工作上不注重团结协作,沟通交流不足,缺乏足够的奉献精神与服务意识,难以符合企业和用人单位的实际需求,这一点也是职场新人在进行职业形象设计过程中需要注意的一点。

(2)建立良好的第一印象,顺利走入职场

现代社会职场竞争十分激烈,严峻的就业形势为刚毕业的求职者提出了更高的要求,如何在众多的求职者之中脱颖而出,获得用人单位的青睐,是求职者需要考虑的重要内容。第一印象是求职者展示自身的第一步,也影响了用人单位对求职者的具体看法,在以后对求职者的评估,也会受到第一印象的影响。因此,加强第一印象,对于求职者是非常必要的。职业形象设计毋庸置疑,是为求职者表达第一印象的重要方式,也决定了求职者的职场生活。面对众多的求职者,职场新人必须要从自身的服装打扮、行为举止、仪态表情等方面入手,展示出自身健康、善于沟通、自信等优秀的特点,从而获得更好的第一印象得分,从而达到面试成功的目的。

(3)将职业形象设计与自身职业生涯相结合

职业形象设计是一项综合性的学科,其中包括了美学、心理学、营销学、传播学等。职业形象设计工作不仅仅是对外表的设计,更需要达到对自身整体进行包装的目的。职场新人需要通过良好的形象设计,对自身进行包装,从而更好地体现出自身的价值,提高自身的职业形象。职场新人在自身职业生涯发展的过程中,需要不断地对自身形象进行提升,并且形成个人形象品牌,达到职业形象设计的最终目标。形象设计贯穿了职场人的整个职场生涯,形象设计需要从职场新人的阶段进行监理,并且从战略高度上重视职业形象设计的重要性。

现代社会竞争压力不断增加,职场新人必须要重视职业形象对于自身的意义,并且通过树立良好的职业形象,提升自身的软实力。职场新人在走入职场之后,自身形象也与用人单位的形象息息相关。个人的职业形象需要与用人单位的形象相统一,从而更好地提高整个企业的形象,树立企业良好的公众形象。①

---

①　于晶.职场新人职业形象设计.现代装饰(理论),2013(10).

思考题：

（1）职业形象对职场新人有何重要意义？

（2）请结合你的入职岗位，谈谈职场新人应怎样塑造职业形象？

2. 求职面试中的语言禁忌

面试是求职的一个重要环节，如同其他考试一样，既要有经验的积累，也要有临场的发挥，语言的技巧尤其显得重要。恰当得体的语言无疑会增强竞争力，更易应聘成功。反之，不得体的语言会损害你的形象，削弱你的竞争力，甚至导致求职面试的失败。因此，在求职面试中更要注意语言的禁忌。

（1）忌问"你们要不要……"

"你们要不要外地人？"、"你们要不要女性？"、"你们要招聘多少人？"、"你们对学历的要求有没有余地？"等。

"你们要不要外地人？"一些外地人出于坦诚，或急于得到"兑现"，一见招聘人员就问这么一句，弄得人家无话可说。因为一般情况下，招聘方总是希望多用本地人，但也没有理由说不用外地人。这要看你的实际情况能否与对方的需求接上口，让人家觉得很有必要接纳你。"你们要不要女性？"这样询问的女性，首先给自己打了"折扣"，是一种缺乏自信心的表现。面对已露怯意的女性，用人单位正好"顺水推舟"，予以回绝。你若是来一番非同凡响的介绍，反倒会让对方认真考虑。"你们要招聘多少人？"对用人单位来讲，招一个是招，招十个也是招，问题不在于招几个，而是你有没有独一无二的实力和竞争力。"你们对学历的要求有没有余地？"本来，研究生、本科生、大专生，甚至于中专生，在学历上肯定是有差距的，但在能力的竞争上是平等的，任人唯贤的例子是很多的。如果这样一问，招聘方回答没有余地，那么，你也就没有余地了。这些都是缺乏自信的表现，没有自信的人是不会受用人单位欢迎的。

（2）忌说"我与××相熟"

"我与你们单位的××认识"，"我和××是同学，关系很不错"，等等。有熟人这种话主考官听了会很反感，他会觉得你根本没有实力，就喜欢拉关系。或者是想"拉大旗做虎皮"，如果主考官与你所说的那个人关系不怎么好，甚至有矛盾，那么，你这句话引起的后果就会更糟。

（3）忌急问"你们的待遇怎么样"

面试时尽量不要问工资待遇。一般的单位都有固定的工资标准体系，对于应届大学生，单位一般不会在工资上破例，而且很多时候用人单位会提前公布这方面的信息，面试时不适宜过多问这方面的问题。这很容易让面试官反感，"工作还没干就先提条件，何况我还没说录用你呢！"

（4）忌直说"我不同意"、"我不赞成"

某些面试可能是讨论式的。由于个人的经历不同或者所处的社会地位不同，对一些问题的看法必然会有所不同，面试官与求职者讨论问题，双方的观点可能有很大的差异，求职者在发表自己的见解时，要注意避免和面试官直接交锋，不要直接对抗对方观点。

（5）忌直说"我适合……，不适合……"

如果面试官说"我们的管理人员很多，一线工人不足，愿意到一线吗？"你该怎样回答。假若你说："我适合做管理人员，而不适合去一线工作"，这样直接地反对，无疑面试很难进行下去。假若你说"愿意"，而不强调自己一定要向高层次发展，对方会觉得你碌碌无为，即使在一线，无上进心也不能很好地完成工作。对此可以说："发展有难度并不等于不可能，我将尽最大努力去争取最适合我同时对公司有益的工作，并且能做好。"

（6）忌怕说"我不懂"、"我不知道"

面试中常会遇到一些不熟悉、曾经熟悉现在忘了或根本不懂的问题，面临这种情况，知之为知之，不知为不知是上策。回避问题是失策，牵强附会更是拙劣，诚恳坦率地承认自己的不足之处，反倒会赢得面试官的信任和好感。

（7）忌不敢说"您问的是不是这样一个问题"

面试中，面试官提出的问题过大，以致不知从何答起，或求职者对问题的意思不明白是常有的事。但许多求职者碍于面子，或者胆怯，不敢问，结果是糊里糊涂，答非所问。应该是确认提问，敢于说："您问的是不是这样一个问题？"将问题复述一遍，确认其内容，才会有的放矢，不致南辕北辙，答非所问。

（8）忌说"我从没失败过"、"我可以胜任一切"

这种说法是自诩。自诩是一种以自我为中心的不切实际的言语辐射，它往往使交流对象感到失去了自己的交际价值。自诩有自我吹嘘和借夸两种表现形式。自我吹嘘者往往言过其实地突出自我的某些情节、某项成就、某种特长。比如，考官问："请你告诉我你的一次失败经历。""我想不起我曾经失败过。"又如，"你有何优缺点？""我可以胜任一切工作。"这常常会让面试官产生逆反心理，对你才能乃至你的人品产生怀疑，反倒破坏自己的形象。借夸则不同，他是故意搬出与自己相近相似的某个人，把他品行才干方面的一些与自己相关的杰出表现大肆渲染，进行一番夸耀；或者大言不惭地吹嘘自己与某些名人、大人物的交往，借此抬高自己的身价，这也是一种变相的自夸，都令人生厌。[①]

思考题：

（1）在求职面试中为什么要注意以上语言禁忌？

（2）在求职面试中，如何发挥好语言沟通的作用？

7.2.2 案例分析

1. 糟糕的应聘者

以下是某企业人力资源经理对求职者的忠告。

面试从你接到电话通知的那一刻就已经开始了。也许是等待就业的心情比较迫切吧，我在通知有资格参加下一轮面试的面试者时，一般从电话另一头听到的都是一些浮躁的声音，这里摘了一点我们的对话，供大家参考。

---

① 陈丛耕.口语交际与人际沟通[M].重庆:重庆大学出版社,2010.

"喂!"

"喂,您好,请问是×××先生吗?"

"你是谁啊?"(当时,我的心里已经不高兴了,但是不会表露出来)"我是××公司的,请问您参加了我们公司的招聘吗?"

"哪个公司?"(肯定是撒大网了)"我们把您的面试时间安排在了明天的×××,地点在×××。"

"我记一下,你们是什么公司?"(哦,我的天)……

这样我就会把我的看法写在他(她)的简历上,供明天面试的时候参考,影响可想而知![1]

讨论题:

(1)应该怎样接听通知你参加面试的电话?

(2)你认为面试是从什么时候开始的?为什么?

2. 诚实赢得好职位

某大公司招聘总经理助理,由总经理亲自面试。应聘者小张来到总经理办公室。总经理一见到小张就说:"咱们好像在一次研讨会上见过,我还读过你发表的文章,很赞赏你所提出的关于拓展市场的观点。"小张一愣,知道总经理认错人了。但转念一想,既然总经理对那人那么有好感,不如将错就错,对我肯定有好处。于是就接着总经理的话说:"对,对。我对那次研讨会也记忆犹新,我提出的观点能对贵公司有帮助,我感到很高兴。"

第二个来应聘的是小高,总经理对他说了同样的话。小高想:真是天助我也,他认错人了。于是说:"我对您也非常敬佩,您在那次研讨会上是最受关注的对象。"

第三个来应聘的是小孙。总经理再次说了同样的话。但小孙一听就站起来说:"总经理先生,对不起,您认错人了。我从来没有参加过那样的研讨会,也没提出过拓展市场的观点。"总经理一听就笑了,说:"小伙子,请坐下。我要招聘的就是你这样的人。你被录用了。"

讨论题:

(1)小孙为什么会应聘成功?

(2)求职为什么还要遵循做人诚实的基本道理?

3. 面试得来的经验

雪火在其《面试得来的经验》(《公关世界》,2004年第11期)一文中谈了他面试得来的如下经验。

用人单位在招聘人员时,除了对学历、年龄、性别有专门规定外,还对应聘者的工作经验提出了相应的要求。我在刚刚毕业时对此很不屑,工作经验不就是工作中获得的实践知识吗?课本上枯燥、烦琐、复杂的理论知识都难不倒我,那些所谓的实践知识又会有多

---

① http://tieba.baidu.com/f? kz=564626502.

难掌握呢？但一次普通的面试却改变了我的看法。

2000 年 5 月，我前往一家有名的咨询公司应聘，从招聘信息上我们得知，该公司的主要业务是为本市和外埠企业联系代理商和经销商，并提供办公场所搜寻、公司注册、办公事务代理和会务组织等服务。这家合资公司面向社会招收业务人员时，对应聘者的实际工作经验没作专门规定。我在大学学的是企业管理，条件与公司的各项要求相符，就顺利通过了初试，对接下来的面试我也很有信心。

按照面试单上的地址，我提前来到了公司所在的富华大厦。大厦门口，两名精干的保安站在里面，立在他们前面的不锈钢牌上写着醒目大字：来客请登记。我问其中的一位保安：1616 房间怎么走？保安抓起了电话，过了一会儿告诉我：对不起，1616 房间没人。不可能吧，我赶忙解释：今天是 A 咨询公司面试的日子，我这儿有他们的面试通知。

那位保安看后又拨了几次电话，然后告诉我：对不起，1616 房间没人，我不能让你上去，这是大厦内部的规定。"我真的是来面试的，公司面试单上写的就是今天。"我再次做出解释。

"那我再帮你试试看。"时间一秒一秒地过去，我心里虽然着急，却也只有耐心等待，同时祈祷那该死的电话能够接通。

9 点 10 分，已经超过约定时间 10 分钟了，保安又一次礼貌地告诉我电话没通。不可能，难道是我记错了？我再次翻开面试单，用磁卡电话拨通了那个印的不起眼的电话号码……电话那头终于传来了久违的声音，对方请我速上 16 楼 1616 房间，因为内线电话有误，他们还应我的要求告知了保安。

等我忐忑不安地推开经理室，已远远超过了面试的时间。"年轻人，你迟到了15 分钟。"

"但我真的很想加入你的公司，我相信我能够胜任相应的工作。"

"很好，我公司就需要有韧劲的业务人员，为达到目的，百折不回。刚才保安接不通电话，实际上就是我们面试的一部分，以考验你的应变能力，你完成得不错。不过面试还没有结果，我公司准备购置一批计算机，请你到大厦旁边的计算机市场了解一下最新的计算机行情。"

一刻钟后，我将从计算机市场要来的几份价目表交给了经理。"这是零售价，如果批发 15 台，价格是多少呢？"又过了一刻钟，等我把从销售商那里问到的计算机批发价格告诉经理后，他又问我：计算机的 UPS 电源怎么卖？另外，打印机、电脑桌有没有优惠？

"那我再去电脑城了解一下。"看到我疲于应付的样子，经理叫住了我，并让秘书递给我一杯茶。"你在面试的第一阶段做得不错，有闯劲，能够突破常规，遇事多想一步。但从后面完成市场调查的任务来看，还显稚嫩。"

"我们做业务必须有良好的观察和思考能力，想法要多、要深、能够快人一步。业务人员不仅要善于动手，还要善于动脑，如果不能做到这点，就不可能为客户提供有效的信息与咨询服务，为采购商提供质优、价廉、物美的产品，反而会造成人力、物力、财力的浪费。"求职以失败告终，但我将那次宝贵的经验记在日记本上：工作中要注意锻炼自己的领悟力和洞察力，独立思考、多谋善断，凡事比别人多想几步，才能真正取得成功。

在以后的工作中，我及时调整了自己的思维方式，努力提高自己的应变能力和处理问题的水平。我告诫自己:不要一味地苦干蛮干,只埋头拉车而不抬头看路,否则就是原地踏步,明天重复昨天和今天的错误。最近一次同学聚会上,我把同样的话告诉了大家。这时的我,已是一个国际知名品牌的地区代理商了。

讨论题:

(1) 请仔细阅读这一案例,然后谈谈感受。

(2) 你认为企业招聘时最看中求职者的什么素质?

7.2.3 训练项目

举行模拟招聘会

实训目标:能够做好各项求职准备,熟练掌握面试的礼仪,表现出良好的素质和形象。

实训学时:2 学时。

实训地点:实训室。

实训准备:模拟招聘企业的有关情况和其需求岗位、面试问题、面试桌椅等。

实训方法:

(1) 选 3~4 名学生担任某企业面试考官,其他同学担任求职者。

(2) 面试考官先介绍单位及岗位需求情况,然后求职者依次进行 1 分钟自我介绍,面试考官提问,求职者回答问题。

(3) 最后教师总结、点评。

课后练习

1. 请根据两个不同单位的招聘广告,为自己编写两份侧重点不同的简历。

2. 如果用人单位通知你明天去面试,你需要做哪些准备?

3. 关于面试的基本程序你都清楚了吗? 找个机会,将面试过程中的这些礼仪全部演习一遍吧。

4. 小吴在招聘会上遇到了自己十分中意的公司,就和主管攀谈起来,这位主管对其表现也十分满意,但是当小吴把皱巴巴的简历(这是最后一份了)递上去的时候,这位主管面露不悦的神色。

请问:为什么这位主管面露不悦呢? 小吴应该怎样解决面临的问题呢?

任务8

职场沟通

一个人事业成功的15％靠自身努力，而85％取决于良好的人际关系。

——［美］戴尔·卡耐基

处理人际关系的能力就像日常生活中的糖和咖啡一样必不可少，我愿意出高薪聘请这类人才。

——［美］约翰·洛克菲勒

 学习目标

- 掌握职场沟通的原则。
- 能够与领导正确地沟通。
- 能够与同事正确地沟通。
- 能够与下属正确地沟通。

 案例导入

唐骏的职场沟通

1. 与上司的沟通

唐骏在一次演讲中安排了一个细节，在舞台上画好了一排脚印，比尔·盖茨上台时只要沿着脚印就可以准确无误地走到台前离观众更近、显得更亲切的某个位置。发布会结束后比尔·盖茨问这是谁的想法，唐骏说这是自己的主意，因为之前他曾多次在加利福尼亚州看过老布什参加总统竞选的演讲，他的随行都是按照这种方式对演讲进行非常细致的安排。比尔·盖茨听后说："这种方式的确很好，定好位置可以达到最佳效果。你这件事做得很专业。"这次发布会，唐骏给比尔·盖茨留下了极深的印象。

1995年，在做出 Windows 操作系统的开发模式方案，并获得实验模块的测试成功之后，唐骏非常兴奋，他带着一鸣惊人的念头，给比尔·盖茨写了一封电子邮件。

　　比尔·盖茨给唐骏回了一封短信。他说："我没有时间看你的具体的东西,我建议你和你的直接领导沟通一下。如果能证明这是一个很好的想法,我相信你的主管会很感兴趣。"这是唐骏第一次用邮件和比尔·盖茨沟通。唐骏后来回忆说:"坦白地说,当时我很有点心高气傲的感觉,以至想得到比尔·盖茨直接的认可。但我这样越级报告的行为本身,从管理的角度来看是非常错误的。这种动不动就找最高老板,并认为这是职场制胜法宝的心理,在中国不少企业的员工里并不罕见。"

　　比尔·盖茨当时的回信其实是很有技巧的。他没有表扬唐骏,也没有批评唐骏,也没有把信转发给唐骏的顶头上司。比尔·盖茨通过这种方式教育了唐骏正确和规范地与上级沟通的方法。

2. 与同事的沟通

　　劳丽·罗娜特是总部的一位部门经理,唐骏和她级别相同,不过她的团队有 100 多人,唐骏的团队只有 20 人。有一段时间,唐骏和劳丽·罗娜特两人的团队在工作上有很多合作,劳丽·罗娜特给予唐骏的部门相当大的人力支持。唐骏发现劳丽·罗娜特女士工作十分努力,也十分能干,于是唐骏向公司上级提交了一封表扬信,使劳丽·罗娜特女士得到了应有的提升。而且,每过一段时间,唐骏都会给劳丽·罗娜特女士发邮件问候:"我的部门之所以会有今天的成就,要感谢你对我们的帮助……"

3. 与下属的沟通

　　上司和下属之间的距离本身就是一种艺术。任何过于亲近或疏远的关心,在中国这样的社会环境中都有可能造成不必要的误会,甚至对管理产生严重的负面影响。唐骏把这种距离的艺术总结为一套"圆心理论":"如果公司是一个圆,CEO 是圆心,那么所有下属都必须站在圆心周围。唯有如此,CEO 方能和所有下属保持等距。"

　　唐骏认为,CEO 要成为公司这个家的家长。家长在圆的中心,用关爱温暖下属,用智慧领导下属,用激情感染下属,用榜样的力量成为下属的模范,下属才能充分感受到"圆心"的万有引力。唐骏非常注意和下属沟通。在微软公司,任何人都可以随时给唐骏发邮件,他的承诺是对每封邮件 20 分钟内必回,除非他在飞机上。当上海微软处于初创期,公司还没有发展到后来的规模时,每个下属都定期有 15 分钟的机会和唐骏作一对一的交流。随着公司规模加大,唐骏便把这种交流方式改成了"总经理圆桌会议"。[①]

　　人人都希望自己有一个愉快的工作环境,愉快的工作环境会有助于事业的成功。美国著名成功学大师卡耐基曾说过:"一个人事业上的成功=15%专业技术+85%人际关系和处世技巧。"可见,人们在工作中掌握良好的交往艺术是多么重要。

　　人在职场,必然要与领导、同事、下属等进行交往,交往的效果将直接影响个人的职业生涯乃至发展前途。因为,我们每天至少有 1/3 的时间是在职场度过的,能否从工作中获得快乐与满足,能否敬业、乐业并最终成就一番事业,领导、同事和下属均扮演着很重要的角色。讲究职场沟通艺术,不仅可以减少矛盾与冲突,还能使职场人际关系更加和谐融洽,大大提高工作效率。所以,有专家认为,一个职场人士必须具备三项基本技能,即:沟

---

① 张永生.唐骏凭什么成功[M].北京:五洲传播出版社,2009.

通技巧＋管理才能＋团队合作意识。世界上很多著名的大公司也都以此来要求员工。

工作沟通的对象主要包括领导(上司)、同事和下属等。对象不同,沟通的技巧也有所不同。唐骏的职业生涯几乎是一个神话,从微软一个名不见经传的普通程序员一跃成为微软中国的总裁,这样的成功似乎只属于唐骏一个人。几年之后,从微软"空降"到著名网络游戏公司盛大,和陈天桥并肩作战帮盛大走出困境,4年后,唐骏又以10亿元身价加盟新华都担任总裁,唐骏出色地完成了职业生涯的华丽"转型"。这样的成功似乎也只属于唐骏一个人。于是,"中国第一职业经理人"、"打工皇帝"这些满载盛誉的光环让唐骏更加引人注目……唐骏凭什么成功? 对这个问题的回答可能包括很多方面,但是其中一个十分重要的原因就在于唐骏很善于工作沟通。

8.1　知识储备

8.1.1　职场沟通的原则

1. 真诚

在沟通过程中,只有坦诚相见、言必由衷,才能促进理解和信任,才能化解矛盾与隔阂。

2. 自信

成功者就是那些拥有坚强信念的普通人。在沟通中,只要充满自信,就能从容不迫、应对自如,就能赢得对方的尊重与认可。

3. 友善

应从他人的立场看事情,从对方的角度想问题,以友善的态度与人沟通。

4. 理性

沟通一定要清醒、理智,明确沟通的目的,预知沟通的效果,采取可行的沟通方法。不信口雌黄、口无遮拦,不一时冲动、说"过头话",不无谓争执、伤了和气,不斤斤计较、耿耿于怀。

5. 尊重

沟通的主体都是平等的,只有互相尊重、平等交流,沟通才能顺利进行。在职场沟通中切记要不责备、不抱怨、不攻击、不谩骂、不说教。

6. 互动

沟通是双向性的,不是洗耳恭听、默不作声;也不是口若悬河、夸夸其谈。沟通始终是两个维度之间平等、融洽的互动交流。恪守互动原则,才能在沟通中有说有听、有问有答、对等交流、实现共赢。

8.1.2　与领导沟通

与领导沟通指的是团队成员通过一定的渠道和方式,与管理者或决策层所进行的信息交流。

上下级之间的有效沟通,无论对于组织还是个人,都具有十分重要的意义。仅就下级而言,通过与上级主动有效的沟通,既能准确了解信息、提高工作效能,又能及时表达自己的意愿,形成积极的双向互动。

1. 与领导沟通的基本原则

与职场其他交际对象相比,"上级领导"这个群体往往具有如下基本特征,如图 8-1 所示,在沟通过程中尤其要注意遵循一些基本原则。

图 8-1　上级领导基本特征示意

(1) 不卑不亢

与领导沟通,要采取不卑不亢的态度,既不能唯唯诺诺、一味附和,也不能恃才自傲、盛气凌人。因为沟通只有在公平的原则下进行,才可能坦诚相见,求得共识。

在社交过程中,每个人都有一种心理期待,希望得到别人的尊重、帮助,希望自己应有的地位和荣誉得到肯定和巩固,没有人愿意在一个群体中被孤立和冷落。如果这种愿望得不到满足,就会对周围的人产生隔膜,进而拒绝合作。因此,尊重别人,是每个职场人士必备的一种修养。在工作中,尊重领导的意见,维护领导的威信,理解领导的难处和苦衷,即使提出不同的意见,也会讲究适当的时机,选择易于对方接受的方式,无论是对工作,还是对沟通双方的感情、建立融洽的心理关系,都是很有益处的。

尊重与讨好、奉承有着质的区别。前者是基于理解他人、满足他人的正常心理和感情需要为前提;而后者则往往是为了满足一己之私欲。现实生活中,确实有一些人为了达到自己不可告人的目的,不惜降低人格,曲意迎合、奉承讨好领导,不仅屏蔽了领导的耳目,降低了领导的威信,也造成了同事之间心理上的不和谐。绝大多数有主见的上司,对于那种一味奉承、随声附和的人都是比较反感的。

(2) 工作为重

上下级之间的关系主要是工作关系,因此,下属在与领导沟通时,应从工作出发,以做好工作为沟通协调之要义。既要摒弃个人的恩怨和私利,又要摆脱人身依附关系,在任何时候、任何问题上都是为了工作,为了整个团队的利益;都要作风正派、光明磊落。切忌对领导一味地讨好献媚、阿谀奉承、百依百顺,丧失理性和原则,甚至违法乱纪。

（3）服从至上

上级居于领导地位，掌握全盘情况，一般来说考虑问题比较周全，处理问题能从大局出发。在与上级沟通时坚持服从原则，是一切组织通行的原则，是组织获得巩固和发展的基本条件。事实证明，如果下属与上级沟通时拒不服从，那么这样的组织就无法形成统一的意志和严密的整体，组织就会像一盘散沙，不可能顺利发展。当然，服从不是盲从，下属一旦发现领导某些错误，就应抱着对工作高度负责的态度，及时向领导反映，并请求领导予以改正。

（4）非理想化

在与领导沟通中，下属不能用自己头脑中形成的理想化模式去要求现实中的领导，从而造成对领导的过分苛求。坚持非理想化原则，就必须全面地看待领导，既要看到其优点和长处，又要看到其缺点和短处，同时还要能够容纳领导的一般性错误和缺点，克服求全责备的思想。

2. 与领导沟通的方法

（1）主动沟通

有人说："要当好管理者，要先当好被管理者。"作为下属要时刻保持主动与领导沟通的意识，因为领导工作比较繁忙，不可能经常与员工寻求沟通。但在实际工作中，很多下属都害怕直面自己的上司，不敢积极主动地与上司沟通交流，这是一种职场通病。我们应该消除对上司的恐惧感，上司也是人，也有情感，而人与人之间如果没有了交流和沟通，那么情感也会因此而疏离。

李晓在其主编的《沟通技巧》（航空工业出版社，2006年）一书中有这样一个例子：小丽在一家化妆品公司做财务，一直以来，她踏实肯干，工作能力也很强。但一直没有得到提升，原因是她不善于主动与老总沟通，许多事都等着老总亲自来找她。后来由于工作上的竞争，她被同事踩到了脚底下。小丽吸取失败的教训，辞职后以全新的面貌到另一家公司上班。一个月后她接到一份传真，说她花了两个星期争取到的一笔业务出了问题，她马上去找老总。老总正准备用电话同这位客户谈生意，她就将情况做了汇报，并提出具体的建议和意见。老总掌握这些材料后，与客户交谈时顺利地解决了这一问题。此后，小丽经常主动向老总汇报工作，及时进行良好的沟通，并在销售和管理方面提出了一些不错的意见和建议，不断得到老总的认可。不久，她被提升为业务主管。可见，作为下属主动与领导沟通是十分必要的。那么，怎样消除对上司的恐惧感呢？

首先，要抛弃"不宜与上司过多接触"的观念。合理的沟通观念应该是：和上司沟通是一个职场人士的基本职责之一，因为领导是决策者和管理者，而下属则是执行者和完成者。在决策执行和目标实现过程中，必须借助沟通了解上司的意图，争取上司的支持，获得上司的认可。

其次，不要害怕在上司那里"碰钉子"。当上司反馈意见不理想时，要从沟通态度、方式等方面进行自我反省；同时，要仔细揣摩领导的态度和意见，并通过换位思考去寻求对领导处理方法的理解。

最后，要用改进沟通技能的方法增强自信。在沟通内容上，尽量做到观点清晰、有理有据、层次清楚。在沟通方式上,应采用易被对方接受的沟通频率、语言风格和态度情绪;刚开始时最好采取面对面直接交流的方式,相互熟悉之后可借助电话、短信、电子邮件等方式。

（2）适度沟通

梁玉萍、丰存斌在其编著的《沟通与协调的技巧和艺术》（中国人事出版社,2009年）一书中有这样一个例子:甲和乙是两位新上任的车间主任,业务水平都很高。不过,在与上级沟通时采取的却是截然不同的态度。甲主任认为,一定要和上级搞好关系,于是,有事没事就往厂领导那儿跑,弄得车间员工议论纷纷,都说甲主任只会拍马屁,不关心员工的实际工作。后来这话传到了厂领导耳朵里,领导感到很难堪。与此相反,乙主任则认为"打铁还要自身硬",一天到晚只知埋头苦干,为了业务生产甚至连车间主任会都不参加。可是车间员工也不买账,他们认为这样的主任不会为员工着想;而厂领导也因为他常常不来开会,心生不满,乙主任由此弄得里外不好做人。由此可见甲主任和乙主任与领导的沟通都出现了问题,关键是没有做到适度沟通。

所谓适度,是说下属与领导的关系要保持在一个有利于工作、事业及二者正常关系的适当范围内,形成和谐的工作环境,沟通既不能"不及",也不可"过分"。

目前,下对上的沟通存在两大弊端:一是沟通频率过高。有些下属为了博得领导的赏识和信任,有事没事经常往领导办公室跑,既给领导的正常工作造成了干扰,又会让领导认为你缺乏独立工作能力,遇事没有主见。二是沟通频率过低。有些下属以为干好本职就行了,至于是否向领导汇报思想和工作情况则无所谓,因而该请示不请示,该汇报不汇报,目无组织和领导。久而久之,既不利于开展工作,一定程度上也会影响个人和团队的发展前途。

（3）适时沟通

上司一天到晚要考虑的事情很多,因此应根据问题的重要与否,选择恰当的沟通时机。

首先,要选择上司相对轻松的时候。与上司沟通之前,可以通过打电话、发短信等方式主动预约,或者请对方预定沟通的时间、地点,自己按时赴约。假如是个人私事,则不宜在上司埋头处理大事时去打扰,否则就会忙中添乱,适得其反。

其次,要选择上司心情良好的时候。沟通之前,与其秘书或助理取得联系,以了解对方的情绪状态。当上司情绪欠佳时,最好不要去打搅对方,特别是准备向对方提要求、摆困难或者发表不同意见的时候。

再次,要寻找适合单独交谈的机会。特别是试图改变上司的决定或意向的时候,要多利用非正式场合和没有第三者在场时。这样既能给自己留下回旋余地,又有利于维护上司的尊严。

最后,不要选择上司准备去度假、度假刚回来或吃饭、休息的时间沟通。因为,这时对方容易分散精力,心不在焉,或者匆忙做出决定。

（4）灵活沟通

由于个人的素质和经历不同,不同的领导就有不同的处事风格。揣摩上司的不同风格,在交往过程中区别对待,往往会获得更好的沟通效果,如表8-1所示。

表 8-1　上司风格类型沟通

风格类型	性格特点	沟通技巧
控制型 （权力欲强）	实际，果决，求胜心切	简明扼要，直截了当
	态度强硬，要求服从	尊重权威，执行命令
	关注结果，而非过程	称赞成就而非个性或人品
互动型 （重人际关系）	亲切友善，善于交际	公开、真诚地赞美
	愿意聆听困难和要求	开诚布公地发表意见
	喜欢参与，主动营造融洽氛围	忌背后发泄不满情绪
务实型 （干事创业）	为人处事，自有标准	开门见山，就事论事
	理性思考，不喜感情用事	据实陈述
	注重细节，探究来龙去脉	不忽略关键细节

（5）定位沟通

正确认识自己的角色、地位，真正做到出力而不"越位"，是处理好上下级关系的一项重要艺术。越位是下级在处理与上级关系过程中常发生的一种错误。主要表现在：①决策越位。决策是领导活动的基本内容，不同层次的领导决策权限也不同。如果本该上级做出的决策却由下级做出了，就是超越权限的行为。②表态越位。一个人对某件事的基本态度，往往与其特定的身份相联系，超越身份胡乱表态，是不负责任的表现，是无效的。③工作越位。本该由上级出面才合适的工作，下级却越俎代庖、抢先去做，从而造成工作越位。④场合越位。有些场合，如应酬客人、参加宴会等，应适当突出上级，下级却张罗过欢，风头出尽，也会造成越位。

3. 请示与汇报工作的技巧

请示是下级向上级请求决断、指示或批示的行为；汇报是下级向上级报告情况，提出建议的行为。二者都是职场人士经常性的工作。

（1）明确程序

请示与汇报工作主要有四个步骤：①明确指令。一项工作在明确了方向和目标后，上级通常会指定专人负责此项工作。如果上级明确指示自己去完成这项工作，就一定要迅速准确地把握领导的意图和工作的重点，包括谁传达的指令（who）、做什么（what）、什么时间（when）、什么地点（where）、为什么（why），以及怎么做（how）、工作量（how much）。其中任何一点不明白，都要主动询问，并及时记录下来。最后，还要简明扼要复述一遍，以确认是否有遗漏之处或领会有误的地方。当对领导的指令理解模糊时，决不能"想当然"；在执行任务的过程中，遇到困难或疑惑之处，也要及时跟上司沟通，以避免多走弯路，贻误工作。②拟订计划。在明确工作目标之后，应尽快拟订工作计划，交与领导审批。在拟订工作计划时，应详细阐述自己的行动方案和步骤，尤其是工作进度要有明确的时间表，以便领导进行监控。以制订月销售计划为例：首先，要明确下个月要达成的业绩目标；其次，要说明这些目标有多少源于老客户、多少源于新客户；最后，要说明打算通过哪些渠道，采用什么促销方案来实现这一目标，等等。这样的月销售计划交上去，既具体可行，也方便领导及时纠正。③适时请教。在工作进行过程中，要及时向领导汇报和请教，让领导了解工作进程和取得的阶段性成绩，并及时听取领导的意见和建议。切不可等工作全部结束后,才将工作情况和盘托出。④总结汇报。工作任务完成以后,应及时向领导总结汇报,总结成功的经验和不足之处,以便在今后的工作中改进提高。与上司沟通自己的工作总结,既显示出对上司的尊重,也有利于展示自己的才干,为赢得上司的赏识和器重奠定了基础。例如,小波是一家酒店的销售员,颇得上司的赏识。他之所以能够得到上司的青睐,一方面是因为业绩突出;另一方面就是小波每做完一笔单子,都会以书面的形式总结出这项业务成功与失败的原因。上司对此非常满意,尽管有些单子完成得不是很出色,但上司从来没有责备过小波,相反,还经常给他提出一些合理化建议。

（2）充分准备

"凡事预则立,不预则废"。无论请示还是汇报,要想达到预期目的,事先都必须认真做好准备。首先,要做好思想准备。向领导汇报,既要消除紧张心理,又要克服无所谓的态度,调整情绪,树立信心,认真对待。其次,要做好资料准备。"巧妇难为无米之炊",充分占有资料是汇报成功的基础。如果情况不熟悉,或某方面的情况还不明了,就不能凭主观臆断、道听途说去汇报,搞所谓"领导要,我就报,准不准,不知道"那一套。只有通过调查了解,准确掌握情况,才能进行请示汇报。最后,要搞好"战术想定"。如果是就某个特殊问题请求上司批示,自己心中至少要有两套以上的解决方案,对其利弊了然于胸,必要时向领导阐述明白,并提出自己的主张,争取领导的理解和支持。如果是就某项工作加以汇报,要在明确领导意图的基础上,确定汇报主题,把握汇报重点,组织汇报材料,合理安排内容的顺序与层次;对汇报中可能出现的情况、领导可能提出的问题,要做到心中有数,决不能仓促上阵。

（3）选择时机

除了紧急事件需及时请示、汇报外,还应注意选择以下时机:当本人分管或领导交办的工作告一段落时;工作中遇到较大困难,想求得领导帮助支持时;领导决策需要某方面的信息时;领导主动询问有关情况时;领导有空余时间时,等等。汇报不仅要注意时机,还要区别场合,可以通过会议形式正式汇报的,尽量不要不分场合地临时汇报;当领导公务繁忙或工作中出现困难心情烦躁时,一般不宜贸然开口汇报。应选择领导人乐意听取汇报的时机进行汇报,以取得预期的效果。

（4）因人而异

在请示和汇报时下属应采取不同的方式,以适应不同领导者的风格特点。例如,对于严谨细致的领导者,要解释得详细一点,最好列举必要的事例和数据;对于干练果断的领导者,要注意言简意赅,提纲挈领;对于务实沉稳的领导者,注意语言朴实,少加修饰;对于活泼开朗的领导者,语言可以轻松幽默一些。总之,要针对领导的个性特点,有针对性地搞好请示和汇报。

（5）斟酌语言

向领导汇报工作,一定要抓住重点,简短明快,而不能东拉西扯,词不达意,否则这样的汇报既浪费领导宝贵的时间,又令人生厌。因此,下级向领导做汇报,一定要有提纲或打好腹稿,使用精辟的语言归纳整理所要汇报的内容,做到思路清晰、观点精练、语言流畅、逻辑性强,遣词用语朴实、准确。关键语句要认真推敲;评价工作要把握好分寸,切忌说过头话;列举数字一定要准确无误,尽量避免"大概"、"估计"、"可能"之类的模糊词语。

如果语言啰唆,拖泥带水,再好的内容也汇报不出应有的效果。

（6）遵守礼仪

一是准时赴约。要按照事先约定的时间到达。过早到达或迟迟不到,都是严重失礼的行为。二是举止得体。做到站有站相,坐有坐相,文雅大方,彬彬有礼。三是控制好时间。一般情况下,领导总是想先了解事情的结果,所以在汇报工作时要先说结果,再谈过程和程序。这样,汇报工作时就能简明扼要,有效节省时间。四是注意场合。切忌在路上、饭桌、家里汇报工作,更不能在公开场合与领导耳语汇报工作。

此外,请示与汇报还应注意:要按照下级服从上级的原则,坚持逐级请示、报告;要避免多头请示、报告,坚持谁交办向谁请示、报告,以减少不必要的矛盾,提高办事质量和工作效率;要尊重而不依赖,主动而不擅权。请示、汇报要根据工作需要,不能仰仗、依附于领导,时时、事事都去请教或求助。要在深刻领会领导工作思路前提下,积极主动、大胆负责地开展工作。

4. 说服领导的技巧

所谓说服,是指用充分的理由开导对方,使对方的态度、行为朝特定方向改变的一种影响意图的沟通。人非圣贤,孰能无过?因此,上司也有考虑问题不周全、处理事情欠周到的时候,如果时时处处顺着上司,按照上司的指示开展工作,结果就不堪设想。事实上,在一项措施尚未实施之前发表意见,在决策执行过程中及时指出问题,在上司出现明显错误时提出善意批评,在合理要求遭到上司拒绝时能够据理力争,既是下属的权利和义务,又是证明自己才干、博得上司赏识的有效途径。不过,由于彼此地位、身份、职务有别,下属说服领导与说服同事、竞争对手大不相同。因此要注意说服上司的技巧。例如,春秋战国时期,齐景公喜欢狩猎,特别爱喂养能捉野兔的鹰。一次,烛邹不小心让一只猎鹰飞脱了,齐景公大发雷霆,命令左右将烛邹拉出去斩首。贤臣晏子站出来阻止,他说:烛邹有三大罪状,怎么能这样轻易杀头呢?待臣公布完其罪状再行刑吧。齐景公点头同意,晏子便在众人面前数落道:烛邹,你为大王养鹰,却让鹰跑了,这是第一条罪状;你使大王因为一只猎鹰而杀人,这是第二条罪状;把你杀了,让天下诸侯都知道大王重鸟轻士,这是第三条罪状。齐景公听了晏子的劝谏,脸红了,继而惭愧地说:我明白你的意思了,不用杀头了。

说服领导不是为了证明自己比领导更优秀、更有主见,而是要在不断沟通的过程中发现和学习领导的长处,避免和弥补领导的短处,形成一种相互依赖、彼此信任、配合与协助的关系。在说服中,可以使信息顺畅、对称,通过双方均能接受的方式来处理和明确工作上的问题,关注互补的优势,让差异产生的冲突转化为观点的全面性。如此,借力和使力将比独自解决问题能够更有效地完成任务。所以,说服领导是一种高级沟通的过程,其最终目的是更加有效地推动工作,更加顺利地实现目标。

实际工作中下属对上司说而不服的主要原因有以下几点:一是态度强硬。说服过程一开始,就充分陈述自己的立场观点,并且态度强势,不容置疑,语气肯定,咄咄逼人。然而,效果往往适得其反。正确的做法应该是采取建议性的态度,运用假设或商量性的语气,给上司和自己均留下一定的回旋余地。二是求成心切。说服不是单一事件,很难一次达成共识,需要持续沟通。在说服上司之前必须从各个角度全面审视,做好充分准备。此外,要给上司充裕的考虑时间。三是缺乏技巧。一般人认为,就事论事、条理分明的陈述就能让领导接受自己的看法。其实不然,影响沟通效果的真正原因大多是非理性的,比如是否考虑领导的立场,领导的情绪反应是否适宜继续讨论下去,等等。说服领导应注意以下事项。

（1）充分尊重

在说服上司的过程中,一定要尊敬领导,维护领导的尊严,不能采取过于强势的态度和语气,逼迫对方接受自己的观点。心理学家认为:"在沟通交流中,如果你的态度来势凶猛、大吵大闹的话,也会惹得对方勃然大怒。所以,在说服上司的时候,一定要心平气和,使用的语言也要尽量婉转平和。"

（2）掌握分寸

说服要适可而止,不要反复申说,更不要发生争辩。因为一旦说服陷入僵局,就很可能会前功尽弃。正确的做法应该是:在简明扼要阐述完自己的意见后,礼貌告辞,感谢领导倾听自己的意见和建议,给领导一定的思考和决策时间;即使领导最终没有采纳自己的意见,也要予以充分理解。毕竟决策者所面临的利益冲突和复杂的人际关系是下属无法切身体会的。

（3）理由充足

在说服上司的过程中,自己对双方探讨的问题一定要有专门研究和独到见解,并能恰当运用相关资讯或数据增强自己的说服力。下面的实例可供参考。

A 主管:关于在通州地区设立灌装分厂的方案,我们已经详细论证了它的可行性,大概 3～5 年就可以收回成本,然后就可以盈利了。请董事长一定要考虑我们的方案。

B 主管:关于在通州地区设立灌装分场的方案,我们已经会同财务、销售、后勤部门详细论证了它的可行性。根据财务评价报告显示,该方案在投资后的第 28 个月财务净现金流由负值转为正值,这预示着该项投资将从第三年开始盈利。经测算,该方案的投资回收期是 4～6 年。从社会经济评价报告上显示,该方案还可以拉动与我们相关的下游产业的发展。这有可能为我们将来的企业前向、后向一体化方案提供有益的借鉴。与该方案有关的可行性分析报告我已经带来了,请董事长审阅。

上述两位主管的报告,显然 B 主管更具说服力。[①]

（4）换位思考

即站在对方的角度思考问题,了解对方工作上的难处与苦衷,设身处地地为对方着想。一位商学院教授曾经说过这样的事情:一位程序设计员和他的上司发生争执,为了一个团体的价值问题双方僵持不下。教授建议他们互相变换一下角色考虑,再以对方的立场来解释。几分钟之后他们就发现自己的行为是多么可笑,两个人开始哈哈大笑起来,很快就找到了解决问题的方法。

（5）选好时机

心理学研究表明,人们处在不同的心情环境下,对于否定意见的接受程度也大不相同。因此,每天刚上班和快下班时,节假日、双休日,以及吃饭、休息时都不是说服上司的

① 时代光华图书编辑部.有效沟通技巧[M].北京:中国社会科学出版社,2003.

好时机。一般来说,上午 10 点左右和午休结束后的半个小时里,是领导精力充沛、时间比较充裕的时候,容易听取别人的意见或建议。

（6）含蓄幽默

用轻松幽默的话语来阐述观点,既不伤及上司尊严,又不致把气氛搞僵,往往能够收到事半功倍之效。例如郭台鸿在其所著的《高效沟通 24 法则》（清华大学出版社,2009 年）一书中有这样一个实例颇能说明问题。某公司老板承诺给自己的员工增加薪水,但是很长时间都没有兑现。一个下属对老板说:"我们部门的张三,这两天神思恍惚,我问他是什么原因,他说自己的手头上只有 4000 元钱,而工资要过半个月才能发,但是现在有三件要紧的事情必须去做:一是给孩子的学费 1000 元;二是还房屋贷款 2000 元;三是老婆看中一款价值 2000 元的项链。按理说孩子学费和还房屋贷款是首要解决的问题,可是张三曾经许诺:结婚十周年时给老婆买她最想要的礼物。养家的男人真是不容易啊!"这番意味深长又不失幽默风趣的话引起了老板的深思,不久,他践行了自己的诺言。

（7）充满自信

在与人交谈的时候,一个人的口头语言和肢体语言所传达的信息各占 50%。一个人若是对自己的计划和建议充满信心,那么他无论面对的是谁,都会表情自然;反之,如果他对自己的提议缺乏必要的信心,也会在言谈举止上有所流露。因此,在面对自己的领导时,要学会用自信的微笑去感染领导、征服领导。

5. 妥善处理领导的误解

在实际工作中,由于某些特殊的原因,下级可能会无意得罪上司,遭到上司误解,尤其是在多个上司属下工作、单位人际关系复杂微妙的环境中。遇到这种情形,就必须设法消除误解,否则,就会影响工作甚至个人的发展前途。

黄琳在其编著的《有效沟通:王牌沟通大师的制胜秘诀》一书中有这样一个实例:李杰是三年前从基层调到宣传部的,因为宣传部的方部长是一个求贤若渴的人,见李杰在报纸上发表的文章文笔不错,就多方跑动,终于将这个人才网络到自己的麾下。几年后,由于李杰精明能干,厂里调他到办公室工作,厂办主任也很喜欢他。

过了不久,李杰忽然觉得方部长似乎对自己有点看法,关系好像渐渐疏远了。经了解才知道,原来方部长和厂办主任之间有隔阂。方部长认为,李杰已经是厂办主任的人了,有点忘恩负义。误解的形成很简单:一次下雨,中层干部开会,李杰拿着雨伞去接上司,只发现雨中的厂办主任,却没有看见站在门口躲雨的方部长,这样雨中送伞就送出麻烦了。

盛怒之下,方部长对信得过的人说,都怪他当初看错人了,没想到李杰是个见利忘义的人。时间不长,此话便传到李杰的耳朵里了,他这才意识到自己已经被误解,问题严重了。怎么办呢?李杰真的有些为难了,他经过反复思考是这样处理的:每当有人当面说起自己与方部长的关系时,他总是矢口否认两个人之间有矛盾。这样做一方面可以向方部长表明自己的人品;另一方面可以制止误解继续扩大,便于缓和与方部长的关系。

李杰和方部长在工作中经常打交道。他总是先向方部长问好,不管对方理与不理,脸上总是笑呵呵的。遇到工作上一起宴请客人时,李杰总是斟满酒杯,当着客人的面向方部长敬酒,并公开说明正是由于方部长的培养和提拔,自己才有了今天的长进。李杰的感激和态度,不仅是对客人的介绍,更重要的还是一种心灵道白,表示自己并非忘恩负义的小人,最后,方部长终于和李杰和好如初。

宇宙万物,无时无刻不处于矛盾之中。在与领导共事的过程中,磕磕碰碰是在所难免的。其实,矛盾并不可怕,最重要的是我们能够像上述例子中的李杰那样勇敢地正视它,并运用自己的智慧和技巧化解它。上下级之间最常见的矛盾就是彼此之间存在着误解与隔阂。如果处理不当或掉以轻心,误解就会变成成见,隔阂更会扩展成鸿沟,这无疑对下属是极为不利的。

误解缘何而生? 这是一个非常复杂的问题,它涉及人的心理活动的复杂性。嫉妒、多疑、防范、自负甚至偏爱,都可能诱发领导心中对别人的不信任感,导致各种误解。这里,我们想要探讨的是产生误解的一般性原因或者说客观性原因,也就是:上下级之间存在着信息不完全或沟通不充分的情况。由于缺乏足够的交流,彼此对对方的情况没有清晰的认识,在判断事情上难免加入更多的主观色彩和心理因素,导致对对方的不客观认识和推测。

对待领导的误解,下属最明智的态度就是及时、主动地去消除它,不要让它变成成见与隔阂。怎样消除领导的误解呢? 要从以下几个方面着手。

(1) 掩盖矛盾

在其他同事或上司面前,极力掩盖彼此之间的矛盾,以防事态进一步扩大。

(2) 尊重对方

即使上司误解了自己,仍要尊重对方,见面主动打招呼,不管对方反应如何,都面带微笑;当误解自己的上司遇到困难的时候,要挺身而出,及时"救驾",用实际行动去感动对方。

(3) 背后褒扬

一方面可以通过他人之口替自己表白心迹;另一方面能够很好地取悦于对方。毕竟,第三者的话总是比较真实、可信的。

(4) 主动沟通

经过以上多种努力,彼此之间的矛盾会有所缓和,在此基础上,下级要寻找合适机会,以请教的口吻让上司说出产生误会的原因。此时可以做必要的解释,但一定要注意措辞,适可而止,否则就会显得缺乏诚意,引起对方逆反心理。

(5) 加强交流

误解消除后,要经常与上司进行思想交流和情感沟通,不断增进彼此之间的了解和友谊,以免误解再次发生。

8.1.3　与同事沟通

三国时的荀攸智慧超群,谋略过人。他辅佐曹操征张绣、擒吕布、战袁绍、定乌恒,为曹操统一北方建功立业做出了自己的贡献。在朝二十余年,他能够从容自如地处理政治旋涡中上下左右的复杂关系,在极其残酷的同僚斗争中,始终地位稳定,立于不败之地,原因就在于他能谨以安身,以忍为安,很好地处理同僚关系。他平时特别注意周围的环境,对同僚从不刻意去争高下，总是表现得十分谦卑、文弱、愚钝和怯懦。他对于自己的功勋讳莫如深。这样，他就和其他的同僚和平共处，并且深受曹操宠信，也从来没有人到曹操处进谗言加害于他，朝中朝外口碑极佳。可见，处理好与同事的关系是十分重要的，对职场中人更是如此。

所谓同事关系，是指同一组织内部处于同一层次的员工之间存在的一种横向人际关系。同事之间既是天然的合作者，又是潜在的竞争者，如图 8-2 所示，这是一种微妙的人际关系，必然会产生既渴望"合作"，又警觉"竞争"的复杂心理。因此，职场人士在与同事相处时，应特别注意沟通艺术。

图 8-2　同事基本特征示意

1. 与同事沟通的基本要求

（1）互相尊重

尊重是人的需要，也是沟通的前提。职场人士的尊重需要包括团队成员给予的重视、威望、承认、名誉、地位和赏识等。每个成员都希望获得其他成员的承认，要求给予较高的评价，希望自己受到礼遇，获得较高的名誉和地位。因此，高明的领导者都十分重视尊重员工。尊重是相互的。古人语：敬人者人恒敬之。因此，工作中要想得到同事的尊重，就必须首先尊重同事的人格，尊重同事的工作和劳动，尊重同事在整个团队中的地位和作用。

（2）真诚待人

常言道："精诚所至，金石为开。"同事之间要互相沟通，就必须消除不必要的戒备心理，摒弃"逢人只说三句话，不可全抛一片心"的处事原则，襟怀坦白，以诚相见。唯有真诚，才能打开同事心灵的窗口，才能激起思想和情感上的共鸣。反之，如果当面一套、背后一套，或者说的一套、做的一套，就会失信于人，引起人们的反感。

（3）互谅互让

职场人士都希望有一个平和的、令人心情舒畅的工作环境。但是，同事之间由于思想认识、性格修养、观点立场等方面的差异，看问题的角度会有所不同，处理问题的思路与方法也不尽一致。面对这种差异和分歧，首先，不要过度争论，以免激化矛盾，影响彼此之间的关系；其次，要通过换位思考充分理解对方，并本着从工作出发、为全局着想的原则，求同存异，互相谦让。

（4）大局为重

同事之间由于工作关系而走在一起，就形成了一个利益共同体。其中的每一分子，都要有集体意识和大局意识。因此,在与上司、同事交往时,要尽量保持同等距离,即使和某些同事情趣相投、关系密切,也不要在工作场合显现出来,以免让别的同事产生猜疑心理;在与本单位以外的人员接触时,更要形成荣辱与共的"团队形象"观念,多补台少拆台,不要为自身小利而损害集体大利;不可外扬"家丑",对自己的同事品头论足甚至恶意攻击,影响同事的外在形象。

2. 与同事沟通的方法

（1）重视团队合作

荀子说过:"人力不若牛,走不若马,而牛马为之用,何也? 曰:人能群,彼不能群也。"这段话道出了团队合作的重要性。随着社会分工的越来越细,现代企业越来越强调员工之间的沟通协调。作为企业个体,无论自己处于什么职位,在保持自己个性特点的同时,都必须很好地融入集体。比尔·盖茨认为:"大成功靠团队,小成功靠个人。"因此,在工作中同事要同心协力、互相支持、共同合作;需要大家共同完成的,要预先商定,配合中要守时、守信、守约;自己分内的事要认真完成,出现问题或差错时要主动承担责任,不拖延,不推诿;确需他人协助完成的,要使用请求的态度和商量性语气,不能居高临下、态度生硬。

（2）懂得相互欣赏

人是具有能动思维的主体。人所具有的这种特性,表现在工作中就是有一定的价值目标,即追求理想和信念的成功,也就是成就感。人的成就感包括职业感和事业感两方面。职业感体现为个人对本职工作的态度,事业感则体现为个人追求被群体和社会承认的较高层次的成就。因此,职场人士都有得到赞许的欲望,都希望自己的职业和工作受到别人的重视,得到恰如其分的评价和鼓励。懂得这些,我们就会在长期共事的过程中,善于发现同事的优点、长处及工作中取得的成绩和进步,并加以及时的肯定和赞美。欣赏是人际关系的润滑剂。一句由衷的赞美,既可以表达对同事的尊重,又会赢得对方的好感,进而融洽彼此之间的关系。

（3）主动交流沟通

人际关系是在"互动"中发生联系和变化的。人际关系要密切,注重彼此的交往是前提。因此,在紧张的工作之余不妨主动找同事谈谈心、聊聊天或请教一些问题等,以便加深印象、增进了解。在主动沟通中应把握以下几点:一是选择合适的时间、场合及易引起对方兴趣的话题;二是保持诚恳、谦虚的态度;三是善于体察对方的心理变化,因势利导,随机应变;四是讲究语言艺术,选择"商量式"、"安慰式"、"互酬式"等语言并注意分寸。

（4）保持适当距离

"过密则狎,过疏则间。"同事之间保持适当距离,对人处事才可能客观、公正。每个人都有自己的私人空间,搞好职场人际关系并不等于无话不谈、亲密无间。有时同事之间摩擦不断、矛盾重重,恰恰是由于交往太过密切、随意,侵犯了别人的隐私。所以,当自己的个人生活出现危机时,不要在办公室随意倾诉;要尊重同事的权利和隐私,不打探同事的秘密,不私自翻阅同事的文件、信件,不查看对方的计算机;对同事不过多地品头论足,更不要做搬弄是非的饶舌者。

3. 同事日常沟通要把握分寸

同在一个单位，甚至同处一个办公室，每天都要见面谈话，谈话的内容可能无所不包，涉及工作内外的方方面面。因此，在日常沟通中如何把握分寸，就成了不可忽视的一个环节。

（1）不谈论私事

办公室不是互诉心事的场所，虽然这样的交谈富有人情味，能使彼此之间变得亲切、友善。据调查，只有不到1%的人能够严守别人的秘密。因此，当自己的生活出现危机，如失恋、婚变等，不宜在办公室里倾诉；当自己的工作出现危机，如工作不顺利，对老板、同事有意见，更不应该在办公室里向人袒露。我们不能把同事的"友善"和朋友的"友谊"混为一谈，以免影响正常的工作秩序和自身的形象。

（2）不好争喜辩

同事之间在某些问题上发生分歧很正常，尤其是在座谈、讨论等场合。当别人提出不同意见时，要尊重对方，认真倾听，不随意打断，不急于反驳，在清楚了解对方观点及其理由的前提下，语气平和地陈述自己的观点，并提供支持的理由。切不可抱着"胜过对方"或"证明自己是对的，对方是错的"的心态一味地争执下去，否则就会影响彼此的关系，伤害别人的自尊。

（3）不传播"耳语"

所谓"耳语"，即小道消息，是指非经正式途径传播的消息，往往传闻失实，并不可靠。在一个单位里，各方面的"耳语"都可能有，事关上司的"耳语"可能更多。这些耳语如同噪声一般，影响着人们的工作情绪。对此，应该做到"三不"：不打听、不评论、不传播。

（4）不当众炫耀

在人际交往中，任何人都希望得到别人的肯定评价，都在不自觉地维护着自己的形象和尊严。如果当中炫耀自己的才能、长相、财富、地位等，处处显出高人一等的优越感，那么无形之中就是对他人自尊与自信的挑战与轻视，会引起别人的排斥心理乃至敌对情绪。因此，在与同事相处过程中，应该谨小慎微，认真做事，低调做人，即使自己的专业技术很过硬，深得老板赏识和器重，也不能过于张扬。

（5）不直来直去

我们常常认为心直口快是一种难得的品质，有话就说，直来直去，给人以光明磊落、酣畅淋漓之感。其实，不分场合、不看对象的直率，往往也会成为沟通的障碍，特别是当我们有求于对方或者发表不同见解的时候，更不能过于直截了当。

（6）不随便纠正或补充同事的话

日常交流过程中，可以对某个问题发表自己的见解，但不要随意纠正或补充同事的话，除非工作需要或对方主动请教。否则，会有自以为是、故作聪明之嫌，也会无意损伤对方自尊心。

4. 职场"新人"怎样与同事沟通

这里所说的"新人"是指刚刚参加工作或者新进一个单位的人。良好的沟通是一切工作得以顺利开展的基础。现代企业在招聘员工时,几乎无一例外地将"善于沟通"作为必不可少的条件之一。大多数老板宁愿招一个专业技术平平、但沟通能力出色的员工,也不愿要一个整日独来独往、我行我素的所谓英才。能否与同事、上司及客户顺畅地沟通,越来越成为企业招聘时注重的核心技能。因此,来到一个新的工作环境,能否尽快融入团队、争取同事认可,对于每一个新进人员,特别是刚刚走上工作岗位的年轻人来说,就显得极为重要。

据调查,在初涉职场三年左右的都市白领中,很多人都反映与单位的"前辈"相处存在问题,从工作思路到生活细节,分歧无处不在。其实,职场新、老人之间的矛盾,最根本的问题还是沟通不畅。

(1) 职场新人沟通的原则

职场新人沟通的原则包括:①摆正心态。职场新人要充分意识到自己是团队中的后来者,也是资历最浅的新手,所有的领导和同事都是自己在职场上的前辈。在这种情况下,新人在表达自己的想法时,应该尽量采用低调、迂回的方式。特别是当自己的观点与其他同事有冲突时,要充分考虑对方的权威性,充分尊重他人的意见。同时,表达自己的观点时也不要过于强调自我,应该更多地站在对方的立场考虑问题。②顺应风格。不同的企业文化,不同的管理制度,不同的业务部门,沟通风格都会有所不同。一家欧美的 IT 公司,跟生产重型机械的日本企业员工的沟通风格肯定大相径庭;人力资源部门的沟通方式与工程现场的沟通方式也会不同。新人要注意观察团队中同事间的沟通风格,注意留心大家表达观点的方式。假如大家都是开诚布公,自己也不妨有话直说;倘若大家都喜欢含蓄委婉,自己也要注意一下说话的方式。总之,要尽量采取大家习惯和认可的方式,避免特立独行,招来非议。③及时沟通。不管性格内向还是外向,是否喜欢与他人分享,在工作中,时常注意沟通总比不沟通要好得多。虽然不同文化的公司在沟通上的风格可能有所不同,但性格外向、善于与他人交流的员工总是更受欢迎。新人要利用一切机会与领导、同事交流,在合适的时机说出自己的观点和想法。

(2) 职场新人沟通误区

沟通是把双刃剑,对象选择欠妥,表达方式有误,时机场合失当,都会影响一个人的沟通的效果。新人在沟通中常见的误区有:①把"不会"当成拒绝的理由。当领导安排工作时,某些新人会面带愁容,以"不会"或者"不了解情况"作为推辞。也许确实是不会或不了解工作所需的背景情况,但这不能成为拒绝的理由。不会或者不了解情况,就应该主动向领导和同事们请教。②仅凭个人"想当然"来处理问题。有些新人因为性格比较内向,与同事不熟,或是碍于面子,在工作中遇到难以解决的问题或是不明白领导下达的指令时,不是去找领导或同事商量,而是仅凭自己个人的主观意愿来处理,最后出现问题时往往以"我以为……"、"我觉得……"为自己开脱责任。③迫不及待地表现自己。刚刚参加工作的新人,总是迫不及待地想把自己的创新想法说出来,希望得到大家的认可,正所谓"初生牛犊不怕虎"。实际上,一个人的想法可能存在疏漏或不切实际之处,应主动征求并虚心接受同事的意见或建议。

(3) 职场新人沟通应注意的事项

首先,多听少说。初来乍到,一切都是陌生的,只有多观察、多思考、少说话,才是尽快了解和适应新的工作环境的明智之举。

其次，礼貌周全。对待身份、职位清楚的同事，可用"姓＋职务"的方式称呼，如"张经理"、"王主任"等；对待暂时还不甚熟悉的同事，可一律尊称为"老师"，因为一个人只有学会了谦虚，在需要帮助的时候才会容易得到别人的支持。

再次，中道而行。在新的工作环境中，必须学会与同事保持一定距离，凡事采取中道而行、适可而止的办法，公平地对待每一个同事。对于喜欢"拉帮结派"、搞小团体的人，要敬而远之，远离是非。

最后，尊重老员工。老员工由于资格老、贡献大、经验丰富、忠诚度高，在职工中常常拥有较高的声望，因而是新进人员不得不重视的一个群体。在与老员工沟通过程中，首先，要有积极主动的态度，遇事多虚心请教；其次，要以礼相待，尽量使用"您"或"您老"等敬辞，及"请"、"麻烦"、"谢谢"等礼貌用语；最后，要充分尊重对方的意见或建议，即使双方存在分歧，也要把敬意和肯定放在前面，用谦虚、委婉的方式表明自己的观点。

5. 劝慰同事的技巧

俗话说"患难见真情"。当同事在工作中遇到了麻烦，本人或者家中遭遇了不幸，我们理应伸出援助之手，努力为对方排忧解难，给同事以安慰和鼓励，这是人之常情，也是一种为人处世的美德。但是，要使劝慰真正收到实效，必须掌握劝慰的艺术。

（1）劝慰同事的基本要求

① 同情而非怜悯。当一个人遭到挫折和不幸的时候，十分需要别人的同情。真正的同情，是站在完全平等的地位上交流思想感情，给对方以精神和道义上的支持，并分担对方的感情痛苦，使不幸者痛苦、懊丧的消极情绪得以宣泄，并逐渐消除心理上的孤独感，不断增强战胜困难的信心。怜悯则是对不幸者的感情施舍，其结果，要么是刺伤不幸者的自尊心，从心理上拒绝接受；要么使不幸者更加心灰意冷，无法振作精神重新站起来。

② 鼓励而非埋怨。遭遇挫折和不幸的人，由于一时无法摆脱感情上的羁绊，往往会垂头丧气、消极悲观。此时，最重要的是通过积极鼓励，给予信心和勇气，让他在困难的时候看到前途和希望。一味埋怨只会使不幸者更加悲观，个别情感脆弱者甚至会走上极端。

③ 安抚而非教训。当一个人遭到挫折，精神处于迷惘状态时，特别需要有人给他以及时安抚和真诚开导，针对他此时此刻的心理，循循善诱、积极开导，帮助对方解除忧愁、驱散烦恼。如果以教训人的口吻讲大而空的道理，只能使对方更加不安，甚至产生破罐子破摔的情绪。

④ 选择恰当的时机。劝慰效果的好坏很大程度上取决于能否选择恰当的时机。对生老病死等突发事件要注意及时安慰；当一个人情绪处于失控的情况下，任何劝慰都听不进去，就要等他冷静下来后再去交谈。

（2）劝慰同事的技巧

① 劝慰事业受挫者。对于胸怀大志而又在事业上屡遭挫折和失败的同事，最重要的是对其事业的充分理解和支持。在劝慰过程中，应注意理解多于抚慰、鼓励多于同情。最好的安慰是帮助其总结经验教训，分析面临的诸多有利和不利条件，克服灰心丧气的情绪，树立必胜的信心。

② 劝慰患病者。一般来说,生病的人都会感到心情烦躁,有些病人还会顾虑重重,因病住院者更常常感到寂寞、孤单和愁闷。在探望生病同事时,要视其具体情况思考谈话内容。对于身患重症、绝症的同事,即便友情再深,也不能在其面前流露哀伤情绪,以免给病人造成精神上的压力和负担,而应选择较为愉快的事情进行交谈,并多讲些安慰、鼓励的话。

③ 劝慰丧亲者。亲人去世,同事的悲伤心情可想而知。安慰这些同事,专注地倾听尤其重要,要倾听对方的回忆和哭诉,让其悲痛的心情得以宣泄和释放,这样有利于对方恢复心理平衡。此外,还应与同事多谈死者生前的优点、贡献以及后人对他的敬仰怀念,因为,对死者的评价越高,其亲属就越感到宽慰,进而也能尽快解脱丧亲的沉重与悲痛。

④ 劝慰受轻视者。在现实生活中,那些因能力平平或其他原因而被上司和同事轻视的人,往往都存在一个共同的心理缺陷——自卑。因此,劝慰时应多讲些成功人士的典型事例,鼓励对方不要向现实屈服;同时,要善于挖掘对方身上不易觉察的优点和长处,从而唤醒他的自尊心和自信心,使其坚信只要充分发挥自己的主观能动性,就一定能够取得成功,赢得别人的尊重与信赖。

此外,劝慰应注意:避开对方的痛处和能够引起对方伤感的相关信息;认同对方的感受,以示理解和同情;引导对方把注意力集中到如何解决问题上;控制好自己的情绪;真诚地关心对方,经常关怀对方的生活与工作。

8.1.4　与下属沟通

1. 与下属沟通的意义

美国银行前总裁史蒂芬·盖瑟曾经亲身体会到作为领导者与下级沟通的重要性。20世纪80年代末期,大学刚毕业的他就在一家大规模的投资公司任业务主管。他在洛杉矶西区拥有住宅,开着一辆奔驰,时年不过25岁。此时他自认为是神童,可以呼风唤雨,无所不能,而且在他人面前也毫不掩饰这种自大的态度。20世纪90年代以后,美国经济开始萎缩,裁员的风暴无情袭来,起初他不以为然。可没想到有一天,老板对他说:"史蒂芬,你的能力没话讲,可是问题出在你的态度上,公司里没有人愿意与你配合,我恐怕必须请你离开公司。"这真是晴天霹雳,像他这样的人才居然被开除了!此后,经过几个月求职的挫折,他以前那种自大的态度已荡然无存。他终于意识到应该与他人有效沟通,并帮助那些处境不如自己的人。他换了一种态度去待人,变得更有人情味、更可爱、更能共事了。之后周围的人也开始关心他,三年后,他又回到高级主管职位,只不过这一次周围的同事都是他的朋友了。史蒂芬·盖瑟的亲身经历说明与下属沟通是十分重要的。

管理者不仅要把工作设计成为生产产出过程,更应该设计成为人和人交流、协作、沟通,实现员工深层交往需要以及个性、心理满足的过程。管理者必须了解员工的观点、态度和价值,努力帮助员工在工作中实现其价值。实现这一目标的根本途径即是面对面的语言沟通。没有沟通,就没有了解;没有了解,就没有全面、整体、有效及平衡的管理过程。

在现实生活中,上下级出现沟通问题屡见不鲜。管理者在处理人与人之间的各种矛盾时谴责、贬斥、误解,或是以一种"我是领导我怕谁"的态度对待别人,都会把事情搞糟。即使在世界上著名的大公司,类似的事件也屡见不鲜。

身为领导,不管工作多么繁忙,都要保留与下属沟通的时间。美国前总统里根被称为"伟大的沟通者",在漫长的政治生涯中,他深切体会到与自己的服务对象沟通的重要性。即使在总统任内,他也保持着阅读来信的习惯。他请白宫秘书每天下午交给他一些信件,再利用晚上时间在家里亲自回复。克林顿总统也常常利用传媒与人们面对面交流,借此了解他们的想法,表达对他们的关切。即使无法解决所有人提出的问题,但总统亲自到场聆听人们的意见,表达自己的想法,这本身就具有沟通的意义。

真正有效的沟通并不妨碍工作,比如开会、讨论、走廊里的短暂同行、共进午餐的时机,等等,都是进行沟通的机会。要成功地与下属沟通,关键有三点:一是怀有真诚的态度,不走形式;二是保持开放的心态,不搞"一言堂";三是主动创造沟通的良好氛围,不咄咄逼人。

2. 与下属谈心的技巧

有这样一则寓言:一把坚实的锁挂在铁门上,一根铁杆费了九牛二虎之力还是无法将它撬开。钥匙来了,它瘦小的身子钻进锁孔,只轻轻一转,大锁就"啪"的一声开了。铁杆奇怪地问:"为什么我费了那么大气力也撬不开,而你却轻而易举地就把它打开了呢?"钥匙说:"因为我最了解它的心。"

领导的才能不是表现在告诉员工如何完成工作,而是使得员工发挥能力去完成它。因此,身为领导,必须注意通过语言沟通,了解本单位、本部门每个员工有形的和无形的需求,并设法满足其正当需求,如此员工才会更忠诚、更有凝聚力。而在实际管理工作中,领导者往往重视自身的带头示范作用,却忽视了跟员工的沟通,尤其是上、下级之间的真诚谈心。

(1)贴近下属,寻求沟通

奥田是丰田公司第一位非丰田家族成员的总裁,在长期的职业生涯中,奥田赢得了公司内部许多人士的深深爱戴。他有1/3的时间在丰田城里度过,常常和公司里的多名工程师聊天,聊最近的工作,聊生活上的困难。另有1/3的时间用来走访5000名经销商,和他们聊业务,听取他们的意见。奥田贴近下属的沟通之道颇值得我们借鉴。

下级对上级,往往存在各种各样的心态:试探、戒备、恐惧、对立、轻视、佩服、无所谓,等等。有的员工在上级面前唯唯诺诺、不敢妄言,在同事面前则落落大方、侃侃而谈。因此,身为领导应该避免使用命令、训斥的口吻讲话,要放下架子,以平易近人、亲切和蔼的姿态去寻求沟通,如经常深入基层和员工之中,通过召开座谈会、个别访谈、即时聊天等形式,了解员工关心的焦点问题,征求员工的意见和建议,关心员工的工作和生活。只有这样,下级才会敞开心扉,畅所欲言。

(2)仔细倾听,适时提问

沟通艺术的核心在于仔细倾听和适时提问。一个优秀的领导人应该具备"作为一个听者所拥有的非凡技能"和一针见血地提出问题的能力。通过聆听,充分体味下属的心境,了解信息的全部内容;通过提问,促进沟通的深化,探究信息的深层内涵。二者均可为准确分析反馈信息、调整管理方式提供客观依据。因此,在谈心过程中,领导者要尽量少说多听,不随意插话,不轻易反驳;提问要言语简洁,要等对方说完或者说话告一段落时再提问。

（3）设身处地,换位思考

站在他人立场上分析问题,能给人以善解人意、体察入微的印象。这种投其所好的技巧常常具有极强的说服力。要做到这一点,知己知彼十分重要,唯有知彼,方能从对方立场上考虑问题。这就需要领导者经常深入基层开展调研,及时了解和掌握职工的思想动态和关心的利益所在。在谈心时,要善于联系对方的身份、职位和目前的工作、生活境况去揣摩对方心理,做到想对方之所想,急对方之所急,以真正理解对方的思想观点。

（4）拉近距离,平等交流

谈心伊始,要特别重视开场白的作用。可以先扯几句家常,开一些善意的玩笑,以消除对方的拘束感,拉近双方心理上的距离,然后再慢慢引出正题。在阐述自己观点时,要有平等的姿态,晓之以理,动之以情,不以势压人,不训斥命令;音量适中,语气平和,语调自然,态度和蔼;手势或动作幅度不宜过大;多采用商量性的口吻,如:"你觉得我的话有道理吗?""你同意我的意见吗?"

3. 表扬下属的技巧

表扬下属,即对下属的行为、举止及工作给予正面评价。其目的是传达肯定的信息,激励下属更加自信和努力地工作。

表扬能够满足人的心理需要,是促使员工乐于合作的驱动力。心理学研究表明:爱听赞美是人们出于自尊的需要,是渴求上进,寻求理解、支持与鼓励的表现,是一种正常的心理需求。当一个人具有某些长处或取得某些成就,他还需要得到社会的承认。如果我们能以诚挚的敬意和赞美的语言满足其心理需求,他就会变得更加令人愉快、通情达理和乐于合作。

表扬是对他人的肯定和赏识,能够有效激发下属的工作积极性和主动性。美国一位著名社会活动家曾推出一条原则:"给人一个好名声,让他们去达到它。"事实上,被表扬的人为了不负众望,往往会做出惊人的努力,取得显著的成绩。因此,表扬是现代社会管理者用得最多又最易得到对方认同的一种激励措施。

赞美有助于获取他人好感,能够有效地融洽上下级之间的关系。精通赞美的艺术,可以"予人玫瑰,手有余香"。这符合人际交往中的酬赏原则,即"我给你好话,你给我好感"。也正因为如此,有人才把它称为"人生的润滑剂"。

因此,身为领导者,在重视物质和金钱奖励的同时,应该努力发现下属的优点、进步及成绩,并及时送上自己真诚的赞美。心理学家杰斯莱尔说:"表扬就像温暖人们心灵的阳光,我们的成长离不开它。但是绝大多数人都太轻易地对别人吹去寒风似的批评意见,而不情愿给同伴一点阳光般温暖的表扬。"

作为一种沟通技巧,表扬部下不是随意说几句好听的话就可以奏效的。事实上表扬部下也要掌握一些技巧。

（1）态度真诚

赞美之词应发自内心,真心实意,且以事实为依据。当我们毫无根据、虚情假意、夸大其词地去赞美一个人时,不仅会使对方感到莫名其妙,还会给人留下油腔滑调、言不由衷的印象,甚至令对方误解为讽刺挖苦。所以在赞美下属时,必须确认对方有此优点或长处,并且要有充分的理由去赞美他。

（2）内容具体

表扬下属最好就事论事,有明确的指代和理由,避免使用空洞的、公式化的夸奖语,如:"你干得不错!"、"你很棒!"、"你表现很好!"等。只有依据具体事实予以正面评价,才能引起对方感情上的共鸣。例如:"你的调查报告中关于技术服务人员提升服务品质的建议,是一个能解决目前问题的好方法,谢谢你提出对公司这么有用的办法。""你今天在会议上提出的维护宾馆声誉的意见很有见地。"

（3）注意场合

当众表扬部下要特别慎重,因为"枪打出头鸟",在众人面前特别赞美个别下属,容易打破其他下属心理上的平衡,引发不满情绪,激起不必要的矛盾。因此,要慎选公开表扬的对象和时机。确需进行公开褒奖的,最好是有被大家一致认同的突出事迹。例如:在业务竞赛中名列前茅者、对公司做出重大贡献者、在公司服务 25 年以上的资深员工,等等。这些行为都是在公平公开的竞争下产生的,早已得到公司员工认同,一般不会产生异议。

（4）雪中送炭

一个集体里最需要表扬的员工,往往不只是那些能力与业绩均十分突出的人,而是从不引人注目、甚至略有自卑感的人。他们平时难得听到表扬,一旦由于某些特殊原因被当众赞美,就能唤起强烈的自尊心和自信心,从而精神焕发,更加努力地工作和生活。因而,身为上司,一定要善于发现蕴藏在下属身上的、暂时还鲜为人知的优点,并及时进行赞美,以满足对方扩大自我的心理需求,使赞美收到独特的效果。

（5）间接表扬

间接表扬有两种方式,一种是借用第三者的话来表扬对方。这样往往比直接表扬对方的效果要好,因为第三者的话总是比较客观可信的。比如:"前两天我和刘总经理谈起你,他很欣赏你接待客户的方法,你对客户的热心与细致值得大家学习。好好努力,别辜负他对你的期望。"一种是在当事人不在场的时候表扬。这种方式更能让被赞美者感到自己的诚意,因而更能加强赞美的效果。

总之,表扬是人们的一种心理需要,也是敬重他人的一种表现。身为单位领导或部门主管,决不能吝惜对部下的表扬,无论是在人前或者人后,无论是在上级领导或其他同事面前,都要不失时机、恰如其分地夸奖自己的部下。

4. 批评下属的技巧

在管理学中有个木桶原理,说的是一个由很多块木板组成的木桶,决定其容积大小的不是最长的那块,而是最短的那块木板。单位或部门也是如此,员工就是那些组成木桶的木板,团队竞争力就是木桶的容积。从这个角度看,在灵活运用激励制度的同时,管理者更应站在客观的立场,认真把握批评的尺度和方式,才能提携后进,保证团队的整体竞争力。

通常,人们总是用"忠言逆耳"、"良药苦口"告诫被批评者要虚心接受批评意见,不应计较批评的方法。作为批评者,要使自己的批评被对方顺利接受,做到忠言不逆耳,是需要讲究批评艺术的。

（1）欲抑先扬

卡耐基说过："矫正对方错误的第一个方法——批评前先赞美对方。"的确，在批评之前先就对方的长处给予真诚的赞美，就能化解被批评者的对立情绪，使批评在和谐的氛围中进行，从而达到预想效果。这种方法尤其适用于脾气倔强或敏感自尊的下属。例如，20 世纪 20 年代的美国总统柯立芝批评女秘书时，是这样说的："你今天穿的这件衣服真漂亮，你是一位迷人的年轻小姐。"然后接着说："你很高兴，是吗？我说的是真话。不过，另一方面，我希望你以后对标点符号稍加注意，让你打的文件跟你的衣服一样漂亮。"结果女秘书非常愉快地接受了他的批评。

（2）选择时机

时机的选择和把握，是批评能否收到良好效果的重要一环。一般来说，双方情绪比较平静，交谈气氛较为融洽，或者没有第三者在场的时候，都是开展批评的恰当时机。要尽量避免在大庭广众之下指名道姓地批评下属，必要时可采用模糊词语，如："最近一段时间，有些员工纪律松懈，上班有迟到、早退现象。个别员工还在上班时间聊天、上网、煲电话粥等，这些都是公司明令禁止的，希望各位严格自律。"

（3）就事论事

批评他人通常是件比较严肃的事情，所以一定要客观具体，就事论事。要始终围绕对方所做的错事，不转移话题，不随意联想。批评的话要简洁明了，适可而止。如果多次批评都不见效，就需变换批评的思路和方式了。

（4）不作比较

俗话说，尺有所短，寸有所长。每个人身上都有自己的优缺点，我们不能拿一个人的短处与他人的长处相比，也不能将一个人做错的事与别人做对的事相比，否则就会有失公允，得出的结论也无法让人信服。在批评下属的时候，尤其不能拿其他"优秀员工"作横向比较，以免挫伤被批评者的自尊心。

（5）因人而异

由于经历、知识、性格等的不同，不同的人接受批评的能力和方式也会有很大区别，在沟通中我们应根据不同的对象采取不同的批评方式。对涉世不深的年轻人，最好是语重心长地直接批评，不转弯抹角、含含糊糊，以免对方产生误解；对自觉性较高的中老年人，要变批评为提醒，且不多言多语；对承受能力较强的男性下属，语言可以直白、明了些；对敏感自尊的女性下属，则需含蓄温和、点到为止。

（6）友好结束

正面的批评，或多或少都会给对方造成一定压力。如果一次批评不欢而散，对方可能会增加精神负担，产生消极情绪，甚至对抗情绪，会为以后的沟通带来障碍。所以，每次批评都应尽量在友好的气氛中结束。在批评结束时，不以"今后不许再犯"这样的话作为警告，而应以鼓励性的语言提出希望，比如："我想你会做得更好"或"我相信你"，并报以微笑，让下属把这次沟通当成是鼓励而不是一次意外的打击。这样有助于对方打消顾虑，增强改正错误、做好工作的信心。

此外，批评应该注意"八忌"：一忌无凭无据，捕风捉影；二忌大发雷霆，恶语伤人；三忌吹毛求疵,过于挑剔;四忌清算总账,揭人老底;五忌当面不说,背后乱说;六忌夸大事实,无限升级;七忌威胁逼迫,以势压人;八忌一批了之,弃之不管。

5. 调解下属矛盾的技巧

首先让我们看一个实例:张某和刘某同是某单位一科室的副科长。起初,两人关系融洽,工作上配合十分默契。但在一次中层领导干部竞聘中,张某经过竞聘提拔为科长后,张、刘的关系急剧恶化,身为副职的刘某非但不配合张某的工作,反而经常拆台搞内讧。不仅如此,他还不时背后诋毁张科长,说"张某任科长一职是花钱买来的"之类的话。张科长知道后也暗恨刘某,后来两人发展到见面不打招呼、无话可说的地步。

局领导对此十分重视,局长亲自召集全局领导班子开会研究调停冲突方案。会上,决定先由分管该科的林副局长出面作调停工作。林副局长接到任务后,便分别找张、刘两人单独谈话。谈话内容各有侧重,对刘某主要是让他说说对组织提拔张某有什么看法,如果组织上真有违反干部任用条例之处也希望他提出来,如属实,组织坚决公正决断,但不能无根据地瞎编乱谈。此外,还向他指出班子闹不团结的危害性,不但影响工作,而且影响个人前途。通过谈话使之认识到自己的错误。对张科长则要求他作为一科之长要以大局为重,要有宽大的胸怀,善于求同存异,虚心听取各种不同的意见和建议,以宽容对待冲突,以礼貌谦让对待冷嘲热讽,不要总是对一些细枝末节斤斤计较,更不能对一些陈年旧账念念不忘。在大是大非面前要冷静头脑,要善于团结下属,共同把工作搞好。

经过第一次谈话后,局领导又按计划安排对张、刘的第二次谈话。这次谈话由局主要领导出面,以邀请张、刘两位科长共进晚餐的方式进行,谈话地点选在原先两人要好时常去的某饭店进行。大家都按时到位后,先由局长谈话。局长说:二位科长能不计前嫌,迈过门坎,走在一起共进晚餐不容易,局领导感到很高兴,这是科长们以大局为重的一种表现,并对他们的诚意表示感谢。然后,由二位科长先后发言,谈话间,各表衷心、互赔不是,以求得对方谅解,场面甚是感人;最后便是大家端起团结的酒杯,握手言欢,共祝工作如意!

由此可见:只要有人的地方,就必然会有矛盾与冲突发生,而矛盾与冲突的结果,不仅会破坏人与人之间的和谐关系,而且会削弱一个集体的凝聚力和战斗力,降低整个团队的声誉和绩效。因此,领导者的日常管理活动之一就是处理下属之间的矛盾冲突。

那么,怎样正确处理下级之间的矛盾,营造和谐、积极的工作氛围呢?

(1)事前有预案

识别冲突,调解争执,是管理者最重要的能力之一。当发现下属间发生冲突时,如果盲目调和,往往收效甚微,搞不好还会火上浇油,弄巧成拙。因此,要对冲突的原因、过程及程度等作详尽的了解后,研究制订出可行的调和方案,并按方案进行调和。

(2)大局为重

现代社会的一个重要特点就是分工严密,这样可以提高工作效率,但同时也带来了一个不可避免的缺陷,这就是彼此之间缺乏相互了解。在诸多的矛盾冲突中,虽然双方在各自的利益上产生纷争,但共同的目标还是一致的,因此管理者应让冲突双方清醒地意识到,单纯地指责对方是无济于事的,只有相互配合、密切协助才能解决纷争,才能实现团队的共同目标。事实上,当双方均以单位的整体利益为重时,心中的怒气就会化为乌有。

（3）换位思考

在局部利益冲突中，双方所犯的错误多半是只考虑自己，以自己为中心，而不能体谅对方。而让他们互相了解、体谅对方的最好办法，莫过于各自站在对方的立场上去考虑问题。当双方确实做到这一点后，可能就会握手言和、心平气和地协商一种积极性的解决冲突的方法。孔子说"己所不欲，勿施于人"，正是设身处地、从对方角度看问题而得出的结论。

（4）折中调和

领导是下属之间矛盾的最终仲裁者。仲裁者要保持权威，就必须坚持公平、公正的原则。如果偏袒一方，就会使另一方产生不满和对立情绪，进而加剧矛盾，甚至将矛盾转化为上下级之间的矛盾，使矛盾性质发生变化。所以，冷静公允，不偏不倚，是处理下属矛盾时最起码的原则，尤其是在调节利益冲突时。此外，很多情况下冲突双方均有道理，但又各执一词，很难判断谁是谁非。这时候，折中协调、息事宁人是最好的解决办法。

（5）创造轻松气氛

发生冲突双方均抱有成见和敌意，所以在进行调解时缓和气氛很重要。调解不一定在会议上、办公室里进行，有时在餐桌上、咖啡厅、领导家里效果反而会更好。

总之，下属之间的矛盾冲突是多样的，调和的办法不能千篇一律，要在实际工作中根据不同的冲突对象、起因及程度采用灵活的技巧来加以调解。

8.2 能力开发

8.2.1 阅读思考

1. 职场沟通必备的八个黄金句型

（1）我们似乎碰到一些状况

妙处：以最婉约的方式传递坏消息

如果立刻冲到上司的办公室里报告这个坏消息，就算不关你的事，也只会让上司质疑你处理危机的能力。此时，你应该用不带情绪起伏的声调，从容不迫地说出本句型，要让上司觉得事情并非无法解决，而"我们"听起来像是你将与上司站在同一阵线，并肩作战。

（2）我马上处理

妙处：上司传唤时责无旁贷

冷静、迅速地做出这样的回答，会令上司直觉地认为你是一名有效率的好部属；相反，犹豫不决的态度只会惹得工作本就繁重的上司不快。

（3）安琪的主意真不错

妙处：表现出团队精神

安琪想出了一条让上司都赞赏的绝好妙计，你恨不得你的脑筋动得比人家快；与其拉长脸孔，暗自不爽，不如偷沾他的光。会让上司觉得你富有团队精神，因而会对你另眼看待。

（4）这个报告没有你不行啦

妙处：说服同事帮忙

有件棘手的工作,你无法独立完成,怎么开口才能让那个在这方面工作最拿手的同事心甘情愿地助你一臂之力呢?送高帽,灌迷汤,而那些好心人为了不负自己在这方面的名声,通常会答应你的请求。

(5)让我再认真地想一想,3点以前给你答复好吗?

妙处:巧妙闪避你不知道的事

上司问了你某个与业务有关的问题,而你不知该如何作答,千万不可以说"不知道"。本句型不仅暂时为你解危,也让上司认为你在这件事情上很用心。不过,事后可得做足功课,按时交出你的答复。

(6)我很想知道你对某件事情的看法

妙外:恰如其分的讨好

你与高层要人共处一室,这是一个让你能够赢得青睐的绝佳时机。但说些什么好呢?此时,最恰当的莫过一个跟公司前景有关,而又发人深省的话题。在他滔滔不绝地诉说心得的时候,你不仅获益良多,也会让他对你的求知上进之心刮目相看。

(7)是我一时失察,不过幸好……

妙处:承认疏失但不引起上司不满

犯错在所难免,勇于承认自己的过失非常重要,不过这不表示你就得因此对每个人道歉,诀窍在于别让所有的矛头都指到自己身上,坦诚却淡化你的过失,转移众人的焦点。

(8)谢谢你告诉我,我会仔细考虑你的建议

妙处:面对批评表现冷静

自己的工作成果遭人修正或批评,的确是一件令人苦恼的事。不需要将不满的情绪写在脸上,不卑不亢的表现令你看起来更有自信,更值得人敬重。[①]

思考题:

(1)为什么职场沟通须必备以上八个黄金句型?

(2)请在职场沟通中活用以上八个黄金句型。

2. 职场沟通有方法 小时矛盾不激化

职场中,为何双方说了半天也没有抓住沟通的本质?为何已经布置了工作,下属却连个反应都没有?出现这些"沟"而不"通"的情况,主要是由于你没有用心与他们沟通。只有在沟通之前排除双方的沟通障碍,在沟通过程中抓住沟通的本质并根据说话内容及时做出反馈,才能实现完美沟通。根据对企业培训管理现状的调查发现,有超过80%的员工有沟通课程的培训需求,有60%以上的员工表示在与上级、同事、客户等日常沟通中出现困扰,也有的看过不少沟通书籍,但不知如何实际运用。

每天,职场人士都会面对种种不同的沟通挑战。你的老板拒绝给你升职加薪,你的孩子是否应该接受名校教育,你的爱人梦想去异地发展更好的仕途。如果这些问题处理不当,我们就会陷入"我是对的,你是错的"这样一种无效的沟通模式中,而这往往会让谈判陷入僵局,最终导致两败俱伤。

---

① http://www.39.net/mentalworld/zcxj/tsjw/94745.html.

在职场中，做事能力差不多的两个人，语言表达能力不好的那一位，升迁机会往往要比那个既会办事又会说话的人少得多。而在说话能力里，和领导沟通的能力是重中之重。拼搏在职场，也许你总能出色地完成工作任务，但每当你盼望着评优、加薪、升职时，这些好事却总是离你远去。这时，你最该思考的就是自己和领导之间在沟通上是不是出了问题。切记，要想前程更加美好，学会和领导说话的能力必不可少！

有人说，干得好不如说得好。这句话虽然有些偏颇，但是在职场中，如果会做事再加上会说话，这样的员工肯定能迅速受到领导的青睐和重用。

对于每一个人来说，办事的能力和说话的能力同样重要。在说话能力里，和领导沟通的能力是重中之重。据美国一家研究所进行的一项专门调查显示，有80％以上的企业管理者经常发出这样的抱怨：员工语言表达能力每况愈下，这主要表现在两个方面：与同事沟通出现语言障碍，向领导汇报时表述不清。

另一个数据也同样说明了这个问题。有65％以上的员工因为语言能力问题而迟迟得不到升迁，有的员工即使因为业务能力强而暂时得到升迁，但继续升迁却困难很大，究其原因就是语言表达能力不过关。在职场中，有很多人不善于和领导沟通，甚至害怕和领导沟通。尽管领导对自己也算不错，尽管彼此并无什么矛盾，尽管也明白沟通很重要，但在工作中还是会不自觉地减少与领导沟通的机会，或者减少沟通的内容。

沟通是双向的，既要表达也要反馈，几乎每一位下属都会很在乎领导的反馈。良好的反馈能激发出人们沟通的积极性，而不适当的反馈容易挫伤沟通的积极性。不过，要想获得领导的反馈，下属就应该积极主动地加强和领导的沟通。沟通中不能得到领导良好的反馈，的确很影响员工的积极性。而当领导反馈不佳时，你首先要判断，是否有可能让领导意识到他的问题所在。值得注意的是：不论领导的言行举止是否合适，努力履行自己工作的职责最为关键。

说话沟通是一项重要的技能。在和领导的沟通中，你需要不断地提高自己的这项技能。比如在沟通内容上，要坚持使自己观点清晰，重要内容有理有据，且能够被理解；在沟通方式上，采用领导容易接受的沟通频率、语言风格、态度和情绪。刚开始时，最好更多地采用面对面的沟通方式，熟悉之后可以采用电话、电子邮件等方式。在可能的情况下，应该建议并协助团队建立良好的沟通机制。

什么是沟通技能不足的表现呢？常见的有以下几种。

（1）表达内容不清晰，从而引起领导的不满。下属愿意把自己的工作坦诚、细致地反映给领导，但由于缺乏清晰的叙述，占用了领导较多的时间，从而引起了领导的急躁情绪。

（2）缺乏观点，使领导难下决策。缺乏应有的资料和观点，在汇报中缺乏有力的论证，让领导难于决策。

（3）过分捍卫，不顾颜面。很固执地捍卫自己的观点，常和领导发生争执，不顾及领导的颜面，从而激起领导的对抗和排斥。

（4）咬文嚼字，滋生紧张感。过多使用一些领导并不明白的术语和概念，甚至用咬文嚼字来显示自己的能力，使领导产生紧张感，而不愿意继续沟通。

（5）考虑不全面。更多地考虑自己的工作目标和需要，而没有考虑领导的感情、利益和价值观。

（6）沟通方式单一。在某种情形下适用的沟通方式，可能在另外的情形下就不适用了。因此,要学会在不同的情况下采取不同的沟通方式。

沟通拒绝真空的存在。当沟通存在真空时,我们可以想象这对领导和企业将是何等的灾难。我们经常会看到以下的情景:因为没有领导的言论,人们开始自己杜撰出消息,特别是采用谣传、影射和闲话的形式,最终结果是使难题加剧。本来是应该帮助解决问题的员工们,却变成了问题的一部分!

职场竞争激烈,想要引起领导注意,不能单靠默默地完成有限的工作任务,懂得和领导进行高效沟通,才能让领导觉得眼前一亮。同样的努力想得到最大的收获,其中关键一点还是看你会不会说话,善于和领导沟通。能让你百倍的努力得到千倍的回报。学会和领导说话是职场人士工作中的一门必修课。掌握与领导沟通的诀窍,能使你更容易理解领导的意图,更好地执行领导下达的任务,成为领导的左膀右臂。[①]

思考题:

(1) 请谈谈你对"职场沟通无小事"这句话的理解。

(2) 本文对你有何启发?

8.2.2 案例分析

1. 小王的被动局面

小王是一个大学毕业参加工作不久的"新人"。她做事认真细致,和同事、下属关系都很融洽,可是她不愿意和上司主动交流。她说其实挺欣赏自己上司的,认为他敬业、有才华、对下属负责,但她不知为什么一见上司就底气不足,对于和上司沟通的事能躲就躲。有一次,因为没有听清楚上司的意思,导致上司交给她的工作被耽搁了,上司事后问她:"为什么你不过来再问我一声?"她说:"怕您太忙。"上司很生气地说:"我忙我的,你怕什么?"时间长了,小王一和上司沟通就紧张,出现脸红、心跳、说话不利落的状态。大家都认为王小姐怕上司,她自己也这么认为。上司看见她这样,也就很少和她单独沟通。一次,晋升的机会来临了,小王很想把握住这个机会,但她又犹豫了,因为升职后的工作会面临比较复杂的关系,需要经常和上司保持沟通。她觉得自己天生怕领导,因此就坐失了良机。[②]

讨论题:

(1) 假定你是小王,会采取怎样的措施挽回这种被动的局面?

(2) 初入职场的新人与上司沟通应该注意什么?

2. 对　话

张杰和刘力是同室好友,关系十分密切。张杰家境不太好,在学习的同时,每天早晨不到 5 点就要到一家餐厅打工。随着学习压力的增大,期末考试期间两人之间出现矛盾。下面这段对话后,两人之间出现了裂痕。

刘:你上班为何非得把全宿舍的人都闹醒啊?

---

① 谭小芳.职场沟通有方法 小事矛盾不激化.中国职工教育,2013(3).

② http://www.8090health.com/Item/4695.aspx,2011-01-02.

张:你以为我愿意起这么早? 我父亲可不愿意一年到头供养我,我得自己挣钱养活自己。不像你,赖在屋里,靠家里供养。你自己最清楚,你是我认识的人中最懒的一个。

刘:别来这一套! 昨晚看书一直看到深夜两点的是谁? 谁又说什么了? 难道你就不能轻一点吗? 那么自私呢,就不稍稍考虑一下别人! [①]

讨论题:

(1) 请分析两人在言语表达上有哪些失误。

(2) 如果你是张杰或刘力,你会如何表达以避免一场口舌之争呢?

3. 一个不受欢迎的人

小陈是毕业于北京某重点大学的研究生,在单位工作几年后,由于业务能力突出被提拔为车间主任。这对他来说是一个施展才华的大舞台。但他在与别的车间主任交流时,总是流露出对这些工人出身的主任的不屑,开口闭口总是我们研究生如何、你们工人怎样,很快就把自己陷入与其他车间主任格格不入的境地,成为一个不受欢迎的人。最终不得不调换工作岗位。[②]

讨论题:

(1) 小陈在工作沟通中存在什么问题?

(2) 本案例给你哪些启示?

4. 职场新人

小曹是长沙某大学大三的学生,20 天前,她来到了王女士所在的报社实习。适逢暑假实习高峰期,小曹成为王女士第 4 个实习生。实习第一天,老师和她没有过多的交流,就是叫她看报纸。

和所有初入社会的人一样,小曹对自己走入职场的演习充满着憧憬。可她没想到,王女士工作很忙,对她关注较少,也很少带她出去实地采访。在王女士看来,实习生应该多找线索多出门,单独完成采访更加锻炼人。而小曹认为,老师就应该多言传身教。在这样的观念分歧下,实习了 20 天的小曹感觉"再也憋不住了",于是在 QQ 空间里写下了一篇日志来发泄:"每天 37℃高温,至少 4 个小时的车程,实习一个月,作品任务还没完成;实习老师不和我交流,也不带我出去采访,我真的什么都做不好吗? 每年都实习,花很多钱不说,还找不到工作……"[③]

讨论题:

(1) 本案例中小曹的问题出在哪里?

(2) 职场新人应该怎样做好沟通?

5. 不善沟通的小王

小王分配到机关工作,本是件令人开心的事,但是上班几个月以来,小王却感到很郁

---

① 漫看云卷云舒,http://www.mkyjys.com.

② 梁玉萍,丰存斌.沟通与协调的技巧和艺术[M].北京:中国人事出版社,2009.

③ 智通人才网,http://www.job5156.com.

闷,由于自己口舌拙笨,总是让同事不高兴。一次,奔丧回来的老李来到办公室,小王马上站起来安慰他说:"听说你岳母大人被车撞死了,我们都很难过,希望你节哀顺变。"老李面色阴沉地走出办公室。[①]

讨论题:

(1) 本案例中小王的问题出在哪里?

(2) 如果你遇到这种情况,你会怎么跟老李说?

8.2.3　训练项目

模拟职场沟通训练

实训目标:使学生了解沟通的过程并掌握沟通的基本技能;培养语言表达能力和沟通能力;通过活动,提高学生的团队协作意识以及其他综合能力。

实训学时:2 学时。

实训地点:教室或实训室。

实训准备:

(1) 分组,每组 4～6 人,设 1 人为组长。

(2) 以小组为单位,自主选择一种工作沟通形式。

(3) 根据要求各组分配人员角色,讨论设计故事情节,并进行认真准备。

实训方法:

(1) 按小组顺序进行模拟演练。演练之前,每组派 1 人说明本组模拟的职场沟通形式及所要表达的主题。

(2) 在模拟过程中,各组成员要认真严肃,尽力扮演好自己的角色,言谈举止符合角色要求。

(3) 每组演练后,指导教师与学生共同点评。

课后练习

1. 作为一名大学生你为了将来更好地适应社会,胜任未来的工作岗位,一定有一些兼职经历,请你把自己兼职经历中体会到的一些工作中与上级、下级和同事之间沟通的经验总结出来,在课堂上与同学们分享一下。

2. 从老师与学生、同事、领导的沟通中体会:①领导如何与下属沟通;②同事之间如何沟通;③下属如何与上级沟通。

3. 自己实习或大学毕业来到一个新的工作环境,面对初次见面的领导和同事,设想一下应该说的话和说话的技巧。

---

① 黄琳.有效沟通:王牌沟通大师的制胜秘诀[M].北京:中国华侨出版社,2008.

任务9

气质培养

做一个杰出的人,光有一个合乎逻辑的头脑是不够的,还要有一种强烈的气质。

——[法]司汤达(Stendhal)

气质之美与其说是来自内心的修养,不如说它是来自一种对美好事物的欣赏能力。这份欣赏力就使一个人的言谈举止不同流俗。

——[法]罗曼·罗兰(Romain Rolland)

 学习目标

- 掌握气质的内涵、类型及其与职业的关系。
- 明确良好气质的要求。
- 掌握良好气质的培养方法,并能身体力行不断提升气质魅力。

 案例导入

曹操的气质风度

据《世说新语》记载:曹操个子较矮,一次匈奴来使,应由曹操接见。可是,曹操怕使者见自己矮而看不起,于是请大臣崔琰冒充自己,曹操则持刀扮成卫士站在崔琰的旁边观察使者。崔琰"眉目疏朗,须长四尺,甚有威重"。接见后,曹操派人去探听使者的反应,使者说:"魏王雅望非常,然床头提刀者,此乃英雄也。"曹操具有高度的政治、军事、文化素养,养成了封建时代的政治家特有的气质,因此,他的风度并不因他身材矮小而受到影响,也不因他扮成地位低下的卫士而被掩盖。①

气质,作为个体带有倾向性的、本质的、相对比较稳定的个性特征、风格以及气度的总

① 郭文臣,等.交际与公关礼仪[M].大连:大连理工大学出版社,1998.

和,常常体现于个人的实际工作和言谈举止中,成为反映其内在精神修养状况的重要心理坐标。一方面,气质有先天遗传性;另一方面,气质又是在生命个体的生活工作实践中不断变化并趋于相对稳定的。人类群体生活实践证实,当个体的气质与其所处生存环境相对和谐时,个人的整体潜能会得以更好地挖掘。

气质作为个人最一般的特征,其魅力可以通过人的风度、性格、智慧等表现出来。在这个竞争激烈的年代,只凭"内秀"而缺乏"外秀"只会令竞争力大打折扣;只凭"外秀"而缺乏"内秀"的形象也将是苍白无力的。现代社会诸多事例表明,"金玉其外,败絮其中"固然不好;而"败絮其外,金玉其中"亦不足取。只有"内外兼修"、与时俱进,才能在人生职场的竞争中立于不败之地。因此,加强气质培养和塑造,不断改善和提升个人整体形象,才能更好地生存于社会、服务于社会,这也是当代大学生自我发展的必然要求。

9.1 知识储备

9.1.1 气质概述

1. 人的气质内涵

气质(temperament)一词来源于拉丁语 tempeamerturm,原意是掺和、混合。在现代心理学中,气质是指人的典型的稳定的心理特点,气质的稳定性是相对的。气质是人的个性心理特征之一,它是指在人的认识、情感、言语、行动中,心理活动发生时力量的强弱、变化的快慢和均衡程度等稳定的动力特征。主要表现在情绪体验的快慢、强弱,以及动作的灵敏或迟钝方面,因而它为人的全部心理活动表现染上了一层浓厚的色彩。它与日常生活中人们所说的"脾气"、"性格"、"性情"等含义相近。

气质主要表现为人的心理活动的动力方面的特点。所谓心理活动的动力是指心理过程的速度和稳定性(例如知觉的速度、思维的灵活程度、注意力集中时间的长短)、心理过程的强度(例如情绪的强弱、意志努力的程度)以及心理活动的指向性特点(有的人倾向于外部事物,从外界获得新印象;有的人倾向于内部,经常体验自己的情绪,分析自己的思想和印象),等等。

气质仿佛使一个人的整个心理活动表现都涂上个人独特的色彩。人的气质本身无好坏之分,气质类型也无好坏之分。心理学上讲的气质,具有以下两个方面的特征:第一,气质具有天赋性,气质是由生理机制决定的,一个人从出世开始,就具有了与众不同的气质特点。第二,气质具有稳定性和可变性,一个人具有某一方面的气质特点,就会随时随地表现出来。

2. 气质学说

(1)四液说

古希腊著名的医生、哲学家希波克拉底(Hippocrates)认为,每一个人之所以独具特色,是因为在他们身上具有四种体液:血液、黏液、黄胆汁和黑胆汁,这四种液体构成了人体的性质。这四种体液的对应关系如表 9-1 所示。

表 9-1　四种体液的对应关系

四液	生理基础	气质类型	特　点
黄胆汁	生于肝	胆汁质	热烈易怒
血液	生于心脏	多血质	热情易变
黑胆汁	生于脾（胃）	抑郁质	谨慎迟缓
黏液	生于脑	黏液质	细微抑郁

　　希波格拉底认为这四种体液在人体中比例协调人就健康，比例失调人就生病，人的气质取决于这四种体液的混合比例，哪一种体液在人体内占优势，其人就属于哪一种气质类型。他的学说在现实生活中和我们观察到的四种气质类型的典型特点极为一致，相当吻合，所以他的学说对后人关于气质类型的研究有较为深远的影响，受他的影响，气质类型的名称一直沿用了 2000 多年。

　　（2）阴阳五行说

　　早在黄帝时《内径》医学典籍对阴阳五行学说就有深刻的研究，《周易》《尚书》等哲学著作中也对阴阳五行说进行过探讨。可见，我国对人类体型、体液的研究很早以前就开始了。按阴阳之强弱将人分为：太阳、少阳、太阴、少阴、阴阳平衡。阳即为兴、强、活之意；阴则为抑、弱、冷之说。五行思想是古代的医学家把五行"金、木、水、火、土"与五脏、五色联系起来。其对应关系如表 9-2 所示。

表 9-2　阴阳五行说对应关系

五行	五脏	五色	阴阳	特点
金	肺	白色	太阳	刻板
木	肝	青色	厥阴阳	安静
水	肾	黑色	少阴	善欺
火	心	赤色	少阳	实效
土	脾	黄色	太阴	忠厚

小知识

五　行　人

　　《黄帝内经》的《灵枢经》中根据五行和五形进行了"人格五分法"。如，对五行人作了描述。

　　"木形之人，其为人苍色，小头、长面、大肩背、直身、小手足……为才、好劳心、少力、多忧劳于事"，是说木形人肤色苍白，头小面长，两肩宽阔，背部挺直，身体弱小，体力不强，手足灵活，有才智，好用心机，多忧劳于事物，非常劳心。这一类人属于足厥阴肝经，它的特点是柔美而安静。

　　"火形之人，其人赤色，广今、锐面小头、好肩背髀腹，小手足，行安地，疾心，行摇，肩背肉满……有气、轻财、少信、多虑、见事明，好颜、急心"。这一类人皮肤呈赤色，齿根宽广，脸形尖瘦，头小，肩背髀腹匀称，手足小，行路步履急速摇动，脊背肌肉宽厚。有气魄，轻财,缺乏信心,多忧虑,对事物观察和分析很敏锐、明白、清楚,爱美,性情急躁。这一类人属于少阳心经,他们的特征是讲求实效,对事物的认识很深。

"土形之人,其为人黄色,圆面,大头,美肩背,大腹,美股胫,小手足,多肉,上下相称,行地安,举足浮……安心、好利人,不喜权势,善附人也"。他们肤色略黄,面圆头大,肩背丰满而健美,腹大,从大腿到足胫都很健壮,手足小,肌肉丰满,全身上下各部分都很匀称,步履稳定,举足很轻。这一类人很安静,不急躁,做事足以取信于人,助人为乐,不喜欢权势,爱结交人。这种人属于太阴脾经,他们的特征是诚恳而忠厚。

"金形之人,其人方面,白色,小头,小肩背,小手腹,小手足,如骨发踵外,骨轻……身清廉,急心、精悍、善为吏"。他们的特征是面方,皮肤白,小头,小肩背,小腹,小手足,足跟坚厚大,其骨如生在足踵的外面一样,骨轻……他们行动轻快,禀性廉洁清白,性情急躁刚强,不动则静,动时则猛悍异常,果断利索,办事认真。这种人属于太阴肺经,他们的特点峭薄寡恩,对任何事物都不肯徇私。

"水形之人,其人为黑色,面不平,大头,广额,小肩,大腹,动手足,发行摇身,下长,背延延然……不敬畏,善欺坑人……"水形人的特点是皮肤黑色,面部多皱而不光洁,头大,额部宽阔,两肩小,腹部大,手足好动,骨和脊背很长,行路时摇摆身体。对人的态度既不恭敬又不畏惧,善于欺诈。此种人属于少阴肾经,他们的特征是人格卑下。

我国的阴阳五行学说与体液说源出一辙,颇有异曲同工之妙。

(3)高级神经活动类型说

苏联著名生理学家巴甫洛夫(Pavlov)认为:人类高级神经活动过程就是兴奋与抑制的过程,兴奋与抑制过程的强度、平衡性与灵活性决定人类特有的高级神经活动类型,也称之为兴奋、抑制学说。

兴奋过程是跟有机体的某些活动的发动或加强相联系的;抑制过程是跟有机体的某些活动的停止或减弱相联系的。二者相互依存,相互转化。如,清醒时兴奋占优势,睡眠时抑制占优势。

神经过程的强度,是指大脑皮层经受强烈刺激或持久工作的能力。强刺激引起强兴奋,弱刺激引起弱兴奋。但是,刺激物很强时,并不是所有的有机体都能以相应的兴奋对它发生反应,兴奋过程强的人,对很强的刺激仍能形成和保持条件反射,兴奋过弱的人,对很强的刺激不能形成条件反射,并且抑制和破坏已经建立的条件反射,甚至会导致神经活动的"分裂。"抑制过程较强的动物可以耐受不间断的内抑制5～10分钟,而抑制过程弱的动物则不能耐受持续15～30秒钟的内抑制,甚至会导致中枢神经系统的病变。

神经过程的平衡性,指兴奋过程和抑制过程之间力量的对比。兴奋过程的强弱和抑制过程的强弱大体上相近,即是平衡的,其兴奋过程和抑制过程的强弱出现较大的差势则是不平衡的。

神经过程的灵活性,是指对刺激物的反应速度以及兴奋过程与抑制过程相互转换的速度。如,有的人灵活,有的人不灵活。我们把神经系统的特性看作"天赋的特性",研究表明,神经过程的三个特性是变化的,例如,兴奋过程强抑制过程弱的动物,经过训练有可能使抑制过程增强而与兴奋过程相平衡。

巴甫洛夫根据神经活动系统的三种特性将高级神经活动分为四种类型。

（1）强、平衡而灵活的类型。健康、坚强、充满活力的神经活动类型。这是一种最完善的类型，这种类型的人比其他类型的人能较好地与环境维持平衡。这种类型的人受刺激时活泼、灵敏，没有受刺激时倾向于昏沉。他们很容易建立抑制性条件反射。在不良的环境中，这种类型的人也难出现神经性疾病。

（2）强、平衡而不灵活的类型。能够良好地适应环境。这种类型的个体兴奋过程和抑制过程都强，而且平衡，这是一种坚韧而行动迟缓的类型。由于神经过程不灵活，这种类型的个体很难适应快速变化的环境。即使生活在不良的环境中，也很难出现神经性疾病。

（3）强而不平衡的类型。个体兴奋过程强于抑制过程，这是一种容易兴奋、不受约束的类型，所以也称为不可遏制型。在特别强的抑制情境中，这种类型的个体倾向于抑郁和昏沉，或者产生难以遏制的行为或攻击性行为。

（4）弱型。这种类型的个体需要特殊的环境才能生存，他们难以建立条件反射。这种类型的个体神经细胞很弱，所以正常强度的刺激也会引起他们的保护性抑制，在新刺激作用下，会产生错乱，甚至衰竭。这种类型的个体常见于神经官能症，他们也很难对抑制性刺激做出反应。环境中的快速、经常性的变化会引起行为错乱。弱型具有一定的保护性，他们只有在特定的环境中生活才有价值。

强、平衡而灵活的类型称为活泼型；强、平衡而不灵活的类型称为安静型；强而不平衡的类型称为兴奋型；弱型称为抑郁型。这些高级神经活动的类型，是人的气质形成的生理基础，得到了人们的认可与接受。

高级神经活动类型与气质类型对应关系如表 9-3 所示。

表 9-3　高级神经活动类型与气质类型对应关系

高级神经活动类型			气质类型	参照系
强型	不平衡型（不可遏制型）		胆汁质	常见
	平衡型	灵活（活泼型）	多血质	最常见
		不灵活（安静平衡型）	黏液质	常见
弱型（抑制型）			抑郁质	少见

3．四种典型的气质类型

现代心理学研究了人身上一些共同的或近似的心理活动动力特征的规律，根据人的感受性、耐受性、敏捷性、兴奋性以及内倾、外倾等特征不同程度的结合，按其规律，组织分类，并参照或者说沿用了古希腊著名医生希波克拉底的学说，将这些心理活动的动力特征分门别类地归纳出了四种气质类型，虽说科学依据尚显不足，但是得到了心理学界的普遍认可。气质分如下四种典型类型。

（1）胆汁质

胆汁质的特点是强烈的兴奋过程，较弱的抑制过程，情绪难以自制，反应敏捷，行动果断，明显的外倾性。此类人精力充沛，敢说敢干，热情直爽，勇往直前，敢冒风险，冲动莽撞，易怒易躁，激动热烈。

（2）多血质

多血质的特点是情绪兴奋度强,具有灵活性和较高的可塑性,适应性强但稳定性较差,具有外倾性。此类人活泼好动,思维敏捷,情绪易变,朝气蓬勃,注意力涣散,兴趣易变,聪颖伶俐,善与人交,天真活泼。

（3）黏液质

黏液质的特点是兴奋和抑制过程比较平衡,感情不易兴奋,不易激动,有较强的稳定性和持续性,反应较慢,不易外露,较为内倾。此类人沉着冷静,反应缓慢,坚韧练达,老练,态度稳重,交际适度,注意稳定,埋头苦干,忍耐力强,沉默稳重。

（4）抑郁质

抑郁质的特点是较强的抑制过程,较弱的兴奋过程,反应缓慢迟钝,感情细腻、深刻,严重内倾。此类人沉默寡言,敏感多疑,易倦,审慎小心,观察力强,注意细节,不善交际,喜欢独处,行动缓慢,胆小心细,孤僻冷漠。

以上四种类型的人在对待同一事物中,他们的心理活动、言语表现、行为方式会各不相同。例如,工作中遇到挫折失败,胆汁质的人会暴躁易怒,不问青红皂白地与人争斗;多血质的人则会问明问题的症结,在接受教训的同时,他会很风趣地回敬别人,很快地把不愉快的事转移;黏液质的人则会蹲在一旁生闷气,不肯轻易发表意见;而抑郁质的人则经受不住打击,会多疑别人瞧不起自己,可能一蹶不振,成为精神负担。这是比较明显的四种气质类型的不同表现。但是在现实生活中,一个人往往是同时具有几种气质类型特点的混合型。

气质类型特征及行为方式的典型表现如表9-4所示。

表 9-4 气质类型特征及行为方式的典型表现

气质类型	高级神经活动类型	气质心理特征的组合	行为方式的典型表现
胆汁质	强而不平衡型(不可遏制型)	感受性低,有一定耐受性,反应快而不灵活,情绪兴奋性高,抑制能力差,外倾性明显,行为有一定的可塑性	直率、热情、精力旺盛、情绪激动、心境变换剧烈、脾气急躁
多血质	强而平衡灵活型(活泼型)	感受性低,耐受性高,反应快而灵活,情绪兴奋性高,外部表露明显,外倾性明显,行为可塑性大	活泼好动、敏感、反应迅速、喜欢与人交往,注意转移,兴趣变化,缺乏持久力
黏液质	强而平衡(不灵活型)安静型	感受性低,耐受性高,反应迅速缓慢,具有稳定性,情绪兴奋性,内倾性明显,行为有可塑性	安静、稳重、反应缓慢,情绪不易外露,注意力稳定,难转移,善于忍耐
抑郁质	弱型(抑制型)	感受性高,耐受性低,速度慢,刻板而不灵活,情绪兴奋性高而体验深,内倾性特别明显,行为可塑性小	情绪体验深刻,行动迟缓,能察觉他人不易察觉的事情,富于幻想,胆小

气质本身并无好坏之分。气质并不决定人的性格品德,任何气质类型的人,都既可能

养成良好的品质和习惯,也可能形成不良的品质和习惯。不论哪一类气质类型都有其闪光的一面,也都有其晦涩的一面,即积极的一面和消极的一面。举例如下。

胆汁质:热情敏捷——积极;急躁易怒——消极。

多血质:聪慧活泼——积极;注意涣散——消极。

黏液质:沉着稳重——积极;固执淡漠——消极。

抑郁质:观察细腻——积极;多疑多虑——消极。

由此看来,不论哪一种气质类型的人都各有所长、各有所短,人生事业成败不在于气质本身,而在于驾驭气质的能力。

气质是与生俱来的心理动力特征,打上深深的遗传烙印,对于一个人来说没有选择的余地,重要的是了解自己,自觉地发扬自己气质中积极的方面,努力克服气质中的消极方面。

4. 气质与职业

(1) 变化型

变化型的人在新的或意外的活动以及新的工作情境中感到愉快,他们喜欢工作内容经常有些变化。在有压力的情况下他们的工作往往很出色,他们善于将注意力从一件事情转到另一件事情上,追求多样化的工作,典型的职业有记者、推销员、采购员、演员、消防员、公安司法人员,等等。

(2) 重复型

重复型的人适合连续不停地从事同样的工作,他们喜欢按照一个机械的、别人安排好的计划或进度办事,爱好重复的、有计划的、有标准的工作。典型的职业有纺织工、印刷工、装配工、电影放映员、机床工以及中小学教师等。

(3) 服从型

服从型的人喜欢按别人的指示办事,他们不愿自己单独做出决策,喜欢让他人对自己的工作负起责任。典型的职业有秘书、办公室职员、打字员、翻译人员等。

(4) 独立型

独立型的人喜欢计划自己的活动和指导别人的活动,他们在独立的负责工作情况中感到愉快,喜欢对将来发生的事情做出决定。典型的职业有厂长、经理、各种管理人员、律师、医生、电影电视制片人、军事指导员、侦察人员、驻外人员等。

(5) 协作型

协作型的人在与人协同工作时感到愉快,他们善于让别人按他们的意愿来办事,他们想得到同事的喜欢。典型的职业有社会工作者、婚姻介绍所工作人员、青年或妇女工作干部、心理咨询人员等。

(6) 孤独型

孤独型的人喜欢单独工作,不愿与人交往。较适合的职业有编辑、校对、排版、雕刻等。

(7) 劝服型

劝服型的人喜欢设法使别人同意他们的观点,一般是通过谈话或写作来表达,他们对别人的反应有较强的判断力,且善于影响他们的态度、观点和判断。典型的职业有作家、教师、政治工作者、宣传人员以及商业工作者等。

（8）机智型

机智型的人在紧张的和危险的情况下能很好地执行任务，他们在危险的情况下能自我控制和镇定自如，他们在意外的情况中工作得很出色，当事情出了差错时，他们不易慌乱。典型的职业有车辆、船舶、飞机的驾驶员、警察、节目主持人、消防员、救生员、潜水员、电力维修员等。

（9）经验决策型

经验决策型的人喜欢根据自己的经验作出判断，当别人犹豫不决时，他们能当机立断做出决定，当必要时，他们用直接经验和直觉来解决问题。典型的职业有股票经营者、商业工作者、个体摊贩、农民等。

（10）事实决策型

事实决策型的人喜欢根据事实决策，他们要求根据充分的证据来下结论。他们喜欢使用调查、测验、统计数据来说明问题，引出结论。典型的职业有实验员、化验员、自然科学研究者、大学教师等。

（11）自我表现型

自我表现型的人喜欢能表现自己的爱好和个性的工作情境。他们根据自己的感情做出选择，他们喜欢通过自己的工作来表达自己的理想。典型的职业有演员、诗人、音乐家、画家、摄影家、剧作家等。

（12）严谨型

严谨型的人喜欢注重细节的精确，他们按一套规则和步骤将工作尽可能做得完美。典型的职业有金融工作者、会计、出纳、统计、档案管理等。

9.1.2 气质的培养

我们这里所提到的气质培养，实际上主要是人格（气质、性格、能力）的培养，因此，这里所讲的气质，是一种内在修养和外在形象的结合；是一种只可意会不可言传的美；是可以征服人的内心的一种形象，与是否漂亮无关；是厚重的文化底蕴与素质修养的升华；是经得起时间考验的人格魅力与高雅气质。要想培养自身良好的气质，首先要明确良好气质的基本要求，然后掌握正确的培养方法，长期坚持，一定会达到完善原有气质特征、塑造完美形象的目的。

1. 良好气质的要求

良好的气质包括内在的气质和外在的气质，是以其丰富的内在素养为底蕴，加上外在形象的塑造而构成的，内在的优良气质应该是：远大的理想和坚定的信念、高尚的道德品质、扎实的文化知识、良好的心理素质以及积极的创新精神和实践能力。外在的优良气质应该是：在待人接物、为人处世和日常外事等交往中行为得体、语言文明、礼仪庄重、着装得体大方。通过这种内在和外在的气质培养，塑造一个既有人格魅力又具有高雅气质的比较完整的优良气质形象。

如果一个人没有理想、缺乏道德、知识匮乏,会造成内心空虚,那就无法表现出内在的气质美。而外在的气质又是通过在内在素养孕育的基础上,加上得体的行为举止、文明的语言、庄重的礼仪礼节、大方得体的着装等多方面体现出来,形成一个比较完整的优良气质形象。

良好的气质要求做到以下几点。

（1）合适的感受性和灵敏性

感受性是指个体对外界刺激达到多大强度时才能引起反应;灵敏性是指个体心理反应的速度和动作的敏捷程度。感受性过高,势必造成精力分散,注意力不集中,影响正常工作;感受性太低,也会出现怠慢现象,必须随时调节感受性和灵敏性至合适状态。

（2）忍耐性和情绪兴奋性不能太低,可塑性强

忍耐性是指个体遇到各种刺激和压力时的心理承受力。情绪兴奋性是指个体遇到高兴和扫兴时,是否能够控制自己的情绪。人在遇到挫折、压力、巨大挑战的时候,思想情感都会有波动,如遇到尖酸刻薄的人、不可理喻的事控制情绪于良好状态,体现出一个人很高的素质修养。面对这样的问题,选择积极的、催人奋进的语言给自己打气,进行心理暗示、告诉自己一定可以战胜挫折。

（3）自信

自信就是相信自己,深信自己有能力去完成自己所负担的各种任务。自信心就像人的能力的催化剂,将人的一切潜能都调动起来,将各部分的功能推动到最佳状态。而高水平地发挥在不断反复的基础上,会逐渐巩固成为人的本性的一部分。自信的人表现在对工作的积极性和主动性上,会产生战胜困难的巨大勇气;缺乏自信是一个人性格软弱的表现,表现为缩手缩脚、犹豫不决,丧失勇气而自卑。

小泽征尔因自信而取胜

小泽征尔是世界著名的交响乐指挥家。在一次世界优秀指挥家大赛的决赛中,他按照评委会给的乐谱指挥演奏,敏锐地发现了不和谐的声音。起初,他以为是乐队演奏出了错误,就停下来重新演奏,但还是不对。他觉得乐谱有问题。这时,在场的作曲家和评委会的权威人士坚持说乐谱绝对没有问题,是他错了。面对一大批音乐大师和权威人士,他思考再三,最后斩钉截铁地大声说:"不! 一定是乐谱错了!"话音刚落,评委席上的评委们立即站起来,报以热烈的掌声,祝贺他大赛夺魁。

原来,这是评委们精心设计的"圈套",以此来检验指挥家在发现乐谱错误并遭到权威人士"否定"的情况下,能否坚持自己的正确主张。前两位参加决赛的指挥家虽然也发现了错误,但终因随声附和权威们的意见而被淘汰。小泽征尔却因充满自信而摘取了世界指挥家大赛的桂冠。[①]

---

① http://www.honggushi.com/Article/cgjl/200909/11344.html.2009-09-21.

（4）诚实待人和诚实待己

一是对人讲真话，忠诚老实，不弄虚作假，不阳奉阴违；二是要诚实地对待自己，如实地反映自己的优缺点，恰当地评价自己。相信别人，待人真诚，并能积极倾听别人的想法，从他们的行为中寻找优点，恰到好处地推崇赞扬别人。

（5）谦虚

谦虚是公认的一种美德，是一种良好的个性品质。"满招损、谦受益"，"莫言人非、莫道己长"确实是一种境界和修养。

（6）宽容

宽容就是能够容忍、有气量，不过分计较和追究，能够谅解他人。应做到：一是能以大局为重，不计较个人得失，在非原则问题上能够忍让；二是团结和自己意见不同甚至相反的人一道共事，求大同存小异，保持良好的人际关系；三是不嫉贤妒能，绝不能心胸狭窄。

宽容不是简单的忍受，而是理解、同情、练达、包涵，是因大而容，因容而大。无论遇到多么大的困难，都要认真解决，任何时候都不要为自己的错误找借口，诚恳地感谢指出自己错误的人，有利于错误的改正，同时对他人做错事时要给予谅解与包容。保持心情愉快、舒畅，不为芝麻小事烦心，保持阳光心态。

（7）具有较强的观察力和准确的判断力

具有敏锐的观察力，通过着装、表情、言谈举止对人和事进行准确地判断。

（8）出色的表现能力和表达能力

通过自己的语言、行动和表情，完整、准确、恰当地表达自己的观点和思想，展示自身的魅力。

这些是很完善的人格特征，是人的一生中努力追求和完善的一个目标，完美的人格，散发出无尽的气质魅力。

2. 良好气质的培养

举止得体、语言文明大方、人际关系和谐，是完美人格、高雅气质的展现，那么如何培养良好的气质，树立良好的个人形象呢？

（1）丰富自身内涵

精神世界的美与丑是形成气质的内在根源。唯有美好的情操，才有照人的风采。长期的思想文化和道德品质的修养是形成良好气质的重要因素。为此要倍加珍惜自己的青春年华，立志高远，努力学习，加强道德文化修养。培根说过："读史使人明智，读诗使人灵秀，数学使人周密，科学使人深刻，伦理学使人庄重，逻辑学使人善辩：凡有所学，皆成性格。"唯有内在美，才能导致外在美。而内在美的形成非一日之功，它需要不懈地努力，不断地积累，不断地进行思想文化和道德情操的修养，才能逐渐培养起来。

① 树立崇高的理想信念。这是现代人培养气质美的基本前提。理想信念是人生奋斗的目标和指路明灯，没有理想信念的追求和支撑，人只能浑浑噩噩、内心空虚、萎靡不振，所以有人说：没有理想信念的青春是灰色的，没有理想信念的行为是盲目的，没有理想信念的生活是乏味的。现代人一旦树立了坚定的理想信念，就会朝气蓬勃、充满斗志、乐观向上，朝着明确的目标，以坚强的毅力，努力提高精神境界，塑造高尚的人格。这样，就

会在工作和生活中塑造出美好、阳光的气质和风度。

② 培养高尚的道德品质。道德品质的纯洁高尚或庸俗低下是一个现代人是否受欢迎的分水岭。道德高尚的人具有爱心、诚信、真心；以热爱祖国、服务人民、崇尚科学、辛勤劳动、团结互助、诚实守信、遵纪守法、艰苦奋斗为自己的道德准则，使自己成为引领社会主义道德风尚的楷模。

③ 多读书，提高审美观和自信心。要通过多读书，读好书提高自己对美的认识水平和内在的修养。因为，读万卷书，如行万里路；读有字之书，哲学书籍，可以培养出气质；读专业书籍，可以提高正确的审美观及意识；读休闲书可以培养出灵气。多接近一些气质好的人并和他们交朋友，多参与一些集体娱乐和体育锻炼活动，自觉地给自己创造一些能培养优雅大方的气质和令人心情愉悦、快乐的环境；此外，还要自信，在接纳自己的基础上美化自己，也就是说你一定要对自己满意、欣赏，用爱来呵护自己，热爱自己身体的每一部分，爱自己做人的风格。当你接纳喜爱自己时，你就会从内心深处绽放出一种美丽，不管在什么场合都能从容不迫、大方得体、潇洒自信、无形中也增加了你的气质魅力。

④ 正确审视自己，实现自我价值。要接纳自己的外貌和一切，对他人爱护关心。每个人都有着独特的气质和优点，也对他人有着吸引力，所以我们要认识自己的优缺点，并加以运用和发挥，更好地显示自己的独特魅力，一个人的内在美源于心灵深处的爱，爱周围的一切事物，爱身边的人，我们也将会获得相同的回报。在生活中我们还要心胸开阔、豁然大度；在社交中不能因自己与别人脾气不同就大动干戈，或者斤斤计较；在遇事时应冷静思考，显露自己的真实情绪，但不能过分地卖弄自己的小聪明，那是缺乏修养的表现；外表上要注意仪态端庄，充满自信。一个步姿洒脱、意气风发的女性最能吸引人。

⑤ 培养高雅的兴趣爱好。兴趣爱好的广泛也是气质美的内涵之一。作为现代人要努力做到一专多能。一专就是对自己所学的专业、所从事职业的相关知识、业务能力要刻苦钻研、专心致志、有所发明、有所创造。所能就是兴趣爱好广泛，培养爱美之心。如爱好文学、喜欢读书可以让你了解人情世故，还可以提高语言表达能力，显得有书卷气；爱好音乐可以让你更热爱这个动感的世界；爱好美术可以让你感受色彩的美丽，享受这五彩缤纷的世界；爱好体育和舞蹈可以让你身健体美，让病痛远离你，让健康伴随你。总之，高雅的、脱离了低级趣味的、广泛的兴趣爱好，使人在其中学会欣赏美、追求美、创造美、表现美、演绎美，处处散发出特有的魅力，显示出与众不同的高雅气质。

(2) 塑造个人品牌

美国管理学家汤姆·彼得斯提出：建立个人品牌，是 21 世纪新工作的生存法则。他还提出 21 世纪的工作，已经从做一份工作、追求一个事业转变到建立个人品牌。21 世纪是品牌逐渐凸显的时代，是个人品牌制胜的时代，要想在芸芸众生中超然而出，就要建立自己的个人品牌。从某种意义上来说，个人品牌决定着一个人的成败。那么何为个人品牌呢？个人品牌指的是个人拥有的独特的、鲜明的、确定的、易被感知的外在形象和内在修养以及对目标影响群体形成的整体性、长期性、基本性的重大影响力的集合体。

① 气质塑造与个人品牌塑造的关系。

a. 气质塑造是个人品牌塑造的重要内容。个人品牌如同产品品牌一样，需要保证内在的质量；同时也需要精美的包装，这样才能在竞争激烈的市场中站稳脚跟。个人品牌的塑造一般包括三方面的内容,一是智商;二是德商;三是情商。而气质就是情商培养的重要内容之一。特别是在行业内,拥有同等专业能力的人才比拼中,建立个人品牌的首要条件就是让人们清楚地记得自己。其重要方法之一,就是建立自己独特个性的视觉印象,形成良好的气质风貌。由于个人品牌是以个人为传播载体,因此良好的职业气质是建立个人品牌的关键因素之一。

b. 气质体现个人品牌的个性化形象。建立个人品牌要注重气质包装,通过气质包装来展现自己职业品牌的个性化形象。从一般意义上讲,在塑造个人品牌的过程中,气质包装由内涵修养、外在形象、个人风格三个部分组成。将自己的技能和工作风格形成个性化特色,并通过气质表现出来就能够使个人品牌形成无法复制的优势,充实个人品牌附加值。

c. 良好的气质能有效地宣传和推销个人品牌。在个人行销盛行的时代,我们不但要创建和维持个人品牌,还要通过各种有效的方式不断地把自己推销出去。而良好的气质正是推销个人品牌无形的广告。出色的职业气质恰当地展露了自身的特质,能够给他人留下深刻的第一印象,提高业界对个人的关注度,对于打响个人品牌的知名度,赢得好口碑,具有积极意义。

② 培养职业气质,塑造个人品牌。在激烈竞争、人才辈出的行业中,打造出鲜明的个人品牌,是每一位职业人员真正的成功之处。塑造个人品牌,首先应当准备好"名片"。而个人品牌最好的名片就是职业气质。俄罗斯作家契诃夫说过一句名言:人的一切都应该是美的,美的仪表、美的服装、美的心灵。气质的培养与塑造需要调动内外两个方面的因素,是"内在素质"与"外在形象"结合的一项复杂多维的立体工程。它既包括知识的不断吸纳、能力的不断提高、个性的不断完善、道德的不断纯净等内部的"基建工程";也包括仪表和言谈举止等外部的"装修工程"。

a. 仪容风度体现端庄气质。在工作中,职业人士的仪容形象代表的是企业、单位的形象,且直接体现了自身的气质风貌。因此,在日常工作中职业人员应该特别注重自身形象的设计与维护,特别在对外交往中,尤其要注意给客人留下的第一印象。职业人士的仪容标准就是干净、整洁、卫生、简约、端庄。为了表现出干净整洁的仪容,需做到拥有简单大方、朴素典雅的发型;保持清爽、干净的面孔。同时女性要适度化妆,切忌浓妆艳抹,妆容应该能够很好地突出自己的优点长处,又能弥补自身缺陷,展现出端庄的职业气质。

b. 着装风度体现干练气质。职业人员的着装体现出职业的文化修养及气质风貌,要注意风格淡雅、扬长避短。具体而言:一是整洁。整洁是着装的基本要求,干净平整、朴素大方的衣着更能展现职业气质。二是规范。着装礼仪最重要的一个特点就是讲究规范,遵循那些约定俗成的规矩和惯例。三是协调。在服装款式、色调、质地上尽量与职业环境、职场氛围保持协调,与自己的身份相符。四是适时。着装不仅是为了好看,而且是为了更好地开展工作。必须针对不同的场合选择不同的着装。总之,职业人员在着装上应做到大方优雅、整洁得体,既体现自身职业气质,也有助于维护单位的形象。

仪容和着装构成仪表。不难看出,仪表是首先映入人们眼帘的气质表现。注重仪表美是热爱生活、积极向上的表现,而不修边幅、邋遢则是消极颓废的反映。对每个人来说,整洁、朴素、大方的仪表最美。苏联诗人马雅可夫斯基(Mayakovsky)赞美说:"世界上没有任何一件衣衫能比健康的皮肤和发达的肌肉更美丽。"每个人在珍惜自己的自然美的同时,如果能根据自身的形体特点和情趣爱好,恰到好处地锦上添花,使本来的自然美与修饰浑然一体、相映生辉,那就更美了。爱美是可贵的,但美并不等于浓妆艳抹,不等于花哨。托尔斯泰(Lev Tolstoy)在《安娜·卡列尼娜》一书中描写了这样一个故事:年轻的姑娘吉堤为了和安娜争美,参加舞会前打扮了一整天,她穿上最华贵的衣服,连裙子的每一个褶皱都考虑过了,以为稳操胜券。可是到舞会上一看,安娜只穿了一件黑色天鹅绒长袍,未作任何修饰。然而在那些珠光宝气、浓妆艳抹、五光十色的贵夫人之间翩翩起舞,却显得冰清玉洁、光彩照人,使举座倾倒。这时的吉堤感到自己身上的装饰品和华贵的衣服是那么多余,那些贵夫人就更显俗气了。从这个故事可以看出,过多的修饰只能破坏青春之美,而淡雅、朴素、大方的服饰却能起到绿叶映红花的作用。

c. 体态风度体现稳重气质。人的举止礼仪是其本人气质内涵的外在表现。哲学家培根有句名言:"相貌的美高于色泽的美,而秀雅合适的动作美又高于相貌的美。这是美的精华。"举止体态是一种展现一个人才华和修养的外在形态,因此通过举止礼仪的训练来塑造职业人士的稳重气质尤为必要。职业人士举止礼仪标准为规范、自然、文明、稳重、美观、大方、优雅和敬人八个方面。职业人员应当从细节做起,积极培养自身的体态风度。

通过科学的形体训练可以拥有良好的体态风度。实践证明,形体训练可以强健身体、优化姿态,使动作准确,不但能有效地塑造身体的健美姿态,还能在优雅的动作中学会正确地鞠躬、挺拔地走路、优雅地伸手。能让学习者的动作和姿态变得更为漂亮,能让学习者的形体和气质修养得到更好的完善。因此,形体训练是培养良好气质的一个重要途径。

首先,通过人体力学原理来改变人的体态。在当今社会,有相当一部分人都呈现弓腰驼背的体态。用人体力学的理论来解释这一不良体态,表现为脊柱弯曲,脊柱弯曲基本都是前后方向的,通常是弯腰驼背。腰弯一般都是向前弯,根本原因是在骨盆,因为骨盆是向前倾斜的。所以要从根本上矫正腰的弯度,就得矫正骨盆的前倾。人体重心位于骨盆的位置,重心前移和骨盆前倾同步。相对于脚的位置来说,脊柱挺拔者的重心位于脚跟部位,弯腰驼背者的重心在前脚。所以,要想让脊柱变直,只有把重心移到脚跟,才是最大的根源所在。形体训练的脚位训练方法有五种,其中"一位脚"的训练方法正是这样的,它要求把双脚横过来,呈"一"字站立,当双脚成一位站立时,人体重心后移,那么骨盆由前倾变为直立,腰部和脊柱的问题弯曲就解决了。所以,形体训练可以通过脚位的变化来调整人体重心位置,从而调整人的体态,目的是"雕刻"外在体形,提升内在气质,丰富肢体语言。

其次,通过芭蕾美学的原则来改变人的体态。芭蕾的美学可概括为"开、绷、直、立"四大原则,所谓"开",是指无论男女舞者均要从肩、胸、胯、膝、踝五大关节部位,左右对称地向外打开,尤其是两脚应该向外打开180°。每个正常人的肢体内都蕴藏着巨大的运动潜力,对正常人的运动潜力进行科学的和比较充分的开发,使得肢体原有的线条得到充分的延长。所谓"绷",指的是无论男女,均将肢体各个部位绷起,尤其是膝关节与踝关节及脊椎和颈椎诸关节。芭蕾是一种线条性、放射性的艺术，只有通过绷，才能将肢体的各个部位的肌肉能量向身体中心的垂线凝聚。所谓"直"，指的是无论男女舞者，均要使背部像门板似的向上挺直。所谓"立"，是指无论男女舞者，均要使头、颈、躯干和四肢作为一个整体，像古典的宫殿似的傲然挺立、气宇轩昂。通过长期的、定期的、科学的训练，达到姿态体态优美、大方，拥有与众不同的气质。可以说芭蕾美学的四原则是训练形体与气质的最佳手段之一。

最后，通过规范各种姿态来完善形象，打造完美气质。姿态，指人的坐、立、行走等各种基本活动的姿势。优美的姿态不仅能充分表现体形美，弥补体形上的某些不足，还能反映出一个人的精神面貌与气质。优美的站姿使男子看起来挺拔刚健，女子亭亭玉立。站立姿态是一个很简单的动作，要求肩部下沉，从而突出胸部和颈部的美好线条；要求腿部收紧腰部直立，以使姿态挺拔仪态端庄，这个简单的动作除了美观，它对健康和减肥也有直接的帮助。形体训练都是在极舒缓的音乐下进行的，轻缓柔韧、循序渐进地增加强度，形体中不雅的地方及身体上多余的脂肪，通过运动调节而变得柔和匀称。女子在训练中可把自己想象成一位公主，很清高、很美丽，通过这样的"内外兼修"，形体与气质都练就出来了。优美的坐姿使男子看起来温文尔雅，女子端庄高雅。动作要求：女子两膝并拢，男子双膝可稍分开，略窄于肩宽。腰背要挺直，肩放松，挺胸收腹，脊椎与臀部成一直线，微收下颌，目视前方。优美的走姿使女子看起来轻捷自如，优美大方，男子自然稳健，风度翩翩。动作要求：以标准站姿为基础，走时头与躯干成直线，目视前方。步位正确，步幅基本一致，双臂自然摆动。良好的姿态再辅以得体的手势和平和亲切的目光就能够体现出职业人士的稳重气质，大大增加职业人士的个人魅力。

形体训练包括人的精神、气质、风度的培养，人们在训练中把握住精、气、神，就会逐渐形成一种高雅的气质和风度。健美的形体、端庄的仪表、优雅的举止，能够对人的心灵世界产生较大的影响，能够让练习者拥有优雅的气质。这种优雅的气质是外部形态与精神世界紧密结合的产物。人的内在精神状况是通过外部的形体表现出来的，而人格美、精神美不应只是道德情操的美，而应该是内在的精神和外在的形体的统一的美。毋庸置疑，形体训练是纠正不良体态、塑造优美体形与优雅气质的法宝。[①]

d. 语言风度体现文雅气质。古人云："言，心声也；书，心画也。"语言是心灵之窗，其粗俗与文雅，是一个人道德情操和知识水平的反映。因而大学生要在培养健康、文雅、深刻的语言上下功夫。首先，要有健康的语言，即语言所表达的内容要健康、高尚、清洁。健康的语言产生于美好的心灵。一个志向远大、品德高尚、内心充实的大学生，自然会将粗鄙的内容排斥于谈吐之外；相反，满嘴污言秽语的人，也正反映出他心灵深处的肮脏。其次，要有文雅的语言，即语言要讲究艺术。语言是人与人交往的桥梁。俗话说："良言一句三冬暖，恶语伤人六月寒。"高雅优美的语言可以消除误会，增进友谊；相反会造成隔阂，甚至酿成大祸。最后，大学生的语言一定要有深刻性。无论是与人交谈、会上发言，还是写文章，都要有深度，有一定的见解和水平，切忌言之无物的空话。因此，大学生要在培养健康、文雅、深刻的语言上下功夫。

---

①　杨超. 浅谈形体训练与良好气质的培养. 科学咨询(教育科研), 2008.

（3）培养个性气质

在任何一个团体中，总有某一个人充当着核心的角色，他的言行能够被团体认可，并指引着团体的决策和行动。我们可以把这种人所具备的人格魅力称为"个性气质"。具有这种个性气质的并不一定是高层管理者，在任何一个团体中，小到几个人组成的办公室，大到一个集团，总会有一个人具有说服他人、引导他人的能力。在某种程度上，个性气质也可以被认为是人格魅力的一部分。培养个性气质主要应从以下方面着手①。

① 诚实守信。这个市场化的社会在权力、金钱等各种欲望的充斥下，变得尔虞我诈。"诚实"成了"老实"的代名词，而"老实"又似乎成了"无能"的标志。于是，刚从校园里面出来的书生，也会为找一份理想的工作，而演绎出在履历上出现同一所大学有三个学生会主席的闹剧。可是这种欺骗带来的将是对自己前途的阻碍。试想，一个欺诈而不讲信用的人，连人格都让人产生怀疑，怎么可能在他人心里树立个人形象呢？所以，诚实守信是培养个性气质的基本条件。

② 学会倾听。在职场上，学会如何表现自己，是一件非常重要的事情。很多人认为"说"比"听"更能展现自我。这并没有错，但你是否想过自己所说的是否能被团体接受？在日常生活中，有一些人在大家七嘴八舌讨论时，他总是一声不吭地在一边静静地坐着，仔细聆听着别人的发言。到最后，他才会站出来果断地说出自己的意见。因为"听"首先是对他人的一种尊重，同时也可以帮助你了解别人的思想，了解别人的需求，了解自己和别人的差异，知道自己的长处和不足，当掌握了一切信息以后，你所提出的意见就会站在一个新的起点上，站在团体的角度上。所以最后的发言在某种时候，因为掌握了更多的信息，见解也就更深入、更权威。如果你的每一次意见都是相对正确的，那么自然而然地在他人心中就树立起了形象。

③ 从大局的利益出发。一个人待人处世如果只从自己的利益出发，就不可能得到团体的认可，也更谈不上树立自己在他人心目中的形象了。小胡在一家集团的市场部工作，每个月月初部门都会召集地区级主管开定价会议，可是不知道为什么，小胡提出的定价总得不到认可，甚至还遭到负责其他地区同事的排斥，他觉得很苦恼。后来，在一次偶然的机会里，另一个地区的主管对他倒苦水，让他找出了原因所在。事情很简单，因为小胡所在的地区销售情况很好，而且竞争对手少，相对而言，就可以制定一个比较高的价格。可是其他地区，竞争对手的实力较强，市场的吞吐量又不是很大，销售价格如果定得高，便不可能完成销售目标。小胡只考虑到自己所在地区的情况，没有从大局考虑，他所提议的定价自然得不到大家的认可。其实这种情况常常在我们的生活和工作中发生。因为人总是会自觉或不自觉地从自己的角度出发来考虑和处理工作，如果你学会设身处地地为他人着想，你就可以得到大家的信任。

④ 果断地提出你的意见。如果你做到了以上几点，那么相信你已经取得了大家的信任与尊重。但是如何来表现你的个性呢？你平时必须做到自己心里有底，说话要坚决。有些人，在工作中面对某些问题时，明明有自己的见解，却思前想后，犹犹豫豫，等到其他

---

① 孙俊娟.如何培养你的个性气质.人才资源开发，2009(1).

同事提出时才懊悔不已。一次一次的错过,使得你失去了很多表现的机会;还有一些人,平时说话总是模棱两可,明明是一个正确的意见,却让他人产生模糊的感觉,这也会让他人对你的个性产生怀疑。所以,当你考虑好了,请果断地提出你的意见。

总之,良好的气质不是生来就有的,而是经过后天努力、长期培养起来的。人的气质美是各具特色的,气质美的表现形式是因人而异的,不能生硬机械地模仿,只能长期培养。

9.2 能力开发

9.2.1 阅读思考

哈佛大学就职业人士如何培养气质得出结论:培养气质需从沉稳、细心、胆识、大度、诚信、担当这六个方面去改变。

沉稳表现为:
- 不要随便显露你的情绪;
- 不要逢人就诉说你的困难和遭遇;
- 在征询别人的意见之前,自己先考虑,但不要先讲出来;
- 不要一有机会就唠叨你的不满;
- 重要的决定尽量与别人商量,最好隔一天再发布;
- 讲话不要有任何的慌张,走路也是。

细心表现为:
- 对身边发生的事情,常思考它们的因果关系;
- 对做不到位的执行问题,要发掘它们的根本症结;
- 对习以为常的做事方法,要有改进或优化的建议;
- 做什么事情都要养成有条不紊和井然有序的习惯;
- 经常去找几个别人看不出来的毛病或弊端;
- 自己要随时随地对有所不足的地方补位。

胆识表现为:
- 不要常用缺乏自信的词句;
- 不要常常反悔,轻易推翻已经决定的事;
- 在众人争执不休时,不要没有主见;
- 整体氛围低落时,你要乐观、阳光;
- 做任何事情都要用心,因为有人在看着你;
- 事情不顺的时候,歇口气,重新寻找突破口,结束也要干净利落。

大度表现为:
- 不要刻意把有可能是伙伴的人变成对手;
- 对别人的小过失、小错误不要斤斤计较;
- 在金钱上要大方,学习三施(财施、法施、无畏施);

- 不要有权利的傲慢和知识的偏见；
- 任何成果和成就都应和别人分享；
- 必须有人牺牲或奉献的时候，自己走在前面。

诚信表现为：

- 做不到的事情不要说，说了就努力做到；
- 虚的口号或标语不要常挂嘴上；
- 针对客户提出的"不诚信问题"拿出改善的方法；
- 停止一切"不道德"的手段；
- 勿要弄小聪明；
- 计算一下产品或服务的诚信代价，那就是品牌成本。

担当表现为：

- 检讨任何过失的时候，先从自身或自己人开始反省；
- 事项结束后，先审查过错，再列述功劳；
- 认错从上级开始，表功从下级启动；
- 着手一个计划，先将权责认定清楚，而且分配得当；
- 对"怕事"的人或组织要挑明了说；
- 因为勇于承担责任所造成的损失，公司应该承担。

如果你能从以上六个方面对自我加以改变调整，那么你甚至不必花一毛钱，只需注意自己的脾气、端正自己的品格、净化自己的思想、充实自己的内在，无形之中，你的谈吐、态度、举止都会展现你优雅的气质，成为你一生最好的名牌。[1]

思考题：

（1）职业人士应怎样进行自我气质塑造？

（2）请从沉稳、细心、胆识、大度、诚信、担当这六个方面塑造自身的气质。

9.2.2　案例分析

周恩来语惊四座

在日内瓦会议和万隆会议上，周恩来以其卓越才智和个人魅力，为和平解决印度支那问题、促进亚非会议做出了历史性的贡献。他的举手投足，都展现出一个彬彬有礼、温文尔雅、和蔼可亲的东方美男子形象。

1954 年，当周恩来代表中国出现在日内瓦会议上时，他的风采，他的气质，他的落落大方、不卑不亢的外交才干令所有人为之惊叹、为之折服，令西方国家对新中国的总理刮目相看。在万隆会议上，周恩来又以其风度与个人魅力从会前需要"老前辈"介绍而变为会后公认的"外交明星"，他所倡导的"和平共处五项原则"、"求同存异"方针也产生了深远的影响，被广泛认可为处理国与国之间关系的基本准则。

周恩来那优雅的充满独特魅力的翩翩风度，倾倒了多少不同国度、不同民族甚至不同

---

① 朱明华.职场人士的气质培养.中国人才,2012(22).

信仰的人,令多少人为之惊叹与折服!

一次,周恩来东南亚之行,在告别前举行的记者招待会上,周恩来彬彬有礼地回答着每一位记者的提问。会场上,所有的记者即使不能得到满意的答复,也无法挑剔周恩来的风度。在记者招待会即将结束前,一个外国姑娘向周总理问道:"周恩来先生,能不能问您一个私人问题?"

周恩来很坦诚地点头,微笑着说:"可以。"

"您已经60多岁了,为什么仍然神采奕奕,记忆非凡,显得这样年轻、英俊?"

场内顿时响起友善的笑声和议论声,看得出:聪明的中国人很多都认为自己的总理配有长生不老药。

然而,这位素有"东方第一美男子"之称的周恩来总理,声音洪亮地回答道:"因为我是按照东方人的生活习惯生活,所以我至今很健康。"顿时,场内掌声如潮!多少年来,东方人从来都是贫穷、落后、愚昧、病夫的代名词。而如今,有了受人尊敬的周恩来成为东方人的代表,顷刻间,不分国家、不分政见、不分肤色,只要是东方人都感到了荣幸与骄傲![1]

讨论题:

(1)周恩来具有怎样的气质风度?

(2)通过观看网上的关于周恩来的图片或者视频,体会其气质风度。

9.2.3 训练项目

个人气质测量

实训目标:认识自己的气质类型和特点。

实训学时:1学时。

实训地点:教室。

实训准备:气质量表。

实训方法:将全班学生分组,两人一组,相互进行气质测量,并总结各自的气质特点,最后教师点评。

附气质量表:

气 质 量 表

指导语:认真阅读下列各题,对于每一题,你认为非常符合自己情况的记"+2",比较符合的记"+1",拿不准的记"0",比较不符合的记"-1",完全不符合的记"-2"。问题如下:

(1)做事力求稳妥,一般不做无把握的事。

(2)遇到可气的事就怒不可遏,想把心里话全说出来才痛快。

(3)宁可一人干事,不愿很多人在一起。

(4)到一个新环境很快就能适应。

---

[1] http://blog.sina.com.cn/s/blog_4e16931d0100coxp.html.

(5) 厌恶那些强烈的刺激,如尖叫、噪声、危险镜头等。

(6) 和别人争吵时总是先发制人,喜欢挑衅别人。

(7) 喜欢安静的环境。

(8) 善于和别人交往。

(9) 是那种善于克制自己感情的人。

(10) 生活有规律,很少违反作息制度。

(11) 在多数情况下,情绪是乐观的。

(12) 碰到陌生人觉着很拘束。

(13) 遇到令人气愤的事,能很好地自我克制。

(14) 做事总是有旺盛的精力。

(15) 遇到事情总是举棋不定、优柔寡断。

(16) 在人群中从不觉得过分拘束。

(17) 情绪高昂时,觉得干什么都有趣;情绪低落时,又觉得干什么都没意思。

(18) 当注意力集中于一事物时,别的事很难使我分心。

(19) 理解问题总比别人快。

(20) 碰到问题总有一种极度恐怖感。

(21) 对学习、工作怀有很高的热情。

(22) 能够长时间做枯燥单调的工作。

(23) 符合兴趣的事情,干起来劲头十足;否则,就不想干。

(24) 一点小事就能引起情绪波动。

(25) 讨厌那种需要耐心细致的工作。

(26) 与人交往不卑不亢。

(27) 喜欢参加热闹的活动。

(28) 爱看感情细腻、描写人物内心活动的文艺作品。

(29) 工作学习时间长了,常感到厌倦。

(30) 不喜欢长时间谈论一个问题。

(31) 愿意侃侃而谈,不愿窃窃私语。

(32) 别人总是说我闷闷不乐。

(33) 理解问题常比别人慢些。

(34) 疲倦时只要短暂休息就能精神抖擞,重新投入工作。

(35) 心里有话,宁愿自己想,不愿自己说出来。

(36) 认准一个目标,就希望尽快实现,不达目的,誓不罢休。

(37) 学习或工作同样一段时间后,常比别人更疲倦。

(38) 做事有些莽撞,不考虑后果。

(39) 老师或他人讲授新知识、技术时总希望他讲的慢些,多重复几遍。

(40) 能够很快忘记那些不愉快的事情。

(41) 做作业或完成一项工作总比别人花时间多。

(42) 喜欢运动量大的剧烈体育活动,或者参加文艺活动。

（43）不能很快地把注意力从一件事情上转移到另一件事情上去。

（44）接受一个任务后，就希望迅速解决。

（45）认为墨守成规比冒险些强。

（46）能够同时注意几件事物。

（47）当我烦恼时，别人很难使我高兴起来。

（48）爱看情节起伏跌宕、激动人心的小说。

（49）对工作认真严谨，有始终一贯的态度。

（50）和周围人的关系总是相处不好。

（51）喜欢复习学过的知识，重复做熟练的工作。

（52）喜欢做变化大、花样多的工作。

（53）小时候会背的诗歌，我似乎比别人记得清楚。

（54）别人说我"出语伤人"，可我不觉得这样。

（55）在体育活动中，常因反应慢而落后。

（56）反应敏捷，头脑机智。

（57）喜欢有条理而不甚麻烦的工作。

（58）兴奋的事常使我失眠。

（59）老师讲新概念，常常听不懂，但弄懂以后就很难忘记。

（60）假如工作枯燥，就马上会情绪低落。

以上问题对应的气质类型如表9-5所示。

表9-5 不同气质类型对应的问题

类 型	项 目	总分
胆汁质	（2）、（6）、（9）、（14）、（17）、（21）、（27）、（31）、（36）、（38）、（42）、（48）、（50）、（54）、（58）	
多血质	（4）、（8）、（11）、（16）、（19）、（23）、（25）、（29）、（34）、（40）、（44）、（46）、（52）、（56）、（60）	
黏液质	（1）、（7）、（10）、（13）、（18）、（22）、（26）、（30）、（33）、（39）、（43）、（45）、（49）、（55）、（57）	
抑郁质	（3）、（5）、（12）、（15）、（20）、（24）、（28）、（32）、（35）、（37）、（41）、（47）、（51）、（53）、（59）	

得分情况：分别把属于每一种气质类型的题的分数相加，得出的和即为该气质类型的得分。最后的评分标准是：如果某种气质得分明显高出其他三种（均高出4分以上），则可定为该种气质；如两种气质得分接近（差异低于3分）而又明显高于其他两种（高出4分以上），则可定为两种气质的混合型；如果三种气质均高于第四种的得分且相接近，则为三种气质的混合型。由此可能具有13种类型：①胆汁；②多血；③黏液；④抑郁；⑤胆汁—多血；⑥多血—黏液；⑦黏液—抑郁；⑧胆汁—抑郁；⑨胆汁—多血—黏液；⑩多血—黏液—抑郁；⑪胆汁—多血—抑郁；⑫胆汁—黏液—抑郁；⑬胆汁—多血—黏液—抑郁。

一般来说,正分值越高,表明该气质越明显,反之分值越低越负,表明越不具备该气质特征。①

课后练习

1. 什么是气质？气质具有哪些类型和特点？
2. 气质与性格是一成不变的吗？如何理解"江山易改,禀性难移"这句话？
3. 良好的人格具有哪些要求？
4. 如何培养良好的气质？

---

① http://www.bokee.net/newcirclemodule/article_viewEntry.do? id = 613122&circleId = 115560. 2007-03-18.

参考文献

1. 王婷.论职业秘书的气质培养与塑造[J].成都行政学院学报,2013(2).

2. 罗恺赟.注重大学生职业形象塑造[J],提升高职人才就业竞争力.读与写:教育教学刊,2011(3).

3. 张桂兰.形体训练[M].北京:国防工业出版社,2010.

4. 张华莹.浅谈形体训练的内容及常见的形体运动[J].运动,2010(9).

5. 曹君,刘巍.探讨现代大学生职业形象的设计[J].景德镇高专学报,2010(10).

6. 郑娇,李娥.职业形象与职业礼仪[J].信息系统工程,2010(4).

7. 罗贵洪.对女大学生气质美培养途径的研究[J].贵州体育科技,2010(9).

8. 钱利安,王华.金融职业礼仪[M].北京:中国金融出版社,2009.

9. 王华.金融职业服务礼仪[M].北京:中国金融出版社,2009.

10. 杨坤.芭蕾形体训练教程[M].北京:高等教育出版社,2009.

11. 向智星.形体训练[M].北京:高等教育出版社,2009.

12. 贾梦喜,陈开梅.职业女性形象设计教程[M].武汉:华中师范大学出版社,2009.

13. 郑彦离.礼仪与形象设计[M].北京:清华大学出版社,2009.

14. 徐桂云.形体训练教程[M].济南:山东大学出版社,2009.

15. 陈光谊.现代实用社交礼仪[M].北京:清华大学出版社,2009.

16. 王芬.秘书礼仪实务[M].北京:电子工业出版社,2009.

17. 张万良.浅谈形象气质与个人发展[J].职业时空,2009(2).

18. 孔江联,郭华.现代大学生职业形象及其设计研究[J].中国成人教育,2009(7).

19. 陈宝珠.形体训练与形象塑造[M].北京:清华大学出版社,2008.

20. 吴运慧,徐静.现代礼仪实务[M].上海:上海交通大学出版社,2008.

21. 吴雨潼.职业形象设计与训练[M].大连:大连理工大学出版社,2008.

22. 韩秀景.大学生职场形象设计[M].南京:南京师范大学出版社,2008.

23. 马志强.语言交际艺术[M].北京:中国社会科学出版社,2008.

24. 惠亚爱.沟通技巧[M].北京:人民邮电出版社,2008.

25. 张晓梅.晓梅说礼仪[M].北京:中国青年出版社,2008.

26. 崔志锋.礼仪[M].北京:科学出版社,2008.

27. 胡爱娟,等.商务礼仪实训[M].北京:首都经济贸易大学出版社,2008.

28. 葛犀.形体训练的健心价值[J].网络科技时代,2008(10).

29. 饶世权.谈谈职业形象[J].中国职业技术教育,2008(3).

30. 徐克茹.秘书礼仪实训[M].北京:中国人民大学出版社,2008.

31. 牟红,杨梅.旅游礼仪实务[M].北京:清华大学出版社,2007.

32. 李嘉珊.国际商务礼仪[M].北京:电子工业出版社,2007.

33. 彭澎.礼仪与文化[M].北京:清华大学出版社,2007.

34. 周庆.商务礼仪实训教程[M].武汉:华中科技大学出版社,2007.

35. 徐卫卫.大学生交际口语[M].杭州:浙江大学出版社,2007.

36. 陈秀泉.实用情景口才——口才与沟通训练[M].北京:科学出版社,2007.

37. 彭红.交际口语与礼仪[M].上海:华东师范大学出版社,2007.

38. 谢迅.商务礼仪[M].北京:对外经济贸易大学出版社,2007.

39. 刘长凤.实用服务礼仪培训教程[M].北京:化学工业出版社,2007.

40. 吕维霞,刘彦波.商务礼仪[M].北京:清华大学出版社,2007.

41. 徐克茹.商务礼仪标准培训[M].北京:中国纺织出版社,2007.

42. 杨秋平.成功社交培训教程[M].北京:机械工业出版社,2007.

43. 杨丽敏.现代职业礼仪[M].北京:高等教育出版社,2007.

44. 杨茳,王刚.礼仪培训教程[M].北京:人民交通出版社,2007.

45. 刘霞.基于性格与气质的职业选择模式探析[J].重庆工学院学报(社会科学版),2007(7).

46. 李莉.实用礼仪教程[M].北京:中国人民大学出版社,2004.

47. 李嘉珊,刘俊伟.旅游接待礼仪[M].北京:中国人民大学出版社,2006.

48. 沈杰,方四平.公共关系与礼仪[M].北京:清华大学出版社,2006.

49. 田长军.有礼任走天下[M].广州:中山大学出版社,2006.

50. 吴绿星.推销与口才[M].福州:福建科学技术出版社,1992.

51. 杨海清.现代商务礼仪[M].北京:科学出版社,2006.

52. 冯玉珠.商务宴请攻略[M].北京:中国轻工业出版社,2006.

53. 唐树伶,等.服务礼仪[M].北京:清华大学出版社,北京交通大学出版社,2006.

54. 韦克俭.现代礼仪教程[M].北京:清华大学出版社,2006.

55. 周彬琳.实用口才艺术[M].大连:东北财经大学出版社,2006.

56. 郝丹.穿着打扮也是职业形象[J].成才与就业,2006(7).

57. 任晓华.如何培养高职女生良好的职业形象[J].职业教育研究,2006(9).

58. 刘艳.培养当代大学生风度美管见[J].辽宁教育行政学院学报,2005(2).

59. 国英.现代礼仪[M].北京:机械工业出版社,2005.

60. 祝艳萍,张洁梅.公关礼仪[M].北京:光明日报出版社,2005.

61. 黄琳.商务礼仪[M].北京:机械工业出版社,2005.

62. 辽宁省教育厅.高职生就业与创业指导[M].沈阳:辽宁大学出版社,2005.

63. 徐飙.文秘实习实训教程[M].北京:高等教育出版社,2005.

64. 胡晓涓.商务礼仪[M].北京:中国人民大学出版社,2005.

65. 王建民.管理沟通理论与实务[M].北京:中国人民大学出版社,2005.

66. 张韬,施春华,尹凤芝.沟通与演讲[M].北京:清华大学出版社,2005.

67. 王伟伟.礼仪形象学[M].北京:人民出版社,2005.

68. 鲍日新.社交礼仪:让你的形象更美好[M].上海:上海教育出版社,2005.

69. 王化.浅谈商务秘书职业形象的塑造[J].改革与战略,2005(5).

70. 张维君.成功背后的哲学:浅谈职业形象的塑造[J].辽宁行政学院学报,2005(5).

71. 马燕.论秘书的气质养成[J].兰州交通大学学报(社会科学版),2005(10).

72. 国英.公共关系与现代交际礼仪案例[M].北京:机械工业出版社,2004.

73. 陈柳.职业人形象设计与修炼[M].上海:上海远东出版社,2004.

74. 环裕.职业形象培训日益走俏[J].广东科技,2004(1).

75. 邵守义.演讲学教程[M].北京:高等教育出版社,2003.

76. 潘肖珏.公关语言艺术[M].上海:同济大学出版社,2003.

77. 李杰群.非语言交际概论[M].北京:北京大学出版社,2003.

78. 吕维霞,刘彦波.现代商务礼仪[M].北京:对外经济贸易大学出版社,2003.

79. 孟慧清,孙立涛.论健美操融入形体训练课的益处[J].化工高等教育,2003(3).

80. 何浩然.中外礼仪[M].大连:东北财经大学出版社,2002.

81. 郭可愚.形体美的训练[M].北京:人民体育出版社,1982.

82. 吴玮.形体训练[M].大连:东北财经大学出版社,2001.

83. 谢柯凌. 交际礼仪 365[M]. 济南：山东人民出版社，2001.

84. 北京康世经济发展研究所. 白领礼仪[M]. 北京：中华工商联合出版社，2001.

85. 邱伟光. 公共关系礼仪文化[M]. 北京：高等教育出版社，2000.

86. 杨眉. 现代商务礼仪[M]. 大连：东北财经大学出版社，2000.

87. 张先亮. 语言交际艺术[M]. 北京：科学出版社，2000.

88. 张怡. 涉外礼仪与技巧[M]. 上海：东华大学出版社，1999.

89. 沈驷. 错误的礼仪[M]. 上海：复旦大学出版社，1999.

90. 金正昆. 社交礼仪教程（第 2 版）[M]. 北京：中国人民大学出版社，2005.

91. 李兴国. 现代商务礼仪[M]. 哈尔滨：黑龙江科学技术出版社，1998.

92. 郭文臣. 交际与公关礼仪[M]. 大连：大连理工大学出版社，1998.

93. 常建坤. 现代礼仪教程[M]. 天津：天津科学技术出版社，1998.

94. 齐冰. 现代实用公关交际礼仪[M]. 北京：中国物资出版社，1998.

95. 郭军，等. 公关语言艺术[M]. 成都：四川大学出版社，1997.

96. 熊经浴. 现代交际礼仪[M]. 北京：金盾出版社，1997.

97. 武占坤. 实用公关语言学[M]. 北京：北京语言大学出版社，1996.

98. 黎运汉. 公关语言学[M]. 广州：暨南大学出版社，1996.

99. 姚宪弟，等. 公关交际艺术[M]. 北京：机械工业出版社，1995.

100. 周裕新，张弘. 公关礼仪学[M]. 上海：上海社会科学院出版社，1995.

101. 卢慧. 礼节礼仪常识[M]. 大连：大连理工大学出版社，1995.

102. 张敬慈. 公关礼仪[M]. 成都：四川大学出版社，1995.

103. 晓燕. 公关礼仪[M]. 南昌：百花洲文艺出版社，1995.

104. 黄斌. 企业商务应酬礼仪指南[M]. 北京：企业管理出版社，1994.

105. 秦启文. 现代公关礼仪[M]. 重庆：西南师范大学出版社，1994.

106. 刘裔远，王国章. 社交服务必读——实用礼宾学[M]. 上海：立信会计出版社，1993.

107. 要力勇，李秀华. 实用公关技巧大全[M]. 北京：北京师范大学出版社，1992.

108. http://book.sina.com.cn/longbook/1089193599_xiayige/1.shtml.

109. http://zhaoqiuyu007.blog.sohu.com/73232240.html.

110. http://baike.baidu.com/subview/73126/11090068.htm? fr＝aladdin.

111. http://baike.baidu.com/subview/17077/11238988.htm? fr＝aladdin.

112. http://baike.baidu.com/view/102644.html.

113. http://baike.baidu.com/view/7492.html.

114. http://baike.baidu.com/subview/120819/5080446.htm? fr＝aladdin.